危险化学品
安全技术与管理
第三版

蒋军成　主编

化学工业出版社

·北京·

U0221877

图书在版编目（CIP）数据

危险化学品安全技术与管理/蒋军成主编. —3 版.
北京：化学工业出版社，2015.7（2025.1 重印）
ISBN 978-7-122-24014-9

Ⅰ.①危… Ⅱ.①蒋… Ⅲ.①化学品-危险物品管理-
安全管理-教材 Ⅳ.①TQ086.5

中国版本图书馆 CIP 数据核字（2015）第 106228 号

责任编辑：宋　辉
责任校对：边　涛　　　　　　　　　　　　装帧设计：王晓宇

出版发行：化学工业出版社（北京市东城区青年湖南街 13 号　邮政编码 100011）
印　　装：高教社（天津）印务有限公司
787mm×1092mm　1/16　印张 17¼　字数 458 千字　2025 年 1 月北京第 3 版第 12 次印刷

购书咨询：010-64518888　　　　　　售后服务：010-64518899
网　　址：http://www.cip.com.cn

凡购买本书，如有缺损质量问题，本社销售中心负责调换。

《危险化学品安全技术与管理》
编写人员

主　编　蒋军成

参　编（按姓氏汉语拼音排序）

鲍　静　丁晓晔　潘　勇　钱剑安　王　华　张明广　赵声萍

前言

化学品与人们的衣食住行密切相关，提高和改善了人们的生活质量。从日常用品到娱乐用品，从农业生产到高科技领域，到处都有化学品的存在。但我们也注意到，部分化学品具有易燃、易爆、有毒、致畸、致癌、危害水生环境等危险特性，在无防护的情况下长时间暴露在有害化学品环境中，以及不正确使用化学品都可能对人们的身体健康和环境带来较大的危害。因此，如何保障危险化学品在其生命周期各环节的安全性、降低其危险危害性，避免事故发生，已成为安全生产的重要内容，是安全科技工作的重要课题之一，也是安全工程及相关专业本科教学的基础内容。

第二版教材出版至今，危险化学品相关法律法规及规范标准都有较大变化，尤其我国履行对联合国实行 GHS 的承诺，颁布了一系列新的行政法规、规章制度，如 2011 年 12 月 1 日起施行新修订的《危险化学品安全管理条例》，对危险化学品按照 GHS 重新进行了定义，并在分类、标签和安全技术说明书（SDS）等方面作出了规定。为保证教材的时效性，第三版更改了一些过时的规范，引入了最新的相关标准。此外，本次改版还对在科研工作中取得的危险化学品安全技术相关最新成果进行介绍，使得教材继续具备前沿性、新颖性。

本教材由浅入深地从危险化学品基础知识到危险化学品生产安全技术作了较全面的介绍，能够让学生对危险化学品有一个完整的了解和认识。教材具有较强的实用性，可作为高等院校化工、安全、消防及相关工程类专业的危险化学品安全课程教学的教材。

由于时间有限，疏漏之处恳请读者批评指正。

编　者

第一版前言

化学品是人类生产和生活不可缺少的物品。目前世界上所发现的化学品已超过千余万种，日常使用的约有 700 余万种，世界化学品的年总产值已达到万亿美元。随着社会发展和科学技术的进步，人类使用化学品的品种、数量在迅速地增加。每年约有千余种新的化学品问世。化学品在造福于人类的同时，也给人类生产和生活带来了很大的威胁。不少化学品因其所固有的易燃、易爆、有毒、有害、腐蚀、放射等危险特性，在其生产、经营、储存、运输、使用以及废弃物处置的过程中，如果管理或技术防护不当，将会损害人体健康，造成财产毁损、生态环境污染。因此，如何保障危险化学品在其生命周期各环节的安全性，降低其危险危害性，避免发生事故已成为安全生产内容和安全科技工作的重要课题。

国际社会十分重视危险化学品安全。联合国所属机构以及国际劳工组织对危险化学品安全提出了有关约定和建议。美国、欧共体、日本等国家、组织围绕危险化学品的安全制定了有关的法规和监控体系，对危险化学品实行生命周期全过程的监控管理，并投入大量的人力、物力和财力开展危险化学品安全相关的科学研究与技术开发。

中国政府一直高度重视危险化学品的安全，在颁发的国务院第 344 号令《危险化学品安全管理条例》中规定："危险化学品单位从事生产、经营、储存、运输、使用危险化学品或者处置废弃危险化学品活动的人员，必须接受有关法律、法规、规章和安全知识、专业技术、职业卫生防护和应急救援知识的培训，并经考核合格，方可上岗作业。"为了帮助涉及危险化学品安全的相关人员学习和掌握必要的安全知识，编者根据国家安全生产有关培训和考核大纲要求及高校相关专业危险化学品安全课程的需要，编写了本书。

本书内容涉及危险化学品职业安全健康法律法规、危险化学品安全生产与管理、危险化学品基础知识、燃爆危险特性与预测、职业危害及防护、危险化学品生产安全技术、危险源管理与事故应急救援、典型事故案例分析等方面。注意理论与实践相结合、技术与管理相结合，突出重点与难点，针对性和实用性较强。其中第 1 章、第 2 章（部分）和第 8 章由虞汉华编写，第 2 章（部分）、第 3 章和第 6 章由钱剑安编写，第 4 章和第 7 章由赵声萍编写，第 5 章由鲍静编写，蒋军成统稿并审阅全书。

本书是学习和掌握危险化学品安全知识的实用教材，可作为高等院校化工、安全、消防及相关工程类专业的危险化学品安全课程教学的选用教材，也适用于危险化学品生产经营单位的主要负责人、安全生产管理与技术人员和相关业务人员的安全教育培训。

由于水平有限，时间仓促，错误与不当之处在所难免，恳请读者批评指正。

编　者

第二版前言

本书第一版已经在多所高校安全工程及相关专业本科生教学中广泛使用，效果良好。经过四年的使用，许多专家学者提出了很好的建议，编者希望通过修订再版以进一步完善，使之更加适合于读者需求。

在第一版的基础上，第二版做了如下修订工作：

1. 修改了 1.2 节部分内容；

2. 在第 3 章，修订了爆炸品的特性的部分内容，增加了常见爆炸品简介和爆炸品的控制以及放射性物品介绍三部分内容；

3. 修订了 4.3 小节基于化学结构的燃爆特性定量预测的部分内容；

4. 在第 8 章案例分析中，增加了硫黄粉燃烧爆炸的案例。

第二版《危险化学品安全技术与管理》突出了如下特色。

1. 全面性：本书内容全面，由浅入深地从危险化学品基础知识到危险化学品生产安全技术做了较全面的介绍，补充第一版的不足，能够让读者对危险化学品有一个完整的了解和认识。

2. 实用性：本书具有较强的实用性，既可作为高等院校化工、安全、消防及相关工程类专业的危险化学品安全课程教学的教材，同时也可作为从事化学工业安全生产技术与管理专业人员的参考用书。

3. 前沿性：本书对危险化学品相关安全技术的最新进展进行了分析整理，使得本书继续具备前沿性、新颖性。

4. 科学性：本书结构体系完整。从基础到应用，充分考虑学习的整体效果，遵循循序渐进、从易到难的规律，以求条理清晰、结构严谨、文笔流畅。

5. 时效性：本书中引用了最新的危险化学品安全相关的法律法规，充分考虑法律法规、技术标准和规范的时效性。

本书第 1、2、8 章由南京工业大学蒋军成教授编写；第 3 章由赵声萍编写，第 4 章部分内容及第 5 章由鲍静编写，第 4 章部分内容及第 7 章由丁晓晔编写，第 6 章由钱剑安编写，蒋军成教授统稿并审阅全书。

由于时间有限，不当之处在所难免，恳请读者批评指正。

编　者

第 ① 章
绪论

化学品是指天然的或人造的各类化学元素、化合物和混合物。

化学品是人类生产和生活不可缺少的物品。目前世界上所发现的化学品已超过 1000 余万种，日常使用的约有 700 余万种，世界化学品的年总产值已达到 1 万亿美元左右。随着科学技术的进步，人类使用化学品的品种、数量在迅速地增加。每年约有千余种化学品问世。化学品在造福于人类的同时，也给人类生存带来了一定的威胁。不少化学品由于具有较大的危险性，其固有的易燃、易爆、有毒、有害的危险特性，在化学品的生产、经营、储存、运输、使用以及废弃物处置的过程中，如果管理、防护不当，将会损害人体健康，造成财产毁损、生态环境污染。因此，如何保障危险化学品在生产、经营、储存、运输、使用以及废弃物处置过程中的安全性，降低其危险危害性，避免发生事故已成为安全生产的重要课题和内容。

1.1　危险化学品安全国际公约

1.1.1　概况

世界各国都十分重视危险化学品安全管理工作。联合国所属机构以及国际劳工组织对危险化学品的管理也提出了有关约定和建议。

美国、日本和欧盟等国家、组织对化学品的管理制定了有关的法规和监控体系。如美国与化学品有关的法规就有 16 部之多，对化学品从原料产出、应用到废弃物处理实行全过程的监控管理，特别是在环境无害化方面做了许多规定。

国际劳工组织于 1990 年 6 月通过《作业场所安全使用化学品公约》（简称《170 号公约》）和《作业场所安全使用化学品建议书》（简称《177 号建议书》）。1993 年又通过了《关于防止重大事故公约及其建议书》。

为了规范和指导国际间危险货物的生产和运输，联合国危险货物运输专家委员会每两年修订并出版一次《联合国危险货物运输规章范本》，同时配套出版《试验和标准手册》。

1992 年联合国环境与发展大会上通过的《21 世纪议程》的第 19 章关于有毒化学物质的安全使用中明确提出了开展国际合作，努力实现化学品无害化管理的任务。

1.1.2　作业场所安全使用化学品公约

中国是国际劳工组织成员国，于 1994 年 10 月 27 日全国人大八届十次会议批准，承认并实施《170 号公约》和《177 号建议书》。《170 号公约》就化学品的危险性鉴别与分类、登记注册、加贴安全标签、向用户提供安全技术说明书以及企业的责任和义务、工人的权利和义务、操作控制、培训、化学品转移、出口、废弃物处置等问题做出了基本的规定；要求各成员国建立化学事故控制措施，建立相应制度，有效地预防和控制化学品危害。

《170 号公约》的宗旨是要求政府主管当局、雇主组织、工人组织，共同协商努力，采取措施，保护员工免受化学品危害的影响，以利于保护公众和环境。其重要性体现在：

① 保证对所有的化学品做出评价以确定其危害性；

② 为雇主提供一定机制，以从供货者处得到关于作业中使用的化学品的资料，使他们能够有效地实施保护工人免受化学品危害的计划；

③ 为工人提供关于其作业场所的化学品及适当防护措施的资料，以使他们能有效地参与保护计划；

④ 制定关于此类计划的原则，以保证化学品的安全使用。

该公约分七部分共二十七条，第一部分为范围和定义；第二部分为总则；第三部分为分类和有关措施；第四部分为雇主的责任；第五部分为工人的义务；第六部分为工人及其代表的权利；第七部分为出口国的责任。该公约的主要内容概述如下。

1.1.2.1　作业场所

所谓作业场所，指化学品生产、搬运、储存、运输、废弃、设备维护的所有场所。

《作业场所安全使用化学品公约》还指出政府主管当局的责任，主要有：

① 与雇主组织和工人组织协商，制定政策并定期检查；

② 当发现问题时有权禁止或限制使用某种化学品；

③ 建立适当的制度或专门标准，确定化学品的危险特性、评价分类，提出"标识"或"标签"的要求；

④ 制定《安全技术说明书》（MSDS）编制标准。

1.1.2.2　供货人的责任

① 化学品供货人，无论是制造商、进口商或批发商，均应保证做好以下几方面工作。

a. 对生产和经销的化学品在充分了解其特性并对现有资料进行查询的基础上，进行危险性分类和危险性评估；

b. 对生产和经销的化学品进行标识以表明其特性；

c. 对生产和经销的化学品加贴标签；

d. 为生产和经销的危险化学品编制安全技术说明书（MSDS）并提供给用户。

② 危险化学品的供货人应保证一旦有了新的安全卫生资料，应根据国家法规和标准修订化学品标签和安全技术说明（MSDS），并及时提供给用户。

③ 提供还未分类的化学品的供货人，应查询现有资料，依据其特性对该化学品识别、评价，以确定是否为危险化学品。

1.1.2.3　雇主的责任

① 对化学品进行分类；

② 对化学品进行标识或加贴标签，使用前采取安全措施；

③ 提供安全使用说明书，在作业现场编制"使用须知"（周知卡）；

④ 保证工人接触化学品的程度符合主管当局的规定；

⑤ 对工人接触程度评估，并有监测记录（健康监护）；

⑥ 采取措施将危险、危害降到最低程度；

⑦ 当措施达不到要求时，免费提供个体防护用具；

⑧ 提供急救设施；

⑨ 制定应急处理预案；

⑩ 处置废物应依照法律、法规；

⑪ 对工人进行培训并提供资料、作业须知等；

⑫ 与工人及其代表合作。

1.1.2.4　工人的义务

① 与雇主密切合作，遵章守纪；

② 采取合理步骤对可能产生的危害加以消除或降低。

1.1.2.5　工人的权利

① 有权了解化学品的特性、危害性、预防措施和培训程序；

② 当有充分理由判断安全与健康受到威胁时，可以脱离危险区，并不接受不公正待遇。

1.1.2.6　出口国责任

当本国由于安全和卫生方面原因，对某种化学品部分或全部禁止使用时，应及时将事实和原因通报给进口国。

1.2　我国危险化学品的安全管理

到 20 世纪末，我国已能生产各种化学产品四万余种（品种、规格）。现在国内的一些主要化工产品产量已位于世界前列，如化肥、染料产量位居世界第一；农药、纯碱产量居世界第二；硫酸、烧碱居世界第三；合成橡胶、乙烯产量居世界第四；原油加工能力居世界第四。石油和化学工业已经成为国内工业的支柱产业之一。随着经济的发展与科学的进步，石油和化学工业还将会快速发展。

在众多的化学品中，已列入危险货物品名编号的有近 3000 种，这些危险化学品具有易燃性、易爆性、强氧化性、腐蚀性、毒害性，其中有些品种属剧毒化学品。危险化学品生产的发展、品种的增加、经营的扩大，迫切要求加强对危险化学品的安全管理工作。

1.2.1　我国危险化学品安全管理机构及职责

我国政府历来十分重视化学品（尤其是危险化学品）的安全管理工作，设立专门机构，对行业的安全生产工作进行管理。2001 年，国家安全生产监督管理局成立后，将原化学工业部和劳动部有关危险化学品的安全监督管理职责划入国家安全生产监督管理局，同时承担了原由卫生部承担的作业场所职业卫生监督检查职责。为进一步加大对危险化学品的安全管理力度，在 2003 年机构调整中，国家安全生产监督管理局专门设立危险化学品安全监督管理司，具体负责有关危险化学品的安全监督管理工作。危险化学品安全监督管理司综合监督管理危险化学品安全生产工作，主要包括：依法负责危险化学品生产和储存企业的设立及改建和扩建的安全审查、危险化学品包装物和容器专业生产企业的安全审查和定点、危险化学品经营许可证的发放、国内危险化学品登记工作以及监督检查；负责烟花爆竹生产经营单位的安全生产监督管理；依法监督检查化工（含石油化工）、医药和烟花爆竹行业生产经营单位贯彻执行安全生产法律、法规情况及其安全生产条件、设备设施安全和作业场所职业卫生情况；组织查处不具备安全生产基本条件的生产经营单位；组织相关的大型建设项目安全设施的设计审查和竣工验收；指导和监督相关的安全评估工作；参与调查处理相关的特别重大事故，并监督事故查处的落实情况；指导协调或参与相关的事故应急救援工作。

1.2.2　《危险化学品安全管理条例》提出的全面管理体系

为加强对危险化学品的安全管理，2002 年 3 月 15 日我国颁布实施了《危险化学品安全管理条例》。《条例》明确了对危险化学品从生产、储存、经营、运输、使用和废弃处置 6 个环节进行全过程监督管理，同时进一步明确了国家 10 部门的监督管理职责。2011 年 12 月 1 日，新修订的《危险化学品安全管理条例》正式施行，修订后的条例共 8 章 102 条，总结原条例实施以来危险化学品安全管理的实践经验，针对危险化学品安全管理中的新情况、新问题，对危险化学品生产、储存、经营、运输、使用等环节的安全管理制度和措施做了全面的补充、修改和完善。新《条例》针对使用危险化学品从事生产的企业发生事故较多、可用于制造爆炸物品的危险化学品公共安全问题较为突出等薄弱环节，增设了有关使用安全的制度和措施。明确了危险化学品安全管理的范围、责任和要求，各有关部门职责分工更清晰，监管措施可操作性更强，与违法行为设定的法律责任及行为的性质和危害程度更相适应，更有利于加大危险化学品安全监管力度。新修订的《条例》在内容上作出了重大调整和补充，进一步明确了危险化学品单位的主体责任，对负责危险化学品安全监督管理的部门的职责予以明确和细化，加大了对危险化学品非法违法行为的处罚力度，主要包括以下几个方面。

（1）完善了危险化学品的定义和目录发布制度

《条例》根据联合国的危险化学品统一分类及标识制度全球协调系统（GHS）的要求，按照化学品的危害特性确定危险化学品的种类及目录，更加科学明确，与国际接轨。同时，明确了危险化学品目录的发布要求。

（2）健全完善了危险化学品建设项目"三同时"制度以及与有关法律、行政法规的衔接

《条例》规定新建、改建、扩建生产、储存危险化学品的建设项目，必须由安全监管部门进行安全条件审查。同时，与《港口法》、《安全生产许可证条例》、《工业产品许可证条例》进行了衔接。

（3）新设了危险化学品使用安全许可

针对使用危险化学品从事生产的企业事故多发的情况，为从源头上进一步强化使用危险化学品的安全管理，《条例》确立了危险化学品安全使用许可制度，规定使用特定种类危险化学品从事生产且使用量达到规定数量的化工企业，应当取得危险化学品安全使用许可证，该证由设区的市级安全监管部门负责审核发放。

（4）完善了危险化学品经营许可

《条例》将原由省、市两级安全监管部门负责的经营许可调整为由市、县两级安全监管部门负责，下放了许可权限，降低了管理相对人申办危险化学品经营许可的成本，体现了安全监管部门保障和服务经济社会发展，为管理相对人提供便民、高效服务的理念。

（5）完善了生产、储存危险化学品单位的安全评价制度

《条例》规定生产、储存危险化学品的企业，应当委托具备国家规定的资质条件的机构对本企业的安全生产条件每 3 年进行一次安全评价，提出安全评价报告，与《安全生产许可证条例》相衔接。

（6）完善了危险化学品的内河运输规定

原《条例》规定禁止利用内河以及其他封闭水域等航运渠道运输剧毒化学品以及国务院交通部门规定禁止运输的其他危险化学品。考虑到长江等内河运输危险化学品的实际问题，新修订的《条例》作出适当调整，并作出了相应的严格管理规定。

（7）健全完善了危险化学品的登记和鉴定制度

新修订的《条例》规定国家实行危险化学品登记制度，为危险化学品安全管理以及危险化学品事故预防和应急救援提供技术、信息支持。危险化学品生产企业、进口企业，应当向国务院安全监管部门负责危险化学品登记的机构办理危险化学品登记。同时规定化学品的危险特性尚未确定的，由国务院安全监管部门、国务院环境保护主管部门、国务院卫生主管部门分别负责组织对该化学品的物理危险性、环境危害性、毒理特性进行鉴定。

（8）加大了非法违法行为处罚力度

《条例》在行政处罚上作出较大幅度的调整，重点加大了经济处罚的力度。同时，与《安全生产许可证条例》、《生产安全事故报告和调查处理条例》等法律法规进行衔接。

1.2.3 危险化学品安全管理相关法律法规

①《中华人民共和国安全生产法》（2014 年 12 月 1 日起施行）

②《中华人民共和国固体废物污染环境防治法》（2005 年 4 月 1 日起施行）

③《危险化学品安全管理条例》（国务院令第 591 号，2011 年 12 月 1 日起施行）

④《安全生产许可证条例》（国务院令 397 号，2004 年 1 月 13 日起实施）

⑤《易制毒化学品管理条例》（国务院令第 445 号，2005 年 11 月 1 日起施行）

⑥《中华人民共和国内河交通安全管理条例》（国务院令第 355 号，2002 年 8 月 1 日起实施）

⑦《使用有毒物品作业场所劳动保护条例》（国务院令第 352 号，2002 年 5 月 12 日）

⑧《作业场所安全使用化学品公约》（1994 年 10 月 22 日经第八届全国人民代表大会常务委员会第十次会议审议通过）

⑨《国务院关于特大安全事故行政责任追究的规定》（国务院令第 302 号，2001 年 4 月 21 日颁布施行）

⑩《农药管理条例》（国务院令第 326 号，自公布之日起施行，2001 年 11 月 29 日）

⑪《中华人民共和国道路运输条例》（国务院令第 406 号，2004 年 7 月 1 日起实施）

⑫《危险化学品安全使用许可证实施办法》（国家安全生产监督管理总局令第 57 号，2013 年 5 月 1 日起施行）

⑬《危险化学品经营许可证管理办法》（国家安全生产监督管理总局令第 55 号，2012 年 9 月 1 日起施行）

⑭《危险化学品登记管理办法》（国家安全生产监督管理总局令第 53 号，2012 年 8 月 1 日起施行）

⑮《危险化学品建设项目安全监督管理办法》（国家安全生产监督管理总局令第 45 号，2012 年 4 月 1 日起施行）

⑯《危险化学品输送管道安全管理规定》（国家安全生产监督管理总局令第 43 号，2012 年 3 月 1 日起施行）

⑰《危险化学品重大危险源监督管理暂行规定》（国家安全生产监督管理总局令第 40 号，2011 年 12 月 1 日起施行）

⑱《危险化学品生产企业安全生产许可证实施办法》（国家安全生产监督管理总局令第 41 号，2011 年 12 月 1 日起施行）

⑲《建设项目安全设施"三同时"监督管理暂行办法》（国家安全生产监督管理总局令第 36 号，2011 年 2 月 1 日起施行）

⑳《特种作业人员安全技术培训考核管理规定》（国家安全生产监督管理总局令第 30 号，2010 年 7 月 1 日起施行）

㉑《危险化学品生产储存建设项目安全审查办法》（国家安全生产监督管理局第 17 号令，2005 年 1 月 1 日起施行）

㉒《危险化学品名录》（国家安全生产监督管理局 2015 版）

㉓《水路危险货物运输规则》征求意见稿（交通运输部 2014）

㉔《道路危险货物运输管理规定》[交运发（2013）2 号，2013 年 7 月 1 日起实施]

㉕《港口危险货物管理规定》（交通部令 2003 年第 9 号，2004 年 1 月 1 日起实施）

㉖《仓库防火安全管理规则》(中华人民共和国公安部令第 6 号, 1990 年 04 月 10 日)

㉗《危险化学品包装物、容器定点生产管理办法》(2002 年 11 月 15 日起施行)

㉘《铁路危险货物运输管理规则》(铁运 [2008] 174 号)

㉙《铁路安全管理条例》国务院 639 号令, 2014 年 1 月 1 日起实施

㉚铁路剧毒品运输跟踪管理暂行规定 (铁运 [2002] 21 号 2002 年 2 月 28 日)

㉛《工作场所安全使用化学品规定》(劳部发 [1996] 423 号, 1997 年 1 月 1 日)

㉜《危险化学品重大危险源辨识》(GB 18218—2018)

㉝《化学品安全标签编写规定》(GB 15258—2009)

㉞《易燃易爆性商品储存养护技术条件》(GB 17914——2013)

㉟《腐蚀性商品储存养护技术条件》(GB 17915—2013)

㊱《毒害性商品储存养护技术条件》(GB 17916—2013)

㊲《危险货物包装标志》(GB 190—2009)

㊳《危险货物运输包装通用技术条件》(GB 12463—2009)

㊴《建筑设计防火规范》(GB 50016—2014)

㊵《危险货物品名表》(GB 12268—2012)

㊶《爆炸危险场所安全规定》[劳部发 (1995) 56 号]

㊷《化学品物理危险性鉴定与分类整理办法》(国家安全生产监督管理总局令第 60 号, 2013 年 9 月 1 日起施行)

㊸《化学品分类和危险性公示通则》(GB 13690—2009)

㊹《危险化学品经营企业开业条件和技术要求》(GB 18265—2000)

㊺《安全评价通则》(AQ8001—2007)

㊻《放射性物质安全运输规程》(GB 11806—2019)

㊼《危险货物分类和品名编号》(GB 6944—2012)

㊽《职业性接触毒物危害程度分级》(GBZ 230—2010)

㊾《化学品安全技术说明书　内容和项目顺序》(GB/T 16483—2008)

复习思考题

1. 化学品的概念是什么?

2.《170 号公约》的宗旨是什么? 其重要性在哪些方面得到体现?

3.《作业场所安全使用化学品公约》规定了哪些责任、义务与权力, 主要内容是什么?

4.《危险化学品安全管理条例》提出的全面管理体系包含哪些内容?

第 2 章

危险化学品安全管理

2.1 概述

2.1.1 危险化学品生产及安全

（1）危险化学品生产特点

危险化学品行业是危险性较大的行业，生产的危险性主要是由所处理物料的危险性及工艺过程的危险性所决定的。

① 所处理的物料（原料、中间产物及成品等）大多具有易燃、易爆的特性，如石油、汽油、氢气、一氧化碳、甲烷等。有些物料往往有毒，有的毒性还很强，如一氧化碳、氨气、氯气、硫化氢、光气等。此外，有些物质甚至还具有很强的腐蚀性，如盐酸、硫酸等。

② 工艺过程复杂，工艺条件苛刻，工艺上常常需要高压、高温或深度冷冻等。

③ 作业方式多样化。石油炼制及相关的石油化工生产装置规模大型化、连续化、自动化；染料、农药等化工生产常采用间歇式，产量不大、品种繁多；钻井、采油作业等因在野外作业，不得不在各种各样恶劣的气候条件下工作。

（2）主要危险

石油、化工生产潜在的主要危险是火灾、爆炸、致人中毒等。石油、化工生产一旦发生事故，往往会带来严重的后果，造成众多人员伤亡、巨额的财产损失，还会严重污染环境。

2.1.2 危险化学品及其危害

2.1.2.1 危险化学品的概念

根据《危险化学品安全管理条例》，危险化学品是指具有毒害、腐蚀、爆炸、燃烧、助燃等性质，对人体、设施、环境具有危害的剧毒化学品和其他化学品。

危险化学品目录，由国务院安全生产监督管理部门会同国务院工业和信息化、公安、环境保护、卫生、质量监督检验检疫、交通运输、铁路、民用航空、农业主管部门，根据化学品危险特性的鉴别和分类标准确定、公布，并适时调整。

为了便于对危险化学品生产、使用、储存、经营与运输的安全管理，应当对危险化学品进行统一编号。中国的危险化学品品名编号由 5 位阿拉伯数字组成，分别表示为危险品所属类别、项别和顺序号，如图 2-1 所示。

在原危险品的分类中，每一类还根据其危险性大小分为一、二两个级别，由于其与国际分类标准不统一，

图 2-1 中国危险化学品编号规则

因此新标准修订后未再采用。但是由于原分类方法已使用多年，人们习惯了一、二级的分法，使用新标准在编号时，对一、二级危险化学品有所区别。方法是序号 500 号以前的物品为一级危险品，500 号以后的为二级危险品。例如：编号为 41058，说明此物品系一级易燃固体（如任何地方都可以擦燃的火柴）；编号为 41551，此物品系二级易燃固体（如安全火柴）。比照火灾危险性分类的特性依据，对于第二类第一项和第三类至第五类危险品，可以按序号 500 号以前的危险品为甲类火灾危险性，序号 500 号以后的危险品为乙类火灾危险性来确定。

2.1.2.2 危险化学品的危险特性

① 化学品活性与危险性。许多具有爆炸特性的物质其活性都很强，活性越强的物质其危险性就越大。

② 危险化学品的燃烧性。压缩气体和液化气体、易燃液体、易燃固体、自燃物品和遇湿易燃物品、氧化剂和有机过氧化物等均可能发生燃烧而导致火灾事故。

③ 危险化学品的爆炸危险。除了爆炸品之外，压缩气体和液化气体、易燃液体、易燃固体、自燃物品和遇湿易燃物品、氧化剂和有机过氧化物等都有可能引发爆炸。

④ 危险化学品的毒性。除毒害品和感染性物品外，压缩气体和液化气体、易燃液体、易燃固体等中的一些物质也会致人中毒。

⑤ 腐蚀性。

2.1.2.3 危险化学品的危害

危险化学品的危害很大，主要的可以归纳为以下 3 个方面。

① 绝大部分危险化学品为易燃易爆物品，爆炸品、压缩气体和液化气体、易燃液体、易燃固体、自燃物品和遇湿易燃物品、氧化剂和有机过氧化物自不必说，就是有毒品和腐蚀品也有许多本身就属于易燃易爆物品，加之在生产或者使用危险化学品的过程中，往往处于温度、压力的非常态（如高温或低温、高压或低压等），因此，如果在生产、储存、使用、经营以及运输危险化学品时管理不当，失去控制，很容易引起火灾爆炸事故，造成巨大损失。

② 相当一部分危险化学品属于化学性职业危害因素，可能导致职业病，如现在已经有150～200 种危险化学品被认为是致癌物。如果有毒品和腐蚀品因生产事故或管理不当而散失，则可能危及人的生命。

③ 如果危险化学品流失（如汽车倾翻、容器破裂等），可能造成严重的环境污染（如对水、大气层、空气、土壤等的污染等），进而影响人的健康。如屡见报端的大型油轮在海上发生原油或其他油品泄漏事故，对周边海域及海岸造成污染，给生态环境及人类生活造成的影响是难以估量的。

危险化学品的这些危害日益引起全世界各国政府与人民的重视。人们从法律、管理、教育培训和技术等各个方面采取措施，力求减轻危险化学品的危害。

2.1.3 危险化学品安全管理的重要性

2.1.3.1 石油石化行业的高速发展需要加强对危险化学品的安全管理

一方面，与世界各国一样，石油、石化行业在国民经济发展中有着十分重要的地位。随着我国经济快速、持续发展，大型石化企业、原油、成品油库遍布全国大中城市，一些主要化工产品的产量已位居世界前列。另一方面，由于石油、石化行业是危险化学品集中的行业，它的原料、辅料、产品、副产品及中间产品等绝大多数属于危险化学品，而且在生产、储存、使用、运输中，存在着有一定火灾爆炸危险性的高温、高压、低温、低压等过程，更增加了发生火灾爆炸事故的可能性。从最近对重大危险源普查情况来看：

城市重大危险源绝大多数在石化行业，而且重大危险源的数量呈增长趋势。因此，从预防重大事故的角度来讲，加强对存有危险化学品的作业场所和设施设备的安全性及对生产、储存、使用、经营、运输危险化学品和处置废弃危险化学品过程的安全监督与管理就显得更为重要。

2.1.3.2　与国际接轨的需要应加强对危险化学品的安全管理

据美国化学文摘登录，全世界已有的化学品多达 700 万种，其中已作为商品上市的有 10 万余种，经常使用的有 7 万多种，每年全世界新出现化学品有 1000 多种。这些化学品中有相当一部分为危险化学品。为此，发达国家已经制定了较为完善的危险化学品管理的法律法规，对危险化学品实施全生命周期的管理。为消除或减少危险化学品对人类尤其是劳动者的危害，1990 年 6 月国际劳工组织第七十七届会议通过了《作业场所安全使用化学品公约》（第 170 号公约）。我国加入 WTO 后，基于某些国际法律、法规、规则的约束，对危险化学品安全管理提出了很多新要求。1994 年第八届全国人大常委会第 10 次会议批准了第 170 号公约，并于 2002 年 1 月由国务院第 52 次常务会议通过并公布了《危险化学品安全管理条例》。2011 年 2 月 16 日国务院第 144 次常务会议修订通过《危险化学品安全管理条例》，自 2011 年 12 月 1 日起正式施行。

2.1.3.3　中国 GHS 实施情况

《全球化学品统一分类和标签制度》（GHS）是由联合国出版的作为指导各国控制化学品危害和保护人类和环境的统一分类制度文件。封面为紫色，又称为紫皮书。各个国家可以采取"积木式"方法，选择性实施符合本国实际情况的 GHS 危险种类和类别。

在 2002 年 12 月召开的联合国危险货物运输和全球化学品统一分类及标签制度专家委员会首次会议上，通过了第一版 GHS 文件。2003 年 7 月，联合国正式出版第一版。联合国危险货物运输和全球化学品统一分类和标签制度专家委员会每年召开两次会议讨论 GHS 的相关内容，每隔两年发布修订的 GHS 文件。截至 2014 年年底，GHS 文件已经进行了 5 次修订。

1992 年联合国召开的环境与发展大会（UNCED）通过了《21 世纪议程》文件，第 19 章关于有毒化学品环境无害化管理中确认了将"统一全球化学品分类和标签制度"列为需要完成的六项化学品国际安全行动计划之一，《21 世纪议程》中建议："如果可行的话，到 2000 年应当提供全球化学品统一分类和与之配套的标签制度，包括化学品安全技术说明书和易理解的图形符号"。

2002 年 9 月 4 日联合国在南非约翰内斯堡召开的可持续发展全球首脑会议上通过的《行动计划》文件中提出，鼓励各国尽早执行新的全球化学品统一分类和标签制度，以期让该制度从 2008 年起能够全面运转。2002 年底，我国成为联合国危险货物运输和全球化学品统一分类和标签制度专家委员会下设全球化学品统一分类和标签制度专家分委员会的正式成员。

2011 年联合国经济和社会理事会 25 号决议指出，要求 GHS 专家小组委员会秘书处邀请尚未采取必要步骤执行 GHS 的各国政府尽快通过适当国内程序或立法执行该制度。

经 2011 年 2 月 16 日国务院第 144 次常务会议修订通过，自 2011 年 12 月 1 日起施行的《危险化学品安全管理条例》明确了在危险化学品的生产、储存、使用、经营、运输过程中实施安全监督管理的相关部门的职责，修订后的条例对危化品按照 GHS 重新进行了定义，并在分类、标签和安全技术说明书（SDS）等方面作出了规定，使 GHS 的实施具有法律依据。

2013 年 4 月，中华人民共和国工业和信息化部正式出版《中国 GHS 实施手册》，2013 年《危险化学品名录》（征求意见稿）中按照 GHS 对危险化学品进行分类。

中国 GHS 相关国标：

GB 13690—2009 化学品分类和危险性公示通则

GB 20576～GB 20599、GB 20601 和 GB 20602《化学品分类、警示标签和警示性说明安全规范》(2006 版)

GB/T 24774—2009《化学品分类和危险性象形图标识通则》

GB 15258—2009 化学品安全标签编写规定

GB/T 22234—2008《基于 GHS 的化学品标签规范》

GB 16483—2008 化学品安全技术说明书内容和顺序

GB 190—2009 危险包装

中国正逐步建立、完善 GHS 国家协调机制，修订相关法律法规、标准。鉴于以往实施的法规不完善、实际操作有难度，根据《化学品统一分类和标签全球协调制度》修订的中国危险化学品分类和标签管理体系，无论从数据深度上还是风险管理上，都将在现有基础上有较大的进步。实施 GHS，不仅有利于保护我国国民健康和环境的可持续发展，而且有利于促进化学品进出口贸易和信息传递。

2.2 危险化学品生产安全管理

2.2.1 生产单位的特点及其生产安全的重要性

危险化学品生产单位（简称生产单位）主要分布在石油、化工行业。石油、化学工业是国民经济的基础产业，它的发展有力地促进了工农业生产，巩固了国防，提高和改善了人民生活。但是其生产过程存在着许多不安全因素和职业危害，有着较大的危险性。这主要是由于危险化学品生产（简称石油化工生产）具有以下特点。

(1) 石油化工生产中的物料绝大多数属于危险化学品，具有潜在危险性

石油化工生产使用的原料、中间产品和产品绝大多数具有易燃易爆、有毒有害、腐蚀等危险性。例如：生产聚氯乙烯树脂的原料乙烯、甲苯和 C_4 以及中间产品二氯乙烷、氯乙烯等都是易燃易爆物质；氯气、二氯乙烷、氯乙烯具有较强毒性，并且氯乙烯有致癌作用；氯气和氯化氢在有水分存在时具有强腐蚀性。物料的这些潜在危险性决定了在生产、使用、储存、运输等过程中，稍有不慎就会酿成事故。

(2) 石油化工生产工艺过程复杂，工艺条件苛刻

石油化工生产从原料到产品，一般都需要经过许多工序和复杂的加工单元，通过多次反应或分离才能完成。例如，炼油生产的催化裂化装置，从原料到产品要经过 8 个加工单元；裂解装置从原料裂解到分离出成品乙烯需要经过 12 个化学反应和分离单元。

有些石油化工生产过程的工艺参数前后变化很大。例如，以轻柴油裂解生产乙烯进而生产聚乙烯的过程中，裂解操作温度近 1000℃；裂解气深冷分离温度则近 -100℃；高压聚乙烯生产最高聚合压力达 300MPa。这样的工艺条件，加上许多介质具有强腐蚀性，受压容器较容易遭到破坏。还有些反应过程要求的工艺条件很苛刻，例如用丙烯和空气直接氧化生产丙烯酸的反应，各种物料就处于爆炸极限附近，而且反应温度超过中间产品丙烯醛的燃点，生产控制上稍有偏差就可能发生爆炸。

(3) 生产规模大型化

为了降低单位产品的投资、成本及能耗，提高经济效益，石油化工生产日趋大型化。例如，炼油装置规模已达 800 万吨/年；乙烯装置规模已达 60 万～70 万吨/年等。装置的大型化提高了生产率，但是一方面规模越大，使用的设备、机械越多，发生故障的可能性越大；另一方面，规模越大，储存的危险物料越多，潜在的危险能量也越大。一旦发生事故，后果往往也越严重。

（4）生产过程连续化、自动化

目前，石油化工生产，特别是大、中型石油化工生产多为连续化生产，前后单元息息相关，相互制约。某一环节发生故障，常常会影响到整个生产的正常运行；某一装置发生事故，也有可能波及其他邻近装置。

由于生产大型化、连续化和工艺过程复杂化，石油化工生产的自动化水平也不断提高。生产自动化增加了装置控制的可靠性，但是控制系统和仪器仪表也存在发生故障的可能，从而导致监测和控制失效，导致事故的发生。

此外需要说明的是，目前精细化工生产（如染料、医药、涂料、香料等）中还有一些间歇生产操作。在间歇操作时，由于人机接触较近，岗位环境差，劳动强度大，致使伤亡事故难以避免。

一般来说，由于自身特点，石油化工生产发生事故的可能性比其他行业要大，一旦发生，事故的后果也较为严重，甚至给社会带来灾难性破坏。因此，安全在石油化工生产中有着非常重要的作用，安全是石油化工生产的前提和保证。从某种意义上说，"安全第一"对于石油化工生产尤为重要。

2.2.2　企业必须具备的基本条件

《条例》对生产、储存、使用和经营、运输危险化学品单位的基本条件做出了明确规定，这也是这些单位在申请开业时必须具备的条件，因为这是单位安全运行的基本安全保障。这些基本条件是危险化学品生产、储存企业的安全保证，是企业必须做到的，否则不能允许投产、开业。

（1）有符合国家标准的生产工艺、设备和储存方式、设施

生产工艺、设备设施本身是否存在危险隐患，直接关系到生产、储存系统的安全性，因此危险化学品生产、储存企业的生产工艺、设备和储存方式、设施必须符合国家标准的相应要求。

（2）工厂、仓库的周边防护距离符合国家标准或者国家有关规定

工厂、仓库的周边防护距离是为了减轻事故损失而规定的。当危险化学品工厂或仓库发生危险化学品事故时，由于有防护距离存在，能够避免或减少对周边相邻工厂、设施或者建筑物等的破坏，从而降低事故造成的损失。如果间距达不到防火间距的要求，一旦发生事故，不但会给本单位造成损失，还可能波及邻近的单位甚至居民区。

在很多技术规范中，如《建筑设计防火规范》、《石油化工设计防火规范》、《原油与天然气工程设计防火规范》等，对各类建筑物、厂房、库房、生产装置和设施之间的防火间距做了规定，在设计与建设时必须遵守。表2-1和表2-2所示为有关技术规范中规定的危险化学品企业与周边设施的防火间距举例。

表 2-1　石油化工企业与相邻工厂或设施的防火间距　　　　单位：m

石油化工企业生产区 相邻工厂或设施	除液化烃罐组、可能携带可燃液体的高架火炬外的工艺或设施	液化烃罐组	可能携带可燃液体的高架火炬
居住区、公共福利设施、村庄	100	120	120
相邻工厂（围墙）	50	120	120
国家铁路线（中心线）	45	55	80
厂外企业铁路线（中心线）	35	45	80

续表

相邻工厂或设施＼石油化工企业生产区	除液化烃罐组、可能携带可燃液体的高架火炬外的工艺或设施	液化烃罐组	可能携带可燃液体的高架火炬
国家或工业区铁路编组站(铁路中心线或建筑物)	45	55	80
厂外公路(路边)	20	25	60
变配电站(围墙)	50	80	120
架空电力线路(中心线)	1.5 倍电杆高度		80
Ⅰ、Ⅱ级国家架空通信线路(中心线)	40	50	80
通航江河岸边	20	25	80

表 2-2　油气井与周围建（构）筑物、设施的防火间距　　　　　单位：m

周围建(构)筑物及设施＼油气井	自喷井、气井、单井、拉油井	机械采油井
一、二、三、四级站、库储罐及甲、乙类容器	40	20
100 人以上的居民区、村镇、公共福利设施	45	25
相邻厂矿企业	40	20
铁路　国家线	40	20
铁路　企业专用线	30	15
公路	15	10
架空通信线　国家Ⅰ、Ⅱ级线	40	20
架空通信线　其他通信线	15	10
35kV 及以上独立变电所	40	20
架空通信线　35kV 以下	1.5 倍电杆高度	
架空通信线　35kV 及以上		

（3）有符合生产或者储存需要的管理人员和技术人员

人是保证安全生产的主体。有关人员必须具备能够保证本岗位安全的必要知识与技能。为此他们必须接受有关法律、法规、规章、制度和有关安全技术、职业卫生及应急救援方面知识与技能的培训，并且要经考核合格，方可上岗。只有接受培训与考核，才能保证从业人员的必备素质和基本技能，从而使得有关危险化学品安全管理的各项法律法规、规章制度在企业中得到较好的遵守、实施。

（4）有健全的安全管理制度

生产、储存或使用危险化学品的企业必须建立、健全企业安全管理规章制度。一般包括安全生产责任制、安全教育制度、安全检查制度、安全技术措施管理制度、生产性基建工程实施"三同时"制度、设备管理制度、电气安全制度、施工与检修制度、安全操作规程、防火与防爆制度、危险化学品管理制度和事故管理制度等。

（5）符合法律、法规规定和国家标准要求的其他安全条件

如有本单位的事故应急救援预案；有符合法律、法规标准的消防设施。

设立剧毒化学品生产、储存的企业和其他危险化学品生产、储存的企业，应当分别向省、自治区、直辖市人民政府负责危险化学品安全监督管理综合工作的部门和设区的市级人民政府负责危险化学品安全监督管理综合工作的部门提出申请，并提交下列文件：

① 可行性研究报告；

② 原料、中间产品、最终产品或者储存的危险化学品的燃点、自燃点、闪点、爆炸极限、毒性等理化性能指标；

③ 包装、储存、运输的技术要求；

④ 安全评价报告；

⑤ 事故应急救援措施；

⑥ 符合危险化学品生产、储存企业规定条件的证明文件。

省、自治区、直辖市人民政府负责危险化学品安全监督管理综合工作的部门或者设区的市级人民政府负责危险化学品安全监督管理综合工作的部门收到申请和提交的文件后，应当组织有关专家进行审查，提出审查意见后，报本级人民政府做出批准或者不予批准的决定。依据本级人民政府的决定，予以批准的，由省、自治区、直辖市人民政府负责危险化学品安全监督管理综合工作的部门或者设区的市级人民政府负责危险化学品安全监督管理综合工作的部门颁发批准书；不予批准的，书面通知申请人。

申请人凭批准书到工商行政管理部门办理登记注册手续。

2.2.3　危险品生产单位的主要安全管理制度

为了执行国家职业安全卫生法律法规，生产单位必须结合自身的具体情况，建立本单位的安全生产管理制度。生产单位安全管理制度是企业的"法规"，是实施本单位职业安全卫生工作的指南，也是做好此项工作的基本保证。

生产单位安全管理制度种类繁多，就危险品生产单位而言，首先应当建立单位通用的最基本的管理制度，包括：

① 安全生产责任制度；

② 安全教育制度；

③ 安全检查制度；

④ 事故管理制度等。

此外，还应当制定一些基于自身生产特点的管理制度，主要有：

① 安全用火管理制度；

② 安全技术措施管理制度；

③ 装置停工检修安全制度；

④ 危险化学品管理制度；

⑤ 压力容器安全管理制度；

⑥ 厂内交通安全管理制度；

⑦ 安全用电管理制度；

⑧ 消防设施、火灾预防和扑救及应急救援管理制度；

⑨ 职业病防治管理制度。

由于篇幅关系，本部分只对几项较为重要的安全管理制度进行简要介绍。

2.2.3.1　安全生产责任制度

安全生产责任制度是生产单位中一项最为核心的、最基本的管理制度，根据"安全生产，人人有责"的原则，"纵向到底，横向到边"，明确单位每个部门、每个职工的安全职责。其内容主要包括：单位最高行政领导的安全职责；单位主要负责人对本单位的安全生产工作全面负责；其他负责人（副职），在各自职责范围内协助主要负责人做好本单位的安全生产工作。本着"管生产必须管安全"的原则，主管生产的副职负责具体的安全生产管理工作。

（1）各级行政领导的安全职责

各级生产单位（如分厂、车间、工段等）主要负责人对本单位的安全生产工作全面负责，副职协助主要负责人做好本单位安全生产工作。

（2）安全生产管理部门及安全生产管理人员的安全职责

各级安全生产管理部门及专、兼职管理人员的职责是协助本（级）单位安全生产负责人组织、推进和落实各项安全生产工作。

（3）职能部门的安全职责

安全生产工作渗透在生产全过程的各个方面，所以单位的各职能部门（如生产调度、生产技术、设备管理、基建、财务和宣传等部门），都要在自己的本职工作范围内，对安全生产工作负责。

（4）班组长的安全职责

班组是单位的最基层单位，是落实各项安全工作的关键。从某种意义上说，班组长又是关键的关键。班组长要从对单位和职工负责的高度，认真履行自己的安全职责，保证本班组的安全生产。

（5）岗位职工的安全职责

岗位职工的安全职责主要是：遵章守纪，严格遵守安全操作规程；认真接受安全教育培训，提高自身的安全素质；发现事故隐患和职业危害作业点，要及时报告。做到既保护自己，又保护别人。

2.2.3.2 安全教育制度

安全教育必须贯彻"全员、全面、全过程、全天候"的原则。安全教育要有针对性、科学性，做到制度化、经常化、多样化。

（1）危险品生产单位主要负责人和安全管理人员的培训考核

按照《安全生产法》的规定要求，涉及危险品单位的主要负责人和安全生产管理人员（简称主要负责人和安全管理人员），必须进行安全资格培训，经安全生产监督管理部门或法律法规规定的有关主管部门考核合格，并取得安全资格证书后，方可任职。为此有关主管部门分别拟定了危险品生产单位主要负责人和安全生产管理人员的《安全培训大纲》和《考核标准》。明确主要负责人和安全管理人员的培训考核采用国家推荐的培训教材，集中培训考核的办法。

安全培训包括相关法律法规、安全管理、安全技术理论和实际安全管理技能培训。主要内容为：

① 危险化学品安全管理法律法规；

② 危险化学品安全管理基础知识；

③ 安全技术理论；

④ 重大危险源与危险化学品事故应急救援；

⑤ 职业危害及其预防等。

每年再培训主要内容为：

① 有关危险化学品安全生产新的法律、法规、规章、规程、标准等；

② 有关危险化学品生产的新技术、新材料、新工艺、新设备及其安全技术与管理要求；

③ 国内外危险化学品生产单位的安全生产管理经验；

④ 典型危险化学品事故案例及其分析等。

该两类人员的安全培训时间不得少于48学时，每年再培训时间不得少于16学时。

（2）生产单位各职能部门和各级生产单位负责人及管理人员、生产班组长的教育培训考核生产单位各职能部门和各级生产单位负责人及管理人员、生产班组长，由生产单位组织实施安全教育培训，经考核合格后，方可上岗任职。主要内容包括：

① 职业安全卫生法律法规；

② 劳动安全、职业卫生知识与技能；

③ 本单位的危险、危害因素及其防范措施；

④ 各个岗位的安全生产职责；

⑤ 事故抢救与应急救援措施；

⑥ 典型事故案例等。

培训要求及培训时间等由本单位制定。

（3）职工的安全教育培训

① 新职工的安全教育培训。所有新职工（包括所有用工形式职工及实习人员）上岗前必须进行三级（厂级、车间级、班组级）安全教育培训，经考核合格后，方可上岗。

a. 厂级安全教育由生产单位安全部门会同劳资、人事部门组织实施，主要内容为：有关安全生产法律法规；通用安全技术和职业卫生基本知识；本单位概况及安全生产情况介绍；本行业及本单位安全生产规章制度和劳动纪律、工作纪律、工艺纪律、操作纪律等；典型事故案例及其教训等。职工经考核合格后，才能分配到车间。

b. 车间级安全教育培训由车间负责人组织实施。其主要内容为：本车间概况和安全生产、职业卫生状况；本车间主要危险危害因素及其防范措施；本车间安全生产规章制度及安全操作规程；典型事故案例及事故应急处理措施等。职工经考核合格后，才能分配到班组。

c. 班组级安全教育由班组长组织实施。其主要内容为：本岗位安全操作规程；本岗位生产设备、安全设施、劳动防护用品的使用方法及安全注意事项；典型事故案例及事故应急处理措施等。职工经考核合格后，方可上岗。

一般新职工入厂安全教育培训时间不得少于 24 学时；危险品生产单位的新职工入厂安全教育培训时间不得少于 48 学时。

② 职工调整工作岗位或者离岗 1 年以上重新上岗时，应进行车间级、班组级安全生产教育培训。

单位实施新工艺、新技术或者使用新设备、新材料时，应对相关职工进行有针对性的安全生产教育培训。

③ 特种作业人员的安全技术培训考核。由于特种作业人员操作危险性较大，容易发生事故，因此对他们的安全教育培训有较为严格的要求：特种作业人员必须接受与本工种相适应的、专门的安全技术培训，经安全理论考核和实际操作技能考核合格，取得特种作业操作证后方可上岗作业。未经培训或者培训不合格者，不得上岗作业。

对职工的安全教育培训不能一劳永逸，生产单位在安全教育制度中应对经常性的安全教育培训做出规定要求。

此外，安全教育制度中还应对外来人员入厂安全教育培训做出规定。

2.2.3.3 安全生产许可证制度

国家对危险化学品生产企业实行安全生产许可制度。企业未取得安全生产许可证的，不得从事生产活动。国务院安全生产监督管理部门负责中央管理的危险化学品企业安全生产许可证的颁发和管理。省、自治区、直辖市人民政府安全生产监督管理部门负责前款规定以外的危险化学品的颁发和管理，并接受国务院安全生产监督管理部门的指导和监督。

企业取得安全生产许可证，应当具备下列安全生产条件：

① 建立、健全安全生产责任制，制定完备的安全生产规章制度和操作规程；

② 安全投入符合安全生产要求；

③ 设置安全生产管理机构，配备专职安全生产管理人员；

④ 主要负责人和安全生产管理人员经考核合格；

⑤ 特种作业人员经有关业务主管部门考核合格，取得特种作业操作资格证书；

⑥ 从业人员经安全生产教育和培训合格；

⑦ 依法参加工伤保险，为从业人员缴纳保险费；

⑧ 厂房、作业场所和安全设施、设备、工艺符合有关安全生产法律、法规、标准和规程的要求；

⑨ 有职业危害防治措施，并为从业人员配备符合国家标准或者行业标准的劳动防护用品；

⑩ 依法进行安全评价；

⑪ 有重大危险源检测、评估、监控措施和应急预案；

⑫ 有生产安全事故应急救援预案、应急救援组织或者应急救援人员，配备必要的应急救援器材、设备；

⑬ 法律、法规规定的其他条件。

企业进行生产前，应当依照本条例的规定向安全生产许可证颁发管理机关申请领取安全生产许可证，并提供符合上述条件的相关文件、资料。

2.2.3.4　安全检查制度

安全检查是生产单位安全管理的重要手段之一。要坚持领导与群众相结合、普遍检查与专业检查相结合、检查与整改相结合的原则，做到制度化、经常化。

安全检查的主要内容是查领导、查思想、查制度、查纪律（包括劳动纪律、工艺纪律、工作纪律和施工纪律等）、查管理、查隐患、查整改等。单位安全检查有以下几种形式。

（1）综合性安全检查

综合性安全检查的基本内容是对岗位安全责任制的大检查。这种检查属于定期检查，检查频次由各单位自行确定，例如，公司级 1 次/半年、厂级 1 次/季、车间 1 次/月等。

这种检查由各单位负责人组织，由领导、管理人员和岗位工人（一般由工会代表）三结合进行。

（2）专业性安全检查

专业性安全检查主要是根据需要，定期或者不定期地对本单位关键生产装置、要害部位、关键设备、设施以及特种设备、特种作业、安全设施、危险物品、消防器材、防尘防毒等，分别进行有针对性的检查。

这种检查应组织专业技术人员或者委托有资质的中介机构进行。

（3）季节性安全检查

季节性安全检查是根据季节特点和对安全生产工作的影响，由安全管理部门组织专业技术人员和相关人员进行，如雨季防雷、防洪；夏季防暑降温；冬季防火、防寒为主要内容的安全检查等。

（4）日常安全检查

日常安全检查指由各级领导、职能部门管理人员及技术人员，经常性的现场安全检查，重点是各项安全制度、岗位安全责任制、巡回检查制和交接班制的执行情况。

（5）不定期安全检查

不定期安全检查指在一些容易发生事故的生产阶段进行的安全检查。例如：停工检修前、检修中、检修完成开工前以及新建、改建、扩建装置试车前，必须组织有效的安全检查。

安全检查是手段，消除事故隐患才是目的。无论何种形式的安全检查，都要对查出的事故隐患逐项研究，制定整改方案。做到"三定"（定措施、定负责人、定完成期限）、"三不交"（班组能整改的不交车间，车间能整改的不交厂，厂能整改的不交上级）。

在制度中要明确检查人员的职责和权利。责、权分明，才能保证安全检查顺利进行。

2.2.3.5　事故管理制度

为了及时报告、调查处理和统计事故，进一步采取预防措施，防止同类事故再次发生，生产单位必须根据国家有关法律法规并结合本单位实际情况，制定"事故管理制度"。其主要内容包括：

① 事故分类和性质（严重程度）分级；
② 事故报告；
③ 事故调查；
④ 事故处理；
⑤ 事故统计分析。

2.2.3.6　安全用火管理制度

这是上述一般生产经营单位的最基本管理制度以外，对于危险化学品生产单位最重要的安全管理制度。这类单位由于危险化学物品集中，其中绝大多数为易燃易爆物品，很容易引起火灾爆炸事故——这是危险品生产单位最主要的事故类别。因此，制定"安全用火管理制度"，严格控制点火源非常重要。下面简要介绍安全用火管理制度的主要内容。

（1）危险品生产单位用火管理范围
① 气焊、电焊、铅焊、锡焊和塑料焊；
② 喷灯、火炉、液化气炉和电炉；
③ 烧烤煨管、熬沥青或锤击（产生火花）物件；
④ 明火取暖或明火照明；
⑤ 生产装置和罐区临时用电，包括使用电钻、砂轮、风镐等；
⑥ 机动车辆（包括电瓶车）及畜力车进入生产装置区和罐区；
⑦ 在生产装置区和罐区内使用雷管、炸药等进行爆破；
⑧ 对未经安全处理或未开孔洞的密封容器用火。

（2）用火分级管理
根据用火部位的危险程度，将用火分为三级进行管理。
① 凡属下列地点用火均为一级用火。
a. 正在运行的生产装置区；
b. 各类油罐区、气罐区、有毒介质区和液化气区；
c. 有易燃易爆液体及有毒介质的泵房和机房；
d. 易燃易爆液体和气体的装卸区和洗槽区；
e. 工业污水场、含有易燃易爆液体的循环水场、凉水塔和工业下水系统的油池、油沟和管道（包括距上述地点5m以内的地面）；
f. 危险化学品仓库；
g. 输送易燃易爆液体和气体的管线；
h. 带油、带压、带有其他可燃性介质或有毒介质的容器、设备和管线一般不允许用火。确属生产需要时，作为特殊用火处理。

② 属下列地点用火均为二级用火。

a. 停工检修并经吹扫处理、化验分析合格的易燃易爆、有毒生产装置；

b. 从易燃易爆、有毒生产装置或系统拆除后，运到存放地点的容器、管线等，经吹扫处理、化验分析合格者；

c. 全厂系统管网区；

d. 仓库、车库及木材加工场；

e. 生产装置区、罐区的非防爆场所（如操作间、配电室）；

f. 在罐区内新建罐的施工用火。

③ 在厂区内，除一、二级用火以外的临时用火均属三级用火。

④ 生产单位可在没有危险的区域，划出固定用火区，并严格管理。凡可拆卸并有条件移到用火区焊补的物件，必须在固定用火区焊补，尽可能减少在禁火区的用火次数。

固定用火区必须符合下列要求：

a. 与内有易燃易爆物质的设备、储罐、仓库、堆场等的距离应符合有关防火规范中防火间距的要求；

b. 在任何气象条件下，固定用火区内的可燃气体浓度均在允许浓度以下；

c. 周围 10m 内不能存放易燃易爆物质；在采取可行措施妥善保管的情况下，允许存放少量的有盖桶装电石；

d. 室内的固定用火区与防爆生产现场隔开，不准有门窗、地沟连通；

e. 用火区内应备有适用的、数量足够的灭火器具，并设置"用火区"的明显标志。

（3）用火审批权限

无论哪级用火都要经过申报、审批。申报负责人和用火负责人经过对动火现场的检查，制定防火措施，填写火票，才能申报；审批负责人也要经过对动火现场认真检查，制定可靠的防火措施，才能审批。

① 一级用火。由生产车间负责人会同施工单位用火负责人，在动火前一天报送安全管理部门审批。

② 二级用火。由车间指定的用火负责人制定防火措施，填写火票，再经车间负责人审批。

③ 三级用火由施工单位负责人制定、落实防火措施填写火票，报送消防队或者安全管理部门审批。

④ 固定用火区。由用火单位提出申请，经厂安全管理部门会同消防部门审查批准。

（4）安全用火的基本原则

① 动火应严格执行安全用火管理制度，做到"三不动火"，即没有批准的火票不动火，防火监护人不在场不动火，防火措施不落实不动火。

② 在正常生产装置内，凡是可动可不动火的一律不动；凡能拆下来的一律拆下来，移到安全区域动火；节假日不影响正常生产的用火，一律禁止。

③ 凡在生产、储存、输送可燃物料的设备、容器、管道上动火，应首先切断物料来源，加好盲板，经彻底吹扫、清洗、置换后，打开人孔，通风换气，并经分析合格后，才可动火。

④ 用火审批人必须亲临现场，落实防火措施后，方可签发火票。一张火票只限一处有效。

⑤ 动火人和防火监护人在接到火票后，应逐项检查防火措施的落实情况，防火措施不落实或防火监护人不在场，动火人有权拒绝动火。

⑥ 生产装置进行大、中修，因动火工作量大，对于易燃、易爆及有毒物料都应彻底撤

出，送至装置外存放，并加盲板与装置完全隔绝。

2.2.4 危险化学品生产的主要技术要求

2.2.4.1 安全距离

除运输工具加油站、加气站外，危险化学品的生产装置和储存数量构成重大危险源的储存设施，与下列场所、区域的距离必须符合国家标准或者国家有关规定：

① 居民区、商业中心、公园等人口密集区域；

② 学校、医院、影剧院、体育场（馆）等公共设施；

③ 供水水源、水厂及水源保护区；

④ 车站、码头（按照国家规定，经批准专门从事危险化学品装卸作业的除外）、机场以及公路、铁路、水路交通干线、地铁风亭及出入口；

⑤ 基本农田保护区、畜牧区、渔业水域和种子、种畜、水产苗种生产基地；

⑥ 河流、湖泊、风景名胜区和自然保护区；

⑦ 军事禁区、军事管理区；

⑧ 法律、行政法规规定予以保护的其他区域。

已建危险化学品的生产装置和储存数量构成重大危险源的储存设施不符合前款规定的，由所在地设区的市级人民政府负责危险化学品安全监督管理综合工作的部门监督其在规定期限内进行整顿；需要转产、停产、搬迁、关闭的，报本级人民政府批准后实施。

重大危险源，指生产、运输、使用、储存危险化学品或者处置废弃危险化学品，且危险化学品的数量等于或者超过临界量的单元（包括场所和设施）。

2.2.4.2 生产许可证及企业改建、扩建

依法设立的危险化学品生产企业，必须向国务院质检部门申请领取危险化学品生产许可证；未取得危险化学品生产许可证的，不得开工生产。

危险化学品生产、储存企业改建、扩建的，必须依照有关规定履行审批手续。

任何单位和个人不得生产、经营、使用国家明令禁止的危险化学品。

禁止用剧毒化学品生产灭鼠药以及其他可能进入人民日常生活的化学产品和日用化学品。

2.2.4.3 技术说明书和安全标签

应当在危险化学品的包装内附有与危险化学品完全一致的化学品安全技术说明书，并在包装（包括外包装件）上加贴或者拴挂与包装内危险化学品完全一致的化学品安全标签。

危险化学品生产企业发现其生产的危险化学品有新的危害特性时，应当立即公告，并及时修订安全技术说明书和安全标签。

2.2.4.4 使用许可

使用危险化学品从事生产的单位，其生产条件必须符合国家标准和国家有关规定，并依照国家有关法律、法规的规定取得相应的许可，必须建立、健全危险化学品使用的安全管理规章制度，保证危险化学品的安全使用和管理。

2.2.4.5 安全设施

生产、储存、使用危险化学品的，应当根据危险化学品的种类、特性，在车间、库房等作业场所设置相应的监测、通风、防晒、调温、防火、灭火、防爆、泄压、防毒、消毒、中和、防潮、防雷、防静电、防腐、防渗漏、防护围堤或者隔离操作等安全设施、设备，并按照国家标准和国家有关规定进行维护、保养，保证符合安全运行要求。危险化学品的生产、

储存和使用单位，应当在生产、储存和使用场所设置通信、报警装置，并保证其在任何情况下处于正常适用状态。

2.2.4.6 剧毒化学品的管理

剧毒化学品的生产、储存和使用单位，应当对剧毒化学品的产量、流向、储存量和用途如实记录，并采取必要的保安措施，防止剧毒化学品被盗、丢失或者误售、误用；发现剧毒化学品被盗、丢失或者误售、误用时，必须立即向当地公安部门报告。

2.3 危险化学品运输、包装的安全管理

2.3.1 运输安全管理概述

2.3.1.1 国际运输管理概述

(1) 联合国危险货物运输专家委员会及危险货物运输规章范本

联合国危险货物运输专家委员会是联合国经济及社会理事会于 1953 年设立的专门研究国际间危险货物安全运输问题的国际组织。中国于 1988 年 2 月加入该组织并成为正式成员。

在 2001 年 7 月联合国危险货物运输专家委员会第 20 次会议上，联合国危险货物运输专家委员会改组为联合国危险货物运输和全球化学品统一分类标签制度专家委员会。该委员会下设两个小组委员会，即全球化学品统一分类标签制度（GHS）专家小组委员会和危险货物运输（TDG）专家小组委员会。

1955 年联合国危险货物运输专家委员会提交了第一份工作报告。报告提出了危险品的分类、编号、包装、标志和运输文件以及最低要求。1956 年报告改为《联合国危险货物运输建议书》，1996 年改为现在的《联合国危险货物运输规章范本》（大橘皮书）形式，同时配套出版《试验和标准手册》（小橘皮书）。该委员会每两年召开一次大会，每半年一次小组会。通过会议交流信息、统一认识、研讨提案，对重要规范、法规以及有关重大问题做出决定。每两年修订并出版一次《联合国危险货物运输规章范本》，用以规范和指导国际间危险货物的生产和运输。世界各国和各国际组织涉及危险化学品的立法内容或管理活动都以大、小橘皮书为依据。

规章范本（大橘皮书）包括危险货物分类原则和各类别的定义、主要危险货物的列表、一般包装要求、试验程序、标记、标签或揭示牌、运输单据等。此外，还对特定类别货物提出了特殊要求。通过这一制度的实行，将方便各方面的工作，相应地减少国际间危险货物运输中的障碍，促进被归类为"危险"的货物贸易稳步增长，其好处将日益明显。

(2)《国际海运危险货物规则》

中国于 1973 年正式加入国际海事组织（IMO），现为该组织的 A 类理事国，此后，我国陆续批准和承认了一系列相关的国际公约和规则。IMO 颁布的《国际海运危险货物规则》（IMDG CODE）作为国际间危险化学品海上运输的基本制度和指南，得到了海运国家的普遍认可和遵守，主要包括总则、定义、分类、品名表、包装、托运程序、积载等内容和要求。该规则每两年修订出版一次。自 2000 年第 30 版开始，IMO 对《国际海运危险货物规则》改版，主要采用《联合国危险货物运输规章范本》推荐的分类和品名表，迈出了统一危规的第一步。新版本还增加了培训、禁运危险货物品名表和放射性物质运输要求等内容。中国从 1982 年开始在国际海运中执行《国际危险货物规则》，并参加《国际海运危险货物规则》的修订工作。

中国正式批准加入或接受的与国际海运危险货物有关的国际公约和议定书如下：

①《1974 年国际海上人命安全公约》（SOLAS1974）以及相关的修正案；

②《1973 年国际海上船舶造成污染公约 1978 年议定书》（MarpO1973/78 公约）以及相关的修正案；

③《国际散装运输危险化学品船舶构造和设备规则》（IBC CODE）；

④《船舶载运危险货物应急措施》（EMS）；

⑤《危险货物事故医疗急救指南》（MFAG）等。

2.3.1.2　国内运输管理

中国的危险化学品国内立法直接受到国际立法的影响。国家标准《危险货物分类和品名编号》（GB 6944—2012）和《危险货物品名表》（GB 12268—2012）主要参考和吸收了联合国橘皮书的内容。而这两个标准则是我国新旧《危险化学品安全管理条例》和《水路危险货物运输规则》等法规、规章的重要依据和组成部分之一。与国际立法一样，确认危险化学品危险性质也是国内运输立法的核心和前提。国内各种运输方式危险品管理法规规章中，危险化学品性质的确定均以《危险货物品名表》（GB 12268—2012）为依据。《危险货物品名表》具有规定危险化学品名称和分类、限定危险化学品范围和运输条件以及确定危险化学品包装等级与性能标志等作用。《联合国危险货物运输规章范本》危险化学品品名表的品名编号是 4 位数，而我国标准规定的危险化学品品名编号是 5 位数，第一位数表示类别号，第二位数表示项别号，第三到第五位数为顺序号。如果顺序号小于或等于 500 号，为Ⅰ级危险化学品；大于 500 则为Ⅱ级危险化学品。这种编号具有方便、直观的优点，从品名编号本身可直接知道该危险化学品的危险类别和危险程度。例如：危险化学品碳化钙（电石），其品名编号为 43025，由此可以看出，它是属于第 4 类、第 3 项、一级遇湿易燃固体。再如：危险化学品氰化钠，其品名编号为 61001，它是属于第 6 类、第 1 项、一级毒害品（剧毒品）。

(1)《安全生产法》和《危险化学品安全管理条例》

新修订的《安全生产法》第 36 条规定：生产、经营、运输、储存、使用危险物品或者处置废气危险物品的，由有关主管部门依照有关法律、法规的规定和国家标准或者行业标准审批并实施监督管理。

生产经营单位生产、经营、运输、储存、使用危险物品或者处置废气危险物品，必须执行有关法律、法规和国家标准或者行业标准，建立专门的安全管理制度，采取可靠的安全措施，接受有关主管部门依法实施的监督管理。

生产经营单位使用的涉及生命安全、危险性较大的特种设备，以及危险物品的容器、运输工具，必须按照国家有关规定，由专业生产单位生产并经取得专业资质的检测、检验机构检测、检验合格，取得安全使用证或者安全标志，方可投入使用。检测、检验机构对检测、检验结果负责。

《危险化学品安全管理条例》相关的这部分内容可归纳为部门责任、资质认定、运输监管和其他规定四部分。《条例》从我国实际出发，按照现有分工、规定由交通、铁路、民航部门负责各自行业危险化学品运输单位和运输工具的安全管理、监督检查一级资质认定等。

(2)《铁路危险货物运输管理规则》

《铁路危险货物运输管理规则》（以下简称《铁路危规》）自 1996 年 1 月 1 日起施行，2008 年 9 月 17 日通过修订，2008 年 12 月 1 日起正式施行。《铁路危规》共分二十三章，包括总则，承运人、托运人资质，办理站和专用线（专用铁路），托运和承运，包装和标志，新品名、新包装等运输条件，基础管理制度，运输及签认制度，危险货物运输押运管理，消防、劳动安全及防护，洗刷除污，保管和交付，培训与考核，危险货物自备货车、自备集装箱技术审查程序，危险货物自备货车运输，危险货物集装箱运输，剧毒品运输，放射性物质运输，危险货物进出口运输，技术咨询与培训机构，事故应急预案及施救信息网络，监督与处罚，附则等规定。

（3）公路危险货物运输规则

现有公路危险货物运输规则包含交通部颁发《道路运输危险货物车辆标志》（GB 13392—2005）和行业标准《汽车危险货物运输规则》（JT617—2004）等。

《道路危险货物运输管理规定》（2013）规定了从事道路危险货物运输单位的设立条件和申办程序，对道路危险货物的托运和运输、从事危险货物运输车辆的维修和改造提出了办理程序和管理要求，还对事故处理、监督检查作了规定。主要内容有总则、道路危险货物运输许可、专用车辆、设备管理，道路危险货物运输，监督检查，法律责任，附则，共七章，七十一条。

（4）《水路危险货物运输规则》

1996 年交通部颁布《水路危险货物运输规则》（以下简称《水路危规》）。《水路危规》是依据国内相关的法律、法规，主要是参照国际海事组织的《国际海运危险货物规则》和《危险货物运输建议书》以及相关的国际公约、规则而制订的，内容包括船舶运输的积载、隔离、危险货物的品名、分类、标记、标识、包装监测标准等。《水路危规》从中国实际出发，具有自己鲜明的特点，特别是在危险货物品名编号、货物分类、使用范围、危险货物明细表、总体格式和运输协调等几方面。《水路危规》适用于国内水路危险化学品运输。该规则共八章，七十三条。水路运输危险货物有关托运人、承运人、作业委托人、港口经营人以及其他有关单位和人员，应严格执行本规则和各项规定。

2.3.2 运输安全要求

2.3.2.1 资质认定

（1）实行资质制度

《安全生产法》第 36 条规定：生产、经营、运输、储存、使用危险物品或者处置废弃危险物品的，由有关主管部门依照有关法律、法规的规定和国家标准或者行业标准审批并实施监督管理。

《危险化学品安全管理条例》第 43 条规定从事危险化学品道路运输、水路运输的，应当分别依照有关道路运输、水路运输的法律、行政法规的规定，取得危险货物道路运输许可、危险货物水路运输许可，并向工商行政管理部门办理登记手续。

公路运输企业的资格审查：主要是依据交通部关于发布《道路危险货物运输管理规定》（2013）的要求。

（2）对危险化学品运输企业人员的要求

危险化学品运输企业，应当对其驾驶员、船员、装卸管理人员、押运人员进行有关安全知识培训；驾驶员、船员、装卸管理人员、押运人员必须掌握危险化学品运输的安全知识，并经所在地设区的市级人民政府交通部门考核合格（船员经海事管理机构考核合格），取得上岗资格证，方可上岗作业。危险化学品的装卸作业必须在装卸管理人员的现场指挥下进行。

运输危险化学品的驾驶员、船员、装卸人员和押运人员必须了解所运载的危险化学品的性质、危害特性、包装容器的使用特性和发生意外时的应急措施。运输危险化学品，必须配备必要的应急处理器材和防护用品。

2.3.2.2　托运人的规定

《危险化学品安全管理条例》对危险化学品的托运人和邮寄人作出了明确的规定。

《条例》规定通过道路运输危险化学品的，托运人应当委托依法取得危险货物道路运输许可的企业承运。通过道路运输剧毒化学品的，托运人应当向运输始发地或者目的地县级人民政府公安机关申请剧毒化学品道路运输通行证。通过内河运输危险化学品，应当由依法取得危险货物水路运输许可的水路运输企业承运，其他单位和个人不得承运。托运人应当委托依法取得危险货物水路运输许可的水路运输企业承运，不得委托其他单位和个人承运。托运危险化学品的，托运人应当向承运人说明所托运的危险化学品的种类、数量、危险特性以及发生危险情况的应急处置措施，并按照国家有关规定对所托运的危险化学品妥善包装，在外包装上设置相应的标志。运输危险化学品需要添加抑制剂或者稳定剂的，托运人应当添加，并将有关情况告知承运人。托运人不得在托运的普通货物中夹带危险化学品，不得将危险化学品匿报或者谎报为普通货物托运。

2.3.2.3　内河运输

《条例》规定禁止通过内河封闭水域运输剧毒化学品以及国家规定禁止通过内河运输的其他危险化学品。前款规定以外的内河水域，禁止运输国家规定禁止通过内河运输的剧毒化学品以及其他危险化学品。禁止通过内河运输的剧毒化学品以及其他危险化学品的范围，由国务院交通运输主管部门会同国务院环境保护主管部门、工业和信息化主管部门、安全生产监督管理部门，根据危险化学品的危险特性、危险化学品对人体和水环境的危害程度以及消除危害后果的难易程度等因素规定并公布。

国务院交通运输主管部门应当根据危险化学品的危险特性，对通过内河运输本条例第五十四条规定以外的危险化学品（以下简称通过内河运输危险化学品）实行分类管理，对各类危险化学品的运输方式、包装规范和安全防护措施等分别作出规定并监督实施。

通过内河运输危险化学品，应当由依法取得危险货物水路运输许可的水路运输企业承运，其他单位和个人不得承运。托运人应当委托依法取得危险货物水路运输许可的水路运输企业承运，不得委托其他单位和个人承运。

通过内河运输危险化学品，应当使用依法取得危险货物适装证书的运输船舶。水路运输企业应当针对所运输的危险化学品的危险特性，制定运输船舶危险化学品事故应急救援预案，并为运输船舶配备充足、有效的应急救援器材和设备。通过内河运输危险化学品的船舶，其所有人或者经营人应当取得船舶污染损害责任保险证书或者财务担保证明。船舶污染损害责任保险证书或者财务担保证明的副本应当随船携带。

通过内河运输危险化学品，危险化学品包装物的材质、型式、强度以及包装方法应当符合水路运输危险化学品包装规范的要求。国务院交通运输主管部门对单船运输的危险化学品数量有限制性规定的，承运人应当按照规定安排运输数量。

用于危险化学品运输作业的内河码头、泊位应当符合国家有关安全规范，与饮用水取水口保持国家规定的距离。有关管理单位应当制定码头、泊位危险化学品事故应急预案，并为码头、泊位配备充足、有效的应急救援器材和设备。用于危险化学品运输作业的内河码头、泊位，经交通运输主管部门按照国家有关规定验收合格后方可投入使用。

船舶载运危险化学品进出内河港口，应当将危险化学品的名称、危险特性、包装以及进出港时间等事项，事先报告海事管理机构。海事管理机构接到报告后，应当在国务院交通运输主管部门规定的时间内作出是否同意的决定，通知报告人，同时通报港口行政管理部门。定船舶、定航线、定货种的船舶可以定期报告。

在内河港口内进行危险化学品的装卸、过驳作业，应当将危险化学品的名称、危险特性、包装和作业的时间、地点等事项报告港口行政管理部门。港口行政管理部门接到报告后，应当在国务院交通运输主管部门规定的时间内作出是否同意的决定，通知报告人，同时通报海事管理机构。

载运危险化学品的船舶在内河航行，通过过船建筑物的，应当提前向交通运输主管部门申报，并接受交通运输主管部门的管理。

载运危险化学品的船舶在内河航行、装卸或者停泊，应当悬挂专用的警示标志，按照规定显示专用信号。载运危险化学品的船舶在内河航行，按照国务院交通运输主管部门的规定需要引航的，应当申请引航。

载运危险化学品的船舶在内河航行，应当遵守法律、行政法规和国家其他有关饮用水水源保护的规定。内河航道发展规划应当与依法经批准的饮用水水源保护区划定方案相协调。

2.3.3 危险化学品的包装

工业产品的包装是现代工业中不可缺少的组成部分。一种产品从生产到使用者手中，一般经过多次装卸、储存和运输的过程。在这个过程中，产品将不可避免地受到碰撞、跌落、冲击和振动。一个好的包装，将会很好地保护产品，减少运输过程中的破损，使产品安全地到达用户手中。这一点对于危险化学品显得尤为重要。包装方法得当，就会降低储存、运输中的事故发生率，否则，就有可能导致重大事故。如 1997 年 1 月，巴基斯坦曾发生一起严重的氯气泄漏事故，一辆卡车在运输瓶装氯气时，由于车辆颠簸，致使液氯钢瓶剧烈撞击，引起瓶体破裂，导致大量氯气泄漏，造成多人死亡和多人中毒事故。后经检验，钢瓶材质严重不符合要求，从而为运输安全留下了事故隐患。与此相反，1997 年 3 月 18 日凌晨，中国广西一辆满载 200 桶（约 10t）氰化钠剧毒品的大卡车在梧州市翻入桂江，由于包装严密，打捞及时，包装无一破损，避免了一场严重的泄漏污染事故。因此，化学品包装是化学品储运安全的基础，为此，各部门、各企业对危险化学品的包装越来越重视，对危险化学品的包装不断改进，开发新型包装材料，使危险化学品的包装质量不断提高。国家也不断加强包装方面的监管力度，制定了一系列相关法律、法规和标准，使危险化学品的包装更加规范。

包装有多种含义。通常所说的包装是指盛装商品的容器，一般分运输包装和销售包装。危险化学品包装主要是用来盛装危险化学品并保证其安全运输的容器。危险化学品包装应具有以下特点：

① 防止危险品因不利气候或环境影响造成变质或发生反应；

② 减少运输中各种外力的直接作用；

③ 防止危险品撒漏、挥发和不当接触；

④ 便于装卸、搬运。

危险化学品包装按危险品种类可分为通用包装，气瓶，爆炸品、放射性物品和腐蚀品特殊专用包装等；按材质可分为纸质、木质、金属、玻璃、陶瓷或塑料包装等；按包装容器类型可分为桶、箱和袋包装等；按包装形式，有单一包装、复合包装和中型散装容器等。

2.3.3.1 包装物、容器的定点生产

《安全生产法》规定，生产经营单位使用的危险物品的容器、运输工具，必须按照国家有关规定，由专业生产单位生产，并经取得专业资质的检测、检验机构检测、检验合格，取得安全使用证或者安全标志，方可投入使用。检测、检验机构对检测、检验结果负责。

《条例》也对危险化学品包装的生产和使用做出了明确规定。质量监督检验检疫部门负

责核发危险化学品及其包装物、容器（不包括储存危险化学品的固定式大型储罐，下同）生产企业的工业产品生产许可证，并依法对其产品质量实施监督，负责对进出口危险化学品及其包装实施检验。危险化学品生产、分装企业和单位必须使用定点企业生产并经国家法定检测、检验机构检验合格的包装物和容器，不得采购和使用非定点企业生产的产品或未经检验合格的产品。

2.3.3.2　包装分类与包装性能试验

根据国家标准《危险货物运输包装通用技术条件》（GB 12463—2009）规定，除了爆炸品、气体、感染性物品和放射性物品外，其他危险货物按其呈现的危险程度，按包装结构强度和防护性能，将危险品包装分成三类：

Ⅰ类包装　货物具有较大危险性，包装强度要求高；

Ⅱ类包装　货物具有中等危险性，包装强度要求较高；

Ⅲ类包装　货物具有的危险性较小，包装强度要求一般。

物质的包装类别决定了包装物或接收容器的质量要求。Ⅰ类包装表示包装物的最高标准；Ⅱ类包装可以在材料坚固性稍差的装载系统中安全运输；而使用最为广泛的Ⅲ类包装可以在包装标准进一步降低的情况下安全运输。由于各种《危险货物品名表》对所列危险品都具体指明了应采用的包装等级，实质上即表明了该危险品的危险等级。

《危险货物运输包装通用技术条件》（GB 12463—2009）规定了危险品包装的四种试验方法，即堆码试验、跌落试验、气密试验和液压试验。

堆码试验：将坚硬载荷平板置于试验包装件的顶面，在平板上放置重物，一定堆码高度（陆运 3m、海运 8m）和一定时间下（一般 24h），观察堆码是否稳定、包装是否变形和破损。

跌落试验：按不同跌落方向及高度跌落，观察包装是否破损和撒漏。如钢桶的跌落方向，第一次，以桶的凸边呈斜角线撞击在地面上，如无凸边则以桶身与桶底接缝处撞击。第二次，第一次没有试验到的最薄弱的地方，如纵向焊接接缝、封闭口等。Ⅰ类包装件跌落高度为 1.8m，Ⅱ类包装件跌落高度为 1.2m，Ⅲ类包装件跌落高度为 0.8m。

气密试验：将包装浸入水中，对包装充气加压，观察有无气泡产生，在桶接缝处或其他易渗漏处涂上皂液或其他合适的液体后向包装内充气加压，观察有无气泡产生。Ⅰ类包装应承受不低于 30kPa（0.3kgf/cm²）的压力，Ⅱ类、Ⅲ类包装应承受不低于 20kPa（0.2kgf/cm²）的压力。容器不漏气，视为合格。

液压试验：将测试容器上安装指示压力表，拧紧桶盖，接通液压泵，向容器内注水加压，当压力表指针达到所需压力时，塑料容器和内容器为塑料材质的复合包装，应经受 30min 的压力实验；其他材质的容器和复合包装应经受 5min 压力实验。实验压力应均匀连续地施加，并保持稳定。试样如用支撑，不得影响其试验的效果。试验压力，采用温度为 50℃时，以蒸发压力的 1.75 倍减去 100kPa（1kgf/cm²），但是最小实验压力不得低于 100kPa（1kgf/cm²）。容器不渗漏，视为合格。

盛装化学品的包装，必须到指定部门检验，满足有关试验标准后方可启用。

2.3.3.3　包装的基本要求

由于包装伴随危险品运输的全过程，情况复杂，直接关系危险化学品运输的安全，因此各国都非常重视对危险化学品包装的立法。我国颁布了有关危险化学品包装的标准：《危险货物包装标志》（GB 190—2009）、《危险货物运输包装通用技术条件》（GB 12463—2009）等。《条例》也对危险化学品包装的生产和使用做出了明确规定。

《条例》规定生产列入国家实行生产许可证制度的工业产品目录的危险化学品包装物、

容器的企业，应当依照《中华人民共和国工业产品生产许可证管理条例》的规定，取得工业产品生产许可证；其生产的危险化学品包装物、容器经国务院质量监督检验检疫部门认定的检验机构检验合格，方可出厂销售。

对重复使用的危险化学品包装物、容器，使用单位在重复使用前应当进行检查；发现存在安全隐患的，应当维修或者更换。使用单位应当对检查情况作出记录，记录的保存期限不得少于 2 年。

2.4　危险化学品储存的安全管理

储存是指产品在离开生产领域而尚未进入消费领域之前，在流通过程中形成的一种停留。生产、经营、储存和使用危险化学品的企业都存在危险化学品的储存问题。

危险化学品的储存根据物质理化性状和储存量的大小分为整装储存和散装储存两类。

整装储存是将物品装于小型容器或包件中储存。如各种袋装、桶装、箱装或钢瓶装的物品。这种储存往往存放的品种多，物品的性质复杂，比较难管理。

散装储存是物品不带外包装的净货储存。量比较大，设备、技术条件比较复杂，如有机液体危险化学品汽油、甲苯、二甲苯、丙酮、甲醇等，一旦发生事故难以施救。

无论整装储存还是散装储存都潜在有很大的危险。所以，必须用科学的态度从严管理，万万不能马虎从事。

2.4.1　储存单位的审批

《安全生产法》第 36 条规定生产、经营、运输、储存、使用危险物品或者处置废弃危险物品的，由有关主管部门依照有关法律、法规的规定和国家标准或者行业标准审批并实施监督管理。

生产经营单位生产、经营、运输、储存、使用危险物品或者处置废弃危险物品，必须执行有关法律、法规和国家标准或者行业标准，建立专门的安全管理制度，采取可靠的安全措施，接受有关主管部门依法实施的监督管理。

《危险化学品安全条例》第二章对危险化学品的生产、储存和使用中的各个环节的安全管理做了规定。

《条例》规定国家对危险化学品的生产、储存实行统筹规划、合理布局。国务院工业和信息化主管部门以及国务院其他有关部门依据各自职责，负责危险化学品生产、储存行业的规划和布局。地方人民政府组织编制城乡规划，应当根据本地区的实际情况，按照确保安全的原则，规划适当区域专门用于危险化学品的生产、储存。

新建、改建、扩建生产、储存危险化学品的建设项目，应当由安全生产监督管理部门进行安全条件审查。

危险化学品生产装置或者储存数量构成重大危险源的危险化学品储存设施（运输工具加油站、加气站除外），与下列场所、设施、区域的距离应当符合国家有关规定：

① 居住区以及商业中心、公园等人员密集场所；

② 学校、医院、影剧院、体育场（馆）等公共设施；

③ 饮用水源、水厂以及水源保护区；

④ 车站、码头（依法经许可从事危险化学品装卸作业的除外）、机场以及通信干线、通信枢纽、铁路线路、道路交通干线、水路交通干线、地铁风亭以及地铁站出入口；

⑤ 基本农田保护区、基本草原、畜禽遗传资源保护区、畜禽规模化养殖场（养殖小区）、渔业水域以及种子、种畜禽、水产苗种生产基地；

⑥ 河流、湖泊、风景名胜区、自然保护区；

⑦ 军事禁区、军事管理区；

⑧ 法律、行政法规规定的其他场所、设施、区域。

已建的危险化学品生产装置或者储存数量构成重大危险源的危险化学品储存设施不符合前款规定的，由所在地设区的市级人民政府安全生产监督管理部门会同有关部门监督其所属单位在规定期限内进行整改；需要转产、停产、搬迁、关闭的，由本级人民政府决定并组织实施。

储存数量构成重大危险源的危险化学品储存设施的选址，应当避开地震活动断层和容易发生洪灾、地质灾害的区域。

本条例所称重大危险源是指生产、储存、使用或者搬运危险化学品，且危险化学品的数量等于或者超过临界量的单元（包括场所和设施）。

2.4.2　危险化学品储存的安全要求

《条例》第 25 条规定危险化学品应当储存在专用仓库、专用场地或者专用储存室（以下统称专用仓库）内，并由专人负责管理；剧毒化学品以及储存数量构成重大危险源的其他危险化学品，应当在专用仓库内单独存放，并实行双人收发、双人保管制度。

危险化学品的储存方式、方法以及储存数量应当符合国家标准或者国家有关规定。

《条例》第 26 条规定危险化学品专用仓库应当符合国家标准、行业标准的要求，并设置明显的标志。储存剧毒化学品、易制爆危险化学品的专用仓库，应当按照国家有关规定设置相应的技术防范设施。

储存危险化学品的单位应当对其危险化学品专用仓库的安全设施、设备定期进行检测、检验。

2.4.3　储存装置的安全评价

《条例》第 22 条规定生产、储存危险化学品的企业，应当委托具备国家规定的资质条件的机构，对本企业的安全生产条件每 3 年进行一次安全评价，提出安全评价报告。安全评价报告的内容应当包括对安全生产条件存在的问题进行整改的方案。

生产、储存危险化学品的企业，应当将安全评价报告以及整改方案的落实情况报所在地县级人民政府安全生产监督管理部门备案。在港区内储存危险化学品的企业，应当将安全评价报告以及整改方案的落实情况报港口行政管理部门备案。

2.5　危险化学品经营的安全管理

《危险化学品安全管理条例》对生产、经营、储存、运输、使用危险化学品和处置废弃危险化学品从业单位实行全过程的安全管理。危险化学品的特殊性质决定其在生产、经营、储存、运输和使用过程中都存在着不安全因素。如果对危险化学品的特性不清楚，发生误购、误售，以及不恰当的储存、运输、处置安排废弃物等会造成人员伤害、财产损失、环境污染，甚至造成极为恶劣的政治影响。因此，《条例》第四章对危险化学品的经营活动作了10 条规定，在危险化学品经营单位组织商品流通过程中明确危险化学品的经营销售实行经营许可制度，对危险化学品的经营许可、经营条件许可程序、经营行为、生产企业销售、经营企业储存、经营剧毒化学品、购买剧毒化学品等方面进行了规定。

2.5.1　经营单位的条件和要求

2.5.1.1　危险化学品经营许可制度

《危险化学品安全管理条例》规定了危险化学品经营许可证的发证程序。

一是申请。经营剧毒化学品和其他危险化学品的，应当分别向省、自治区、直辖市或者设区的市级发证机关提出申请。

二是审查。省、自治区、直辖市或者设区的市级发证机关接到申请后，依照《条例》的规定对申请人提交的证明材料和经营场所进行审查。

三是审批。经审查符合条件的，颁发危险化学品经营许可证，并将颁发危险化学品经营许可证的情况通报同级公安部门和环境保护部门；对不符合条件的，书面通知申请人并说明理由。

四是登记注册。申请人凭危险化学品经营许可证向工商行政管理部门办理登记注册手续。

2.5.1.2　经营条件

根据《危险化学品经营许可证管理办法》第六条规定，从事危险化学品经营的单位（以下统称申请人）应当依法登记注册为企业，并具备下列基本条件：

① 经营和储存场所、设施、建筑物符合《建筑设计防火规范》（GB 50016）、《石油化工企业设计防火规范》（GB 50160）、《汽车加油加气站设计与施工规范》（GB 50156）、《石油库设计规范》（GB 50074）等相关国家标准、行业标准的规定；

② 企业主要负责人和安全生产管理人员具备与本企业危险化学品经营活动相适应的安全生产知识和管理能力，经专门的安全生产培训和安全生产监督管理部门考核合格，取得相应安全资格证书；特种作业人员经专门的安全作业培训，取得特种作业操作证书；其他从业人员依照有关规定经安全生产教育和专业技术培训合格；

③ 有健全的安全生产规章制度和岗位操作规程；

④ 有符合国家规定的危险化学品事故应急预案，并配备必要的应急救援器材、设备；

⑤ 法律、法规和国家标准或者行业标准规定的其他安全生产条件。

前款规定的安全生产规章制度，是指全员安全生产责任制度、危险化学品购销管理制度、危险化学品安全管理制度（包括防火、防爆、防中毒、防泄漏管理等内容）、安全投入保障制度、安全生产奖惩制度、安全生产教育培训制度、隐患排查治理制度、安全风险管理制度、应急管理制度、事故管理制度、职业卫生管理制度等。

2.5.1.3　危险化学品经营活动的规定

《条例》第37条规定危险化学品经营企业不得向未经许可从事危险化学品生产、经营活动的企业采购危险化学品，不得经营没有化学品安全技术说明书或者化学品安全标签的危险化学品。

2.5.2　剧毒品的经营

申请人经营剧毒化学品的，除应符合《危险化学品经营许可证管理办法》第六条规定的条件外，还应当建立剧毒化学品双人验收、双人保管、双人发货、双把锁、双本账等管理制度。

2.5.2.1　对剧毒化学品经营企业销售剧毒化学品的规定

(1) 剧毒化学品经营企业销售剧毒化学品时应当有详细的记录

记录内容应包括3部分：

① 关于购买单位，应有单位名称、地址等内容；

② 关于购买人员，应有姓名、身份证号码及联系方法等内容；

③ 关于所购买的剧毒化学品，应有品名、数量、用途等内容。

记录需要给予完好的保存，保存的时间至少应在 1 年以上。

（2）每天进行销售情况的核对

在详细记录剧毒化学品销售情况的基础上，剧毒化学品经营企业还要每天进行销售量和存储量及出入库等情况的核对，确保不出现差错。如果出现差错，发生被盗、丢失、误售等情况时，必须立即向当地公安部门报告。

（3）人员需要培训

经营剧毒物品企业的人员，除要达到经国家授权部门的专业培训，取得合格证书方能上岗的条件外，还应经过县级以上（县级）公安部门的专门培训，取得合格证书方可上岗。

剧毒化学品必须在专用仓库内单独存放，实行双人收发、双人保管制度。

（4）剧毒化学品的发运

剧毒化学品的发运要按《条例》规定，委托有资质认定的运输企业。通过公路运输剧毒化学品的，托运人应当向目的地的县级人民政府公安部门申请办理剧毒化学品公路运输通行证。禁止利用内河以及其他封闭水域等航运渠道运输剧毒化学品。

办理剧毒化学品公路运输通行证，托运人应当向公安部门提交有关危险化学品的品名、数量、运输始发地和目的地、运输路线、运输单位、驾驶人员、押运人员、经营单位和购买单位资质情况的材料。托运人托运危险化学品，应当向承运人说明运输的危险化学品的品名、数量、危害、应急措施等情况。运输危险化学品需要添加抑制剂或者稳定剂的，托运人交付托运时应添加抑制剂或者稳定剂，并告知承运人。通过公路运输危险化学品，必须配备押运人员，并随时处于押运人员的监管之下。不得超装、超载，不得进入危险化学品运输车辆禁止通行的区域；确需进入禁止通行区域的，应当事先向当地公安部门报告，由公安部门为其指定行车时间和路线，运输车辆必须遵守公安部门规定的行车时间和路线。

2.5.2.2　关于购买剧毒化学品时必须遵守的规定

《条例》第 39 条规定申请取得剧毒化学品购买许可证，申请人应当向所在地县级人民政府公安机关提交下列材料：

① 营业执照或者法人证书（登记证书）的复印件；

② 拟购买的剧毒化学品品种、数量的说明；

③ 购买剧毒化学品用途的说明；

④ 经办人的身份证明。

2.5.3　经营许可证管理办法

《危险化学品经营许可证管理办法》已经 2012 年 5 月 21 日国家安全生产监督管理总局局长办公会议审议通过，自 2012 年 9 月 1 日起施行。原国家经济贸易委员会 2002 年 10 月 8 日公布的《危险化学品经营许可证管理办法》同时废止。

2.5.3.1　申领范围

在中华人民共和国境内从事列入《危险化学品目录》的危险化学品的经营（包括仓储经营）活动，适用本办法。

2.5.3.2　危险化学品经营许可证的分类

国家对危险化学品经营销售实行许可制度。经营销售危险化学品的单位，应当依照本办法取得危险化学品经营许可证（以下简称经营许可证），并凭经营许可证依法向工商行政管理部门申请登记注册手续，未取得经营许可证和未经工商登记注册，任何单位和个人不得经营销售危险化学品。

危险化学品生产单位销售本单位生产的危险化学品，不再办理经营许可证，但销售非本单位生产的危险化学品或在厂外设立销售网点，仍需办理经营许可证。

危险化学品经营许可证分为甲、乙两种。取得甲种经营许可证的单位可经营销售剧毒化学品和其他危险化学品；取得乙种经营许可证的单位只能经营销售除剧毒化学品以外的危险化学品。

甲种经营许可证由省、自治区、直辖市人民政府安全生产监督管理部门（以下称省级发证机关）审批、颁发；乙种经营许可证由设区的市级人民政府安全生产监督管理部门（以下称市级发证机关）审批、颁发。成品油的经营许可纳入甲种经营许可证管理。

2.5.3.3　经营许可证的申请

危险化学品经营销售单位应当具备的基本条件：

① 经营和储存场所、设施、建筑物符合《建筑设计防火规范》（GB 50016）、《石油化工企业设计防火规范》（GB 50160）、《汽车加油加气站设计与施工规范》（GB 50156）、《石油库设计规范》（GB 50074）等相关国家标准、行业标准的规定；

② 企业主要负责人和安全生产管理人员具备与本企业危险化学品经营活动相适应的安全生产知识和管理能力，经专门的安全生产培训和安全生产监督管理部门考核合格，取得相应安全资格证书；特种作业人员经专门的安全作业培训，取得特种作业操作证书；其他从业人员依照有关规定经安全生产教育和专业技术培训合格；

③ 有健全的安全生产规章制度和岗位操作规程；

④ 有符合国家规定的危险化学品事故应急预案，并配备必要的应急救援器材、设备；

⑤ 法律、法规和国家标准或者行业标准规定的其他安全生产条件。

前款规定的安全生产规章制度，是指全员安全生产责任制度、危险化学品购销管理制度、危险化学品安全管理制度（包括防火、防爆、防中毒、防泄漏管理等内容）、安全投入保障制度、安全生产奖惩制度、安全生产教育培训制度、隐患排查治理制度、安全风险管理制度、应急管理制度、事故管理制度、职业卫生管理制度等。

经营许可证的有效期为3年。有效期满后，企业需要继续从事危险化学品经营活动的，应当在经营许可证有效期满3个月前，向发证机关提出经营许可证的延期申请，并提交延期申请书及《危险化学品经营许可证管理办法》第9条规定的申请文件、资料。

企业提出经营许可证延期申请时，可以同时提出变更申请，并向发证机关提交相关文件、资料。

符合下列条件的企业，申请经营许可证延期时，经发证机关同意，可以不提交本办法第九条规定的文件、资料：

① 严格遵守有关法律、法规和本办法；

② 取得经营许可证后，加强日常安全生产管理，未降低安全生产条件；

③ 未发生死亡事故或者对社会造成较大影响的生产安全事故。

带有储存设施经营危险化学品的企业，除符合前款规定条件的外，还需要取得并提交危险化学品企业安全生产标准化二级达标证书（复制件）。

经营单位不得转让、买卖、出租、出借、伪造或者变造经营许可证。

发证机关应将经营许可证的发放情况，及时向同级公安、环保部门通报。

复习思考题

1. 危险化学品生产有哪些特点？
2. 危险化学品生产单位有哪些基本安全管理制度？
3. 危险化学品生产企业必须具备哪些基本条件？
4. 《联合国危险货物运输规章范本》的主要内容是什么？
5. 危险化学品包装的基本安全要求有哪些？

第 3 章
危险化学品安全基础知识

3.1 危险化学品的概念

危险化学品，是指具有毒害、腐蚀、爆炸、燃烧、助燃等性质，对人体、设施、环境具有危害的剧毒化学品和其他化学品。

国家质量监督检验检疫总局和国家标准化管理委员会联合发布了《化学品分类和危险性公示—通则》（GB 13690—2009），代替 GB 13690—1992《常用危险化学品的分类标志》，按照理化危险、健康危险和环境危险对化学物质和混合物共设有 27 个危险性分类，包括 16 个物理危害性分类种类、10 个健康危害性分类种类以及 1 个环境危害性分类种类，具体见表3-1。

表 3-1　基于《化学品分类和危险性公示—通则》的危险化学品分类

物 理 危 险	健 康 危 险	环 境 危 险
爆炸物	急性中毒	
易燃气体	皮肤腐蚀/刺激	
易燃气溶胶	严重眼睛损伤/眼睛刺激性	
氧化性气体	呼吸或皮肤过敏	
压力下气体	生殖细胞突变性	
易燃液体	致癌性	
易燃固体	生殖毒性	
自反应物质	特异性靶器官系统毒性(一次接触)	危害水生环境
自热物质和混合物		
自燃液体	特异性靶器官系统毒性(反复接触)	
自燃固体		
遇水放出易燃气体的物质或混合物	吸入危险	
氧化性液体		
氧化性固体		
有机过氧化物		
金属腐蚀剂		

国家安全生产监督管理总局发布的《危险化学品目录》（2015）重新对危险化学品进行了定义和确定。危险化学品是指具有毒害、腐蚀、爆炸、燃烧、助燃等性质，对人体、设施、环境具有危害的剧毒化学品和其他化学品，其依据化学品分类和标签国家标准，从下列危险和危害特性类别中确定。

(1) 物理危险

爆炸物：不稳定爆炸物、1.1、1.2、1.3、1.4。

易燃气体：类别 1、类别 2、化学不稳定性气体类别 A、化学不稳定性气体类别 B。

气溶胶：类别 1。

氧化性气体：类别 1。

加压气体：压缩气体、液化气体、冷冻液化气体、溶解气体。

易燃液体：类别 1、类别 2、类别 3。

易燃固体：类别 1、类别 2。

自反应物质和混合物：A 型、B 型、C 型、D 型、E 型。

自燃液体：类别 1。

自燃固体：类别 1。

自热物质和混合物：类别 1、类别 2。

遇水放出易燃气体的物质和混合物：类别 1、类别 2、类别 3。

氧化性液体：类别 1、类别 2、类别 3。

氧化性固体：类别 1、类别 2、类别 3。

有机过氧化物：A 型、B 型、C 型、D 型、E 型、F 型。

金属腐蚀物：类别 1。

（2）健康危害

急性毒性：类别 1、类别 2、类别 3。

皮肤腐蚀/刺激：类别 1A、类别 1B、类别 1C、类别 2。

严重眼损伤/眼刺激：类别 1、类别 2A、类别 2B。

呼吸或皮肤致敏：呼吸致敏 1A、呼吸致敏 1B、皮肤致敏 1A、皮肤致敏 1B。

致生殖细胞突变性：类别 1A、类别 1B、类别 2。

致癌性：类别 1A、类别 1B、类别 2。

生殖毒性：类别 1A、类别 1B、类别 2、附加类别。

特异性靶器官毒性（一次接触）：类别 1、类别 2、类别 3。

特异性靶器官毒性（反复接触）：类别 1、类别 2。

吸入危害：类别 1。

（3）环境危害

危害水生环境（急性危害）：类别 1、类别 2；危害水生环境（长期危害）：类别 1、类别 2、类别 3。

危害臭氧层：类别 1。

3.2 物理危险

3.2.1 爆炸物

3.2.1.1 定义

爆炸性物质（或混合物），是一种固态或液态物质（或物质的混合物），本身能够通过化学反应产生气体，而产生气体的温度、压力和速度之大，能对周围环境造成破坏。烟火物质也属爆炸性物质，即使它们不放出气体。烟火物质（或烟火混合物），是这样一种物质或物质的混合物，通过非爆炸自持放热化学反应，产生热、光、声、气体、烟等效应，或所有这些效应的组合。

爆炸性物品是含有一种或多种爆炸性物质或混合物的物品。

烟火物品是含有一种或多种烟火物质或混合物的物品。

爆炸物种类包括：

① 爆炸性物质和混合物；

② 爆炸性物品，但不包括下述装置：其中所含爆炸性物质或混合物由于其数量或特性，在意外或偶然点燃或引爆后，不会由于进射、发火、冒烟、发热或巨响而在装置之外产生任何效应；

③ 在①和②中未提及的为产生实际爆炸或烟火效应而制造的物质、混合物和物品。

3.2.1.2　分类标准

未被划为不稳定爆炸物的本类物质、混合物和物品，根据它们所表现的危险类型划入下列六项。

① 1.1 项：有整体爆炸危险的物质、混合物和物品（整体爆炸是指几乎瞬间影响到几乎全部存在质量的爆炸）。

② 1.2 项：有进射危险但无爆炸危险的物质、混合物和物品。

③ 1.3 项：有燃烧危险和轻微爆炸危险或轻微进射危险或同时兼有这两种危险，但没有整体爆炸危险的物质、混合物和物品。

④ 1.4 项：不呈现重大危险的物质、混合物和物品：在点燃或引爆时仅产生小危险的物质、混合物和物品。其影响范围主要限于包件，射出的碎片预计不大，射程也不远。外部火烧不会引起包件几乎全部内装物的瞬间爆炸。

⑤ 1.5 项：有整体爆炸危险的非常不敏感的物质或混合物：这些物质和混合物有整体爆炸危险，但非常不敏感以致在正常情况下引发或由燃烧转为爆炸的可能性非常小。

⑥ 1.6 项：没有整体爆炸危险的极其不敏感的物品：这些物品只含有极其不敏感的物质或混合物，而且其意外引爆或传播的概率微乎其微。

根据《联合国关于危险货物运输的建议书：试验和标准手册》第一部分中的试验系列 2 到 8，未被划为不稳定爆炸物的爆炸物按表 3-2 分类为上述 6 项之一。

表 3-2　爆炸物标准

类　别	标　准
不稳定爆炸物 a① 或 1.1 项到 1.6 项的爆炸物	对于 1.1 项到 1.6 项的爆炸物，应进行以下核心试验： 爆炸性：根据联合国试验系列 2（《联合国关于危险货物运输的建议书：试验和标准手册》第 12 节）。预定爆炸物 b② 不需进行联合国试验系列 2。 敏感性：根据联合国试验系列 3（《联合国关于危险货物运输的建议书：试验和标准手册》第 13 节）。 热稳定性：根据联合国试验系列 3(c)（《联合国关于危险货物运输的建议书：试验和标准手册》第 13.6.1 小节）。 为划入正确项别，需进行进一步的试验

① 不稳定的爆炸物 a 是指具有热不稳定性和/或太过敏感，因而不能进行正常装卸、运输和使用的爆炸物。对这些爆炸物需要特别小心。

② 这包括为产生实际的爆炸或烟火效应而制造的物质、混合物和物品。

注：1. 包装形式的爆炸性物质或混合物以及爆炸性物品可以根据 1.1 项到 1.6 项分类，而且为了某些管理目的，还可将它们进一步细分为配装组 A 到 S，以区分各种技术要求（见《联合国关于危险货物运输建议书：规章范本》第 2.1 章）。

2. 一些爆炸性物质和混合物用水或酒精浸湿或用其他物质稀释可以抑制它们的爆炸性。为了某些管理目的（例如运输），对它们的处理可不同于爆炸性物质和混合物（作为退敏爆炸物）。

3. 对于固态物质或混合物的分类试验，试验应该使用所提供形状的物质或混合物。例如，如果为了供应或运输目的，所提供的同一化学品的物理形状将不同于试验时的物理形状，而且据认为这种形状很可能实质性地改变它在分类试验中的性能，那么对该物质或混合物也必须以新的形状进行试验。

3.2.1.3　爆炸物警示标签要素的分配

爆炸物警示标签要素见表 3-3。

表 3-3 爆炸物警示标签要素的分配

分　类		标签				危险性说明编码
危险类	危险项	象形图		信号词	危险性说明	
		GHS	UN-MR[①]			
爆炸物	不稳定爆炸物		禁止运输	危险	不稳定爆炸物;整体爆炸危险	H200
	1.1项				爆炸物;整体爆炸危险	H201
	1.2项				爆炸物;严重迸射危险	H202
	1.3项				爆炸物;起火、爆炸或迸射危险	H203
	1.4项			警告	起火或迸射危险	H204
	1.5项	无象形图		危险	遇火可能整体爆炸	H205
	1.6项	无象形图		无信号词	无危险性说明	无

① UN-MR 是《联合国关于危险货物运输的建议书:规章范本》的简称。

注:关于《联合国关于危险货物运输的建议书:规章范本》中象形图要素颜色的说明:

a. 1.1、1.2 和 1.3 项:符号:爆炸的炸弹,黑色;底色:橙色;项号(1.1、1.2 或 1.3,根据情况)和配装组(＊)位于下半部,数字"1"位于下角,黑色。

b. 1.4、1.5 和 1.6 项:底色:橙色;数字:黑色;配装组(＊)位于下半部,数字"1"位于下角,黑色。

c. 1.1、1.2 和 1.3 项的象形图,也用于具有爆炸次要危险性的物质,但不标明项号和配装组(也见"自反应物质和混合物"和"有机过氧化物")。

3.2.2 易燃气体

3.2.2.1 定义

易燃气体，指在 20℃和 101.3kPa 标准压力下，与空气有易燃范围的气体。

化学性质不稳定的气体，指在即使没有空气或氧气的条件下也能起爆炸反应的易燃气体。本节易燃气体包括化学性质不稳定的气体。

3.2.2.2 分类标准

易燃气体可根据下表划入本类别中的两个类别之一，见表 3-4。

表 3-4　易燃气体的标准

类　别	标　准
1	在 20℃和 101.3kPa 标准压力下： (a)在与空气的混合物中按体积占 13%或更少时可点燃的气体； (b)不论易燃性下限如何，与空气混合，可燃范围至少为 12 个百分点的气体
2	第 1 类气体以外的，在 20℃和 101.3kPa 标准压力下与空气混合时有易燃范围的气体

注：1. 有些规章中，将氨气和甲基溴视为特例。

2. 气溶胶不得作为易燃气体分类。

易燃气体因化学性质不稳定，还须作进一步分类，采用《试验和标准手册》第三部分所述之方法，并按下表划分为化学性质不稳定气体的两个类别之一，见表 3-5。

表 3-5　化学性质不稳定气体分类标准

类　别	标　准
A	在 20℃和 101.3kPa 标准压力下化学性质不稳定的易燃气体
B	温度超过 20℃和/或压力大于 101.3kPa 时化学性质不稳定的易燃气体

3.2.2.3 易燃气体警示标签要素的分配

易燃气体警示标签要素的分配见表 3-6。

表 3-6　易燃气体警示标签要素的分配

分　类		标签				危险性说明编码
危险类	危险项	象形图		信号词	危险性说明	
		GHS	UN-MR			
易燃气体	1			危险	极易燃气体	H220
	2	无象形图	不作要求	警告	易燃气体	H201
化学性质不稳定气体	A	无附加象形图	不作要求	无附加信号词	附加危险性说明：即使在没有空气的条件下也可能发生爆炸性反应	H202
	B	无附加象形图	不作要求	无附加信号词	附加危险性说明：在高压和/或高温下，即使没有空气也能发生爆炸性反应	H203

注：根据《联合国关于危险货物运输的建议书：规章范本》的要求，符号、数字和边线可采用黑色而不一定白色。两种情况底色均为红色。

3.2.3　烟雾剂

3.2.3.1　定义

烟雾剂/气溶胶是指喷射罐（系任何不可重新灌装的容器，该容器由金属、玻璃或塑料制成）内装强制压缩、液化或溶解的气体（包含或不包含液体、膏剂或粉末），并配有释放装置以使内装物喷射出来，在气体中形成悬浮的固态或液态微粒或形成泡沫、膏剂或粉末或者以液态或气态形式出现。

3.2.3.2　分类标准

① 如果烟雾剂/气溶胶含有任何按GHS分类原则分类为易燃的成分时，该烟雾剂/气溶胶应考虑分类为易燃物，即含易燃液体、易燃气体、易燃固体物质的烟雾剂/气溶胶为易燃烟雾剂/气溶胶，这里易燃成分不包括自燃、自热物质或遇水反应物质，因为这些成分从来不用作烟雾剂/气溶胶内装物。

② 易燃烟雾剂/气溶胶根据其成分、化学燃烧热，以及酌情根据泡沫试验（用于泡沫烟雾剂）、点火距离试验和封闭空间试验（用于喷雾烟雾剂/气溶胶）的结果分为3类：

　　a. 极端易燃烟雾剂/气溶胶；

　　b. 易燃烟雾剂/气溶胶；

　　c. 不易燃烟雾剂/气溶胶。

3.2.3.3　烟雾剂/气溶胶警示标签要素的分配

烟雾剂/气溶胶警示标签要素的分配见表3-7。

表 3-7　烟雾剂/气溶胶警示标签要素的分配

分　类		标签				危险性说明编码
危险类	危险项	象形图		信号词	危险性说明	
		GHS	UN-MR			
烟雾剂/气溶胶	1			危险	极端易燃烟雾剂/气溶胶　压力容器：遇热可爆裂	H222　H229
	2			警告	易燃烟雾剂/气溶胶　压力容器：遇热可爆裂	H223　H229
	3	无象形图		警告	压力容器：遇热可爆裂	H229

　　注：根据《联合国关于危险货物运输的建议书：规章范本》的要求，符号、数字和边线可采用黑色而不一定白色。前两种情况底色为红色，第三种情况为绿色。

3.2.4　氧化性气体

3.2.4.1　定义

氧化性气体是指一般比空气（由于空气中的氧气）更能促进其他物质燃烧的任何气体，

即氧化能力（OP）大于 23.5% 的纯净气体或气体混合物。

氧化能力（OP）的计算方法如下：

$$OP = \frac{\sum\limits_{i=1}^{n} x_i C_i}{\sum\limits_{i=1}^{n} x_i + \sum\limits_{k=1}^{p} K_k B_k}$$

式中　x_i——混合物中第 i 种氧化性气体的摩尔分数；

　　　C_i——混合物中第 i 种氧化性气体的氧等值系数；

　　　K_k——惰性气体中第 k 种气体与氮气相比的等值系数；

　　　B_k——混合物中第 k 种惰性气体的摩尔分数；

　　　n——混合物中氧化性气体的种类数；

　　　p——混合物中惰性气体的种类数。

3.2.4.2　分类标准

氧化性气体根据下表 3-8 归类为本类的单一类别。

表 3-8　氧化性气体标准

类　别	标　准
1	一般通过提供氧气,比空气更能引起或促使其他物质燃烧的任何气体

3.2.4.3　氧化性气体警示标签要素的分配

氧化性气体警示标签要素的分配见表 3-9。

表 3-9　氧化性气体警示标签要素的分配

分　类		标签				危险性说明编码
危险类	危险项	象形图		信号词	危险性说明	
		GHS	UN-MR			
氧化性气体	1			危险	可能导致或加剧燃烧；氧化剂	H270

3.2.5　高压气体

3.2.5.1　定义

高压气体是指 20℃时，在压力不小于 280kPa 的容器中的气体、液化气体或冷冻液化气体。高压气体包括压缩气体、液化气体和冷冻液化气体等。

3.2.5.2　分类

根据气体包装时的物理状态，高压气体可按表 3-10 分成 4 类。

3.2.5.3　高压气体警示标签要素的分配

高压气体警示标签要素的分配见表 3-11。

表 3-10　高压气体的分类

组　　别	分　类　原　则
压缩气体	在−50℃加压封装时完全是气态的气体,包括所有临界温度≤−50℃的气体
液化气体	在高于−50℃的温度下加压封装时部分是液体的气体。它又分为: ①高压液化气体:临界温度在−50℃和65℃之间的气体; ②低压液化气体:临界温度高于65℃的气体
冷冻液化气体	封装时由于其温度低而部分是液体的气体
溶解气体	加压封装时溶解于液相溶剂中的气体

注:1.临界温度是高于该温度时,无论压缩程度如何,气体都不能被液化的温度;

2.烟雾剂/气溶胶不按照高压气体分类。

表 3-11　高压气体警示标签要素的分配

分　　类		标签				危险性说明 编码
危险类	危险项	象形图		信号词	危险性说明	
		GHS	UN-MR			
高压气体	压缩气体			警告	内装高压气体;遇热可能爆炸	H280
	液化气体			警告	内装高压气体;遇热可能爆炸	H280
	冷冻液化气体			警告	内装冷冻气体;可造成低温烧伤或损伤	H281
	溶解气体			警告	内装压缩气体;遇热可能爆炸	H280

注:根据《联合国关于危险货物运输的建议书:规章范本》,象形图要素:

1.不要求用于有毒或易燃气体。

2.符号、数字和边线可采用白色而不一定黑色。两种情况下底色均为绿色。

3.2.6　易燃液体

3.2.6.1　定义

易燃液体是指闪点不高于93℃的液体。

3.2.6.2　分类标准

根据下表3-12,易燃液体分类为本类的四个类别之一。

表 3-12　易燃液体的分类

类　　别	分　类　原　则
1	闪点＜23℃,初始沸点≤35℃
2	闪点＜23℃,初始沸点大于35℃
3	闪点≥23℃而且≤60℃
4	闪点＞60℃而且≤93℃

注：1. 在有些规范、标准中,闪点范围在55℃到75℃之间的瓦斯油、柴油和轻取暖用油可视为特殊组别;

2. 如果在《联合国关于危险货物运输的建议书：试验和标准手册》第三部分第32：节中的持续燃烧试验 L.2 中得到的是负结果,那么为了某些管理目的（危险化学品运输）,可将闪点高于35℃但不超过60℃的液体视为非易燃液体;

3. 在有些规范、标准中（危险化学品运输）,某些黏性易燃液体,如油漆、搪瓷、喷漆、清漆、黏合剂和抛光剂等,可视为特殊组别。这类液体的分类,或考虑将之划为非易燃液体的决定,可根据相关规定或由主管当局作出;

4. 烟雾剂/气溶胶不按易燃液体分类。

3.2.6.3　易燃液体警示标签要素的分配

易燃液体警示标签要素的分配见表 3-13。

表 3-13　易燃液体警示标签要素的分配

分　　类		标签				危险性说明编码
危险类	危险项	象形图		信号词	危险性说明	
		GHS	UN-MR			
易燃液体	1			危险	极端易燃液体和蒸气	H224
	2			危险	高度易燃液体和蒸气	H225
	3			警告	易燃液体和蒸气	H226
	4	无象形图	未做要求	警告	可燃液体	H227

注：根据《联合国关于危险货物运输的建议书：规章范本》的要求,符号、数字和边线可采用黑色而不一定白色。两种情况下底色均为红色。

3.2.7　易燃固体

3.2.7.1　定义

易燃固体是指易于燃烧或通过摩擦可能引起燃烧或者助燃的固体,也包括呈粉状、颗粒状或膏状易于燃烧的固体,它们与点火源短暂接触,容易点燃,而且火焰蔓延很快。

3.2.7.2　分类

① 粉状、颗粒状或糊状物质或混合物如果在根据《联合国关于危险货物运输的建议书：

试验和标准手册》第三部分第 33.2.1 小节所述试验方法进行的试验中，一次或一次以上的燃烧时间不到 45s 或燃烧速率大于 2.2mm/s，应划为易燃固体。

②金属或金属合金粉末如能点燃，并且反应在 10min 以内蔓延到试样的全部长度时，应划为易燃固体。

③摩擦可能起火的固体应根据现有标准类推为易燃固体。

④采用《联合国关于危险货物运输的建议书：试验和标准手册》第三部分第 33.2.1 小节所述方法 N.1 将易燃固体分为如表 3-14 的 2 个类别。

表 3-14　易燃固体的分类

类　别	分　类　原　则
1	燃烧速率试验： (1)除金属粉末之外的物质或混合物： ①潮湿部分不能阻燃； ②燃烧时间<45s 或燃烧速率>2.3mm/s (2)金属粉末：燃烧时间≤5min
2	燃烧速率试验： (1)除金属粉末之外的物质或混合物： ①潮湿部分可以阻燃至少 4min； ②燃烧时间<45s 或燃烧速率>2.2mm/s (2)金属粉末：5min<燃烧时间≤10min

注：对于固态物质或混合物的分类试验，试验应该使用所提供形状的物质或混合物。例如，如果为了供应或运输目的，所提供的同一化品的物理形状将不同于试验时的物理形状，而且据认为这种形状很可能实质性地改变它在分类试验中的性能，那么对该物质也必须以新的形状进行试验。

3.2.7.3　易燃固体警示标签要素的分配

易燃固体警示标签要素的分配见表 3-15。

表 3-15　易燃固体警示标签要素的分配

分　类		标签				危险性说明编码
危险类	危险项	象形图		信号词	危险性说明	
		GHS	UN-MR			
易燃固体	1			危险	易燃固体	H228
	2			警告	易燃固体	H228

3.2.8　自反应物质和混合物

3.2.8.1　定义

自反应物质和混合物是指热不稳定性液体、固体物质或混合物，即使没有氧（空气），也易发生强烈放热分解反应。不包括 GHS 分类为爆炸品、有机过氧化物或氧化性物质的物质和混合物。当自反应物质或混合物，在实验室试验条件下加热时易于爆炸、快速爆燃，或在封闭条件下加热时出现剧烈反应时，可认为其具有爆炸特性。

3.2.8.2 分类

（1）有自反应物质和混合物特征但不作为自反应物质和混合物对待的，有如下 5 类

① 根据 GHS 第 5 版（2013 年）属于爆炸物的；

② 根据 GHS 第 5 版（2013 年）属于氧化性液体或固体，但氧化性物质的混合物如含有 5% 或更多的可燃有机物质的，按照 GHS 中的界定程序划为自反应物质；

③ 根据 GHS 第 5 版（2013 年）属于有机过氧化物的；

④ 分解热小于 300J/g；

⑤ 包装为 50kg 的、自加热分解温度（SADT）大于 75℃ 的。

符合氧化性物质标准的氧化性物质混合物，如含有 5.0% 或更多的可燃有机物质并且不符合上文①、③、④或⑤所述的，必须经过相关自反应物质分类标准重新确定。

对于某一混合物如有下列（2）中 B 型至 F 型自反应物质特性，即为自反应混合物。

（2）根据下列分类原则，可将自反应物质和混合物划分为 7 个类别

① 任何自反应物质或混合物，如在运输包件中可能起爆或迅速爆燃，定为 A 型自反应物质；

② 具有爆炸性的任何自反应物质或混合物，如在运输包件中不会起爆或迅速爆燃，但在该包件中可能发生热爆炸，则定为 B 型自反应物质；

③ 具有爆炸性的任何自反应物质或混合物，如在运输包件中不可能起爆或迅速爆燃或发生热爆炸，则定为 C 型自反应物质；

④ 任何自反应物质或混合物，在实验室中试验时：

a. 部分起爆，不迅速爆燃，在封闭条件下加热时不呈现任何剧烈效应；

b. 根本不起爆，缓慢爆燃，在封闭条件下加热时不呈现任何剧烈效应；

c. 根本不起爆或爆燃，在封闭条件下加热时呈现中等效应；

则定为 D 型自反应物质；

⑤ 任何自反应物质或混合物，在实验室中试验时，既绝不起爆也绝不爆燃，在封闭条件下加热时呈现微弱效应或无效应，则定为 E 型自反应物质；

⑥ 任何自反应物质或混合物，在实验室中试验时，既绝不在空化状态下起爆也绝不爆燃，在封闭条件下加热时只呈现微弱效应或无效应，而且爆炸力弱或无爆炸力，则定为 F 型自反应物质；

⑦ 任何自反应物质或混合物，在实验室中试验时，既绝不在空化状态下起爆也绝不爆燃，在封闭条件下加热时显示无效应，而且无任何爆炸力，则定为 G 型自反应物质。但该物质或混合物必须是热稳定的（50kg 包件的自加速分解温度为 60～75℃），对于液体混合物，所用脱敏稀释剂的沸点不低于 150℃。如果混合物不是热稳定的，或所用脱敏稀释剂的沸点低于 150℃，则定为 F 型自反应物质。

自加速分解温度（SADT）小于或等于 55℃ 的自反应物质和混合物需要进行温度控制。

有机物质中显示自反应特性的原子团举例如表 3-16。

表 3-16　有机物质中显示自反应特性的原子团

结　构　特　征	举　　例
相互作用的基团	氨基腈类；卤苯胺类；氧化酸的有机盐类；
S＝O	磺酰卤类；磺酰氰类；磺酰肼类；
P—O	亚磷酸盐
绷紧的环	环氧化物；氮丙啶类
不饱和	链烯类；氰酸盐

3.2.8.3　自反应物质和混合物警示标签要素的分配

自反应物质和混合物警示标签要素的分配见表 3-17。

表 3-17　自反应物质和混合物警示标签要素的分配

分类		标签				危险性说明编码
危险类	危险项	象形图		信号词	危险性说明	
		GHS	UN-MR			
自反应物质和混合物	A 型		可能禁止运输	危险	加热可能爆炸	H240
	B 型			危险	加热可能起火或爆炸	H241
	C 型和 D 型			危险	加热可能起火	H242
	E 型和 F 型			警告	加热可能起火	H242
	G 型	无象形图	不作要求	无信号词	无危险性说明	无

注：1. 对于 B 型自反应物质，根据《联合国关于危险货物运输的建议书：规章范本》，可适用特殊规定 181（经主管当局批准，可免贴爆炸物标签。详见《联合国规章范本》第 3.3 章）。

2.《联合国规章范本》的象形图颜色：

① 自反应物质象形图：符号（火焰）：黑色；底色：白色带七条垂直红色条纹；数字"4"位于下角：黑色。

② 爆炸品象形图：符号（爆炸的炸弹）：黑色；底色：橙色；数字"1"位于下角：黑色。

3.2.9　发火、自燃液体

3.2.9.1　定义

发火/自燃液体是指即使数量很小也能在与空气接触后 5min 内着火的液体。

3.2.9.2　分类

采用《联合国关于危险货物运输的建议书：试验和标准手册》第三部分第 33.3.1.5 小节中的试验 N.3 获得如表 3-18 分类原则中的结果，视为发火/自燃液体。

表 3-18 发火/自燃液体的分类

类　别	分 类 原 则
1	加入惰性载体并暴露在空气中后不到 5min 便燃烧,或者与空气接触不到 5min 便燃烧或使滤纸炭化的液体。

3.2.9.3 发火/自燃液体警示标签要素的分配

发火/自燃液体警示标签要素的分配见表 3-19。

表 3-19 发火/自燃液体警示标签要素的分配

分　类		标签				危险性说明编码
危险类	危险项	象形图		信号词	危险性说明	
		GHS	UN-MR			
发火/自燃液体	1			危险	暴露于空气中会自燃	H250

3.2.10 发火、自燃固体

3.2.10.1 定义

发火/自燃固体是指即使数量很小也能在与空气接触后 5min 内着火的固体。

3.2.10.2 分类

采用《联合国关于危险货物运输的建议书：试验和标准手册》第三部分第 33.3.1.4 小节中的试验 N.2 获得如表 3-20 分类原则中的结果,视为发火/自燃固体。

表 3-20 发火/自燃固体的分类

类　别	分 类 原 则
1	与空气接触不到 5min 便着火燃烧的固体

注：对于固态物质或混合物的分类试验,试验应该使用所提供形状的物质或混合物。例如,如果为了供应或运输目的,所提供的同一化学品的物理形状将不同于试验时的物理形状,而且据认为这种形状很可能实质性地改变它在分类试验中的性能,那么对该种物质或混合物也必须以新的形状进行试验。

3.2.10.3 发火/自燃固体警示标签要素的分配

发火/自燃固体警示标签要素的分配见表 3-21。

表 3-21 发火/自燃固体警示标签要素的分配

分　类		标签				危险性说明编码
危险类	危险项	象形图		信号词	危险性说明	
		GHS	UN-MR			
发火/自燃固体	1			危险	暴露于空气中会自燃	H250

3.2.11 自热物质和混合物

3.2.11.1 定义

自热物质和混合物，是指除发火液体和固体以外通过与空气发生反应，无需外来能源即可自行发热的固态、液态物质或混合物。这类物质或混合物不同于发火液体或固体，只能在数量较大（以千克计）时并经过较长时间（几小时或几天）后才会着火燃烧。物质或混合物的自热是一个过程，其中物质或混合物与（空气中的）氧气发生反应，产生热量。如果热产生的速度超过热损耗的速度，该物质或混合物的温度便会上升。经过一段时间的诱导，可能导致自发点火和燃烧。

3.2.11.2 分类

按照《联合国关于危险货物运输的建议书：试验和标准手册》第三部分第 33.3.1.6 小节所述的试验方法取得表 3-22 中结果的，可作为自热物质和混合物对待。

表 3-22 自热物质和混合物的分类

类 别	分 类 原 则
1	用 25 毫米立方体试样在 140℃下做试验时取得肯定结果
2	①用 100 毫米立方体试样在 140℃下做试验时取得肯定结果，用 25 毫米立方体试样在 140℃下做试验取得否定结果，并且该物质或混合物将装在体积大于 3m³ 的包件内； ②用 100 毫米立方体试样在 140℃下做试验时取得肯定结果，用 25 毫米立方体试样在 140℃下做试验取得否定结果，用 100 毫米立方体试样在 120℃下做试验取得肯定结果，并且该物质或混合物将装在体积大于 450L 的包件内； ③用 100 毫米立方体试样在 140℃下做试验时取得肯定结果，用 25 毫米立方体试样在 140℃下做试验取得否定结果，并且用 100 毫米立方体试样在 100℃下做试验取得肯定结果

注：1. 对于固态物质或混合物的分类试验，试验应该使用所提供形状的物质或混合物。例如，如果为了供应或运输目的，所提供的同一化学品的物理形状将不同于试验时的物理形状，而且据认为这种形状很可能实质性地改变它在分类试验中的性能，那么对该种物质或混合物也必须以新的形状进行试验；

2. 该标准基于木炭的自燃温度，即 27m³ 的试样立方体的自燃温度 50℃。体积 27m³ 的自燃温度高于 50℃ 的物质和混合物不应划入本危险类别。体积 450L 的自燃温度高于 50℃ 的物质和混合物不应划入本危险类别的第 1 类。

3.2.11.3 自热物质和混合物警示标签要素的分配

自热物质和混合物警示标签要素的分配见表 3-23。

表 3-23 自热物质和混合物警示标签要素的分配

分 类		标签				危险性说明编码
危险类	危险项	象形图		信号词	危险性说明	
		GHS	UN-MR			
自热物质和混合物	1			危险	自热；可能着火燃烧	H251
	2			警告	数量大时自热；可能着火燃烧	H252

3.2.12 遇水放出易燃气体的物质或混合物

3.2.12.1 定义

遇水放出易燃气体的物质或混合物，是指与水相互作用后，可能自燃或释放达到危险数量的易燃气体的固态或液态物质或混合物。

3.2.12.2 分类

采用《联合国关于危险货物运输的建议书：试验和标准手册》第三部分第 33.4.1.4 小节中的试验 N.5 取得表 3-24 中结果的，可作为遇水放出易燃气体的物质和混合物对待。

表 3-24 遇水放出易燃气体的物质和混合物的分类

类 别	分 类 原 则
1	在环境温度下遇水起剧烈反应并且所产生的气体通常显示自燃倾向，或在环境温度下遇水容易起反应，释放易燃气体的速度等于或大于每千克物质在任何 1min 内释放 10L 的任何物质或混合物
2	在环境温度下遇水容易起反应，释放易燃气体的最大速度等于或大于每千克物质每小时释放 20L，并且不符合第 1 类的标准的任何物质或混合物
3	在环境温度下遇水容易起反应，释放易燃气体的最大速度等于或大于每千克物质每小时释放 1L，并且不符合第 1 类和第 2 类的标准的任何物质或混合物

注：1. 如果自燃发生在试验程序的任何一个步骤，那么物质或混合物即划为遇水放出易燃气体物质；

2. 对于固态物质或混合物的分类试验，试验应使用所提供形状的物质或混合物。例如，如果为了供应或运输目的，所提供的同一化学品的物理形状将不同于试验时的物理形状，而且据认为这种形状很可能实质性地改变它在分类试验中的性能，那么对该种物质或混合物也必须以新的形状进行试验。

3.2.12.3 遇水放出易燃气体的物质和混合物警示标签要素的分配

遇水放出易燃气体的物质和混合物警示标签要素的分配见表 3-25。

表 3-25 遇水放出易燃气体的物质和混合物警示标签要素的分配

分 类		标签				危险性说明编码
危险类	危险项	象形图		信号词	危险性说明	
		GHS	UN-MR			
遇水放出易燃气体的物质和混合物	1			危险	遇水放出可自燃的易燃气体	H260
	2			危险	遇水放出易燃气体	H261
	3			警告	遇水放出易燃气体	H261

注：根据《联合国关于危险货物运输的建议书：规章范本》，符号、数字和边线可采用黑色而不一定白色。两种情况下底色均为蓝色。

3.2.13　氧化性液体

3.2.13.1　定义

氧化性液体，是指本身不可燃，但通常会释放出氧气，引起或有助于其他物质燃烧的液体。

3.2.13.2　分类

采用《联合国关于危险货物运输的建议书：试验和标准手册》第三部分第 34.4.2 小节中的试验 O.2 取得表 3-26 中结果的，可作为氧化性液体对待。

表 3-26　氧化性液体的分类

类　别	分　类　原　则
1	以物质(或混合物)与纤维素之比按重量 1∶1 的混合物进行试验时,自发着火;或物质与纤维素之比按重量 1∶1 的混合物的平均压力上升时间小于 50％高氯酸与纤维素之比按重量 1∶1 的混合物的平均压力上升时间的任何物质或混合物
2	以物质(或混合物)与纤维素之比按重量 1∶1 的混合物进行试验时,显示的平均压力上升时间小于或等于 40％氯酸钠水溶液与纤维素之比按重量 1∶1 的混合物的平均压力上升时间,并且未满足第 1 类的标准的任何物质或混合物
3	以物质(或混合物)与纤维素之比按重量 1∶1 的混合物进行试验时,显示的平均压力上升时间小于或等于 65％硝酸水溶液与纤维素之比按重量 1∶1 的混合物的平均压力上升时间;并且不满足第 1 类和第 2 类的标准的任何物质或混合物

3.2.13.3　氧化性液体警示标签要素的分配

氧化性液体警示标签要素的分配见表 3-27。

表 3-27　氧化性液体警示标签要素的分配

分　类		标签				危险性说明编码
危险类	危险项	象形图		信号词	危险性说明	
		GHS	UN-MR			
氧化性液体	1			危险	可能引起燃烧或爆炸;强氧化剂	H271
	2			危险	可能加剧燃烧;氧化剂	H272
	3			警告	可能加剧燃烧;氧化剂	H272

3.2.14　氧化性固体

3.2.14.1　定义

氧化性固体，是指本身不可燃，但通常会释放出氧气，引起或有助于其他物质燃烧的固体。

3.2.14.2　分类

采用《联合国关于危险货物运输的建议书：试验和标准手册》第三部分第 34.4.1 小节中的试验 0.1 取得表 3-28 中结果的，可作为氧化性固体对待。

表 3-28　氧化性固体的分类

类　别	分　类　原　则
1	以其样品与纤维素之比按重量 4∶1 或 1∶1 的混合物进行试验时,显示的平均燃烧时间小于溴酸钾与纤维素之比按重量 3∶2 的混合物的平均燃烧时间的任何物质或混合物
2	以其样品与纤维素之比按重量 4∶1 或 1∶1 的混合物进行试验时,显示的平均燃烧时间等于或小于溴酸钾与纤维素之比按重量 2∶3 的混合物的平均燃烧时间,并且未满足第 1 类的标准的任何物质或混合物
3	以其样品与纤维素之比按重量 4∶1 或 1∶1 的混合物进行试验时,显示的平均燃烧时间等于或小于溴酸钾与纤维素之比按重量 3∶7 的混合物的平均燃烧时间,并且未满足第 1 类和第 2 类的标准的任何物质或混合物

注：1. 一些氧化性固体在某些条件下（如大量储存时）也可能出现爆炸危险；

2. 对于固体物质或混合物的分类试验，试验应对其提交的物质或混合物进行。例如，如果对于供应或运输的目的，同样的化学品被提交的形态不同于试验时的形态，并且认为其性能可能与分类试验有实质不同时，该物质还必须以新的形态试验。

3.2.14.3　氧化性固体警示标签要素的分配

氧化性固体警示标签要素的分配见表 3-29。

表 3-29　氧化性固体警示标签要素的分配

分　类		标签				危险性说明编码
危险类	危险项	象形图		信号词	危险性说明	
		GHS	UN-MR			
氧化性固体	1		5.1	危险	可能引起燃烧或爆炸;强氧化剂	H271
	2		5.1	危险	可能加剧燃烧;氧化剂	H272
	3		5.1	警告	可能加剧燃烧;氧化剂	H272

3.2.15 有机过氧化物

3.2.15.1 定义

有机过氧化物是含有二价—O—O—结构的液态或固态有机物质，可以看作是一个或两个氢原子被有机基替代的过氧化氢衍生物，它也包括有机过氧化物配制品（混合物）。有机过氧化物是热不稳定物质或混合物，容易放热自加速分解。另外，它们可能具有下列一种或几种性质：

① 易于爆炸分解；

② 迅速燃烧；

③ 对撞击或摩擦敏感；

④ 与其他物质发生危险反应。

如果其配制品在实验室试验中容易爆炸、迅速爆燃，或在封闭条件下加热时显示剧烈效应，则有机过氧化物被视为具有爆炸性。

3.2.15.2 分类

(1) 任何有机过氧化物都应划入本类，除非：

① 有机过氧化物的有效氧含量不超过 1.0%，而且过氧化氢含量不超过 1.0%；

② 有机过氧化物的有效氧含量不超过 0.5%，而且过氧化氢含量超过 1.0% 但不超过 7.0%。

有机过氧化物混合物的有效含氧量（%）由下式获得：

$$有机过氧化物混合物的有效含氧量 = 16 \times \sum_{i}^{n} \left(\frac{n_i \times c_i}{m_i} \right)$$

式中　n_i——第 i 个有机过氧化物分子中的过氧基数目；

　　　c_i——第 i 个有机过氧化物的浓度（重量百分比）；

　　　m_i——第 i 个有机过氧化物的分子量。

(2) 有机过氧化物根据下列分类原则可分为 7 个类别

① 任何有机过氧化物，如在包件中可能起爆或迅速爆燃，定为 A 型有机过氧化物。

② 任何具有爆炸性的有机过氧化物，如在包件中既不起爆也不迅速爆燃，但在该包件中可能发生热爆炸，定为 B 型有机过氧化物。

③ 任何具有爆炸性的有机过氧化物，如在包件中不可能起爆或迅速爆燃，也不会发生热爆炸，定为 C 型有机过氧化物。

④ 任何有机过氧化物，如果在实验室试验中存在以下 3 种情况则可定为 D 型有机过化氧物：

a. 部分起爆，不迅速爆燃，在封闭条件下加热时不呈现任何剧烈效应；

b. 根本不起爆，缓慢爆燃，在封闭条件下加热时不呈现任何剧烈效应；

c. 根本不起爆或爆燃，在封闭条件下加热时呈现中等效应。

⑤ 任何有机过氧化物，在实验室试验中，绝不会起爆或爆燃，在封闭条件下加热时只呈现微弱效应或无效应，定为 E 型有机过氧化物。

⑥ 任何有机过氧化物，在实验室试验中，绝不会在空化状态下起爆也绝不爆燃，在封闭条件下加热时只呈现微弱效应或无效应，而且爆炸力弱或无爆炸力，定为 F 型有机过氧化物。

⑦ 任何有机过氧化物，在实验室试验中，既绝不在空化状态下起爆也绝不爆燃，在封闭条件下加热时显示无效应，而且无任何爆炸力，定为 G 型有机过氧化物，但该物质或混

合物必须是热稳定的（50kg 包件的自加速分解温度为 60℃或更高），对于液体混合物，所用脱敏稀释剂的沸点不低于 150℃。如果有机过氧化物不是热稳定的，或者所用脱敏稀释剂的沸点低于 150℃，定为 F 型有机过氧化物。

下列有机过氧化物需要进行温度控制：

① SADT（自加速分解温度）≤50℃的 B 型和 C 型有机过氧化物；

② 在封闭条件下加热时显示中等效应 1 并且 SADT≤50℃或者在封闭条件下加热时显示微弱或无效应并且 SADT≤45℃的 D 型有机过氧化物；

③ SADT≤45℃的 E 型和 F 型有机过氧化物。

3.2.15.3 有机过氧化物警示标签要素的分配

有机过氧化物警示标签要素的分配见表 3-30。

表 3-30 有机过氧化物警示标签要素的分配

分类		标签				危险性说明编码
危险类	危险项	象形图		信号词	危险性说明	
		GHS	UN-MR			
有机过氧化物	A 型	（象形图）	可能禁止运输	危险	加热可能爆炸	H240
	B 型	（象形图）	（象形图 1）	危险	加热可能起火或爆炸	H241
	C 型和 D 型	（象形图）	（象形图 5.2）	危险	加热可能起火	H242
	E 型和 F 型	（象形图）	（象形图 5.2）	危险	加热可能起火	H242
	G 型	无象形图	不作要求	警告	无危险性说明	无

注：1. 对于 B 型，根据《联合国关于危险货物运输的建议书：规章范本》，可适用特殊规定 181（经主管当局批准，可免贴爆炸品标签。详见《联合国规章范本》第 3.3 章）。

2.《联合国规章范本》的象形图颜色：

① 有机过氧化物象形图：符号（火焰）：黑色或白色；底色：上半部红色，下半部黄色；数字"5.2"位于下角：黑色；

② 爆炸品象形图：符号（爆炸的炸弹）：黑色；底色：橙色；数字"1"位于下角：黑色。

3.2.16 金属腐蚀剂

3.2.16.1 定义

金属腐蚀剂是指通过化学反应严重损坏，甚至毁坏金属的物质或混合物。它包括金属腐蚀性物质和混合物。

3.2.16.2 分类

采用《联合国关于危险货物运输的建议书：试验和标准手册》第三部分第 37.4 小节中的试验取得表 3-31 中结果的，可作为金属腐蚀剂对待。

表 3-31　金属腐蚀剂的分类

类　别	分　类　原　则
1	在 55℃试验温度下对钢和铝表面都进行试验时,对这两种材料之一的腐蚀速率超过每年 6.25mm

注：如对钢或铝之一的初步试验表明所试物质或混合物具腐蚀性，则无须对另一金属继续做试验。

3.2.16.3 金属腐蚀剂警示标签要素的分配

金属腐蚀剂警示标签要素的分配见表 3-32。

表 3-32　金属腐蚀剂警示标签要素的分配

分　类		标签				危险性说明编码
危险类	危险项	象形图		信号词	危险性说明	
		GHS	UN-MR			
金属腐蚀剂	1			警告	可能腐蚀金属	H290

3.3　健康危害

3.3.1　急毒性

3.3.1.1　定义

急毒性是指口服或皮肤接触一种物质的单一剂量，或在 24 小时内多剂量施用后，或在吸入接触 4 小时后，出现的有害效应。

3.3.1.2　分类标准

急毒性物质按照表 3-33 所列的极限标准数值，根据口服、皮肤或吸入途径的急毒性分为五种毒性类别。急/急性毒性值用（近似）LD_{50} 值（口服、皮肤）、LC_{50} 值（吸入）或急/急性毒性估计值（ATE）表示。

评估口服和吸入途径急毒性的首选试验物种是大鼠，而评估急性皮肤毒性的首选试验物种是大鼠和兔子。如果掌握多个动物物种的急毒性试验数据，则应运用科学判断，在有效、良好实施的试验中选择最适当的 LD_{50} 值。

表 3-33　急毒性危险类别和各类别的急毒性估计值（ATE）

接触途径	第 1 类	第 2 类	第 3 类	第 4 类	第 5 类
口服(mg/kg 体重)	5	50	300	2000	5000
皮肤(mg/kg 体重)	50	200	1000	2000	
气体(ppmV❶)	100	500	2500	20000	具体标准见注 7
蒸气(mg/L)	0.5	2.0	10	20	
粉尘和烟雾	0.05	0.5	1.0	5	

注 1. 气体浓度以体积百分之一表示（ppmV）。

2. 对物质进行分类的急/急性毒性估计值（ATE），可根据已知的 LD_{50}/LC_{50} 值推算。

3. 混合物中某种物质的急/急性毒性估计值（ATE）可根据下列数值推算：

① LD_{50}/LC_{50} 值；

② 表 3-33 中与一个范围试验结果有关的适当换算数值；

③ 表 3-33 中与一个分类类别有关的适当换算数值。

4. 表中的吸入临界值以 4 小时试验接触为基础。根据 1 小时接触产生的现有吸入毒性数据的换算，对于气体和蒸气，应除以 2，对于粉尘和烟雾应除以 4 加以转换。

5. 试验环境下有可能呈接近气相的蒸气状态的危险化学品，分类应以气体浓度以体积百万分一（ppmV）为基础：第 1 类（100ppmV）、第 2 类（500ppmV）、第 3 类（2500ppmV）、第 4 类（20000ppmV）。

6. 表 3-32 中的"粉尘"、"烟雾"和"蒸气"定义如下：

① 粉尘是指物质或混合物的固态粒子悬浮在一种气体中（通常是空气）；

② 烟雾是指物质或混合物的液滴悬浮在一种气体中（通常是空气）；

③ 蒸气是指物质或混合物从其液体或固体状态释放出来的气体形态。

粉尘通常通过机械加工形成。烟雾通常由过饱和蒸气凝结形成或通过液体的物理剪切作用形成。粉尘和烟雾中的颗粒尺寸从小于 $1\mu m$ 到约 $100\mu m$ 不等。

7. 第 5 类的标准旨在识别急/急性毒性危险相对较低，但在某些环境下可能对易受害人群造成危险的物质。这类物质经口服或皮肤摄入的 LD_{50} 其范围预计在 2000～5000mg/kg，吸入途径为当量剂量。第 5 类的具体标准为：

① 如果存在可靠证据表明在 LD_{50}（或 LC_{50}）在第 5 类的数值范围内、或者其他动物以及人类毒性效应研究表明对人类健康有急性影响的物质划入此类别；

② 对于没有充分理由将其划入更危险类别的物质，通过外推、评估或测量数据，将其划入该类别：

a. 存在可靠信息表明对人类有显著的毒性效应；

b. 通过口服、吸入或皮肤途径进行试验，剂量达到第 4 类值时，观察到任何致命性的；

c. 当进行试验，剂量达到第 4 类值时，经专家判断证实有显著的毒性临床征象（腹泻、毛发竖立或未修饰外表除外）的；

d. 经专家判断证实，其他动物研究中，有可靠信息表明可能会出现显著急性效应。

表 3-33 中的第 1 类为最高毒性类别，其对应的临界值目前主要用于运输部门关于包装的规定上。第 5 类适用于急毒性相对较低，但在某些环境下可能对易受害人群产生危险的物质。在表 3-33 以外，也提供了第 5 类物质的识别标准。这些物质的口服或皮肤 LD_{50} 值的范围预计为 2000～5000mg/kg 体重，吸入接触途径为当量剂量。出于保护动物的考虑，不应在第 5 类范围内对动物进行试验，只有在这样的试验结果与保护人类健康直接相关的可能性非常大时，才应考虑进行这样的试验。

对于急毒性混合物，首先应获得使物质分类标准能够应用于混合物分类的信息，其次采用分层方法进行分类，分层主要依据混合物自身及其成分的信息量。图 3-1 的流程图概括了急/急性毒性混合物的分类过程。

① 混合物急/急性毒性的分类，可以按照每种接触途径分别进行，但如果所有成分都循经一种接触途径（通过估算或试验确定），那么只需对该接触途径进行分类即可。若有相关证据

---

❶　$1ppm=1\times10^{-6}cm^3/m^3$（体积分数），全书同。

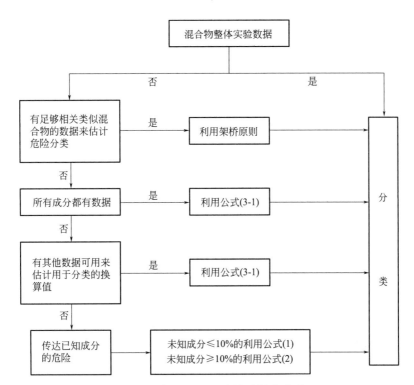

图 3-1　混合物急/急性毒性分层分类过程

表明毒性存在多重接触途径，必须依照所有相关的接触途径进行分类，将全部信息考虑在内。

② 利用全部信息对混合物的危险进行分类时，作如下假设，并酌情应用于分层分类过程：

a. 混合物中，"相关成分"浓度＞1%（固体、液体、粉尘、烟雾和蒸气为重量百分比，气体为体积百分比）的，对含有被划入第 1 类和第 2 类成分的未试验混合物进行分类时比"相关成分"浓度＜1%的更具相关性。

b. 若某种已分类的混合物被用作另一种混合物的成分，在利用公式(3-1) 和 （3-2）计算新混合物的分类时可使用该混合物的实际或推算的急/急性毒性估计值（ATE）。

c. 如果对混合物中所有成分换算得到的急/急性毒性点估计值均属同一类别，那么混合物即按该类别分类。

d. 如果只掌握混合物各成分的估计值所处的范围（或急/急性毒性危险类别资料），在使用的公式(3-1) 和式(3-2)计算新混合物的分类时，可根据表 3-34 将其换算成点估计值。

表 3-34　点估计值的换算

接触途径	急/急性毒性估计值所处的范围	换算得到的急/急性点估计值
口服/（mg/kg）	0＜第 1 类≤5	0.5
	5＜第 2 类≤50	5
	50＜第 3 类≤300	100
	300＜第 4 类≤2000	500
	2000＜第 5 类≤5000	2500
皮肤/（mg/kg）	0＜第 1 类≤50	5
	50＜第 2 类≤200	50
	200＜第 3 类≤1000	300
	1000＜第 4 类≤2000	1100
	2000＜第 5 类≤5000	2500

续表

接触途径	急/急性毒性估计值所处的范围	换算得到的急/急性点估计值
气体/ppmV	0＜第1类≤100 100＜第2类≤500 500＜第3类≤2500 2500＜第4类≤20000 第5类见表3-33注7	10 100 700 4500
蒸气/(mg/L)	0＜第1类≤0.5 0.5＜第2类≤2.0 2.0＜第3类≤10.0 10.0＜第4类≤20.0 第5类见表3-33注7	0.05 0.5 3 11
粉尘/烟雾/(mg/L)	0＜第1类≤0.05 0.05＜第2类≤0.5 0.5＜第3类≤1.0 1.0＜第4类≤5.0 第5类见表3-33注7	0.005 0.05 0.5 1.5

注：1. 气体浓度以体积百万分率表示（ppmV）。

2. 第5类的标准旨在识别急/急性毒性危险相对较低，但在某些环境下可能对易受害人群造成危险的物质。这类物质经口服或皮肤摄入的 LD_{50} 其范围预计在 2000～5000mg/kg，吸入途径为当量剂量。

3. 这些数值旨在用于计算根据其成分对混合物进行分类的急/急性毒性估计值，并不代表试验结果。这些数值保守地设定在第1和第2类范围的较低端和距离第3～5类范围的较低端大约1/10的一点处。

③ 整体有可用于急/急性毒性试验数据的混合物的分类

如果混合物本身已进行确定其急/急性毒性的试验，那么该混合物可根据表3-33所述用于物质的同一标准进行分类。如果混合物没有可用的试验数据，则应遵循以下所述程序。

④ 整体无可用于急/急性毒性试验数据的混合物的分类：架桥原则

如果没有对混合物本身进行试验，确定其急/急性毒性，但对混合物的单个成分和已试验过的类似混合物均已掌握充分数据，这些数据足以适当确定该混合物的危险特性，那么将根据架桥原则使用这些数据。

a. 稀释　如果混合物用稀释剂进行稀释，稀释剂的毒性分类与原始成分中毒性最低的相等或比它更低，且该稀释剂不会影响其他成分的腐蚀性/刺激性，那么经稀释的新混合物可划为与原做过试验的混合物相同的类别。也可使用公式(3-1)计算划入相应的类别。

b. 产品批次　混合物已做过试验的某一生产批次的毒性，可以认为与同一制造商生产的或在其控制下生产的同一商业产品的另一个未经试验的产品批次的毒性相同，除非未试验产品批次的毒性有显著变化。

c. 高毒性混合物的浓度　已做过试验的混合物被划为第1类，如果该混合物中属于第1类的成分浓度增加，则产生的未经试验的混合物仍划为第1类。

d. 毒性类别内的内推法　三种成分完全相同的混合物（A、B和C），混合物A和混合物B经过测试，属同一毒性类别，而混合物C未经测试，但含有与混合物A和混合物B相同的毒素活性成分，且其毒素活性成分的浓度与混合物A和混合物B中的浓度十分接近，则混合物C应与A和B属同一类别。

e. 实质上类似的混合物　假定：

ⓐ 两种混合物：（Ⅰ）A＋B；

　　　　　　　　（Ⅱ）C＋B；

ⓑ 成分B的浓度在两种混合物中基本相同；

ⓒ 混合物（Ⅰ）中成分 A 的浓度等于混合物（Ⅱ）中成分 C 的浓度；

ⓓ 已有 A 和 C 的毒性数据，并且这些数据实质上相同，即它们属于相同的危险类别，而且可能不会影响 B 的毒性。

如果混合物（Ⅰ）或（Ⅱ）已经根据试验数据分类，那么另一混合物可以划为相同的危险类别。

f. 烟雾剂/气溶胶　如果加入的气雾发生剂并不影响混合物喷射时的毒性，那么这种气雾形式的混合物可划为与已经通过试验的非雾化形式的混合物的口服和皮肤毒性相同的危险类别。雾化混合物的吸入毒性分类应单独考虑。

⑤ 基于混合物成分的混合物分类（加和公式）

a. 所有成分都有可用数据

为确保混合物分类准确，应考虑成分的急/急性毒性估计值（ATE）：

ⓐ 具有属于任一急/急性毒性类别的已知急/急性毒性的成分；

ⓑ 不考虑没有急/急性毒性的成分（例如水、糖）；

ⓒ 如果掌握的数据来自极限剂量试验（对于表 3-34 中的适当接触途径，处于第 4 类的上限）且不显示急/急性毒性，可不考虑该成分。

属于本条目范围的成分，可认为是急/急性毒性估计值（ATE）已知的成分。根据下面公式，从所有相关成分的 ATE 值通过计算来确定混合物的口服、皮肤或吸入毒性 ATE：

$$\frac{100}{ATE_{\text{mix}}} = \sum_n \frac{C_i}{ATE_i} \tag{3-1}$$

式中　C_i——混合物中第 i 种成分的浓度；

　　　n——混合物中含有成分的种类数；

　ATE_i——混合物中第 i 种成分的急/急性毒性的估计值。

b. 混合物的一种或多种成分没有可用数据

混合物中某个别成分没有 ATE，但有如下所列的可用信息可使用公式（3-1）推算换算值：

ⓐ 在口服、皮肤和吸入急/急性毒性估计值之间的外推法，可能需要适当的药效学数据和药物动力学数据；

ⓑ 人类接触证据表明有毒性效应，但没有提供致命剂量数据；

ⓒ 从有关物质的现有任何其他毒性试验/分析得到的证据表明有毒性急性效应，但不一定提供致命剂量数据；

ⓓ 用结构-活性关系得到的极其类似物质的数据。

该方法需要大量技术信息，也需要有一位训练有素、经验丰富的专家，才能可靠地评估急/急性毒性。

如果混合物中某一成分浓度＞1%，但不掌握任何对分类有用的信息，则可推断该混合物没有确定的急/急性毒性估计值。此种情况下，应只根据已知成分对混合物进行分类，并附加说明：混合物含有百分之 x 的急/急性毒性（口服、皮肤/吸入）未知成分。

如果未知的相关急/急性毒性成分总浓度≤10%，易燃可用公式（3-1）进行换算。如果未知的相关毒性成分总浓度＞10%，则应对公式（3-1）按未知成分的百分比作如下修正：

$$\frac{100 - (\sum C_{\text{未知}} \text{ if} > 10\%)}{ATE_{\text{mix}}} = \sum_n \frac{C_i}{ATE_i} \tag{3-2}$$

3.3.1.3　急毒性警示标签要素的分配

急毒性警示标签要素的分配见表 3-35。

表 3-35　急毒性警示标签要素的分配

分类			标签				危险性说明编码
危险类	危险项		象形图		信号词	危险性说明	
			GHS	UN-MR			
急毒性	1	口服	☠	☠6	危险	吞咽致命	H300
		皮肤				皮肤接触会致命	H310
		吸入				吸入致命	H330
	2	口服	☠	☠6	危险	吞咽致命	H300
		皮肤				皮肤接触会致命	H310
		吸入				吸入致命	H330
	3	口服	☠	☠6	危险	吞咽会中毒	H301
		皮肤				皮肤接触会致命	H311
		吸入				吸入会中毒	H331
	4	口服	❗	不作要求	警告	吞咽有害	H302
		皮肤				皮肤接触有害	H312
		吸入				吸入有害	H332
	5	口服	无象形图	不作要求	警告	吞咽可能有害	H303
		皮肤				皮肤接触可能有害	H313
		吸入				吸入可能有害	H333

注：《联合国关于危险货物运输的建议书：规章范本》中未作要求。

说明：

① 对于《联合国规章范本》所列气体，用"2"取代位于象形图下角的数字"6"。

②《联合国规章范本》的象形图颜色：符号（骷髅和交叉骨）：黑色；底色：白色；数字"6"位于下角：黑色。

3.3.2　皮肤腐蚀/刺激

3.3.2.1　定义

皮肤腐蚀是对皮肤造成不可逆损伤，即施用试验物质最多 4 小时后，可观察到表皮和真皮坏死。腐蚀反应的特征是溃疡、出血、有血的结痂，而且在观察期 14 天结束时，皮肤、完全脱发区域和结痂处由于漂白而褪色。应考虑通过组织病理学来评估可疑的病变。皮肤刺激是施用试验物质最多 4 小时后对皮肤造成可逆损伤。

3.3.2.2　分类标准

利用已知的皮肤腐蚀/刺激信息（包括以往人类或动物的经验数据），以及结构——活性关系和体外试验，结合分层试验和评估方案对皮肤腐蚀/刺激物质进行分类。

在试验之前确定物质的腐蚀和刺激倾向时，应考虑多种因素。比如，固态物质（粉末）变湿时或与湿皮肤或黏膜接触时可能变成腐蚀物或刺激物。首先，应对单次或重复接触在内的现有人类经验和数据，以及动物观察和数据进行分析。此外，某些情况下还可以从结构相关的化合物中得到信息用于分类。比如，物质的 pH 值、物质通过皮肤吸收时的毒性等。

在确定是否需要进行体内皮肤刺激试验时，应尽可能获得物质的上述信息。一般来说，最重要的物质信息是人类经验和数据，其次是来自动物的经验和试验数据，再次是来源其他的信息，具体的还要视情况而定。

鉴于某些情况下并不是所有信息都是必要的，因此，应酌情考虑使用分层方法来评估物质的原始信息。

3.3.2.3　腐蚀

表 3-36 提供了使用动物试验结果的单一统一腐蚀类别。腐蚀物是破坏皮肤组织的试验物质，即接触最多 4 小时之后，三只试验动物中至少有一只出现可见的表皮和真皮坏死现象。腐蚀反应的特征是溃疡、出血、有血的结痂，而且在观察期 14 天结束时，皮肤、完全脱发区域和结痂处由于漂白而褪色。应考虑通过组织病理学来鉴别出可疑的病变。

表 3-36　皮肤腐蚀类别和子类别

第 1 类:腐蚀物	腐蚀物子类别	三只动物中有一只或一只以上显示出腐蚀性	
（适用于不使用子类别的管理当局）	（只适用于一些管理当局）	接　　触	观　　察
腐蚀性	1A	<3min	<1h(小时)
	1B	>3min 且<1h	<14 天
	1C	>1h 且<4h	<14 天

对于希望为腐蚀性划分一种以上类别的管理当局，在腐蚀类别内提供了三种子类别：子类 1A——记录接触最多三分钟和观察最多 1 小时后的反应；子类 1B——描述接触三分钟到 1 小时之间和观察最多 14 天后的反应；子类 1C——接触 1 小时到 4 小时之间和观察最多 14 天后发生的反应。

3.3.2.4　刺激

表 3-37 为单一的刺激物类别，该类别：

① 在现有分类中属于中等灵敏度；

② 确认一些试验物质可能产生持续整个试验时间的效应；

③ 确认动物在一项试验中的反应可能变化相当大。提出了一个新的轻微刺激物类别，供希望有一种以上皮肤刺激物类别的管理当局使用。

表 3-37　皮肤刺激物类别

类　　别	标　　准
刺激物 （第 2 类） （适用于所有管理当局）	①三只试验动物中至少有两只试验动物在斑片除掉之后 24h,48h 和 72h,或者如果反应延迟在皮肤反应开始后连续 3 天的红斑或水肿分级平均值>2.3 和≤4.0； ②炎症在至少两只动物中持续到正常 14 天观察期结束,特别考虑到脱发(有限区域)、过度角化、过度增生和脱皮； ③在一些情况下,不同动物的反应有明显的不同,单有一只动物有非常明确的与化学品接触有关的阳性效应,但低于上述标准
轻微刺激物 （第 3 类） （只适用于一些管理当局）	三只试验动物中至少有两只试验动物在 24h,48h 和 72h,或者如果反应延迟在皮肤反应开始后连续 3 天的红斑/焦痂或水肿分级平均值>1.5 且<2.3(当不包括在上述刺激物类别中时)

皮肤病变的可逆性是评估刺激反应的另一个考虑事项。当发炎现象在两只或两只以上的试验动物中持续到观察期结束时，考虑到脱发（有限区域）、过度角化、过度增生和脱皮，物质应划为刺激物。

动物刺激反应在一次试验内可能变化相当大，就像在腐蚀试验中那样。另有一个刺激标准适用于出现显著刺激反应，但低于阳性试验结果的平均分值标准的情况。例如，如果在三只试验动物中至少有 1 只在整个研究中出现非常高的平均分值，包括病变持续到正常 14 天的观察期结束时，那么试验物质可以被划为刺激物。其他反应也可能符合该标准。但是，应确保出现的反应是化学品接触的结果。增加这一标准会提高分类制度的灵敏度。

表中给出了使用动物试验结果的单一刺激物类别（第 2 类）。管理当局（例如农药）也可以使用严重性较低的轻微刺激物类别（第 3 类）。它们的主要区别在于皮肤反应的严重程度。刺激物类别的主要标准是至少 2 只试验动物的平均分值＞2.3 且＜4.0。对于轻微刺激物类别，至少 2 只试验动物的平均分值临界值为＞1.5 且＜2.3。刺激物类别中的试验物质将被排除在轻微刺激物类别之外。

3.3.2.5　混合物分类标准

(1) 已有混合物整体数据时的混合物分类

① 皮肤腐蚀/刺激混合物的分类使用物质的分类标准进行分类，同时也要考虑到新的危险类别数据的试验和评估过程。

② 与其他危险类别不同，对某些类型的化学品，可用替代试验来确定其皮肤腐蚀性。在考虑混合物试验时，分类人员应使用皮肤腐蚀性和刺激性物质分类标准中包括的分层证据权重方法，以帮助确保分类的准确性。如果一种混合物的 pH 值≤2 或≥11.5，那么即被认为是腐蚀物（皮肤第 1 类）。如果物质或混合物有很低或很高的 pH 值，但可能没有腐蚀性，那么需要进行进一步试验证实，最好使用经认定的体外试验。

(2) 混合物整体数据不全时的混合物分类：架桥原则

如果混合物本身并没有进行过确定其皮肤刺激性/腐蚀性试验，但对混合物的单个成分或已做过试验的类似混合物均已掌握了充足数据，可根据以下架桥原则适当确定该混合物的危险特性。

① 稀释　如果混合物用稀释剂进行稀释，稀释剂的毒性分类与原始成分中毒性最低的相等或比它更低，且该稀释剂不会影响其他成分的腐蚀性/刺激性，那么经稀释的新混合物可划为与原做过试验的混合物相同的类别。

② 产品批次　混合物已做过试验的某一生产批次的毒性，可以认为与同一制造商生产的或在其控制下生产的同一商业产品的另一个未经试验的产品批次的毒性相同，除非未试验产品批次的毒性有显著变化。

③ 最高腐蚀物/刺激物类别的混合物浓度　已做过试验的混合物被划为第 1 类，如果该混合物中属于第 1 类的成分浓度增加，则产生的未经试验的混合物仍划为第 1 类。

④ 毒性类别内的内推法　三种成分完全相同的混合物（A、B 和 C），混合物 A 和混合物 B 经过测试，属同一毒性类别，而混合物 C 未经测试，但含有与混合物 A 和混合物 B 相同的毒素活性成分，且其毒素活性成分的浓度与混合物 A 和混合物 B 中的浓度十分接近，则混合物 C 应与 A 和 B 属同一类别。

⑤ 实质上类似的混合物　假定：

a. 两种混合物：（Ⅰ）A＋B；

　　　　　　　　（Ⅱ）C＋B；

b. 成分 B 的浓度在两种混合物中基本相同；

c. 混合物（Ⅰ）中成分 A 的浓度等于混合物（Ⅱ）中成分 C 的浓度；

d. 已有 A 和 C 的毒性数据，并且这些数据实质上相同，即它们属于相同的危险类别，而且可能不会影响 B 的毒性。

如果混合物（Ⅰ）或（Ⅱ）已经根据试验数据分类，那么另一混合物可以划为相同的危险类别。

⑥ 烟雾剂/气溶胶 气雾形式的混合物，可按已经过试验的非雾化形式的混合物的分类，划为相同的危险类别，条件是加入的气雾发生剂不影响混合物喷射时的刺激性或腐蚀性。

（3）已有混合物的所有成分数据或只有一些成分数据时的混合物分类

① 为利用现有的所有数据对混合物的皮肤刺激/腐蚀危险进行分类，作如下假设，并酌情应用于分层分类方法：一种混合物中各"相关成分"浓度≥1%（固体、液体、粉尘、烟雾和蒸气为重量百分比，气体为体积百分比），除非浓度<1%的成分与混合物的皮肤刺激/腐蚀分类具有相关性。

② 一般来说，当掌握成分数据，但不掌握混合物整体数据时，将混合物划为皮肤刺激物/腐蚀物的方法是以加和法为基础的，即每一种腐蚀性或刺激性成分都对混合物的全部刺激或腐蚀性质具有贡献，贡献程度与其效力和浓度成比例。当腐蚀性成分浓度低于划为第 1 类的浓度极限值，但有助于混合物划为刺激物时，该腐蚀性成分使用权重因子 10。如这样的成分浓度加和超过临界值/浓度极限值时，可将该混合物划为腐蚀物或刺激物。

③ 以表 3-38 提供的临界值/浓度极限值确定是否将混合物划为皮肤刺激物或皮肤腐蚀物。

④ 对于含有强酸或强碱的混合物，应使用 pH 值作为分类标准。混合物中所含的腐蚀性或刺激性成分由于其化学性质而不能根据表 3-38 所示加和法对其进行分类的，则在该混合物含有的腐蚀性成分≥1%的情况下划为皮肤第 1 类，在含有的刺激性成分≥3%的情况下划为皮肤第 2/3 类。表 3-39 归纳了含有不适用表 3-38 所述方法的进行分类的混合物。

表 3-38　混合物按皮肤危险物（第 1、第 2 或第 3 类）分类，划为皮肤第 1、第 2 或第 3 类的起点成分浓度

划为以下类别的成分总和	使混合物划为以下类别的浓度		
	皮肤腐蚀物	皮肤刺激物	
	第 1 类	第 2 类	第 3 类
皮肤第 1 类	≥5%	≥1%且<5%	
皮肤第 2 类		≥10%	≥1%且<10%
皮肤第 3 类			≥10%
（10×皮肤第 1 类）+皮肤第 2 类		≥10%	≥1%且<10%
（10×皮肤第 1 类）+皮肤第 2 类+皮肤第 3 类			≥10%

注：在使用皮肤类别 1 的子类别的情况下，划为皮肤子类别 1A，1B 或 1C 的混合物时，各类别所有组分的总浓度之和均应≥5%，这样才能使该混合物分类为皮肤子类别 1A 或 1B 或 1C。在皮肤子类别 1A 组分的总浓度<5%，但皮肤子类别组分 1A+1B 的总浓度≥5% 时，则该混合物应被分类为皮肤子类别 1B。同样，在皮肤子类别 1A+1B<5%，但子类别 1A+1B+1C 的总浓度≥5% 时，则该混合物应分类为子类别 1C。

表 3-39　混合物划为皮肤危险物但加和法不适用时，

混合物分类的起点成分浓度

成　　分	浓度	混合物划为皮肤
pH 值≤2 的酸	≥1％	第 1 类
pH 值≥11.5 的碱	≥1％	第 1 类
不适用加和法的其他腐蚀物	≥1％	第 1 类
不适用加和法的其他刺激物	≥3％	第 2 类

3.3.2.6　皮肤腐蚀/刺激警示标签要素的分配

皮肤腐蚀/刺激警示标签要素的分配见表 3-40。

表 3-40　皮肤腐蚀/刺激警示标签要素的分配

分类		标签				危险性说明编码
危险类	危险项	象形图		信号词	危险性说明	
		GHS	UN-MR			
皮肤腐蚀/刺激	1	🔲(腐蚀象形图)	🔲(UN-MR腐蚀8)	危险	造成严重皮肤灼伤和眼损伤	H314
	2	⚠(感叹号象形图)	不作要求	警告	造成皮肤刺激	H315
	3	无象形图	不作要求	警告	造成轻微皮肤刺激	H316

3.3.3　严重眼损伤/眼刺激

3.3.3.1　定义

严重眼损伤是在眼球前部表面施加试验物质之后，造成眼组织损伤，或严重生理视觉衰退，且在 21 天内不能完全恢复。眼刺激是在眼球前部表面施加试验物质之后，眼睛产生变化，但在 21 天内可完全恢复。

3.3.3.2　分类标准

利用已知的严重视觉组织损伤和眼刺激信息（包括以往人类或动物的经验数据），以及结构——活性关系和体外试验，结合分层试验和评估方案对严重眼损伤/眼刺激物质进行分类。

进行任何体内严重眼损伤/眼刺激试验之前，应审查试验物质的现存信息。根据现有数据，对试验物质是否会导致严重（即不可逆的）眼损伤作出初步判定。若该试验物质能够按此分类，则无需进行任何试验。对于未研究过的物质，也建议使用分层分类方法进行分类。

在试验之前确定物质的严重眼损伤或刺激倾向时，应考虑多种因素。首先，应对现有的人类经验和数据，以及动物观察和数据进行分析。此外，某些情况下还可以从结构相关的化合物中得到信息用于分类。比如，物质的 pH 值、物质通过皮肤吸收时的毒性等。

在确定是否需要进行体内眼刺激试验时，应尽可能获得物质的上述信息。一般来说，专家对物质作用于人体时的判断比较重要，其次是皮肤刺激试验结果以及经认定的替代方法获得的结果，具体的还要视情况而定。

鉴于某些情况下并不需要物质的所有信息，因此，应酌情考虑使用分层方法对物质的原始信息进行评估。

3.3.3.3　严重眼损伤/眼刺激混合物的分类

(1) 已有混合物整体数据时的混合物分类

① 严重眼损伤/眼刺激混合物的分类使用物质的分类标准进行分类，同时也要考虑到新的危险类别数据的试验和评估过程。

② 与其他危险类别不同，对某些类型的化学品，可用替代试验来确定其皮肤腐蚀性。在考虑混合物试验时，分类人员应使用严重眼损伤/眼刺激物质分类标准中包括的分层证据权重方法，以帮助确保分类的准确性。如果一种混合物的 pH 值≤2 或≥11.5，那么即被认为是引起严重眼损伤性/眼刺激性物质（眼部第 1 类）。如果对碱/酸储备量的考虑表明，尽管物质或混合物有很低或很高的 pH 值，但可能并没有严重眼损伤性/眼刺激性，那么需要进行进一步试验证实，最好使用经认定的体外试验。

(2) 混合物整体数据不全时的混合物分类：架桥原则

如果混合物本身并没有进行过确定其严重眼损伤性/眼刺激性试验，但对混合物的单个成分或已做过试验的类似混合物均已掌握了充足数据，可根据以下架桥原则适当确定该混合物的危险特性。

① 稀释　如果混合物用稀释剂进行稀释，稀释剂的严重眼损伤性/眼刺激性分类与原始成分中毒性最低的相等或比它更低，且该稀释剂不会影响其他成分的腐蚀性/刺激性，那么经稀释的新混合物可划为与原做过试验的混合物相同的类别。

② 产品批次　混合物已做过某一生产批次的严重眼损伤性/眼刺激性试验，可以认为与同一制造商生产的或在其控制下生产的同一商业产品的另一个未经试验的产品批次的严重眼损伤性/眼刺激性相同，除非未试验产品批次的严重眼损伤性/眼刺激性有显著变化。

③ 最高严重眼损伤/眼刺激类别的混合物浓度　如果划为最高严重眼损伤类别的试验混合物是浓缩物，那么浓度更大的未做过试验的混合物应划为最高严重眼损伤类别，而无需另做试验。如果划为最高皮肤/眼刺激子类别的试验混合物是浓缩物，并且不含严重眼损伤成分，那么浓度更大的未做过试验的混合物应划为最高刺激物类别，而无需另做试验。

④ 毒性类别内的内推法　三种成分完全相同的混合物（A、B 和 C），混合物 A 和混合物 B 经过测试，属同一毒性类别，而混合物 C 未经测试，但含有与混合物 A 和混合物 B 相同的毒素活性成分，且其毒素活性成分的浓度与混合物 A 和混合物 B 中的浓度十分接近，则混合物 C 应与 A 和 B 属同一类别。

⑤ 实质上类似的混合物　假定：

a. 两种混合物：（Ⅰ）A＋B；

（Ⅱ）C＋B；

b. 成分 B 的浓度在两种混合物中基本相同；

c. 混合物（Ⅰ）中成分 A 的浓度等于混合物（Ⅱ）中成分 C 的浓度；

d. 已有 A 和 C 的毒性数据，并且这些数据实质上相同，即它们属于相同的危险类别，而且可能不会影响 B 的毒性。

如果混合物（Ⅰ）或（Ⅱ）已经根据试验数据分类，那么另一混合物可以划为相同的危险类别。

⑥ 烟雾剂/气溶胶　气雾形式的混合物，可按已经过试验的非雾化形式的混合物的分类，划为相同的危险类别，条件是加入的气雾发生剂不影响混合物喷射时的刺激性或腐蚀性。

(3) 已有混合物的所有成分数据或只有一些成分数据时的混合物分类

① 为利用现有的所有数据对混合物的眼刺激/严重眼损伤危险进行分类，作如下假设，并酌情应用于分层分类方法：一种混合物中各"相关成分"浓度≥1%（固体、液体、粉尘、烟雾和蒸气为重量百分比，气体为体积百分比），除非浓度＜1%的成分与混合物的皮肤刺激/严重眼损伤分类具有相关性。

② 一般来说，当掌握成分数据，但不掌握混合物整体数据时，将混合物划为引起眼刺激/严重眼损伤物质的方法是以加和法为基础的，即每一种腐蚀性或刺激性成分都对混合物的全部刺激或腐蚀性质具有贡献，贡献程度与其效力和浓度成比例。当腐蚀性成分浓度低于划为第1类的浓度极限值，但有助于混合物划为刺激物时，该腐蚀性成分使用权重因子10。如这样的成分浓度加和超过临界值/浓度极限值时，可将该混合物划为引起眼刺激/严重眼损伤物质。

③ 以表3-41提供的临界值/浓度极限值确定是否将混合物划为皮肤刺激物或皮肤腐蚀物。

④ 对于含有强酸或强碱的混合物，应使用pH值作为分类标准。混合物中所含的腐蚀性或刺激性成分由于其化学性质而不能根据表3-41所示加和法对其进行分类的，则在该混合物含有的腐蚀性成分≥1%的情况下划为皮肤第1类，在含有的刺激性成分≥3%的情况下划为皮肤第2/3类。表3-42归纳了含有不适用表3-41所述方法的进行分类的混合物。

表3-41　混合物按眼部危险物（第1、第2或第3类）分类，
划为皮肤第1类和/或眼部第1类或第2类的起点成分浓度

成分	浓度	
	眼睛不能完全恢复	眼睛能完全恢复
	第1类	第2类
眼部皮肤第1类	≥3%	≥1%且＜3%
眼部第2/2A类		≥10%
（10×眼部第1类）＋眼部第2/2A类		≥10%
皮肤第1类＋眼部第1类	≥3%	≥1%且＜3%
10×（皮肤第1类＋眼部第1类）＋皮肤第2A/2B类		≥10%

表3-42　混合物划为眼部危险物但加和法不适用时，
混合物分类的起点成分浓度

成分	浓度	混合物划为皮肤
pH值≤2的酸	≥1%	第1类
pH值≥11.5的碱	≥1%	第1类
不适用加和法的其他腐蚀物（第1类）成分	≥1%	第1类
不适用加和法的其他刺激物（第2类）成分，包括酸和碱	≥3%	第2类

3.3.3.4　严重眼损伤/眼刺激警示标签要素的分配

严重眼损伤/眼刺激警示标签要素的分配见表3-43。

表 3-43　严重眼损伤/眼刺激警示标签要素的分配

分类		标签				危险性说明编码
危险类	危险项	象形图		信号词	危险性说明	
		GHS	UN-MR			
严重眼损伤/眼刺激	1		不作要求	危险	造成严重眼损伤	H318
	2/2A		不作要求	警告	造成严重眼刺激	H319
	2B	无象形图	不作要求	警告	造成眼刺激	H320

3.3.4　呼吸或皮肤致敏

3.3.4.1　定义

呼吸致敏是指吸入后会引起呼吸道过敏反应,引起呼吸致敏的物质称为呼吸致敏物。同样地,皮肤致敏是指皮肤接触后引起过敏反应,引起皮肤致敏的物质称为皮肤致敏物。

过敏包括两个阶段,第一个阶段是人因接触某种过敏原而引起特定免疫记忆。第二阶段是引发,即过敏者因接触某种过敏原而产生细胞介导或抗体介导的过敏反应。

对于呼吸过敏,诱发之后是引发阶段,与皮肤过敏相同。除皮肤过敏,还存在一个让免疫系统作出反应的诱发阶段,如随后的接触足以引发可见的皮肤反应(引发阶段),则可能出现临床症状。因此,预测性的试验通常认为该阶段为诱发阶段,对该阶段的反应通过引发阶段加以计量,典型做法是使用斑片试验,但对诱发反应的局部淋巴结试验则采取直接计量。皮肤过敏通常采用诊断性斑片试验进行评估。

"呼吸或皮肤过敏"危险分类可再分为:

① 呼吸过敏;

② 皮肤过敏。

就皮肤过敏和呼吸过敏而言,引发数值一般低于诱发数值。

3.3.4.2　分类

(1) 呼吸致/过敏原

主管部门未要求作次级分类或作次级分类数据不充分的情况下,呼吸过敏物质应列为第 1 类。

若已有充分数据且主管部门有此要求,可将呼吸过敏物质再分为 1A 子类,强过敏物质,或 1B 子类,其他呼吸过敏物质。

观察人或动物,结合证据权衡法,可以对呼吸过敏物质进行分类。根据表 3-44 中的分类原则,并根据可靠的数据,采用证据权衡法,可将物质划入 1A 或 1B 子类,上述所需数据可取自人类流行病学研究,以及动物试验研究结果。

表 3-44　呼吸过敏物质的危险类别和子类别

第 1 类	呼吸过敏物质
	物质按呼吸致/过敏原分类： ① 如果有人体研究表明，该物质可导致特定的严重呼吸（超）过敏； ② 如果适当的动物试验结果为阳性
1A 子类	物质显示在人类中高发生率；或根据动物或其他试验，可能发生人的高过敏率。反应的严重程度可考虑在内
1B 子类	物质显示在人身上低度到中度的发生率；或根据动物或其他试验，可能发生人的低度到中度过敏率。反应的严重程度可考虑在内

(2) 皮肤致/过敏原

主管部门未要求作次级分类或作次级分类数据不充分的情况下，皮肤过敏物质应列为第 1 类。

若已有充分数据且主管部门有此要求，可将皮肤过敏物质再分为 1A 子类，强过敏物质，或 1B 子类，其他皮肤过敏物质。

观察人或动物，结合证据权衡法，可以对皮肤过敏物质进行分类。根据表 3-45 中的分类原则，并根据可靠的数据，采用证据权衡法，可将物质划入 1A 或 1B 子类，上述所需数据可取自人类流行病学研究，以及动物试验研究结果。

表 3-45　皮肤过敏物质的危险类别和子类别

第 1 类	皮肤过敏物质
	物质按呼吸致/过敏原分类： ① 如果有人体研究表明，该物质可导致特定的严重皮肤过敏； ② 如果适当的动物试验结果为阳性。
1A 子类	物质显示在人类中高发生率；或根据动物或其他试验，可能发生人的高过敏率。反应的严重程度可考虑在内
1B 子类	物质显示在人身上低度到中度的发生率；或根据动物或其他试验，可能发生人的低度到中度过敏率。反应的严重程度可考虑在内

3.3.4.3　呼吸或皮肤致/过敏混合物的分类

(1) 已有混合物整体数据时的混合物分类

混合物拥有物质分类原则中所述的可靠数据时，对数据的权重进行评估，从而对混合物进行分类。

(2) 混合物整体数据不全时的混合物分类：架桥原则

如果混合物本身并没有进行过确定其呼吸或皮肤致敏的试验，但对混合物的单个成分或已做过试验的类似混合物均已掌握了充足数据，可根据以下架桥原则适当确定该混合物的危险特性。

① 稀释　对已有呼吸或皮肤致敏试验数据的混合物用非过敏性物质的稀释剂进行稀释，稀释过程中该稀释剂不会影响其他成分的致敏性质，那么经稀释的新混合物可划为与原混合物相同的类别。

② 产品批次　混合物已做过试验的某一生产批次的引起呼吸或皮肤致/过敏物质，可以认为与同一制造商生产的或在其控制下生产的同一商业产品的另一个未经试验的产品批次的

引起呼吸或皮肤致/过敏物质相同，除非未试验产品批次的呼吸或皮肤致/过敏性有显著变化。

③ 最高致敏类别/子类混合物的浓度 如果已有试验数据的混合物被划为 1 类或 1A 子类，当混合物中属于 1 类或 1A 子类的成分浓度提高时，则混合物应划为 1 类或 1A 类。

④ 毒性类别内的内推法 三种成分完全相同的混合物（A、B 和 C），混合物 A 和混合物 B 经过测试，属同类/子类，而混合物 C 未经测试，但含有与混合物 A 和混合物 B 相同的毒素活性成分，且其毒素活性成分的浓度与混合物 A 和混合物 B 中的浓度十分接近，则混合物 C 应与 A 和 B 属同一类/子类。

⑤ 实质上类似的混合物 假定：

a. 两种混合物：（Ⅰ）A ＋ B；

               （Ⅱ）C ＋ B；

b. 成分 B 的浓度在两种混合物中基本相同；

c. 混合物（Ⅰ）中成分 A 的浓度等于混合物（Ⅱ）中成分 C 的浓度；

d. 已有 A 和 C 的毒性数据，并且这些数据实质上相同，即它们属于相同的危险类别，而且可能不会影响 B 的致/过敏性质。

如果混合物（Ⅰ）或（Ⅱ）已经根据试验数据分类，那么另一混合物可以划为相同的危险类别。

⑥ 烟雾剂/气溶胶 气雾形式的混合物，可按已经过试验的非雾化形式的混合物的分类，划为相同的危险类别，条件是加入的气雾发生剂不影响混合物喷射时的致敏性。

（3）已有混合物的所有成分数据或只有一些成分数据时的混合物分类

当至少一种成分已经划为呼吸或皮肤致/过敏原，而且其含量等于或高于表 3-46 所示固体/液体和气体的特定端点临界值/浓度极限值时，混合物应划为呼吸或皮肤致/过敏原。

表 3-46 混合物按呼吸道致/过敏原或皮肤致/过敏原分类，
引发混合物分类的成分临界值/浓度极限值

成分划分	引起混合物分类的临界值/浓度极限值		
	呼吸道过敏第 1 类		皮肤过敏第 1 类
	固体/液体	气体	所有物理状态
呼吸道过敏原第 1 类	≥0.1%	≥0.1%	
	≥0.1%	≥0.2%	
呼吸道过敏原第 1A 子类	≥0.1%	≥0.1%	
呼吸道过敏原第 1B 子类	≥1.0%	≥0.2%	
皮肤过敏原第 1 类	——		≥0.1%
	——		≥1.0%
呼吸道过敏原第 1A 类	——		≥0.1%
呼吸道过敏原第 1B 类	——		≥1.0%

3.3.4.4 呼吸致/过敏警示标签要素

呼吸致/过敏警示标签要素的分配见表 3-47。

表 3-47 呼吸致/过敏警示标签要素的分配

分类		标签				危险性说明编码
		象形图		信号词	危险性说明	
危险类	危险项	GHS	UN-MR			
呼吸致/过敏	1		不作要求	危险	吸入可引起过敏或哮喘症状、或造成呼吸困难	H334
	1A		不作要求	危险	吸入可引起过敏或哮喘症状、或造成呼吸困难	H334
	1B		不作要求	危险	吸入可引起过敏或哮喘症状、或造成呼吸困难	H334

皮肤致/过敏警示标签要素的分配见表 3-48。

表 3-48 皮肤致/过敏警示标签要素的分配

分类		标签				危险性说明编码
		象形图		信号词	危险性说明	
危险类	危险项	GHS	UN-MR			
皮肤致/过敏	1		不作要求	警告	可引起皮肤过敏反应	H317
	1A		不作要求	警告	可引起皮肤过敏反应	H317
	1B		不作要求	警告	可引起皮肤过敏反应	H317

3.3.5 生殖细胞致突变性

3.3.5.1 定义

生殖细胞致突变是指可能导致人类生殖细胞发生可传播给后代的突变。这里的突变指的是细胞中遗传物质的数量或结构发生永久性改变。

3.3.5.2 分类

生殖细胞致突变性的物质分类见表3-49。

表 3-49 生殖细胞致突变性物质分类

类别	分类原则
第1类	已知引起人类生殖细胞可遗传突变或被认为可能引起人类生殖细胞可遗传突变的物质 第1A类：已引起人类生殖细胞可遗传突变的物质 　　　　人类流行病学研究中呈阳性的物质 第1B类：可能引起人类生殖细胞可遗传突变的物质 　① 哺乳动物体内可遗传生殖细胞致突变性试验呈阳性的； 　② 不仅哺乳动物体内体细胞致突变性试验呈阳性的，而且有信息表明物质有引起生殖细胞突变的； 　③ 试验结果呈阳性，且已经在在人类生殖细胞中产生了致突变性，则无需证明是否遗传给后代
第2类	由于可能导致人类生殖细胞可遗传突变而引起人们关注的物质 哺乳动物试验或一些体外试验呈阳性的，体外实验包括： 　① 哺乳动物体内体细胞致突变性试验； 　② 得到体内体细胞生殖毒性试验的阳性结果支持的其他体外致突变性试验

注：体外哺乳动物致突变性试验呈阳性的，且与已知生殖细胞致变物有化学结构活性关系的物质划为第2类致变物。

3.3.5.3 生殖细胞致突变性混合物的分类

(1) 已有混合物整体数据时的混合物分类

混合物的分类应基于混合物成分的现有试验数据，以及划为生殖细胞致变成分的临界值/浓度极限值。

(2) 混合物整体数据不全时的混合物分类：架桥原则

如果混合物本身并没有进行过确定其生殖细胞致突变性危险的试验，但对混合物的单个成分或已做过试验的类似混合物均已掌握了充足数据，可根据以下架桥原则适当确定该混合物的危险特性。

① 稀释　对已有生殖细胞致突变性试验数据的混合物用不会影响其他成分的生殖细胞致突变性的稀释剂进行稀释，那么经稀释的新混合物可划为与原混合物相同的类别。

② 产品批次　混合物已做过试验的某一生产批次的引起生殖细胞致突变性的物质，可以认为与同一制造商生产的或在其控制下生产的同一商业产品的另一个未经试验的产品批次的引起生殖细胞致突变性物质相同，除非未试验产品批次的生殖细胞致突变性有显著变化。

③ 毒性类别内的内推法　三种成分完全相同的混合物（A、B 和 C），混合物 A 和混合物 B 经过测试，属同类/子类，而混合物 C 未经测试，但含有与混合物 A 和混合物 B 相同的毒素活性成分，且其毒素活性成分的浓度与混合物 A 和混合物 B 中的浓度十分接近，则混合物 C 应与 A 和 B 属同一类/子类。

④ 实质上类似的混合物　假定：

a. 两种混合物：（Ⅰ）A ＋ B；

（Ⅱ）C ＋ B；

b. 成分 B 的浓度在两种混合物中基本相同；

c. 混合物（Ⅰ）中成分 A 的浓度等于混合物（Ⅱ）中成分 C 的浓度；

d. 已有 A 和 C 的毒性数据，并且这些数据实质上相同，即它们属于相同的危险类别，而且可能不会影响 B 的生殖细胞致突变性。

如果混合物（Ⅰ）或（Ⅱ）已经根据试验数据分类，那么另一混合物可以划为相同的危险类别。

（3）已有混合物的所有成分数据或只有一些成分数据时的混合物分类

当至少一种成分已经划为第 1 类或第 2 类致变物，且其含量等于或高于表 3-50 所示第 1 类和第 2 类的相应临界值/浓度极限值时，混合物应划为致变物。

表 3-50　混合物按生殖细胞致变物分类，所含成分临界值/浓度极限值

成分分类	混合物分类的临界值/浓度极限值		
	第 1 类致变物		第 2 类致变物
	1A 类	1B 类	
第 1A 类致变物	≥0.1%	—	—
第 1B 类致变物	—	≥0.1%	—
第 2 类致变物	—	—	≥1.0%

注：表中的临界值/浓度极限值适用于固体和液体（质量百分比），以及气体（体积百分比）。

3.3.5.4　生殖系致突变性警示标签要素的分配

生殖细胞致突变性警示标签要素的分配见表 3-51。

表 3-51　生殖细胞致突变性警示标签要素的分配

分类		标签				危险性说明编码
危险类	危险项	象形图		信号词	危险性说明	
		GHS	UN-MR			
生殖细胞致突变性	1（包括 1A 和 1B）		不作要求	危险	可能造成遗传性缺陷（如已有确证，无其他接触途径造成这一危险，应说明接触途径）	H340
	2		不作要求	警告	怀疑可造成遗传性缺陷（如已有确证，无其他接触途径造成这一危险，应说明接触途径）	H341

3.3.6　致癌性

3.3.6.1　定义

致癌物是指可导致癌症或增加癌症发病率的物质或混合物。除非有证据表明动物癌症的形成不会在人类身上发生，否则动物试验研究中诱发良性和恶性肿瘤的物质和混合物，应视为潜在的人类致癌物。

3.3.6.2　分类

根据物质致癌信息的充分程度和附加考虑事项，将致癌物质分为 2 类。某些情况下，可能还要根据致癌的具体途径进行分类。致癌性物质分类见表 3-52。

表 3-52 致癌性物质分类

类别	分类原则
第 1 类	已知的人类致癌物或已作致癌物对待的物质 根据流行病学或动物数据将物质划为第 1 类。个别物质需要进一步区分： 第 1A 类：已知对人类有致癌可能：对物质的分类主要根据人类现有数据； 第 1B 类：假定对人类有致癌可能：对物质的分类主要根据动物现有数据； 　　　　　分类应以数据的充分程度及附加的考虑事项为基础。数据包括：已确定导致人类患癌的数据；动物试验数据，即已确定动物患癌的数据。个别情况，需要科学判断某种物质是否具有致癌性。 分类：第 1(A 和 B)类致癌物
第 2 类	可疑的人类致癌物 根据人类和/或动物研究得到的数据，不能划为第 1 类的物质划为第 2 类。数据包括：有限导致人类患癌的数据；有限动物患癌的数据。 分类：第 2 类致癌物

　　某些情况下，未进行过致癌性试验的物质可以根据通过结构类比法得到的癌症数据，或者通过考虑其他重要因素从而得到支持信息来将物质分为第 1 类或第 2 类。分类还应考虑物质是否会通过特定途径吸收，或者考虑物质是否只在试验施用位置处出现局部癌症特征。此外，还应考虑物质的物理化学性质、毒物动力学和毒物力学性质以及与化学类似物有关的任何现有相关信息，即结构活性关系。

3.3.6.3 致癌性混合物的分类

(1) 已有混合物整体数据时的混合物分类

　　混合物的分类应基于混合物成分的现有试验数据，以及划为致癌性成分的临界值/浓度极限值。

(2) 混合物整体数据不全时的混合物分类：架桥原则

　　如果混合物本身并没有进行过确定其致癌危险的试验，但对混合物的单个成分或已做过试验的类似混合物均已掌握了充足数据，可根据以下架桥原则适当确定该混合物的危险特性。

　　① 稀释　对已有致癌性试验数据的混合物用不会影响其他成分致癌性的稀释剂进行稀释，那么经稀释的新混合物可划为与原混合物相同的类别。

　　② 产品批次　混合物已做过试验的某一生产批次的引起致癌可能性的物质，可以认为与同一制造商生产的或在其控制下生产的同一商业产品的另一个未经试验的产品批次的引起致癌可能性的物质相同，除非未试验产品批次的致癌性有显著变化。

　　③ 实质上类似的混合物　假定：

　　a. 两种混合物：(Ⅰ) A ＋ B；

　　　　　　　　　　(Ⅱ) C ＋ B；

　　b. 成分 B 的浓度在两种混合物中基本相同；

　　c. 混合物 (Ⅰ) 中成分 A 的浓度等于混合物 (Ⅱ) 中成分 C 的浓度；

　　d. 已有 A 和 C 的毒性数据，并且这些数据实质上相同，即它们属于相同的危险类别，而且可能不会影响 B 的致癌性。

　　如果混合物 (Ⅰ) 或 (Ⅱ) 已经根据试验数据分类，那么另一混合物可以划为相同的危险类别。

(3) 已有混合物的所有成分数据或只有一些成分数据时的混合物分类

　　当至少一种成分已经划为第 1 类或第 2 类致变物，且其含量等于或高于表 3-53 所示第 1

类和第 2 类的相应临界值/浓度极限值时，混合物应划为致癌物。

表 3-53　混合物按致癌物分类，所含成分临界值/浓度极限值

成分分类	混合物分类的临界值/浓度极限值		
	第 1 类致癌物		第 2 类致癌物
	1A 类	1B 类	
第 1A 类致癌物	≥0.1%	—	—
第 1B 类致癌物	—	≥0.1%	—
第 2 类致癌物	—	—	≥0.1% ≥1.0%

注：1. 如果第 2 类混合物中致癌成分浓度在 0.1% 到 1% 之间，需要编写 SDS，标签视情况而定。
　　2. 如果第 2 类混合物中致癌成分浓度＞1%，既需要 SDS 和标签。

3.3.6.4　致癌性警示标签要素的分配

致癌性警示标签要素的分配见表 3-54。

表 3-54　致癌性警示标签要素的分配

分类		标签				危险性说明编码
危险类	危险项	象形图		信号词	危险性说明	
		GHS	UN-MR			
致癌性	1（包括 1A 和 1B）		不作要求	危险	可能导致癌症（如已有确证，无其他接触途径造成这一危险，应说明接触途径）	H350
	2		不作要求	警告	怀疑会导致癌症（如已有确证，无其他接触途径造成这一危险，应说明接触途径）	H351

3.3.7　生殖毒性

3.3.7.1　定义

生殖毒性是指对成年雄性和雌性性功能和生育能力的有害影响，以及对后代发育不利的毒性。

对于生殖毒性效应不能明确的物质，一并划为生殖有毒物并附加一般危险说明。

性功能和生育能力的有害影响包括：女性和男性生殖系统的变化，对性成熟期开始的有害效应、配子的形成和输送、生殖周期的正常性、性功能、生育力、分娩、未成熟生殖系统的早衰和与生殖系统完整性有关的其他功能的改变。

发育毒性包括：干扰胎儿在出生前、后正常发育的任何效应，实质上是指怀孕期间引起的有害影响。发育毒性的主要表现，包括发育中的生物体死亡、结构畸形、生长改变以及功能缺陷等。

3.3.7.2　分类

根据对性功能和生育能力、发育的影响，将生殖毒性物质分为 2 类。特别地，将物质对

哺乳期的影响划为单独的危险类别。生殖毒性物质分类见表 3-55。

表 3-55 生殖毒性物质分类

类别	分类原则
第 1 类	已知的人类生殖毒性物质或已作生殖毒性物质对待的物质 本类别包括已知对人类性功能和生育能力、发育产生有害影响的物质或动物研究表明其毒可能对人类生殖影响很大的物质。可根据数据的来源不同,对该类物质进一步划分:来自人类数据的第 1A 类,以及来自动物数据的第 1B 类。 第 1A 类:已知对人类有生殖毒性的 　　　　　主要根据人类现有数据 第 1B 类:假定对人类有致癌可能 　　　　　主要根据动物现有数据。动物数据应能表明在没有其他毒性效应的情况下对性功能和生育能力、发育有害影响,或者与其他毒性一起作用时,其对生殖的有害影响并不来自于其他物质。 　　　　　但是,若有信息不确定物质的毒性效应与人类生殖系统相关,划为第 2 类可能更适合
第 2 类	可疑的人类生殖毒物 本类物质指的是一些人类或试验动物数据表明在没有其他毒性效应的情况下,对性功能和生育能力、发育有有害影响,或者与其他毒性一起作用时,其对生殖的有害影响并不来自于其他物质,且数据的说服力不够,不能将物质划为第 1 类的物质

对哺乳期产生的影响作为一个单独类别分列。由于许多物质,并没有信息显示其是否有可能通过哺乳对后代产生有害影响,或该物质（包括代谢物）可能存在于乳汁中,且其含量足以影响婴儿的健康,那么应标出该物质对哺乳婴儿造成的危害。此一分类可根据如下情况确定:

① 对该物质吸收、代谢、分布和排泄的研究应指出该物质在乳汁中存在,且其含量达到可能产生毒性的水平;

② 在动物实验中一代或二代的研究结果表明,物质转移至乳汁中对子代的有害影响或对乳汁质量的有害影响的清楚证据;

③ 对人的实验证据包括对哺乳期婴儿的危害。

3.3.7.3 生殖毒性混合物的分类

(1) 已有混合物整体数据时的混合物分类

混合物的分类应基于混合物成分的现有试验数据,以及混合物中各成分的临界值/浓度极限值。

(2) 混合物整体数据不全时的混合物分类:架桥原则

如果混合物本身并没有进行过确定其生殖毒性危险的试验,但对混合物的单个成分或已做过试验的类似混合物均已掌握了充足数据,可根据以下架桥原则适当确定该混合物的危险特性。

① 稀释　对已有致癌性试验数据的混合物用不会影响其他成分生殖毒性的稀释剂进行稀释,那么经稀释的新混合物可划为与原混合物相同的类别。

② 产品批次　混合物已做过试验的某一生产批次的引起生殖毒性的物质,可以认为与同一制造商生产的或在其控制下生产的同一商业产品的另一个未经试验的产品批次的引起生殖毒性可能性的物质相同,除非未试验产品批次的生殖毒性有显著变化。

③ 实质上类似的混合物　假定:

a. 两种混合物:（Ⅰ）A ＋ B;

　　　　　　　　（Ⅱ）C ＋ B;

b. 成分 B 的浓度在两种混合物中基本相同;

c. 混合物（Ⅰ）中成分 A 的浓度等于混合物（Ⅱ）中成分 C 的浓度；

d. 已有 A 和 C 的毒性数据，并且这些数据实质上相同，即它们属于相同的危险类别，而且可能不会影响 B 的生殖毒性。

如果混合物（Ⅰ）或（Ⅱ）已经根据试验数据分类，那么另一混合物可以划为相同的危险类别。

（3）已有混合物的所有成分数据或只有一些成分数据时的混合物分类

当至少一种成分已经划为第 1 类或第 2 类生殖毒物，且其含量等于或高于表 3-56 所示第 1 类和第 2 类的相应临界值/浓度极限值时，混合物应划为生殖毒物。

混合物中至少有一种成分已经化为对哺乳期产生影响的类别，且其浓度等于或高于表 3-56 所示相应的临界值/浓度极限值时，混合物应化为对哺乳期有影响的附加类别。

表 3-56　引起混合物不同分类的临界值/浓度极限值

成分分类	混合物分类的临界值/浓度极限值			
	第 1 类生殖读物		第 2 类生殖毒物	对哺乳期产生影响的附加类别
	1A 类	1B 类		
第 1A 类生殖毒物	≥0.1%	—		
	≥0.3%	—		
第 1B 类生殖毒物	—	≥0.1%	—	
		≥0.3%		
第 2 类生殖读物	—	—	≥0.1%	
			≥3.0%	
对哺乳期产生影响的类别				≥0.1%
				≥0.3%

注：1. 如果第 1 类混合物中致癌成分浓度在 0.1% 到 0.3% 之间，需要编写 SDS，标签视情况而定。

2. 如果第 1 类混合物中致癌成分浓度＞0.3%，则需要 SDS 和标签。

3.3.7.4　生殖毒性警示标签要素的分配

生殖毒性警示标签要素的分配见表 3-57。

表 3-57　生殖毒性警示标签要素的分配

分类		标签				危险性说明编码
危险类	危险项	象形图		信号词	危险性说明	
		GHS	UN-MR			
生殖毒性	1（包括 1A 和 1B）		不作要求	危险	可能对生育能力或胎儿造成伤害（说明具体影响）（如已有确证，无其他接触途径造成这一危险，应说明接触途径）	H360
	2		不作要求	警告	怀疑可能对生育能力或胎儿造成伤害要说明具体影响（如已有确证，无其他接触途径造成这一危险，应说明接触途径）	H361
	对哺乳期产生影响的附加类别	无象形图	不作要求	无信号词	可能对母乳喂养的儿童造成伤害	H362

3.3.8 特定目标器官毒性——单次接触

3.3.8.1 定义

特定目标器官毒性——单次接触，也可称为特异性靶器官系统毒性——一次接触。它指的是在单次接触某些物质和混合物后，会产生特定的、非致命的目标器官毒性，包括可能损害机能的、可逆和不可逆的、即时和/或延迟的显著健康影响。

3.3.8.2 分类

在所有已知数据基础上，依靠专家判断，结合即时或延迟效应，按其性质和严重性将物质分为 3 类。特定目标器官毒性——单次接触物质的分类见表 3-58。

表 3-58 特定目标器官毒性——单次接触物质分类

类别	分类原则
第 1 类	对人类产生显著毒性的物质,或者根据动物试验研究得到的数据,可假定在单次接触后有可能对人类产生显著毒性的物质 根据以下各项将物质划入第 1 类： ① 人类病例或流行病学研究得到的可靠数据证明的； ② 动物试验研究结果表明,在较低接触浓度下产生了与人类健康有相关显著的和/或严重毒性效应的。
第 2 类	动物试验研究数据表明,可假定在单次接触后有可能对人体产生危害的物质 可根据动物试验研究结果将物质划入第 2 类。动物试验研究结果表明,在适度接触浓度下产生了与人类健康有相关显著的和/或严重毒性效应的。 在特殊情况下,也可根据人体数据将物质划入第 2 类。
第 3 类	暂时性目标器官效用 有些目标器官效应可能不符合把物质/混合物划入上述第 1 类或第 2 类。这些效应在接触后的短时间里改变了人类功能,但人类可在一段合理的时间内恢复而不留下显著的组织或功能损害。 这一类别仅包括麻醉效应和呼吸道刺激。

动物试验研究结果中的接触浓度可根据表 3-59 中的（剂量/浓度）"指导值"进行划分，从而确定物质分属的类别。

表 3-59 单次接触指导值范围

接触途径	单位	第 1 类	第 2 类	第 3 类
口服(大鼠)	mg/kg 体重	C≤300	300≤C≤2000	
皮肤接触(大鼠或兔子)	mg/kg 体重	C≤1000	1000≤C≤2000	
吸入气体(大鼠)	ppmV/4h	C≤2500	2500≤C≤20000	指导值不适用
吸入蒸气(大鼠)	mg/L/4h	C≤10	10≤C≤20	
吸入粉尘/烟雾/烟尘(大鼠)	mg/L/4h	C≤10	1.0≤C≤5.0	

3.3.8.3 特定目标器官毒性——单次接触混合物的分类

(1) 已有混合物整体数据时的混合物分类

经确认来自人体或动物试验研究的数据可靠，可依据这些数据的评估结果对混合物进行分类。

(2) 混合物整体数据不全时的混合物分类：架桥原则

如果混合物本身并没有进行过确定其特定目标器官毒性的试验，但对混合物的单个成分或已做过试验的类似混合物均已掌握了充足数据，可根据以下架桥原则适当确定该混合物的危险特性。

① 稀释　对已有试验数据的混合物用稀释剂稀释，稀释剂的毒性与混合物中毒性成分最低的分类相同或比它更低，且不会影响混合物其他成分的毒性，那么经稀释的新混合物可划为与原混合物相同的类别。

② 产品批次　混合物已作过试验的某一生产批次的引起特定目标器官毒性的物质，可以认为与同一制造商生产的或在其控制下生产的同一商业产品的另一个未经试验的产品批次的引起特定目标器官毒性可能性的物质相同，除非未试验产品批次的起特定目标器官毒性有显著变化。

③ 高毒性混合物的浓度　如果第 1 类混合物中某种毒性成分浓度增加，那么含有更高浓度的此种混合物必须划为第 1 类。

④ 一种毒性类别范围的内推法　三种成分完全相同的混合物（A、B 和 C），混合物 A 和混合物 B 经过测试，属同一毒性类别，而混合物 C 未经测试，但含有与混合物 A 和混合物 B 相同的毒素活性成分，但其毒素活性成分的浓度介于混合物 A 和混合物 B 的浓度之间，则可假定混合物 C 与 A 和 B 属同一毒性类别。

⑤ 实质上类似的混合物　假定：

a. 两种混合物：（Ⅰ）A ＋ B；

　　　　　　　　（Ⅱ）C ＋ B；

b. 成分 B 的浓度在两种混合物中基本相同；

c. 混合物（Ⅰ）中成分 A 的浓度等于混合物（Ⅱ）中成分 C 的浓度；

d. 已有 A 和 C 的毒性数据，并且这些数据实质上相同，即它们属于相同的危险类别，而且可能不会影响 B 的毒性。

如果混合物（Ⅰ）或（Ⅱ）已经根据试验数据分类，那么另一混合物可以划为相同的危险类别。

⑥ 烟雾剂/气溶胶　如果加入的气雾发生剂并不影响混合物喷射时的毒性，那么气雾形式的混合物可划为与经过试验的非雾化形式的混合物的口服和皮肤毒性相同的危险类别。雾化混合物的吸入毒性分类必须单独考虑。

(3) 已有混合物的所有成分数据或只有一些成分数据时的混合物分类

当混合物本身没有可靠的信息或试验数据，且架桥原则不能对混合物进行分类，那么该混合物的分类将以包含的成分物质的分类为基础，当混合物中至少有一种成分已经划为第 1 类或第 2 类特定目标器官毒物，而且其含量等于或高于表 3-60 中提及的第 1 类和第 2 类的临界值/浓度极限值时，该混合物将划为单次接触特定目标器官毒物（指明具体器官）。

表 3-60　引起混合物不同分类的临界值/浓度极限值

成分分类	混合物分类的临界值/浓度极限值	
	第 1 类	第 2 类
第 1A 类目标器官毒物	≥1.0%	1.0%≤成分<10%
	≥10%	
第 2 类目标器官读物	—	≥1.0%
	—	≥10%

注：1. 如果第 1 类混合物中致癌成分浓度在 0.1% 到 0.3% 之间，需要编写 SDS，标签视情况而定。

2. 如果第 1 类混合物中致癌成分浓度≥10%，则需要 SDS 和标签。

3.3.8.4　特定目标器官毒性——单次接触警示标签要素的分配

特定目标器官毒性——单次接触警示标签要素的分配见表 3-61。

表 3-61　特定目标器官毒性——单次接触警示标签要素的分配

分类		标签				危险性说明编码
危险类	危险项	象形图		信号词	危险性说明	
		GHS	UN-MR			
特定目标器官毒性——单次接触	1		不作要求	危险	对器官造成损害（说明具体影响）（如已有确证，无其他接触途径造成这一危险，应说明接触途径）	H370
	2		不作要求	警告	可能对器官造成损害（说明具体影响，如已有确证，无其他接触途径造成这一危险，应说明接触途径）	H371
	3		不作要求	警告	可能引起呼吸道刺激或可能引起昏昏欲睡或眩晕	H335 H336

3.3.9　特定目标器官毒性——多次接触

3.3.9.1　定义

特定目标器官毒性——多次接触，也可称为特异性靶器官系统毒性——反复接触。它指的是在多次接触某些物质和混合物后，会产生特定的、非致命的目标器官毒性，包括可能损害机能的、可逆和不可逆的、即时和/或延迟的显著健康影响。

3.3.9.2　分类

在所有已知数据基础上，依靠专家判断，结合即时或延迟效应，按其性质和严重性将物质分为 2 类。特定目标器官毒性——多次接触物质的分类见表 3-62。

表 3-62　特定目标器官毒性——多次接触物质分类

类别	分类原则
第 1 类	对人类产生显著毒性的物质，或者根据动物试验研究得到的数据，可假定在多次接触后有可能对人类产生显著毒性的物质 根据以下各项将物质划入第 1 类： ① 人类病例或流行病学研究得到的可靠数据证明的； ② 动物试验研究结果表明，在较低接触浓度下产生了与人类健康有相关显著的和/或严重毒性效应的
第 2 类	动物试验研究数据表明，可假定在单次接触后有可能对人体产生危害的物质 可根据动物试验研究结果将物质划入第 2 类。动物试验研究表明，在适度接触浓度下产生了与人类健康有相关显著的和/或严重毒性效应的 在特殊情况下，也可根据人体数据将物质划入第 2 类

表 3-62 中，动物试验研究结果中的接触浓度可根据表 3-63 中的（剂量/浓度）"指导

值"进行划分，从而确定物质分属的类别。

表 3-63　多次接触指导值范围

接触途径	单位	第 1 类指导值(剂量/浓度)	第 1 类指导值(剂量/浓度)
口服(大鼠)	mg/kg bw/d	C≤10	10＜C≤100
皮肤接触(大鼠或兔子)	mg/kg bw/d	C≤20	20＜C≤200
吸入气体(大鼠)	ppmV/6h/d	C≤50	50＜C≤250
吸入蒸气(大鼠)	mg/L/6h/d	C≤0.2	0.2＜C≤1.0
吸入粉尘/烟雾/烟尘(大鼠)	mg/L/6h/d	C≤0.02	0.02＜C≤0.2

注："bw"为"体重"，"h"为"小时"，"d"为"天"。

3.3.9.3　特定目标器官毒性——多次接触混合物的分类

(1) 已有混合物整体数据时的混合物分类

经确认来自人体或动物试验研究的数据可靠，可依据这些数据的评估结果对混合物进行分类。

(2) 混合物整体数据不全时的混合物分类：架桥原则

如果混合物本身并没有进行过确定其特定目标器官毒性的试验，但对混合物的单个成分或已做过试验的类似混合物均已掌握了充足数据，可根据以下架桥原则适当确定该混合物的危险特性。

① 稀释　对已有试验数据的混合物用稀释剂稀释，稀释剂的毒性与混合物中毒性成分最低的分类相同或比它更低，且不会影响混合物其他成分的毒性，那么经稀释的新混合物可划为与原混合物相同的类别。

② 产品批次　混合物已做过试验的某一生产批次的引起特定目标器官毒性的物质，可以认为与同一制造商生产的或在其控制下生产的同一商业产品的另一个未经试验的产品批次的引起特定目标器官毒性可能性的物质相同，除非未试验产品批次的起特定目标器官毒性有显著变化。

③ 高毒性混合物的浓度　如果第 1 类混合物中某种毒性成分浓度增加，那么含有更高浓度的此种混合物必须划为第 1 类。

④ 一种毒性类别范围内的内推法　三种成分完全相同的混合物（A、B 和 C），混合物 A 和混合物 B 经过测试，属同一毒性类别，而混合物 C 未经测试，但含有与混合物 A 和混合物 B 相同的毒素活性成分，但其毒素活性成分的浓度介于混合物 A 和混合物 B 的浓度之间，则可假定混合物 C 与 A 和 B 属同一毒性类别。

⑤ 实质上类似的混合物　假定：

a. 两种混合物：（Ⅰ）A＋B；

（Ⅱ）C＋B；

b. 成分 B 的浓度在两种混合物中基本相同；

c. 混合物（Ⅰ）中成分 A 的浓度等于混合物（Ⅱ）中成分 C 的浓度；

d. 已有 A 和 C 的毒性数据，并且这些数据实质上相同，即它们属于相同的危险类别，而且可能不会影响 B 的毒性；

如果混合物（Ⅰ）或（Ⅱ）已经根据试验数据分类，那么另一混合物可以划为相同的危险类别。

⑥ 烟雾剂/气溶胶　如果加入的气雾发生剂并不影响混合物喷射时的毒性，那么气雾形式的混合物可划为与经过试验的非雾化形式的混合物的口服和皮肤毒性相同的危险类别。雾

化混合物的吸入毒性分类必须单独考虑。

（3）已有混合物的所有成分数据或只有一些成分数据时的混合物分类

当混合物本身没有可靠的信息或试验数据，且架桥原则不能对混合物进行分类，那么该混合物的分类将以包含的成分物质的分类为基础，当混合物中至少有一种成分已经划为第 1 类或第 2 类特定目标器官毒物，而且其含量等于或高于表 3-64 中提及的第 1 类和第 2 类的临界值/浓度极限值时，该混合物将划为多次接触特定目标器官毒物（指明具体器官）。

表 3-64　引起混合物不同分类的临界值/浓度极限值

成分分类	混合物分类的临界值/浓度极限值	
	第 1 类	第 2 类
第 1A 类目标器官毒物	≥1.0%	1.0%≤成分<10%
	≥10%	
第 2 类目标器官读物	—	≥1.0%
	—	≥10%

注：1. 如果第 1 类混合物中致癌成分浓度在 0.1% 到 0.3% 之间，需要编写 SDS，标签视情况而定。
2. 如果第 1 类混合物中致癌成分浓度≥10%，则需要 SDS 和标签。

3.3.9.4　特定目标器官毒性——多次接触警示标签要素的分配

特定目标器官毒性——多次接触警示标签要素的分配见表 3-65。

表 3-65　特定目标器官毒性——多次接触警示标签要素的分配

分类		标签				危险性说明编码
危险类	危险项	象形图		信号词	危险性说明	
		GHS	UN-MR			
特定目标器官毒性——多次接触	1		不作要求	危险	对器官造成损害（说明具体影响）（如已有确证，无其他接触途径造成这一危险，应说明接触途径）	H372
	2		不作要求	警告	可能对器官造成损害（说明具体影响，如已有确证，无其他接触途径造成这一危险，应说明接触途径）	H373

3.3.10　吸入危险

3.3.10.1　定义

"吸入"指的是液态或固态化学品通过口腔或鼻腔直接进入或者因呕吐间接进入气管和下呼吸系统。吸入毒性包括各种严重急性效应，如化学性肺炎、不同程度的肺损伤，和吸入致死等。吸入开始是指在吸气的瞬间，吸一口气所需的时间内，物质停留在咽喉部位的上呼吸道和上消化道交界处时。物质或混合物的吸入也可能会在吞咽后呕吐时发生。

吸入危险的分类以运动黏度作基准。利用如下公式对动力黏度和运动黏度进行换算：

$$\nu = \frac{\eta}{\rho}$$

式中　ν——运动黏度，mm^2/s；

　　　η——动力黏度，$mPa \cdot s$；

　　　ρ——密度，g/cm^3。

3.3.10.2　分类

吸入危险物质的分类见表 3-66。

表 3-66　吸入危险物质分类

类别	分类原则
第 1 类 已知引起人体吸入毒性危险的化学品或被看做会引起人类吸入毒性危险的化学品	根据以下各项将物质划入第 1 类： ① 人类病例或流行病学研究得到的可靠数据证明的； ② 在 40℃时运动黏度 $\nu \leqslant 20.5~mm^2/s$ 的烃类物质
第 2 类 因假定它们会引起人体吸入毒性危险而令人担心的化学品	现有动物研究数据表明以及经专家考虑到表明张力、水溶性、沸点和挥发性认定，40℃时运动黏度 $\nu \leqslant 14~mm^2/s$ 的物质，已划入第 1 类的物质除外

注：1. 某些烃类、松脂油和松木油划入第 1 类；

　　2. 可以考虑将正伯醇（3≤碳原子个数≤13）、异丁醇以及不超过 13 个碳原子的甲基酮划入第 2 类。

3.3.10.3　吸入危险混合物的分类

(1) 已有混合物整体数据时的混合物分类

依据可靠的人体数据的评估结果将混合物划入第 1 类。

(2) 混合物整体数据不全时的混合物分类：架桥原则

如果混合物本身并没有进行过确定其吸入毒性的试验，但对混合物的单个成分或已做过试验的类似混合物均已掌握了充足数据，可根据以下架桥原则适当确定该混合物的危险特性。

① 稀释　对已有试验数据的混合物用稀释剂稀释，稀释剂的毒性与混合物中毒性成分最低的分类相同或比它更低，且不会影响混合物其他成分的毒性，那么经稀释的新混合物可划为与原混合物相同的类别。其中，吸入毒性的物质浓度至少为 10%。

② 产品批次　混合物已做过试验的某一生产批次的引起吸入危险的物质，可以认为与同一制造商生产的或在其控制下生产的同一商业产品的另一个未经试验的产品批次的引起吸入危险可能性的物质相同，除非未试验产品批次的吸入危险有显著变化。

③ 第 1 类混合物的浓度　如果经过试验的混合物划为第 1 类，而该混合物中属第 1 类的浓度增加，则新生成的混合物必须划为第 1 类。

④ 一种毒性类别范围的内推法　三种成分完全相同的混合物（A、B 和 C），混合物 A和混合物 B 经过测试，属同一毒性类别，而混合物 C 未经测试，但含有与混合物 A 和混合物 B 相同的毒素活性成分，但其毒素活性成分的浓度介于混合物 A 和混合物 B 的浓度之间，则可假定混合物 C 与 A 和 B 属同一毒性类别。

⑤ 实质上类似的混合物　假定：

a. 两种混合物：（Ⅰ）A ＋ B；

　　　　　　　　（Ⅱ）C ＋ B；

b. 成分 B 的浓度在两种混合物中基本相同；

c. 混合物（Ⅰ）中成分 A 的浓度等于混合物（Ⅱ）中成分 C 的浓度；

d. 已有 A 和 C 的毒性数据，并且这些数据实质上相同，即它们属于相同的危险类别，而且可能不会影响 B 的毒性；

如果混合物（Ⅰ）或（Ⅱ）已经根据试验数据分类，那么另一混合物可以划为相同的危险类别。

(3) 已有混合物的所有成分数据或只有一些成分数据时的混合物分类

① 第 1 类

a. 混合物如总共含有≥10％被划为第 1 类的成分，且 40℃时混合物的运动黏度 ν≤20.5mm²/s，那么该混合物应划为第 1 类；

b. 混合物被隔成两层或更多层，其中一层含有≥10％被划为第 1 类的成分，且 40℃时混合物的运动黏度 ν≤20.5mm²/s，那么该混合物应划为第 1 类。

② 第 2 类

a. 混合物如总共含有≥10％被划为第 2 类的成分，且 40℃时混合物的运动黏度 ν≤14mm²/s，那么该混合物应划为第 2 类；

b. 混合物被隔成两层或更多层，其中一层含有≥10％被划为第 2 类的成分，且 40℃时混合物的运动黏度 ν≤14mm²/s，那么该混合物应划为第 2 类。

3.3.10.4　吸入危险警示标签要素的分配

吸入危险警示标签要素的分配见表 3-67。

表 3-67　吸入危险警示标签要素的分配

分类		标签				危险性说明编码
		象形图		信号词	危险性说明	
危险类	危险项	GHS	UN-MR			
吸入危险	1		不作要求	危险	吞咽或进入呼吸道可能致死	H304
	2		不作要求	警告	吞咽或进入呼吸道可能有害	H305

3.4　环境危害

3.4.1　危害水生环境

3.4.1.1　定义

急性水生毒性，是指物质具有对水中的生物体短时间接触时即可造成伤害的性质。

急性危害，系指化学品的急毒性，具有对水中的生物体短时间接触时即可造成伤害的性质。

物质的可用性，是指物质变为可溶解物或分解物的程度。金属可用性，则指金属化合物中的金属离子可从化合物中分解出来的程度。

生物利用率，是指物质被生物体吸收并在其体内某区域分布的程度。它取决于物质的物理化学性质、生物体的结构和生理机能、药物动力机制和接触途径。可用性并不是生物可利用的前提条件。

生物积累，是指物质经由所有接触途径（即空气、水、沉淀物/泥土和食物）被生物体吸收、转化和排出的净结果。

生物浓度，是指物质经水传播至生物体吸收、转化和排出的净结果。

慢性水生毒性，物质具有对水中的生物体一定时间内接触时可造成伤害的性质，接触时间根据生物体的生命周期确定。

复杂混合物、多组分物质或复杂物质，是指由不同溶解度和物理化学性质的单个物质混合而成的混合物。大部分情况下，它们是具有特定碳链长度/置换度数目的同系物质。

降解，是指有机分子分解为更小分子的过程，降解的最终产物为 CO_2、水和盐类。

长期危害，系指化学品的慢性毒性，对在水生环境中长期暴露于该毒性所造成危害的性质。

3.4.1.2 分类

危害水生环境物质按照急性水生危害、慢性水生危害和"安全网"分为3类，见表3-68～表3-70。

表 3-68　急性水生危害物质分类

类别	分类原则	
急性1类	96h LC_{50}（对鱼类）	≤1mg/L
	48h EC_{50}（对甲壳纲动物）	
	72h 或 96h ErC_{50}（对藻类或其他水生植物）	
急性2类	96h LC_{50}（对鱼类）	>1 mg/L 且≤10 mg/L
	48h EC_{50}（对甲壳纲动物）	
	72h 或 96h ErC_{50}（对藻类或其他水生植物）	
急性3类	96h LC_{50}（对鱼类）	>10mg/L 且≤100mg/L
	48h EC_{50}（对甲壳纲动物）	
	72h 或 96h ErC_{50}（对藻类或其他水生植物）	

注：1. LC_{50} 指空气中或水肿某种化学品造成一组试验动物50%（半数）死亡的浓度；

2. EC_{50} 半数有效浓度，指引起一组试验动物50%（半数）产生某一特定反应，或是某反应指标被抑制一半时的浓度；

3. ErC_{50} 指的生长速率下降方面的 EC_{50}。

表 3-69　慢性水生危害物质分类

类别		分类原则	
不能快速降解的物质，已掌握充分的慢性资料	慢性1类	慢毒 NOEC 或 EC_x（对鱼类）	≤0.1mg/L
		慢毒 NOEC 或 EC_x（对甲壳纲动物）	
		慢毒 NOEC 或 EC_x（对藻类或其他水生植物）	
	慢性2类	慢毒 NOEC 或 EC_x（对鱼类）	≤1mg/L
		慢毒 NOEC 或 EC_x（对甲壳纲动物）	
		慢毒 NOEC 或 EC_x（对藻类或其他水生植物）	

续表

类别		分类原则	
可快速降解的物质，已掌握充分的慢性资料	慢性 1 类	慢毒 NOEC 或 EC_x（对鱼类）	$\leqslant 0.01\text{mg/L}$
		慢毒 NOEC 或 EC_x（对甲壳纲动物）	
		慢毒 NOEC 或 EC_x（对藻类或其他水生植物）	
	慢性 2 类	慢毒 NOEC 或 EC_x（对鱼类）	$\leqslant 0.1\text{mg/L}$
		慢毒 NOEC 或 EC_x（对甲壳纲动物）	
		慢毒 NOEC 或 EC_x（对藻类或其他水生植物）	
	慢性 3 类	慢毒 NOEC 或 EC_x（对鱼类）	$\leqslant 1\text{mg/L}$
		慢毒 NOEC 或 EC_x（对甲壳纲动物）	
		慢毒 NOEC 或 EC_x（对藻类或其他水生植物）	
尚未充分掌握慢性资料的物质	慢性 1 类	96h LC_{50}（对鱼类）	$\leqslant 1\text{mg/L}$（且该物质不能快速降解，试验确定的 $BCF \geqslant 500$，无试验结果时，$\lg K_{ow} \geqslant 4$）
		48h EC_{50}（对甲壳纲动物）	
		72h 或 96h ErC_{50}（对藻类或其他水生植物）	
	慢性 2 类	慢毒 NOEC 或 EC_x（对鱼类）	$> 1\text{mg/L}$ 且 $\leqslant 10\text{mg/L}$（且该物质不能快速降解，试验确定的 $BCF \geqslant 500$，无试验结果时，$\lg K_{ow} \geqslant 4$）
		慢毒 NOEC 或 EC_x（对甲壳纲动物）	
		慢毒 NOEC 或 EC_x（对藻类或其他水生植物）	
	慢性 3 类	慢毒 NOEC 或 EC_x（对鱼类）	$> 10\text{mg/L}$ 且 $\leqslant 100\text{mg/L}$（且该物质不能快速降解，试验确定的 $BCF \geqslant 500$，无试验结果时，$\lg K_{ow} \geqslant 4$）
		慢毒 NOEC 或 EC_x（对甲壳纲动物）	
		慢毒 NOEC 或 EC_x（对藻类或其他水生植物）	

注：1. EC_x 表示 $x\%$ 有效浓度，指引起一组试验中 $x\%$ 动物产生某一特定反应，或是某反应指标被抑制一半时的浓度。

2. NOEC 表示无显见效果浓度，指的是在统计上产生刚好低于有害影响的最低可测浓度。

3. BCF 表示生物富集系数，是生物组织（干重）中化合物的浓度和溶解在水中的浓度之比，也可以认为是生物对化合物的吸收速率与生物体内化合物净化速率之比，用来表示有机化合物在生物体内的生物富集作用的大小，生物富集系数是描述化学物质在生物体内累积趋势之重要指标；

4. K_{ow} 表示正辛醇—水分配系数，指平衡状态下化合物在正辛醇和水相中浓度的比值。它反映了化合物在水相和有机相之间的迁移能力，是描述有机化合物在环境中行为的重要物理化学参数，它与化合物的水溶性、土壤吸附常数和生物浓缩因子密切相关。

表 3-70　"安全网"分类

慢性 4 类	水溶性条件下没有显示急性毒性，且不能快速降解、$\lg K_{ow} \geqslant 4$、表现出生物积累潜力但不易溶解的物质将划为本类别。（且经试验确定的 $BCF < 500$，慢性毒性 NOECs $> 1\text{mL/L}$，可快速降解）

3.4.1.3　危害水生环境混合物的分类

对危害水生环境混合物的分类基于如下假设：混合物中用于水生环境混合物分类的相关组分的浓度应该大于等于 1%（质量分数）或 1% 以上

（1）已有混合物整体数据时的混合物分类

对于急性毒性，当混合物整体已经进行水生毒性试验，可根据危害水生环境物质分类对其进行分类，分类须以鱼类、甲壳纲和藻类/植物数据为基础。混合物整体的 LC_{50} 或 EC_{50} 数据不能用于混合物的慢性类别。

当混合物的 LC_{50} 或 EC_{50} 可用时，须如下所示，使用这些数据以及与慢性毒性组分有关信息完成对试验混合物的分类。如果还存在慢性毒性数据（NOEC），也必须使用 NOEC 数据。

① 试验混合物的 LC_{50} 或 $EC_{50} \leqslant 100mg/L$，$NOEC \leqslant 1.0mg/L$ 或未知，则将该混合物划为急性第 1、第 2 或第 3 类。利用已分类组分，结合加和方法进行慢性分类（慢性第 1、第 2、第 3、第 4 类或不需要慢性分类）。

② 试验混合物的 LC_{50} 或 $EC_{50} \leqslant 100mg/L$，$NOEC > 1.0mg/L$ 或未知，则将该混合物划为急性第 1、第 2 或第 3 类。利用已分类组分，结合加和方法划为慢性第 1 类。如果混合物未划为慢性第 1 类，那么不需要进行慢性分类。

③ 试验混合物的 LC_{50} 或 $EC_{50} > 100mg/L$，$NOEC \leqslant 1.0mg/L$ 或未知：不需要进行急性毒性危险分类。使用已分类组分加和方法进行慢性分类（慢性第 4 类或不需要进行慢性分类）。

④ 试验混合物的 LC_{50} 或 $EC_{50} > 100mg/L$，$NOEC > 1.0mg/L$ 或未知：不需要对急性或慢性毒性危险分类。

(2) 混合物整体数据不全时的混合物分类：架桥原则

如果混合物本身并没有进行过确定其水生环境危害的试验，但对混合物的单个成分或已做过试验的类似混合物均已掌握了充足数据，可根据以下架桥原则适当确定该混合物的危险特性。

① 稀释　对已有试验数据的混合物用稀释剂稀释，稀释剂的毒性与混合物中毒性成分最低的分类相同或比它更低，且不会影响混合物其他成分的水生危险，那么经稀释的新混合物可划为与原混合物相同的类别。

如果混合物是通过用水或其它完全无毒性物质稀释另一种已分类混合物或一种物质而形成的，那么该混合物的毒性可从原始混合物或物质计算得到。

② 产品批次　混合物已做过试验的某一生产批次的引起水生危险的物质，可以认为与同一制造商生产的或在其控制下生产的同一商业产品的另一个未经试验的产品批次的引起水生危险的物质相同，除非未试验产品批次的水生危险有显著变化。

③ 划为最严重分类类别（慢性第 1 类和急性第 1 类）混合物的浓度　如果经过试验的混合物划为慢性第 1 类/急性第 1 类，而该混合物中属慢性第 1 类/急性第 1 类的浓度增加，则新生成的混合物必须划为慢性第 1 类/急性第 1 类。

④ 一种毒性类别范围的内推法　三种成分完全相同的混合物（A、B 和 C），混合物 A 和混合物 B 经过测试，属同一毒性类别，而混合物 C 未经测试，但含有与混合物 A 和混合物 B 相同的毒素活性成分，但其毒素活性成分的浓度介于混合物 A 和混合物 B 的浓度之间，则可假定混合物 C 与 A 和 B 属同一毒性类别。

⑤ 实质上类似的混合物　假定：

a. 两种混合物：（Ⅰ）A ＋ B；
　　　　　　　　（Ⅱ）C ＋ B；

b. 成分 B 的浓度在两种混合物中基本相同；

c. 混合物（Ⅰ）中成分 A 的浓度等于混合物（Ⅱ）中成分 C 的浓度；

d. 已有 A 和 C 的毒性数据，并且这些数据实质上相同，即它们属于相同的危险类别，而且可能不会影响 B 的水生毒性。

如果混合物（Ⅰ）或（Ⅱ）已经根据试验数据分类，那么另一混合物可以划为相同的危险类别。

(3) 已有混合物的所有成分数据或只有一些成分数据时的混合物分类

① 混合物由分类（急性第 1、2、3 类和慢性第 1、2、3、4 类）组分和有充分试验数据的组分组成。当混合物中一种以上的组分有充分毒性数据时，可以使用下面的加和公式计算这些组分的组合毒性，依据组合毒性即可对混合物进行分类。

$$\frac{\sum C_i}{L(E)C_{50m}} = \sum_\eta \frac{C_i}{L(E)C_{50}}$$

式中　　C_i——混合物中第 i 种组分的浓度（重量百分比）；

L（E）C_{50i}——混合物中第 i 中组分的 LC_{50} 或 EC_{50}（mg/L）；

　　　　η——混合物种的组分数，即混合物中共有 η 种组分；

L（E）C_{50m}——混合物中有试验数据部分的 L（E）C_{50}。

②加和法

a. 急性第 1、第 2 和第 3 类分类　首先，要考虑所有划为急性第 1 类的组分。如果这些组分的加和大于等于 25%，那么混合物划为急性第 1 类。

如果混合物没有划为急性第 1 类，若划为急性第 1 类的所有组分的总和乘以 10 加上划为急性第 2 类的所有组分的总和大于等于 25%，那么该混合物划为急性第 2 类。

如果混合物没有划为急性第 1 类或急性第 2 类，若划为急性第 1 类的所有组分的总和乘以 100 加上划为急性第 2 类的所有组分乘以 10 的总和加上划为急性第 3 类的所有组分的总和大于等于 25%，那么该混合物划为急性第 3 类。

表 3-71 归纳了基于这种已分类组分加和的混合物急性危险分类。

表 3-71　根据已分类成分的浓度之和对混合物作急性危险分类

已分类成分的浓度(%)之和	混合物分类
急性第 1 类×M≥25	急性第 1 类
(M×10×急性第 1 类)+急性第 2 类≥25%	急性第 2 类
(M×100×急性第 1 类)+(10×急性第 2 类)+急性第 3 类≥25%	急性第 3 类

注：M 为放大因子。

b. 慢性第 1、第 2、第 3 和第 4 类分类　首先，要考虑所有划为慢性第 1 类的组分。如果这些组分的加和大于等于 25%，那么该混合物划为慢性 1 类。

如果混合物没有划为慢性第 1 类，若划为慢性第 1 类的所有组分的总和乘以 10 加上划为慢性第 2 类的所有组分的总和大于等于 25%，那么该混合物划为慢性第 2 类。

如果混合物没有划为慢性第 1 类或慢性第 2 类，若划为慢性第 1 类的所有组分的总和乘以 100 加上划为慢性第 2 类的所有组分乘以 10 的总和加上划为慢性第 3 类的所有组分的总和大于等于 25%，那么该混合物划为慢性第 3 类。

如果混合物仍然没有划为慢性第 1、第 2 或第 3 类，若划为慢性 1、2、3 和 4 类的组分的百分比总和大于等于 25%，那么混合物划为慢性第 4 类。

表 3-72 归纳了基于已分类组分的加和的混合物慢性危险分类。

表 3-72　根据已分类成分的浓度之和对混合物作慢性危险分类

已分类成分的浓度(%)之和	混合物分类
慢性第 1 类×M≥25	慢性第 1 类
(M×10×慢性第 1 类)+慢性第 2 类≥25%	慢性第 2 类
(M×100×慢性第 1 类)+(10×慢性第 2 类)+慢性第 3 类≥25%	慢性第 3 类
慢性第 1 类+慢性第 2 类+慢性第 3 类+慢性第 4 类≥25%	慢性第 4 类

注：M 为放大因子。

c. 具有高毒性组分的混合物　急性第 1 类的有毒组分在浓度远低于 1mg/L 时，慢毒性远低于 0.1mg/L/升（不能快速降解）、0.01 mg/L（可快速降解）的情况仍然可以影响混合物的毒性，在使用分类加和方法时，须增加其权重。当混合物含有划为急性或慢性第 1 类的组分时，使用急性或慢性第 1 类组分浓度乘以（M）放大因子的加权总和。表 3-73 给出了混合物高毒性组分的放大因子 M 的取值。

表 3-73　给出了混合物高毒性组分的放大因子 M

急性毒性		放大因子 M	慢性毒性		放大因子 M	
$L(E)C_{50}$ 值			NOEC 值		不能快速降解	可快速降解
$0.1 < L(E)C_{50} \leqslant 1$		1	$0.01 < NOEC \leqslant 0.1$		1	—
$0.01 < L(E)C_{50} \leqslant 0.1$		10	$0.001 < NOEC \leqslant 0.01$		10	1
$0.001 < L(E)C_{50} \leqslant 0.01$		100	$0.0001 < NOEC \leqslant 0.001$		100	10
$0.0001 < L(E)C_{50} \leqslant 0.001$		1000	$0.00001 < NOEC \leqslant 0.0001$		1000	100
$0.00001 < L(E)C_{50} \leqslant 0.0001$		10000	$0.000001 < NOEC \leqslant 0.00001$		10000	1000
（继续以因子 10 为间隔）			（继续以因子 10 为间隔）			

（4）成分没有任何借用信息的混合物分类

如果一种或多种相关组分没有可用的急性和/或慢性水生危险公示，那么就可断定该混合物没有明确的危险类别。在这种情况下，必须只根据已知组分对混合物进行分类，并另外注明：混合物的 $x\%$ 由对水生环境的危害未知的组分组成。

3.4.1.4　危害水生环境警示标签要素的分配

根据急性、慢性的不同，将危害水生环境警示标签要素的分配见表 3-74、表 3-75。

表 3-74　危害水生环境（急性）警示标签要素的分配

分类		标签				危险性说明编码
危险类	危险项	象形图		信号词	危险性说明	
		GHS	UN-MR			
危害水生环境（急性）	急性 1			警告	对水生生物毒性极大	H400
	急性 2	无象形图	不作要求	无信号词	对水生生物有毒	H401
	急性 3	无象形图	不作要求	无信号词	对水生生物有害	H402

注：对于第 1 类，根据《联合国关于危险货物运输的建议书：规章范本》，如物质具有列入《规章范本》的任何其他危险，无须加贴象形图。如果不具有其他危险（即《规章范本》第 9 类中的联合国编号 3077 和 3082），则在联合国《规章范本》第 9 类的标签之外，还须加贴此象形图作为标记。

表 3-75　危害水生环境（慢性）警示标签要素的分配

分类		标签				危险性说明编码
危险类	危险项	象形图		信号词	危险性说明	
		GHS	UN-MR			
危害水生环境（慢性）	急性 1			警告	对水生生物毒性极大，且具有长期持续性影响	H410

续表

分类		标签				危险性说明编码
危险类	危险项	象形图		信号词	危险性说明	
		GHS	UN-MR			
危害水生环境（慢性）	急性 2			无信号词	对水生生物有毒,且具有长期持续性影响	H411
	急性 3	无象形图	不作要求	无信号词	对水生生物有害,且具有长期持续性影响	H412
	慢性 4	无象形图	不作要求	无信号词	可对水生生物造成长期持续性有影响	H413

　　注：对于第 1 类，根据《联合国关于危险货物运输的建议书：规章范本》，如物质具有列入《规章范本》的任何其他危险，无须加贴象形图。如果不具有其他危险（即《规章范本》第 9 类中的联合国编号 3077 和 3082），则在联合国《规章范本》第 9 类的标签之外，还须加贴此象形图作为标记。

3.4.2　危害臭氧层

3.4.2.1　定义

　　化学品是否危害臭氧层，由臭氧消耗潜能值（ODP）确定。臭氧消耗潜能值（ODP），是指一个有别于单一种类卤化碳排放源的综合总量，反映与同等质量的三氯氟甲烷（CFC-11）相比，卤化碳可能对平流层造成的臭氧消耗程度。臭氧消耗潜能值，还可以表述为是某种化合物的差量排放相对于同等质量的三氯氟甲烷而言，对整个臭氧层的综合扰动的比值。

3.4.2.2　分类

　　危害臭氧层物质和混合物的分类见表 3-76。

表 3-76　危害臭氧层的物质和混合物的分类

类别	分类原则
1	《蒙特利尔议定书》附件中列出的任何受管制物质； 混合物中还有至少一种被列入《蒙特利尔议定书》附件中列出的任何受管制物质,且至少有一种物质的浓度≥0.1%

3.4.2.3　危害臭氧层警示标签要素的分配

　　危害臭氧层警示标签要素的分配见表 3-77。

表 3-77　危害臭氧层警示标签要素的分配

分类		标签				危险性说明编码
危险类	危险项	象形图		信号词	危险性说明	
		GHS	UN-MR			
危害臭氧层	1		未作要求	警告	破坏高层大气中的臭氧,危害公共健康和环境	H420

复习思考题

1. 《危险化学品安全管理条例》如何定义危险化学品？
2. 根据《化学品分类和危险性公示－通则》（GB13690－2009），危险化学品如何分类？
3. 爆炸物按照其危险性如何分类？
4. 易燃且化学性质不稳定气体，按照《试验和标准手册》如何分类？
5. 氧化性气体如何计算氧化能力？
6. 易燃液体的分类原则？
7. 举例说明有机物质中显示自反应特性的原子团？
8. 有机过氧化物混合物的有效含氧量如何计算？
9. 混合物急性毒性如何分层分类？
10. 臭氧消耗潜能值的定义是什么？
11. 危害水生环境物质如何分类？

第**4**章
危险化学品的燃爆危险性预测和测试评价技术

4.1 概述

化学物质是指通过化学方法和化工过程制得的物质。制得的方法可以是化学合成、化学分离或复合，也可以包括一些物理过程。1990 年国际劳工组织的 170 公约给出的定义更为广泛，即化学元素（单质）、化合物和其混合物，无论是天然的或是人造的。

反应性物质，指它自身或与其他物质易进行化学反应的物质，也可称活性物质。但联合国有关危险性物质与物品的文件中常译为反应性化学物质，相应的危险性称反应危险性。

自反应性化学物质，指无需借助空气中的氧气或水蒸气即可自身发生反应，并常常伴有放热与生成气体产物。

它们的关系如下：

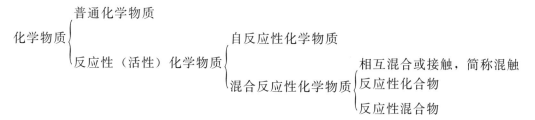

化学物质，特别是其中的反应性化学物质，其主要危险性可用表 4-1 予以概括。

表 4-1　反应性化学物质典型危险性表象与种类

危险性表象	需评价发生这种危险性的			
爆轰(伴随有冲击波的爆炸反应)	可能性	难易性	大小	激烈性
燃烧以至爆燃(无冲击波伴随的放热反应面快速移动,且无需借助于空气中的氧)				
热爆炸(体系内热生成速度＞热散失速度的自加速放热反应)				
混触发火或放热				

4.2 化学结构与活性危险性

4.2.1 根据化学结构进行初步分析和判定

4.2.1.1 爆炸性化合物特有的原子团

人们很早以来就发现，具有潜在的燃烧、爆炸危险性的化合物往往含有某种特定的被称做"爆炸性基团"的化学基团，Bretherick 将它们归纳如表 4-2 所示。

这些基团在反应中可释放出较大的热能，且大多具有较弱的键，所以对含有这类基团的化合物应特别小心。当然，"爆炸性基团"只是分子的一部分，整个化合物是否具有爆炸性，还要看它所占的分量与其他化学环境，最终还是要靠实验来判定。

另一些基团的反应活性表现为在与空气的长时间共存中和其中的氧发生反应而生成不安定或具爆炸性的有机过氧化物，这也是一种潜在的危险性。

表 4-2 爆炸性物质所特有的原子团

原子团	类	原子团	类
—C≡C— —C≡C—Me	乙炔衍生物 乙炔金属盐	—C—N=N—S—C	偶氮硫化物,烷基硫代重氮酸酯
—C≡C—X	卤代乙炔衍生物	—N=N—N=N—	高氮化合物,四唑(四氮杂茂)
N=N C X	环丙二氮烯	—C—N=N—N—C R(R = H, −CN, −OH, −NO)	三氮烯
CN₂	重氮化合物	—C—O—O—C—	过氧酸,烷基过氧化氢
—C—O—N=O	亚硝基化合物	—O—O—Me	金属过氧化物
—C—NO₂	硝基链(烷)烃,C—硝基及多硝基烯丙基化合物	—O—O—Non—Me	非金属过氧化物
NO₂ C NO₂	偕二硝基化合物,多硝基烷	N—Cr—O₂	胺铬过氧化物
—C—O—N=O	亚硝酸酯或亚硝酰	—N₃	叠氮化合物(酰基、卤代、非金属、有机的)
—C—O—NO₂	硝酸酯或硝酰	C—C—N₂⁺S⁻	硫代重氮盐及其衍生物
C—C O	1,2—环氧乙烷	—C—C—N₂⁺S⁺	羟胺盐,胲盐
C=N—O—Me	金属雷酸盐,亚硝酰盐	—C—N₂Z	重氮根羟酸酯或盐

原子团	类	原子团	类
NO₂ —C—F NO₂	氟二硝基甲烷化合物	N—X	卤代叠氮化物,N—卤化物,N—卤化(酰)亚胺
—N—Me	N—金属衍生物,氨基金属盐	NF₂—	二氟氨基化合物
—N—N=O	N—亚硝基化合物(亚硝胺)	—C—O—O—C—	过氧化物,过氧酸酯
—C—N=N—C—	偶氮化合物	—O—X	烷基高氯酸盐、氯酸盐、卤氧化物、次卤酸盐、高氯酸、高氯化物
—C—N=N—O—C—	偶氮氧化合物,烷基重氮酸酯	X—Ar—Me Ar—Me—X	卤代烷基金属
—C—N=N—O—N=N—C—	双偶氮氧化物	—N—OHZ	羟氨盐、胲盐
[N→Me]⁺Z	铵金属锌盐		
—N—HZ	肼盐,氨的锌盐	C—N₂⁺O⁺	重氮锌盐

由化学物质引起的爆炸和火灾,是因物质发生了化学反应,释放出超过一定量的热量,而且是快速放出所造成的。表 4-2 中的原子团是可以放出较大能量的原子团,并且大多具有较弱的键。因此,具有这些原子团的化学物在较低温度下就开始反应,一旦反应发生,就会放出大量的热而使温度上升,这就有可能导致着火和爆炸。

表 4-3 常见混合危险物质

物 质 A	物质 B	可能发生的某些现象	物 质 A	物质 B	可能发生的某些现象
氧化剂	可燃物	生成爆炸性化合物	亚硝胺	酸	混触发火
氯酸盐	酸	混触发火	过氧化氢溶液	胺类	爆炸
亚氯酸盐	酸	混触发火	醚	空气	生成爆炸性的有机过氧化物
次氯酸盐	酸	混触发火	烯烃	空气	生成爆炸性的有机过氧化物
三氧化铬(铬酸盐)	可燃物	混触发火	氯酸盐	铵盐	生成爆炸性的铵盐
高锰酸钾	可燃物	混触发火	亚硝酸盐	铵盐	生成不稳定的铵盐
高锰酸钾	浓硫酸	爆炸	氯酸钾	红磷	生成对冲击、摩擦敏感的爆炸物
四氯化碳	碱金属	爆炸	乙炔	铜	生成对冲击、摩擦敏感的铜盐
硝基化物	碱	生成高感度物质	苦味酸	铅	生成对冲击、摩擦敏感的铅盐
亚硝基化合物	碱	生成高感度物质	浓硝酸	胺类	混触发火
碱金属	水	混触发火	过氧化钠	可燃物	混触发火

这些特征原子团只占整个化合物分子的一部分,因此,具有这样特征原子团的化合物具有爆炸性的倾向性比较大。判断含特征原子团的化合物是否具有爆炸性,还需要通过事故实例、数据表、计算以及相应的试验加以确认。

4.2.1.2 易形成过氧化物的化学结构

有些物质放置在空气中能与空气中的氧发生反应,形成不稳定或爆炸性的有机过氧化物。根据经验,人们已经掌握了一些容易形成有机过氧化物的结构,Jackson 等人将其加以收集整理,如表 4-3 所示。其结构特点主要是具有弱的 C—H 键及易引起附加聚合的双键。前者例如异丙基醚,后者例如丁二烯。丁二烯可以形成爆炸性的过氧化聚合物 $[CH_2-CH=CH-CH_2-O-O]_n$。

4.2.1.3 混合危险物质

不仅是化合物有危险性,混合物也可能有较大的危险性。此外,还有与某种物质接触时发火或产生危险性的物质。人们把这些物质统称为混合危险物质,表 4-4 就是常见的混合危险物质。

表 4-4 结构对烷烃同系物化合物理化性质的影响

化合物	原子化热 /(kJ/mol)	摩尔折射率 /(cm²/mol)	摩尔体积 /(mL/mol)	折射指数	沸点 /℃	密度 /(g/mL)	相对分子质量
丁烷	5167.07	—			—5.0	—	58.13
戊烷	6337.92	25.27	115.22	1.3525	36.07	0.6262	72.15
己烷	7509.11	29.91	130.68	1.3749	68.74	0.6594	86.17
庚烷	8680.75	34.54	145.52	1.3876	98.43	0.6838	100.19
辛烷	9852.73	39.19	162.58	1.3974	125.67	0.7025	114.21
壬烷	11023.84	43.83	178.69	1.4054	150.81	0.7176	128.23
癸烷	12195.69	48.47	194.84	1.4119	174.12	0.7301	142.25

混合危险不单指由混合危险性的物质配伍时的危险,也包括改变混合条件时所发生的危险,因此是一个复杂的问题。但另一方面也可将具有爆炸及火灾危险性的某些物质通过与适当的物质混合或包覆予以安全化。如雷汞(溶于温水)含水量大于 10% 时可在空气中点燃而不爆炸,含水 30% 时,点而不燃,因此储存中要注意有无漏水的情况。因此应掌握通过混合途径予以安全化处理的知识。

因为混合危险物质的组合数量庞大,所以必须通览一下危险物质化学反应手册,或有关数据表,掌握其类型,此外还应牢记混合危险成分中的活性特别强的那些物质。

4.2.1.4 容易发生事故的化学反应

一般来说,只要慎重地对待那些认为有危险性的化学物品和化学反应,不马虎大意,不蛮干,是不大会出现事故的,很多事故是由于开始时考虑不周而引起的。

道化学公司编写了公司内部使用的《活性物质安全指南》,用来进行防止化学物品事故的教育。该书介绍了能引起事故而又难以预测的化学反应,具体如下。

(1) 生成过氧化物

由经验得知,当烃类及其他有机化合物在空气中被氧化时,可以生成过氧化物中间体或副产品,这就有可能产生过氧化物。由于条件的不同,特别是有不安定混合物生产时,有可能喷料或爆炸。因此需要用某些方法来了解反应混合物的安定性。

(2) 聚合反应

二异丙醚、二乙烯基乙炔、偏二氯乙烯、氨基钠、氨基钾等,在储存时容易被空气氧化生成爆炸性的过氧化物。在储存、使用、丢弃这些容易生成过氧化物的物质时，必须十分注意。乙醚等生成的有机过氧化物，其蒸气压低而难以蒸发，在蒸馏乙醚时就应将其浓缩。又由于此时处于与易燃性的乙醚邻近或共存，所以过氧化物的着火有可能引起重大事故。

(3) 氧化副反应

氧化的副反应引起的事故很多，例如，冷却到室温以下的硫酸-硝酸的混酸中，一边充分搅拌，一边滴加醇液，则生成相应的硝酸酯。此时产生的热，主要是硝化反应热以及由反应中生成水所引起的混酸系湿热，这种情况下产生的热量并不太大，但是，通过隔离操作，若将醇液一下子加到同样的硫-硝混酸中，则根据所用醇类的种类和数量的不同，往往会产生爆炸性的喷料或爆沸，其程度也与有无搅拌有关。除了生成硝酸酯以外，还有焦油状的物质，这被认为可能是醛类氧化产物及其聚合物。如果一旦发生氧化副反应，那么就会放出比预定硝化反应还要大的反应热，因而能量危险性增大。

上述的氧化副反应是在反应混合物中生成了自身催化物质时介质温度的上升而引起的。醇类的硝化，即使在规定的温度进行滴加时，也会生成亚硝酸，倘若搅拌不充分，未反应的醇逐渐积累，副反应突然加快，温度急剧上升，从而发生喷料。

(4) 与热介质的反应

热交换用的热介质可以用水、植物油、硅油、高沸点有机溶液、熔融盐、熔融金属等。如果所用的热介质管道上有孔隙，反应混合物与热介质即可混合。一般来说，这种事故的几率不大，因而人们往往不怎么注意。然而，经验告诉我们，一旦由此引起事故，则会造成很大的损失。另外，反应物中若混入了有毒的热介质，或者由于酸中混入了水，使设备的腐蚀增大等，这些都会引起能量危险以外的物质危险。

硝酸盐和亚硝酸盐的混合物是常用的热介质。但是，这类混合物也是一种强氧化剂。由于使用时的温度较高，所以一旦混入还原性物质或可燃物时，就会发生激烈的反应。由这类混合物所引起的事故有：与水蒸气作用的爆炸，与镁作用的爆炸，以及与有机物或氰化物作用的爆炸反应等。

在预测热介质与反应混合物混合会出现某种危险时，应考虑以下几点：

① 尽可能使用不产生混合危险的热介质。

② 在使用中注意，防止管道产生孔隙。例如，可将管道的材料片浸泡在反应混合物中和热介质中，定期检查腐蚀及材料劣化的程度。对管道定期进行气压试验，判断是否有孔。

③ 管道有了孔时，也可以通过增加管道内外压差的办法来防止发生危险性物质混合。另外，建立能迅速查找管道是否有孔的检测方法也是很重要的。

(5) 与测量仪表所用液体的反应

也有与测量仪表所用的液体系统内存在的活性物质发生反应而导致事故的问题。例如，氧气或氯气等强氧化剂与测量仪器内所用的液体反应，会导致液体的性能劣化，或引起薄膜爆轰。因此，要认真了解高活性的物质所采用的管道材料和仪表中所用液体的性质，以便选用与活性物质相容性好的材料。

(6) 与设备材料的反应

所用装置的材料与化学物质反应可能生成危险物。苦味酸本身尽管是一种爆炸性物质，但感度不太高，不像普通高感度物质那样难以处理。然而苦味酸的重金属盐对冲击或摩擦是非常敏感的，因此不能用铅容器来处理苦味酸。同样，乙炔铜对热和机械的刺激来说，也是一种敏感的爆炸物，为此也不能用铜容器来处理乙炔。

叠氮化钠加热时会发生热分解，但其分解不太激烈，倘若变成叠氮化铅，就成为典型的起爆药，遇热或冲击就会发生爆轰。但是，在合成和使用时充分注意，也是可以安然无恙的。除了日本以外，其他一些国家广泛应用叠氮化铅作为雷管的起爆药。如果一旦形成叠氮化铜，就更加敏感了，要想达到安全使用叠氮化铜是极其困难的。因此，叠氮化钠和叠氮化钡等比较安全的物质，一定要避免与铜制品和铅制品相互接触。

（7）用错原料产生的反应

在使用化学物质的事故中，有许多是用错了物质而引起的。熔融盐是硝酸钠、硝酸钾及亚硝酸钠混合配成的，将这些原料从试剂瓶中取用时很少会用错，但是，在工厂等地方进行试验时，现场使用的物质往往是从仓库中领取的，这时容易引起差错。譬如，混入有机物的物质在加热过程中就会引起放热反应，倘若处置不当，甚至还会发生爆炸。一般说来，使用的物质中包含有氧化剂等危险物质时，就应格外仔细地检查一下所用各个物质是否正确。

即使在研究室里，因品名标签等不清楚，也可能错用危险物、不安定物质、氧化剂、毒物和腐蚀性物质等，一定要牢固地贴好明显的标签，放到指定的地方，以免搞错。对于那些内容物不详、不常使用的危险物一定要及时进行销毁，不要放在室内。

使用代用的氧化剂也是非常危险的。例如用高锰酸钾代替重铬酸钾就是很危险的，因为前者能量放出速度快，更容易发生能量危险。错以氯酸钾代替硝酸钾使用时，就会生成非常危险的物质。

（8）泄漏的物料与绝热材料产生的反应

泄漏的活性物质与绝热材料接触也可能发生反应而导致事故。由于绝热材料的绝热性能良好，所以一旦内部发生放热反应时，热量积蓄在内部，使温度上升，容易引起热爆炸或自燃。有机绝热材料浸渍了液氧或其他氧化剂就非常危险。即使是无机的不燃性绝热材料，浸渍了不安定的物质，也增加了它的自燃性。

对于液氮或液氢等所用的绝热材料，不能使它同时吸收或凝缩氧及臭氧等氧化性物质和烃类等可燃物。

（9）预装料容器产生反应

（10）物料在密闭容器中产生的气体

4.2.1.5 与危险化学反应有关的操作

在下面一些操作中，随着活性物质被浓缩，所含能量相对集中，其危险性有可能增加，因此也应加以注意。

① 蒸馏。在工厂以及实验室里进行蒸馏操作时发生过爆炸火灾事故。在蒸馏残渣时，能使爆炸性物质或不稳定物质被浓缩，它们是由于副反应生成的，所以在进行反应生成物的蒸馏时一定要慎重，切不可过度地浓缩蒸馏残渣。在不稳定物质的减压蒸馏时，若温度超过某一极限，它就会发生分解，为此必须有保护措施。

② 过滤。过滤可使不稳定物质得到分离集中，从而处于危险状态。尤其是对于摩擦或冲击敏感的物质，在过滤时绝对不要用玻璃滤器之类的容易产生摩擦热的器具。

③ 蒸发。很多危险物，用惰性溶剂稀释是比较安全的。在这种状态下长期保存是没有什么问题的。用作漂白剂或杀菌剂的次氯酸钠是以水溶液状态出售的，这时是安全的。但是，这种溶液若撒在白布上，水分蒸发而变干时，这块布就成了非常易燃的危险物。

④ 过筛。粉末过筛时容易产生静电，所以干燥的不稳定物质过筛时要特别注意。过筛操作中，微细粉末到处飞扬，长时间积存或滞留在烘房装置上面，就曾发生过自燃事故。

⑤ 萃取。用萃取操作来提取危险物时，萃取液浓缩，危险物就处于高浓度状态下，这时危险性就大大增加了。

⑥ 结晶。在结晶操作中，往往可以得到纯的不稳定物质，此外，由于结晶的条件不同，可能得到对于摩擦和冲击非常敏感的结晶，例如，按照一定的结晶条件，可以得出用手一碰

就发火的叠氮化铅。

⑦ 再循环。反应液循环使用使原料成本降低，还能使系统成为不污染环境的封闭过程，是常用的有效方法。但在采用反应废液再循环方法之前应进行一下探讨，这是因为再循环中，有可能造成不稳定物质的富集。尽管在每次倒掉废液时是安全的，但当废液再循环时，爆炸性物质的积累可使危险性增大。

⑧ 放置。反应液静置中，由于局部能量集聚，也可能引起事故。由于静置，以不稳定物质为主的相，可能分离在上层或下层，如制造硝化甘油时，分离的废液一经放置，硝化甘油就分离在上层，有水滴进入该层，就会发热并导致爆炸。为了避免硝化甘油废液发生这种危险性分离，可往废液中加水，以增加硝化甘油在废液中的溶解度。

在搅拌含有有机过氧化物等不稳定物质的反应混合物时，如果搅拌停止而处于静置状态，那么，所含不稳定物质的溶液就附着在壁上。若溶剂蒸发了，不稳定物质被浓缩，往往成为自燃的着火源。

⑨ 回流。实验室的回流操作中，可能产生如下危险性，即回流中由于突沸或过热将可燃性液体喷出而着火。一般说来，如果没有着火源是不可能着火的，因此，使用可燃性溶剂回流操作或蒸馏低闪点溶剂时，切记附近不要有明火或着火源。

在大型设备里进行反应，如果含有回流操作，必须研究避免发生类似下述现象的措施。因为危险物在回流操作中有可能被浓缩，例如，在硝酸氧化等反应中生成二氧化氮，它通过回流冷却器可以回到反应系统中，但是，在回流冷却器中浓缩了的二氧化氮，一旦与附着在反应器盖上的大量有机物混合时，就会发生爆炸性的反应。所以，对回流液的性质要做最坏情况下的考虑。

⑩ 凝结。也有因凝结而引起的事故，例如，危险物凝结后滞留在管道的 U 形部分，曾因此而发生过爆炸。

⑪ 搅拌。在不稳定物质的合成反应中，从安全角度来看，搅拌也是个重要因素。在采用间歇式的反应操作中，化学反应速度很快，大多数情况下，加料速度与装置的冷却能力是相适应的，这时反应是扩散控制，应使加入的物料马上就反应掉，如果搅拌能力较差，反应变慢，加进的原料过剩，未反应的部分积蓄在体系中，若再强力搅拌，所积存的物料一齐反应，使体系的温度上升，往往造成反应无法控制，一般的原则是，搅拌停止的时候也应停止加料。

使用电磁搅拌的情况下，在加料的同时，体系的黏度往往增大，致使搅拌器旋转速度下降。如果不了解这一点，而是仍以原来的速度加料，就会引起后一段时间内温度过高。

⑫ 深冷。进行深冷操作时应注意以下事项。

a. 在低温下反应的气体能发生冷凝。臭氧、氮氧化物（NO_x）、烃类等，在低温下冷凝后，凝结物本身生成的不稳定物质都能发生爆炸。当装有液氮的杜瓦瓶受到放射线照射时，液氮中溶解的氧会生成臭氧，臭氧被浓缩后也有发生爆炸的事故。

b. 高压下的气体进行深冷分离时，若气体中的 NO_x 和不饱和烃共存，则能生成不稳定的爆炸性物质。

⑬ 升温。若使含能反应的化合物或混合物升温，就会引起热爆炸或突发性的反应。如果在低温下将两种能发生放热反应的液体混合，然后再升温引起反应，这种做法是很危险的。与其这样，不如将一种液体保持在能起反应的温度下，边搅拌，边加料，边反应。

⑭ 销毁。不要的危险物在销毁操作中发生的事故也不少，关于这类问题有以下几点原因：

a. 一般来说，废弃物是弃物人所不要的东西，思想上就不大重视对废弃物的了解；

b. 废弃物中常有一些不清楚的物质；

c. 有些非指定人员也使用过放置废弃物的地方和销毁废弃物的场所，此前他们是否倒过什么东西不知道。

在实验室里向废液罐中倒入废溶剂时也有过喷火的事故。往废液坑里倒入废弃物时也有过燃烧事故。在销毁火炸药时发生爆炸的事故也是人所共知的。使用金属钠时，废液中的钠未经破坏就倒入水中，因此而引起着火的例子也是不少人都有亲身体会的。处理无用的金属氰化物时也往往会发生喷火现象。

在销毁废药时，除能量释放的危险性外，尚有其他危险发生。如果考虑到这些问题，那么采购危险物品时，应当按照需要量购入。

⑮ 泄漏、撒落。当危险的物品泄漏、撒落时，人们首先应想好如何处理的问题。急于收拾复原而忘记它是危险物，往往又会导致二次灾害。对于冲击敏感的物质发生堵塞时用铁棒去捣，对于泄漏的反应液忘记了它所产生的气体是有毒的，轻易处理而造成中毒等一些事故也都屡见不鲜。对于这类情况的急救措施可以参考美国运输部的《危险物质应急处理指南》一书。

4.2.2 物质危险性评价程序

通过化学结构对化合物的燃爆危险性进行初步判断所获取的信息是有限的，对于一种可能具有某种危险性的新物质，最快捷、有效的办法就是首先查阅有关文献，而且往往都是能够查到的，除非新合成出来的物质。物质危险性评价顺序见图 4-1。

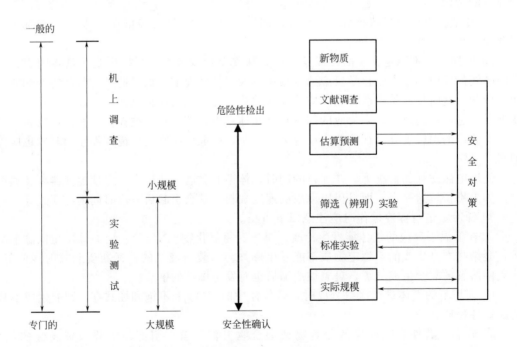

图 4-1 物质危险性评价程序

通过文献调查希望得到的安全技术资料应涉及以下十二点：

① 曾显示出危险性征候的事例和发生过的事故案例；

② 自然发火性与燃烧激烈性；

③ 与水反应的危险性；

④ 贮存中生成爆炸性物质（有机过氧化物等）的可能性；

⑤ 物质自身的爆炸性；

⑥ 热安定性（DTA 差热分析属于危险物质的主要试验方法中储存安定性的测试或 DSC 密封池差示扫描量热试验开始分解温度是否在 200℃以下）和热分解的激烈程度；

⑦ 对机械撞击、摩擦作用的感度；

⑧ 固体的易着火性、液体的易燃性（闪点高低）；

⑨ 与空气混合物的爆炸范围（上下限）、容易性与激烈性；

⑩ 产生静电积累的性质；

⑪ 与其他物质接触、混合发生放热、发火的危险性；

⑫ 其他危险性。

在文献调查阶段，应考虑到以下五方面安全措施内容的制定：

① 关于物质的安全措施：不用高危险性的物质，或通过稀释法使其安全化；

② 处理时安全措施：严禁烟火、防静电，进行安全包装；

③ 教育安全措施：通过该物质的安全数表使相关人员都明确危险性所在，以避免误操作；

④ 设备与过程的安全措施：采用危险性小（即本质安全化）的设备与工艺；

⑤ 异常时的应急安全措施：设想异常时的现象及对策，编制应急措施指南或手册。

4.3 基于化学结构的燃爆特性定量预测

分子的许多性质可以通过实验方法来确定，而分子的这些性质取决于分子结构本身。只要分子结构已经确定，其性质也就固定了，在一定条件下，可以根据实验测定的性质来推测分子结构方面的信息，因为性质是结构的反映。人们也可以通过改变分子内部结构来达到改变分子性质的目的。

许多例子可以说明分子结构对性质的影响，表 4-5 列出了烷烃同系列分子的一些理化性质，很明显，每种性质都是与分子结构密切联系的，虽然这种联系的方式是多种多样的。例如，分子量是分子内各原子的原子量总和，即具有加和性，这种加和性是有机化学同系物的基础。烃的原子化热在实验误差范围内也具有加和性，每增加一个甲基，烃的原子化热增加约 1171.65kJ/mol。烃同系物的摩尔体积和摩尔折射也近似有加和性，相反，烃的沸点、密度等性质却不具有加和性，这两种性质都是随着同系物碳原子数的增加而逐步增加的。从表 4-5 也可以看出，烃同系物的原子化热和摩尔折射与碳原子的数目具有很好的线性相关，而沸点、密度与碳原子数呈非线性相关；当分子中具有分枝时，分子结构与性质的关系变得更复杂。

表 4-5 结构对烷烃同系物化合物理化性质的影响

化合物	原子化热 kJ/mol	摩尔折射 cm²/mol	摩尔体积 mL/mol	折射指数	沸点 ℃	密度 g/mL	分子量
丁烷	5167.07	—	—	—	−5.0	—	58.13
戊烷	6337.92	25.27	115.22	1.3525	36.07	0.6262	72.15
己烷	7509.11	29.91	130.68	1.3749	68.74	0.6594	86.17
庚烷	8680.75	34.54	145.52	1.3876	98.43	0.6838	100.19

化合物	原子化热 kJ/mol	摩尔折射 cm²/mol	摩尔体积 mL/mol	折射指数	沸点 ℃	密度 g/mL	分子量
辛烷	9852.73	39.19	162.58	1.3974	125.67	0.7025	114.21
壬烷	11023.84	43.83	178.69	1.4054	150.81	0.7176	128.23
癸烷	12195.69	48.47	194.84	1.4119	174.12	0.7301	142.25

由此可见，分子结构决定性质是化学中的一条基本规律，分子结构不同，其各种物理化学性质之间便存在着一定的差异。定量结构-性质相关性研究（QSPR，Quantitative Structure－Property Relationship）就是根据这一规律发展起来的一种新的研究方法，近年来逐渐成为基础研究领域的热点，已经被广泛应用于化合物各类物化性质的预测研究，在化学、生命科学以及环境科学中都有着重要的理论和应用价值。QSPR 研究的基本假设是化合物的性能与分子结构密切相关，分子结构不同，性能就不同。而分子结构可以用反映分子结构特征的各种参数来描述，即有机物的各类性质可以用化学结构的函数来表示。通过对分子结构参数和所研究性质的实验数据之间的内在定量关系进行关联，建立分子结构参数和性质之间的关系模型。一旦建立了可靠的定量结构-性质相关模型，仅需要分子的结构信息，就可以用它来预测化合物的各种性质。对于危险化学品而言，我们所关心的主要是其闪点（表征易燃液体）、自燃点（表征所有可燃危险化学品）、爆炸极限（表征可燃气体或易燃液体）、燃烧热（表征所有可燃危险化学品）、撞击感度（表征爆炸品）等与其发生火灾爆炸事故密切相关的一些燃爆特性。下面介绍根据分子结构预测化合物燃爆特性的一些常用方法及模型。

4.3.1　闪点预测

闪点是可燃液体在空气中或在液面附近产生蒸汽，其浓度足够被点燃时的最低温度。闪点作为衡量化合物在储存、运输和处理过程中危险程度的重要物理量，以及可燃液体火灾危险性的划分依据，在石油化工安全生产和理论研究中有着重要的应用。

大多数化合物的闪点可以通过实验测定，但是由于化合物数目众多，完全依靠实验测定工作量十分巨大。而且，对于那些有毒、易挥发、爆炸性或有辐射的物质，测量上也存在着一定的困难。因此，发展化合物闪点的理论预测方法已经引起越来越多的研究者的广泛兴趣。

最早根据分子结构预测有机物闪点的是 Suzuki 等人，他们提取 25 个原子及基团作为分子结构描述符，对 59 种烃类物质的闪点进行了预测，平均误差为 9.5 ℃。该方法第一次从分子结构角度对化合物闪点与分子结构之间的定量关系进行了关联，实现了通过分子结构预测闪点，而无需使用其他任何实验数据。该模型的主要缺陷是实验样本较少，仅占文献上所能得到样本数的一小部分。

Tetteh 等则首次将人工神经网络技术应用于闪点预测之中。他们采用径向基函数神经网络技术，对 400 种有机物的闪点和沸点同时进行了预测研究。采用分子连接性指数 $^1\chi$ 和 25 个官能团作为分子结构描述符，对测试集中 133 种物质进行预测得到的平均绝对误差为 11.9 ℃。

Albahri 根据基团贡献法原理，按照基团在分子结构中的不同位置对各种基团进行了分类，随后将烃类物质划分为链烷烃、环烷烃、烯烃、芳香烃 4 类，分别建立了各类物质的闪点预测模型。与以往模型相比，预测精度有较大程度的提高，对于 299 个烃类实验样本，平均预测误差为 5.3 K，相关系数为 0.99。

王克强等在前人研究基础上，根据基团贡献法原理，发展了一种预测有机物闪点的新方法——三参数基团贡献法，通过对 750 种有机化合物进行闪点计算，平均误差为 4.71%。

潘勇等则首次将支持向量机技术引入闪点的 QSPR 研究之中，结合基团贡献法原理，在 1282 种化合物中提取 57 种分子基团作为分子结构描述符，建立了成功的预测模型，其预测平均绝对误差仅为 6.9K。

上述预测模型的共同点是均基于基团贡献法建立，虽具有计算简单、使用简便等优点，但也存在着以下的一些明显缺点：①包含的基团必须事先定义，因此不能预测一个包含新基团化合物的闪点，使用范围受到限制；②没有考虑一个基团在不同化学环境下的不同效果，预测效果有待加强。

最近，几个预测闪点的模型均以根据分子结构计算的结构理论参数作为分子描述符，建立了相应的 QSPR 模型。同时，这些模型均使用了分子数量相当大且分子多样性相当高的数据集。其中，Katritzky 等使用自编软件 CODESSA 对 758 种有机物的闪点进行了 QSPR 研究，应用人工神经网络方法建立了根据分子结构预测闪点的通用模型，模型相关系数为 0.937，平均绝对误差为 13.9℃。随后，Gharagheizi 等人将遗传算法和多元线性回归技术相结合，针对 1030 种化合物，从 1664 种根据分子结构计算的结构参数中选取 4 个参数作为分子描述符，建立了一个 4 参数的闪点预测模型，该模型相关系数为 0.967，预测平均绝对误差为 10.2℃。

值得注意的是，Vazhev 等人最近提出以红外光谱作为表征分子结构特征的分子描述符，对 85 个烷烃的闪点进行了预测研究，其平均绝对误差仅为 4.5 ℃。该方法最大的特点是单独应用红外光谱就能预测烷烃闪点，而无需事先确定该物质的分子结构式。这对紧急情况下物质的危险性分析具有重要的参考价值。

4.3.2　自燃点预测

自燃点是指能使可燃物质发生自燃的最低温度，即可燃物质由于外界加热或自身化学反应、物理或生物作用等产生热量而升温到无需外来火源就能自行燃烧的温度。在石油化工生产中，可燃物质的自燃是引起火灾事故的重要原因之一，因此，自燃点成为衡量物质火灾性能的重要物理量之一，被广泛应用于衡量可燃物质在生产、加工、储存和运输过程中的危险程度。

实验测定是目前获取自燃点数据的有效方法，但实验方法影响因素众多，实验结果差别较大；同时对于测量上有困难或尚未合成的物质，也无法基于实验进行测定。因此，有必要开发简便可靠的自燃点理论预测模型，以弥补实验方法的不足。

Suzuki 通过对 250 种物质的自燃点及分子结构进行关联，建立了如下的预测模型：

$$T_a = 1.73 P_c - 3.48 P_A + 191.4^o\chi - 246.8 Q_T - 121.3 I_{ald} + 70.4 I_{ket} + 302.5 \quad (4\text{-}1)$$

式中，T_a 为自燃点；P_c 为临界压力；P_A 为 20 ℃时等张比容；$^o\chi$ 为零阶分子连接性指数；Q_T 为原子负荷之和；I_{ald} 和 I_{ket} 分别为醛类、酮类物质指示值。

该模型预测平均误差为 5.4%，相关系数为 0.89，预测精度良好。

Tetteh 等应用 6 个分子描述符（P_c、P_A、$^o\chi$、Q_T、I_{ald}、I_{ket}）对 233 种有机物的结构特征进行表征，并采用神经网络方法对这些物质的自燃点与上述描述符之间的内在定量关系进行关联，建立了相应的预测模型，所得平均预测误差为 32.9 ℃。

Mitchell 和 Jurs 则将 327 种化合物划分为低温烃类、高温烃类、含氮化合物、含氧和含硫化合物及醇类和醚类化合物等五类，对其自燃点分别进行预测研究。首先应用遗传算法及模拟退火算法对大量拓扑、电性及几何描述符进行筛选，对上述五类物质分别得到最佳的 5～

7 个分子描述符，随后分别应用多元线性回归及人工神经网络方法进行模拟，各模型所得预测误差均在 5～33 ℃之间，处于实验误差范围之内。

Albahri 根据基团贡献法原理，提出 20 种分子基团作为 138 种烃类物质的结构描述符，并结合多元回归方法建立了新的非线性预测模型。该模型平均预测误差为 4.2%，预测精度良好。与已有方法相比，该模型预测精度较高，但仅适用于预测烃类物质的自燃点，无法对其他类型物质进行预测。

随后，Albahri 和 George 应用人工神经网络方法，对 490 种各类型物质的自燃点进行了预测研究。他们基于基团贡献法原理，筛选出 58 种一元或二元分子基团作为表征所有 490 种物质分子结构特征的分子描述符，并应用 BP 神经网络方法对物质自燃点与描述符之间的内在定量关系进行关联，建立了相应的预测模型，所得预测平均误差为 2.8%。

潘勇等则在 Mitchell 和 Jurs 研究的基础上，针对 446 种不同种类的有机化合物，首次建立了一个统一的根据理论结构参数预测有机物自燃点的 9 参数 QSPR 预测模型，该模型预测平均绝对误差为 28.88℃。同时，该研究还首次将支持向量机方法引入自燃点的 QSPR 研究之中，建立的预测模型比传统多元线性回归方法更为有效。

4.3.3　爆炸极限预测

爆炸极限又称燃烧极限，一般是指可燃气体（含可燃粉尘，下同）与空气混合后，混合物在一定浓度范围内，遇到着火源能够发生爆炸的浓度范围，用相对空气体积或质量的百分比表示。其中，能使可燃气体发生爆炸所必需的最低可燃气体浓度，称为爆炸下限（LFL）；能使可燃气体发生爆炸所必需的最高可燃气体浓度，称为爆炸上限（UFL）。其中，爆炸极限是评价可燃气体或蒸气爆炸危险性的重要参数之一，也是求算液体闪点的重要依据，在防爆技术中应用广泛。在监测监控技术中，它是一个具有重要实用价值的爆炸指示参量。因此，掌握化合物的爆炸极限数据对于化工安全生产具有重要的现实意义。

实验测定是目前获取爆炸极限数据的有效方法，但实验测定方法对设备要求高、工作量大，实验结果影响因素众多，差别较大。同时，对于测量上有困难或尚未合成的物质，也无法基于实验进行测定。因此，有必要开发简便可靠的爆炸极限理论预测模型，以弥补实验方法的不足。

Shebeko 等最早提出根据分子结构预测爆炸极限。他们以基团贡献法表征物质的分子结构特征，利用回归方法建立了相应的爆炸极限预测模型。然而，该模型的预测精度较差，以爆炸上限为例，预测平均误差和最大误差（体积分数）分别达到 8.2% 和 88.9%。

High 和 Danner 则根据基团贡献法原理，以 24 个分子基团作为结构描述符，模拟了爆炸上限与结构描述符之间的内在定量关系，所得预测平均误差（体积分数）为 4.8%。

Seaton 基于勒夏特里定律开发了一个用于物质爆炸极限预测的数学模型，该模型选用 19 个二阶分子基团对物质结构特征进行表征，对爆炸上限和爆炸下限的预测误差分别在 10% 和 20% 左右，仍相当高。

Suzuki 和 Ishida 分别应用人工神经网络方法和多元线性回归方法对有机物的爆炸极限进行了预测研究。两种方法对 150 种有机物爆炸上限的预测平均绝对误差分别为 3.2% 和 1.3%，对爆炸下限的预测平均绝对误差分别为 0.4% 和 0.3%。

Albahri 基于基团贡献法原理，提出 19 种分子基团表征烃类物质的分子结构特征，对爆炸极限和分子基团之间的内在定量关系进行了关联，所得模型对 475 种烃类物质爆炸上限的平均预测误差为 1.25%，对 472 种烃类物质爆炸下限的平均预测误差（体积分数）为 0.04%。

Kondo 等应用偏最小二乘方法，对 99 种卤代烃类物质的爆炸极限进行了预测研究。

他们以 F 指数表征物质的分子结构特征，将爆炸极限与 F 指数进行关联，对爆炸下限的预测平均相对误差为 9.3%，对爆炸上限的预测平均相对误差为 14.6%，预测结果良好。

近来，Gharagheizi 等人将遗传算法和多元线性回归技术相结合，针对 1056 种化合物，从 1664 种根据分子结构计算的结构参数中选取 4 个参数作为分子描述符，建立了一个 4 参数的爆炸下限预测模型，该模型复相关系数为 0.970，预测平均相对误差为 7.68%。

潘勇等则针对 1036 种有机化合物的爆炸下限，应用遗传算法优化筛选出了 4 个结构参数作为分子描述符，结合支持向量机方法建立了相应的爆炸下限预测模型，该模型相关系数为 0.979，预测平均相对误差为 5.60%。随后，潘勇等又针对 579 种有机化合物的爆炸上限，应用遗传算法优化筛选出了 4 个结构参数作为分子描述符，建立了相应的爆炸上限线性预测模型，该模型复相关系数为 0.758，预测平均绝对误差为 1.75 vol%。

4.3.4　燃烧热预测

燃烧热是衡量可燃物质燃烧危险程度的一个重要指标，它往往与闪点、自燃点、爆炸极限等衡量可燃物质燃烧难易程度的指标相结合，对可燃物质的燃烧危险性进行全面评价。

燃烧热定义为可燃物质在标准状态下经过氧化生成指定的燃烧产物时所增加的焓的数量。一方面，燃烧热是有机物的一个重要的化学热力学参数，烃类物质的加氢、脱氢及燃烧反应等均要利用燃烧热来计算化学反应热，从而实现有效分析反应过程中能量间的传递和转换规律，为质能联算以及反应器和燃烧炉的设计提供依据。另一方面，有机物的燃烧热是衡量有机物火灾危险程度的一个重要特征量，其数值可直接反映物质火灾危险性大小，在工业企业的事故后果模拟及危险性评估等工作中，常被用于事故后果严重度的计算研究。

Gharagheizi 等选取 1700 多种有机物作为实验样本，将遗传算法与多元线性回归方法相结合作为变量选择工具，对实验样本进行了 QSPR 建模和预测研究，得到了四参数的多元线性预测模型，该模型预测性能良好。

潘勇等选取 1650 种有机物作为研究样本，将粒子群算法与偏最小二乘方法相结合作为变量选择工具，优化筛选出与有机物燃烧热最为密切相关的 4 个分子描述符，建立了相应的最优线性预测模型。该模型预测性能良好，模型复相关系数为 0.995。

4.3.5　撞击感度预测

感度是专门衡量含能材料爆炸性能的重要参数。含能材料是指一系列可用作炸药、推进剂、发射药等火炸药及火工品的含能化合物，其中硝基化合物占有很大的比例。含能材料在国防军事、经济建设及科学研究中有着非常广泛的用途。硝基类含能材料属于高度危险的物质，其能量密度高，受到外界刺激如热、冲击撞击、摩擦、静电等都可能导致燃烧、爆炸，对周围的人员及设施造成严重的安全威胁。所以对硝基含能材料可靠性与安全性进行研究具有十分重要的意义。

感度是含能材料安全性的一个重要指标，反映含能材料对外界刺激的敏感程度。按照作用方式的不同，感度可以分为撞击感度、摩擦感度、静电感度、热感度等几大类。其中，撞击感度是含能材料最为常见的感度参数。撞击感度通常以在一定条件下的落锤实验中炸药样品的爆炸概率或 50% 爆炸概率下的特性落高 H_{50} 表征，它能够反映含能材料在机械撞击下发生爆炸的难易程度。

目前感度的数据主要依靠实验获得，但随着新材料的不断涌现，实验测定工作量十分巨大。而且对于含能材料这类特殊物质，进行实验研究还具有以下一些缺点：①实验具有一定的危险性；②缺乏统一的实验标准，实验结果精度不高，再现性差；③样本较为分散，不利于进行系统研究；④一级近似的模拟实验无法较好地体现规模效应；⑤对尚未合成或处于分子设计阶段的物质，无法基于实验进行研究。

Nefati 等人对 204 个含能材料的撞击感度进行了 QSPR 研究。通过对 3 类共 39 个描述符来进行不同组合，并结合多元线性回归、偏最小二乘和神经网络方法来建立撞击感度的预测模型。研究结果表明使用非线性的神经网络方法可以获得比传统的线性方法更好的模型，而且仅使用拓扑描述符获得的预测模型较含有 3 类描述符的模型要好。

Cho 等人在 Nefati 等人的研究基础上进行了改进和优化，对 234 个含能化合物的撞击感度做了预测研究。Cho 等人选取了与 Nefati 不同的 39 个描述符并根据种类将其划分为 7 个子集，对所有子集进行神经网络建模。结果表明含有分子组成及拓扑类型描述符等 17 种分子描述符子集构建的神经网络具有最好的预测结果。

Keshavarz 和 Jaafari 则对 289 个含能材料的撞击感度做了 QSPR 研究。研究选取了 10 个参数作为分子描述符，并利用神经网络来预测撞击感度，取得了较好的结果。

Morrill 等人采用 CODESSA 软件对 227 个含能材料的撞击感度进行了 QSPR 研究。他们利用该软件在 AM1 半经验水平计算了 227 个化合物的结构描述符，然后结合软件集成的最优多元线性回归（BMLR）算法，从大量描述符中优化筛选出 8 个最优描述符，并建立了相应的线性模型，取得了较好的预测效果。

蒋军成等人则针对 186 种非杂环硝基含能化合物，应用遗传算法优化筛选出了与其撞击感度最为密切相关的 9 个分子描述符，并应用神经网络方法建立了相应的最优非线性预测模型。该模型预测性能良好，模型复相关系数为 0.900。

4.4 爆炸、燃烧、热分解预测

在进行物质的危险性实际评价时，存在着若干问题，其中之一就是实验的评价方法。这要求具有相应的设备和较多的人力，而且不能同时评价多种物质。

新研制的化学物或混合物越来越多，为了对这些物质进行危险性的预评价，开发了计算机的方法。但至今为止还仅限于对危险物质的爆炸或发火的可能性进行初步的预测，本节将介绍一下预测单一物质爆炸危险性的 CHETAH 方法，以及预测混合物发火危险性的 REITP2 方法。

单一物质或几种物质的混合物之所以能发火、爆炸，是因为它们在反应中放出大量的能量，这个能量就是反应热（燃烧热、分解热和爆炸热等）。根据反应热的大小，在一定程度上可以预测该物质的爆炸或发火的危险性。

反应热可以用各种热量计进行实测，然而，实际上并不是那么简单的。CHETAH 和 REITP2 则是用计算机预测反应热，并用以评价爆炸或发火可能性的计算机程序。

4.4.1 爆炸热、燃烧热及反应热的推算

推算反应热，最简单的方法是令物质在充足的氧气及高温下完全燃烧。例如，由 C、H、O、N 所组成的物质在上述条件下燃烧时，生成物是 CO_2、H_2O 及 N_2。虽然也产生 NO_x 之类，但在燃烧热的计算中可忽略不计。

反应热是反应前物质的生成热（由组成该物质的元素生成该物质时所必需的热量）和反应后所生成物质的生成热之差。如果能知道 1g 反应物能生成多少生成物，那么就可以通过简单的计算来求出反应热。但只有在生成完全燃烧的产物时，其热量的计算值才与

实测值完全相符。氧平衡❶为正值的炸药的爆热和在过量氧中可燃物的燃烧热就属于这种情况。

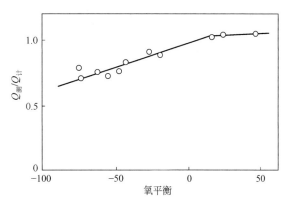

图 4-2 爆热实测值 $Q_{测}$ 与计算值 $Q_{计}$ 之比对于氧平衡曲线

一般说来，具有爆炸性的化合物大多是氧平衡值接近 0 的物质。在普通的爆热计算中，碳是作为单质碳和二氧化碳来计算的，但在实际中往往也生成一氧化碳，这样一来，爆热的计算值就比实测值高了，如图 4-2 所示。尽管如此，如果用氧平衡对爆热加以修正，仍可以通过准确的计算来预测爆热。下面以几种常用物质的反应热计算为例来说明这个问题。

硝基甲烷的爆热

$$CH_3NO_2(l) \Longrightarrow \frac{3}{2}H_2O(l) + \frac{1}{4}CO_2(g) + \frac{1}{2}N_2(g) + \frac{3}{4}C(s)$$

$-\Delta H_f$ （kcal/mol）❷　27.0　　　　68.4　　　　94.1　　　0　　　0

$$爆热 = \frac{3}{2} \times 68.4 + \frac{1}{4} \times 94.1 - 27.0 = 99.1 kcal/mol = 1.62 kcal/g$$

甲烷的燃烧热

$$CH_4(g) + 2O_2(g) \Longrightarrow CO_2(g) + 2H_2O(g)$$

$-\Delta H_f$ （kcal/mol）　17.9　　　0　　　94.1　　57.8

$$燃烧热 = 94.1 + 2 \times 57.8 - 17.9 = 191.8 kcal/molCH_4$$
$$= 12.2 kcal/gCH_4 = 2.15 kcal/g(CH_4 + 2O_2)$$

四氯化碳与钠的反应热

$$CCl_4 + 4Na \Longrightarrow C + 4NaCl$$

$-\Delta H_f$ （kcal/mol）　　　33.0　　0　　0　97.7

$$反应热 = 4 \times 97.7 - 33.0 = 357.8 kcal/molCCl_4 = 1.45 kcal/mol(CCl_4 + 4Na)$$

燃烧或爆炸那样的高温反应与在 100～400℃ 下的低温热分解，反应热往往是不同的。这是由于高温反应中，生成物是 CO_2、CO、N_2、H_2、H_2O 和 O_2 等比较简单的稳定物质，而在较低温度下的热分解，生成物大多停留在醛、酮、羧酸和聚合物之类的能量较高的中间体态。

因此，上述的方法仅适合于预测高温反应的反应热，而不大适合推算低温分解的反应热。较低温度下的分级可以采用带有密封池的差示扫描量热计（SC-DSC）进行测量。由 SC-DSC 所得的分解热与计算爆热之间的关系，如图 4-3 所示，其计算值是实测值分解热的 1.0～

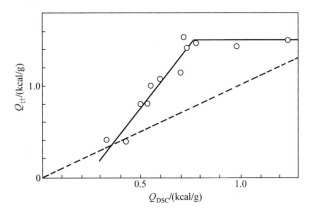

图 4-3 单质炸药的 Q_{DSC} 和 $Q_{计}$ 的关系

---

❶ 所谓氧平衡是表示 100g 物质爆炸时得到完全反应的生成物所过量或不足的氧克数。

❷ 1cal＝4.18J。

2.5 倍。因此可以说分解热的计算精度并不是很高的。但是如果了解了上述情况，通过计算进行初步预测还是相当有效的。根据计算认为是放热性强的物质，在实际的热分解中放热量也大。

对于爆热为 0.3kcal/g 以上的物质，可以通过由爆炸至燃烧的各种实例的比较来表示其修正爆热计算值。已知活性高的化合物或混合物，即使只有 0.1kcal/g 左右的爆热，也可以继续发生燃烧。

4.4.2 反应生成物的推算

为了推算反应热则必须先推测反应生成物。推测反应生成物有好几种方法。对于危险物预测来说，与其使用精密的方法，还不如采用现实的方法好。

4.4.2.1 简单的反应生成物推算

这种方法是首先假定反应生成物，进一步再假定其生成顺序。例如，对于 C、H、O、N 化合物来说，生成物的顺序为 N_2、H_2O 和 CO_2，剩余的为 C、H_2 或 O_2。REITP2 程序中即用此方法。例

$$\text{Cl} \underset{H-C}{\overset{S}{\underset{}{\bigtriangleup}}} N \longrightarrow N_2 + HCl + S + 2C$$

4.4.2.2 产生最大分解热的生成物

在后面将要叙述到的 CHETAH 中，首先假定几个生成物，然后将其组合，选择分解热最大的一组生成物，就可以获得与"简单生成物推算"方法相似的结果。

4.4.2.3 通过平衡计算预测生成物

对于爆炸及燃烧那样的高温反应，正负反应速度都很快，迅速达到化学平衡。在这种情况下，通过平衡计算可以求出最终温度（绝热反应温度）、平衡生成物的组分、平衡压力等。但是，如果反应温度低，则满足不了平衡条件，此外，生成物也很复杂，无法假定，从而失去了该法的实用性，因此，至今在化学药品危险性预测方面尚未采用。但该法在火箭推进剂燃烧或汽车发动机内的燃烧方面则发挥着很大的作用。

4.4.3 生成热的实值及推算

预测反应热，必须知道反应物及生成物的生成热。这些生成热的实测值已经汇集成册可以直接查找。但是，不可能将所有的生成热都进行实测，特别是许多不稳定物质的生成热，大多是没有实测值的。

为了满足预测危险性的需要，可采用任何方法来推算有关化合物的生成热。下面介绍一下 Benson 提出的生成热推算方法。

4.4.3.1 气相生成热的加成法则

Benson 规则指出，化合物气相的生成热与键或基团之间有良好的加成性。

例如，在 25℃、气相 1atm 下，硝酸甲酯的生成焓（$\Delta H_f^\ominus$）可按下面方法求出。硝酸甲酯（CH_3ONO_2）可用以下各键之和表示：

$$3[C-H] + [C-O] + [O-(NO_2)]$$

各键的值分别如下：

键	$\Delta H_f^\ominus$ kcal/键
C—H	−3.83
C—O	−12.0
O—(NO_2)	−3.0

因此，$\Delta H_f^{\ominus}(CH_3ONO_2) = 3 \times (-3.83) + (-12.0) + (-3.0) = -26.49 \text{kcal/mol}$

实测值是 -29.11kcal/mol，从预测的结果来看，推算误差约为 0.038kcal/g，因此在爆炸性物质危险性预测方面还是可以使用的。

对同样的物质，生成热亦可用基团加成法则（二次加成法则）预测，其方法如下：

键	$\Delta H_f^{\ominus}\text{kcal/键}$
C—(O)(H)$_3$	-10.08
O—(C)(NO$_2$)	-19.4

$$\Delta H_f^{\ominus}(CH_3ONO_2) = [C-(O)(H)_3] + [O-(C)(NO_2)]$$
$$= -10.08 + (-19.4) = -29.48 \text{kcal/mol}$$

用基团加成法则预测硝酸甲酯的生成热，精确度是很好的。但所给定的基团是从已知的实测值加以整理而得到的经验值，因此，对于具有过去未测定过生成热基团的生成热，确定这些基团的生成热数值将是一个非常重要而有价值的课题。

4.4.3.2　液体及固体的生成热的推测

用 Benson 加成法则所预测的生成热是气态值，而一般的反应性化合物虽有气态的，但更多的是液体或固体。由于预测危险性的时候，对所用的生成热数值的精确度要求并不那么严格，因此一般采用气态时的值也就可以了。

但是，要求预测精度高时，则需要准确的预测液态或固态生成热。由气态的生成热求液态或固态的生成热时，蒸发热和熔解热、相变热、比热容等是必不可少的数据。熔解热、相变热以及比热容可以很容易地用差示扫描量热计（DSC）测得。

测定不稳定物质的蒸发热时，因为在测定条件下物质会分解，故一般来说这是相当困难的。Cox 和 Pilcher 两人提出了他们所尝试的蒸发热及升华热的测定方法。原泰毅等人通过对爆炸物在减压条件下的差热分析（DTA）求出了温度-蒸气压关系，将之代入克拉珀龙-克劳修斯公式，从而求出了爆炸物的蒸发热。虽然该方法不是对所有的不稳定物质都适用，但是对于具有一定蒸气压的不稳定物质，它可以说是一种行之有效的方法。

用 CHETAH 程序计算的生成热是气态生成热的预测值。将该值对固态或液态的爆炸物生成热实测值作图，得到如图 4-4 所示的关系。用 CHETAH 计算的生成热比实测的平均值

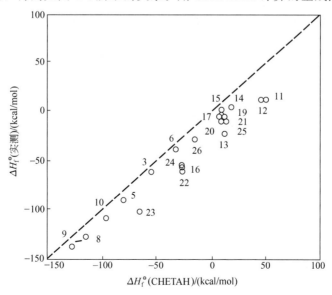

图 4-4　爆炸物的实测生成热与 CHETAH 计算生成热的关系

要大。这种差别可用蒸发热或升华热加以解释。利用这一关系，可从气态生成热以经验法再推算出液态或固态的生成热。

4.4.4　爆炸危险性的预测

每年都有大量的新物质被研究出来，这些物质的安全性是一个非常重要的问题，然而，对所有物质都用实验的方法去研究其危险性是不现实的，特别是爆炸可能性更不应依靠试验去测定，因此关于物质危险性预测的计算机程序就应运而生了，CHETAH 和 REITP2 都是比较有代表性的计算预测程序。

4.4.4.1　预测爆炸危险性的程序 CHETAH

CHETAH 程序是由美国材料试验协会（ASTM）所属的研究危险物评价方法的 E-27 委员会开发的，是关于化学热力学和能量释放的评价程序。

CHETAH 具有两种功能，一是推算气态有机化合物在 1atm 下的热力学函数（如生成热、焓等）；二是用这些热力学函数来计算与爆炸危险性有关的几个参数。

通过计算来推断物质的爆炸危险性时，所用参数多半是反应热。反应热是由反应物的生成热和生成物的生成热来计算的。一般来说，爆炸产物可以简化，种类不必太多。但是反应物种类很多，显然这些物质的生成热有许多都是没有测定的，因此 CHETAH 程序也包括推算生成热 Q_{CHETAH} 的功能。

(1) CHETAH 程序的方法

① 生成热的推算。用 Benson 的二次加成法则（基团加成法则），可以计算有机化合物的生成热、焓、自由能等。将组成的各基团编号，根据输入的编号，计算机便可以自动地进行处理。求焓比较困难，但是如果只用于评价危险物，那么焓值可以忽略不计。

② 计算最大分解热（ΔH_{max}）。假定 CHON 化合物发生分解时可生成 CO_2、H_2O、N_2、CH_4、C、H_2 和 O_2，然后利用线性规划法来计算这些生成物的组合中的最大分解热。

③ 燃烧热（$-\Delta H_c$）的计算。假如 CHON 化合物在氧气中完全燃烧生成产物是 CO_2、H_2O 和 N_2 时，就可以用 CHETAH 来计算物质燃烧释放的热量，即燃烧热。

④ 氧平衡（Oxygen Balance，OB）的计算。氧平衡是用来表示 100g 物质爆炸并给出完全反应生成物时，剩余或缺少氧的克数的指标。根据经验所知，作为炸药氧平衡接近 0 的物质威力最大。由 $C_X H_Y N_U O_Z$ 所组成化合物的氧平衡可用下式表示：

$$OB = \frac{-1600\left(2X + \dfrac{Y}{2} - Z\right)}{\text{分子量}}$$

注意：需要供氧时，应加"—"号。

下面以 CH_3NO_2 为例来说明氧平衡的计算。

$$CH_3NO_2 + \frac{3}{4}O_2 \Longrightarrow \frac{1}{2}N_2 + CO_2 + \frac{3}{2}H_2O$$

$$\quad\quad 61 \quad\quad\quad 24$$

$$OB = -\frac{100}{61} \times 24 \approx -39\text{g}/100\text{g}$$

(2) 用 CHETAH 判断危险性

为了能用 CHETAH 判定爆炸危险性，应参照下述三个常用的判断标准。

第一个标准是最大分解热的计算值：$-\Delta H_{max} > 0.7\text{kcal/g}$ 时，危险性大；$-\Delta H_{max} < 0.3\text{kcal/g}$ 时，危险性小；介于二者之间时，危险性居中。

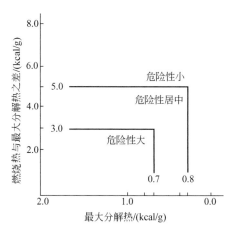

图 4-5　用 CHETAH 判别爆炸
危险性标准之一与二的组合

分解产物是完全反应的产物（CO_2、H_2O 和 N_2 等）时，计算的分解热接近于实测值。一般来说，在氧不足的体系中，由于不是全部生成完全反应的产物，因此实测值比计算值低。正因如此，仅仅靠 $-\Delta H_{max}$ 不能算是判定爆炸危险性的最好指标。

第二个判别标准是使用燃烧热（$-\Delta H_c$）和最大分解热（$-\Delta H_{max}$）的差。这个差若是小于 3.0kcal/g 时，危险性大；若介于 3.0～5.0kcal/g 之间时，危险性居中；若是大于 5.0kcal/g 时，则可判定为危险性小。

将以上两个判别标准合起来比较，如图 4-5 所示。

第三个判别标准是用氧平衡。在 CHETAH 中用氧平衡判定危险性的标准如图 4-6 所示。

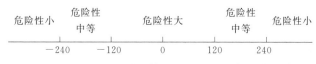

图 4-6　CHETAH 的判别标准之三——按氧平衡的分级

若将以上的判别标准一、二、三合起来使用，则物质实际爆炸危险性（以冲击感度试验的结果）与 CHETAH 判定的结果之间有良好的相关性，见表 4-6。

表 4-6　实测值与 CHETAH 判定的关系

判定标准	$-\Delta H_{max}$ 临界值/(kcal/g)	第 2 种错误/%	第 1 种错误/%
一	-0.7	27	12
一	-0.3	2	75
一、二、三联用	-0.7	无	12

注：第 1 种错误——将钝感化合物错判成敏感化合物。

第 2 种错误——将敏感化合物错判成钝感化合物。

为了做出上述判定标准，应用了下述三种冲击感度试验。一是落锤感度试验，对于液体在 120kg·cm 以下爆炸的、对于固体在 500kg·cm 以下爆炸的物质，可判定为敏感，用这种方法试验了 218 个化合物；二是 9 号雷管的起爆试验，用这种方法对 200 个化合物进行了测试；三是用 50g 特屈儿粉末的强力起爆试验，对 110 个化合物进行了此种方法的试验。这三种试验方法中所受到的冲击，按上述次序一个比一个更厉害。

(3) CHETAH 计算值与实测值的比较

为了评价 CHETAH 的性能，将 CHETAH 的计算值与各种危险性评价的实测值做了比较，其结果如下。

① 实测爆热与 Q_{CHETAH} 的关系。把可靠性较高的爆热实测值（$Q_{测}$）与 Q_{CHETAH} 之比值（$Q_{测}/Q_{CHETAH}$）对于氧平衡作图得到图 4-7，可以看出此图与图 4-2 所示用 REITP2 程序计算的结果图趋势一样。

氧平衡为正值时，计算值与实测值比较一致。氧平衡为负值时，计算生成物与实测的生成物不太一致，其关系如图 4-7 所示。

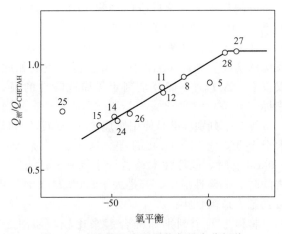

图 4-7 火炸药的实测爆热与最大分解热
Q_{CHETAH} 之比对于氧平衡的关系

实测爆热与 Q_{CHETAH} 在一定范围内有如下的近似关系：

$$Q_{测} = Q_{CHETAH} \qquad (OB > 0)$$

$$Q_{测} = (0.44OB + 0.96)Q_{CHETAH} \quad (OB \leqslant 0)$$

通常又把经过上述两式修正后的值叫做 Q_{CHETAH}^{corr}。

② 特劳茨铅铸扩大值与 Q_{CHETAH} 的关系。Meyer 收集的特劳茨铅铸试验结果与 Q_{CHETAH} 的关系如图 4-7 所示。由于爆热及特劳茨铅铸扩大值分别与氧平衡有相当好的相关性，因此期望铅铸扩大值与 Q_{CHETAH} 之间有相关性，见图 4-8。铅铸扩大值与 Q_{CHETAH} 之间确实具有一定程度的相关性，如果用 Q_{CHEAH}^{corr} 代替 Q_{CHETAH}，则它们之间的相关性有明显的改善。假如仅限于单质炸药的话，则铅铸扩大值与氧平衡的相关性比与 Q_{CHETAH} 的相关性更好。

铅铸扩大值可用来衡量爆炸威力的大小，但它受爆速、爆炸气体量及爆温的影响。Q_{CHETAH} 与爆温及爆速有一定的关系，但与气体发生量没有直接的关系。

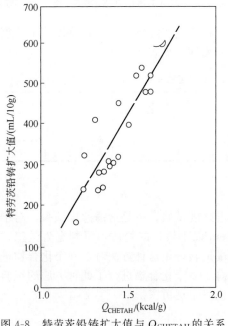

图 4-8 特劳茨铅铸扩大值与 Q_{CHETAH} 的关系

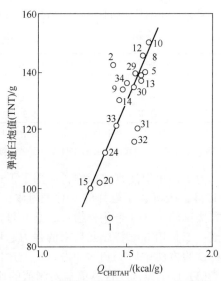

图 4-9 弹道臼炮值与 Q_{CHETAH} 的关系

③ 弹道臼炮值和 Q_{CHETAH} 的关系。表示火炸药的弹道臼炮值与 Q_{CHETAH} 的关系如图 4-9 所示。除了两三个异常值之外，它们之间存在相当好的相关性。

④ 与 DSC 分解热的关系。DSC 分解热（Q_{DSC}）与 Q_{CHETAH} 的关系，如果仅就火炸药来看是不太好的（见图 4-10）。但是，若加上有机过氧化物，作为整体来看则显示相当好的相关性。DSC 分解热是表示在 $100 \sim 400$℃不太高的温度下分解放出的热量。这种在较低温度下分解产物所含能量要比爆轰时的产物所含能量要小，从图 4-10 可知，DSC 分解热的平均

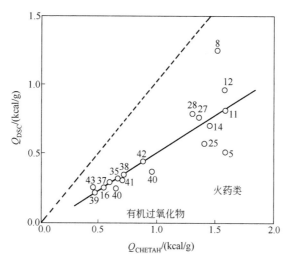

图 4-10　有机过氧化物和火炸药的 Q_{DSC} 与 Q_{CHETAH} 的关系

值大约是 Q_{CHETAH} 的 50%。

⑤ 落锤感度试验的 50%爆炸点与 Q_{CHETAH} 的关系。20 世纪 50 年代，Kamlet 对美国所合成的大多数固体多硝基化合物用 2.5kg 落锤感度试验机进行了试验，确认 50%爆炸点与 H_2O-CO 型氧平衡之间有良好的相关性。如果用 Kamlet 的 50%爆炸点的对数对于 Q_{CHETAH}^{corr} 作图，则可以看到一般的趋势是 Q_{CHETAH} 越大者，冲击感度越高，但其相关性不太好。

如果将硝基化合物从结构上分类，可分成硝铵（A），硝铵＋偕二硝基化合物（B），硝铵＋硝酸酯（D），硝酰胺（E），偕二硝基（H），偕二硝基＋三硝基甲烷（G）等类别，那么这种结构类似的化合物，其 50%爆炸点与 Q_{CHETAH}^{corr} 之间有相当好的相关性，如图 4-11 所示。

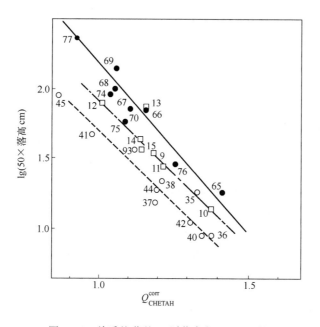

图 4-11　单质炸药的 50%落高与 Q_{CHEAH}^{corr} 的
关系（按结构分类）

从上述分析可知，如果对 Q_{CHETAH} 引入某些结构因子再来预测冲击感度的话，精度可能相当好。但是，对于硝仿（三硝基甲基）化合物来说，相关性很差。

（4）CHETAH 程序的特点及存在的一些主要问题

① 特点。CHETAH 之所以是一种很好的方法，就在于只要知道化合物的结构式，不通过试验就能够评价化合物的危险性，而且，由于使用了计算机，所以可以在短时间内就能评价多种物质的危险性。

从 Q_{CHETAH} 与实测值之间的关系可以看出，CHETAH 与危险性评价试验之间具有相当好的相关性，因此，在某种程度上可以看做一种可靠性较高的方法。

② 问题。CHETAH 的最大问题是对于所有重要基团的 $\Delta H_f^\ominus$ 还没有统一的值。一般说来，含不稳定基团的化合物，由于不稳定，所以生成热难以实测。因此，目前用 CHETAH 程序评价不稳定物质时缺少必要的数据。

另外一个问题是使用生成热加成法则进行预测时，还不能体现立体障碍、环变形和生成螯合物等影响因素。虽然可以考虑典型化合物的邻位效应和环变形，但对于新化合物的预测还是远远不够的。

把 CHETAH 看做是推算分解热的程序是比较合适的。通过该分解热的大小，也可作为判定危险性的有无或大小的程序。CHETAH 非常适用于这几种性能范围内的预测。但对于何种条件下能引起分解反应，至今还没有完全的预测。这种引起危险反应的条件，目前也还是靠实验的方法来确定。

前面已经介绍了用 CHETAH 程序来判定危险性的三个判别标准，其中第二和第三个判别标准可以认为是相似的，因此只使用其中之一来判别物质危险性即可。

另外，从"实测爆热与 Q_{CHETAH} 的关系"中可以看出，由于火炸药的实测爆热 $Q_测$ 与 Q_{CHETAH} 之间，通过氧平衡 OB 有一定的相关性，因此，至少对于单质炸药而言，只用 CHETAH 的一个参数即可判定其危险性，但是判别标准还需作进一步的研究。

此外，还需要了解不适于用氧平衡判别的少数情况。如乙炔可认为是相当危险的物质，然而按下面的燃烧式子计算氧平衡时，用 CHETAH 判断，其危险性反而很小。

$$HC\equiv CH + 2.5O_2 \longrightarrow 2CO_2 + H_2O$$
$$\ 26 \qquad 80$$

$$OB = -\frac{100}{26} \times 80 = -308\text{g}/100\text{g}$$

又如，用 CHETAH 对过氧化苯甲酰 100% 的纯品进行判断时，其结果是危险性居中的，而实际上它是相当危险的爆炸性物质。

为了避免产生这种错误的判断，应当灵活运用表 4-2 中所列的各种爆炸性物质所特有的原子团。对于想要判断的化合物，只要其结果中有爆炸性基团，则不管 CHETAH 的计算结果如何，都应当进行适当的试验。

4.4.4.2　预测混合危险的程序 REITP2

所谓混合危险是指两种或两种以上的物质由于混合或接触而变成更加危险的状态。英语中常用以下这些词来表示：hazardous chemical（危险的化学反应物），reactive chemical hazards（活性化学物质的危险），chemical reactivity hazards（化学反应危险），hypergolic ignition（自动灭火），incompatibility（不相容性）等。

如果把由于物质混合所引起的危险状态加以分类的话，大致可以分为以下六类：

① 立即引起发火或爆炸；

② 释放出易燃性、爆炸性的物质，并由此引起着火爆炸；

③ 急剧释放出气体，由于压力升高而引起伤害；

④ 生成有毒、有害或腐蚀性的物质；

⑤ 延迟一段时间才引起着火爆炸；

⑥ 生成更不稳定的化合物或混合物。

能够引起反应的体系，可能会发生出乎意料的急剧反应，导致爆炸或火灾。对于这种危险性，在一定程度上可以通过推算发热量来进行预测。为了推算指定物质或混合物的分解热或反应热，可以采用各种方法。混合危险的可能性，可以首先由混合物的反应热加以预测，例如 1mol 甲醇和 1mol 100% 的 HNO_3 混合，应用与计算爆热时采用过的同一原则处理，则可以得到如下衍生物：

$$CH_3OH(l) + HNO_3(l) \Longrightarrow \frac{5}{2}H_2O(l) + \frac{3}{4}CO_2(g) + \frac{1}{4}C(s) + \frac{1}{2}N_2(g)$$

$$-\Delta H_f^{\ominus} \text{ (kcal/mol)} \quad 78.3 \quad\quad 41.4 \quad\quad\quad 68.4 \quad\quad 94.1 \quad\quad 0 \quad\quad 0$$

但是这个混合比不能给出最大的反应热，由下述比例的反应可以得到最大反应热：

$$CH_3OH(l) + 1.2HNO_3(l) \Longrightarrow 2.6H_2O(l) + CO_2(g) + 0.6N_2(g)$$

反应热 $= 2.6 \times 68.4 + 94.1 - (1.2 \times 41.4 + 78.3) = 143.96$ kcal/mol $CH_3OH = 1.34$ kal/1g 混合物

用后一形式的计算可以求出混合物的最大放热量。如果仅仅计算一组双组分体系混合物的最大反应热及其组成，那么用手算还可以，但如果对多种配对进行计算，就要耗费相当多的时间和精力。为了推算为数甚多的化合物或其配对所释放的能量，用手算是不现实的，因此相关的计算程序得到了大力发展。正是在这样的背景下，吉田研究室研究开发了混合危险预测程序 EITP（Evaluation of Incompatibility from Thermochemical Properties，利用热化学性质评价不相容性）及其改进程序 REITP2。

另一方面，用实验的方法来评价大量药品组合的危险性在当时也是不实际的，因此决定研究利用计算机的初步预测方法。当时，美国的 ASTM 的 E-27 委员会已采用 CHETAH 程序作为新化学物质爆炸危险性的预测手段，根据 CHETAH 得到的结论，判断有无爆炸可能性的界限是 1g 物质的分解热为 0.3kcal 或 0.7kcal。

（1）REITP2 的方法和功能

EITP 及 REITP2 的计算原理如下：首先使指定的反应物分解成组成反应物的元素，然后计算各自的物质的量数；其次，按照预先规定的程序，确定预想的产物，并计算这些产物的数量；最后，将多余的元素作为单质，并分别计算出反应物和生成物的生成热总和，将二者之差作为该体系的反应热。根据上述原理利用 REITP2 程序确定生成物的步骤，如图 4-12 所示。

```
C₆H₅OH    1mol—                    →6C+6H+O
HNO₃      2mol—                    →2H+6O+2N
                                   ─────────────  (+
                                   6C+8H+7O+2N
预想生成物顺序：
    H₂O>CO₂
预想生成物：
    4H₂O+1.5CO₂+4.5N₂
```

图 4-12　REITP2 确定生成物顺序

此外，REITP2 还有以下五个功能：

① 求单组分的分解热（爆能）；

② 求双组分体系的最大反应热以及给出最大反应热时的混合比（最优化计算）；

③ 对于两组分以上的体系，求出指定混合比反应热；

④ 求出全部反应物以及生成物的氧平衡；

⑤ 三组分的反应热以及氧平衡可用三角坐标图表示。

（2）REITP2 计算值与实测值的关系

① 有文献曾介绍过两种或两种以上的药品混合发火的实例。图 4-13 所示是 1960～1974 年的 15 年间，日本东京消防厅管辖内火灾事故的统计表，横轴表示用 REITP2 所计算的两种物品混合物的最大反应热。由图可知，大部分着火物反应热大于 0.3kcal/g。

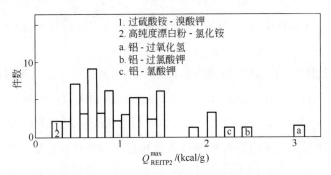

图 4-13　危险化学反应事故频度分布（东京：1960～1974）

② 可燃气体的爆炸极限浓度与 REITP2 计算值的关系。可燃性气体假如在接近爆炸极限下限浓度时，如在空气中燃烧，则全部生成 H_2O、CO_2，剩余的只是过量的 O_2 和 N_2。这些产物与用 REITP2 所计算的产物相同，因此可认为计算值接近于实测值。

各种可燃物的混合物，可用 REITP2 来计算其爆炸下限时的反应热，图 4-14 所示是以 10cal/g 的间距表示出可燃物的发火频度分布，从图中可以看出，多数可燃物爆炸浓度下限的反应热为 0.3～0.4kcal/g。由此可以得出这样的结论：普通的可燃物在空气中继续燃烧所必需的最低能量约为 0.3kcal/g。

然而像硫、氢、硼化物、二硫化碳之类的可燃物，在很低能量下就可以使反应继续下去，其原因在于这类物质的活性很强，一旦开始反应，只要很少的能量，燃烧反应就能够进行下去。因此对这些活性强的物质一定要注意。

③ 与混合危险有关的 REITP2 的其他性能。如果以 C、H、O、N 化合物为例，EITP 或 REITP2 给出的产物依次为 N_2、H_2O、CO_2，剩余的算作元素。氧平衡为正值的化合物，其 EITP 计算值与爆热的实测值相符。然而，氧平衡为负值时就不大一致了，这是因为氧平衡为负值时生成物中存在 CO、NH_3 等物质，这些物质比完全生成 CO_2、H_2O、H_2、C 等产物时的实际分解热要小。

假如能根据经验数据进行氧平衡修正，则对氧平衡为负值的混合物，其反应热的计算值也有一定的实用价值。

图 4-15 所示是硝酸铵和轻油混合物的弹道臼炮值（O）与 REITP2 计算值

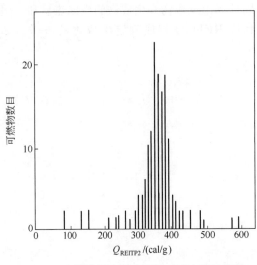

图 4-14　可燃物爆炸浓度下限时反应热计算值

（$Q_{\mathrm{REITP2}}^{\mathrm{corr}}$）的比较（实线：氧平衡修正值；虚线：氧平衡未修正值）。由图可知，修正的 REITP2 计算值与实测的弹道臼炮值具有很好的相关性。

④ 与火炸药爆热的相关性。氧平衡与火炸药爆热的关系如图 4-15 所示，从图中可以得出如下的回归式：

$$Q_{测}＝Q_{\mathrm{EITP}}(0.95＋0.0032OB) \quad (OB＜0)$$
$$Q_{测}＝Q_{\mathrm{EITP}} \quad (OB \geqslant 0)$$

这个关系式还可以作为双组分体系最优化时的修正公式使用。

⑤ 与各种铅铸扩孔值的关系。如图 4-16 所示，各种炸药的爆热计算值与铅铸扩大值之间有相当好的相关性。

⑥ 与 DSC 分解热的比较。图 4-17 及图 4-18 所示为单质炸药及有机过氧化物的 SC-DSC 分解热与 REITP2 计算分解热的关系。

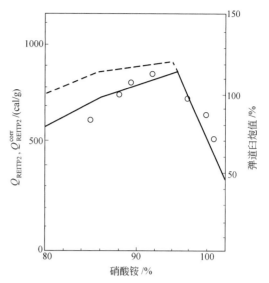

图 4-15　硝酸铵-轻油混合物的弹道臼炮值与
Q_{REITP2} 及 $Q_{\mathrm{REITP2}}^{\mathrm{corr}}$ 的比较

与爆热相比，虽然其相关性不是太好，但也存在一定的相关性。对于有机过氧化物，当用 REITP2 所计算的分解热较小时，Q_{DSC} 与 Q_{REITP2} 的值接近。当计算的 Q_{REITP2} 值较大时，$Q_{\mathrm{DSC}}＜Q_{\mathrm{REITP2}}$ 的预测值。

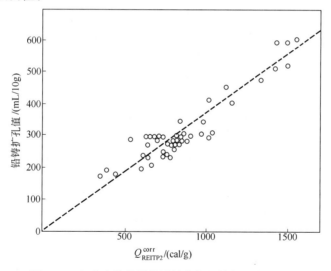

图 4-16　各种火炸药爆热计算值与铅铸扩孔值的关系

(3) REITP2 的应用举例

① REITP2 的数据表。东京消防厅将有代表性的化学药品加以组合，用 REITP2 进行了计算并制成数据表，发行了《化学药品混触危险手册》一书。这对于管理或使用化学物药品的人都有重要的意义。

② 东京消防厅对化学药品着火危险性的评价。由于地震时，化学药品引起着火占有相当大的比例，东京消防厅做了不少关于化学药品引起着火危险性的评价及其预防措施工作。

地震时，化学药品的着火危险性与药品的种类、保存地点、使用的状态等因素有直接的关系。因此从 1979 年 9 月 8 日开始到 10 月 31 日对化学药品的报告或使用场所等进行了调

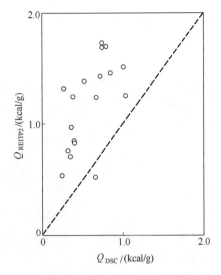

图 4-17　单质炸药的 Q_{REITP2} 与 Q_{DSC} 的关系

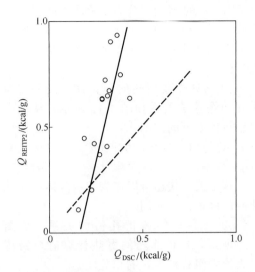

图 4-18　有机过氧化物的 Q_{REITP2} 与 Q_{DSC} 的关系

查。实际调查的单位包括研究所、大学、还有部分高、初中、小学和医院、卫生所等，共取样本达 468 个，调查项目包括建筑物的构造和房间、药品架的数目及种类、材质、防止倾倒的措施，用火设备的种类和数目等，此外还有所保存的全部药品的名称、化学式、其容器的材质和容量、数目、报关地点等。

根据实际调查的结果对其着火危险性进行了评价。首先将调查对象按行业的状况进行分类，从事故的比例算出不同行业潜在的着火危险性；然后预测建筑物的震动、药品架倾倒、容器掉下以及破损等难易程度，把这些情况与前面的潜在着火危险性加合，作为不同行业的着火危险度；再进一步从企业分布的状况来评价不同地段的综合着火危险度。

通过初步评价，人们把化学药品的潜在着火危险度分为易燃性物质的明火引起的着火危险度，自燃物质和禁水性物质的单一物质的着火危险度，以及因混触而引起的着火危险度，并分别将其数量化，用其总和除以药品架的总数，所求得的商即表示这种化学药品的初步潜在着火危险度。

$$潜在着火危险度 = \frac{易燃物评分 + 单一物评分 + 混触评分}{药品架的总数}$$

(4) REITP2 的问题

最初开发的程序是 EITP，在此基础上经过改进发展成 REITP、REITP2，但是依然存在一些问题，主要是：

① 虽然可以计算反应热，但不能预测反应速度，因此不能判断两种物质混合时是否马上发火；

② 对于不知道生成热的物质不能计算，而实际上，不稳定物质中很多物质的生成热是不知道的，因此补充完善这些物质的生成热将是今后的重要课题；

③ 在爆炸或燃烧的高温下，反应物的实际生成物和预测生成物相似，因而可较好地预测爆炸激烈程度，但在 100～400℃ 的较低温度下分解热或反应热的预测精度就不大好。

REIPT2 评价法的局限性在于，对反应速度、反应条件的预测无能为力，对 400℃ 以下的低温反应预测精度不高，即使如此，它仍不失为一种对反应性化学物质的燃烧、爆炸危险性做一级近似预测的好方法，特别是对数种化合物相混时。

近年来东京大学的作者们又对 REIPT2 做了改进，推出了其第 3 版，即 REIPT3。主要改进点：①给出化学式即可从数据库中调出反应物；②因为把生成物数据作成外部文件，所以使生成物的追加、生成顺序的变更变得容易了；③考虑到能在微机和工作站上使用，而对程序做了相应修改。从而使在安全评价中应用该程序更方便了。

4.5 危险特性的实验方法

4.5.1 筛选试验

对一种反应性化学物质的危险性，尽管经过文献调查、理论估算后可以有一个初步了解，但一般仍需要经过实验加以确认。即筛选、标准、实规模三个层次的实验。

筛选试验（Screening）也叫辨别实验或鉴别试验，橘皮书里又叫初步试验，通常指物质对机械刺激（撞击、摩擦）、热及火焰的敏感度。其特点是用很少的试样、很简单的方法就能很快获得有关该物质的危险性的重要信息，既经济，又安全，这一点对于尚无经验的新型危险物质特别是怀疑有爆炸性的物质来说是非常重要的。再者，筛选试验具有探索、摸底性质，可为后面的实验研究准备条件、积累经验，实现初步评价的目的。

按照筛选试验的特点和目的，可以算作筛选试验的具体方法已有很多，这里介绍几种提供信息多且质量好的理想方法。这是根据物质在生产、贮运、使用等过程中可能受到意外外界作用（主要是机械、热和明火这种实际情况）而设计的。常见筛选试验种类列于表 4-7 中。

表 4-7　用于凝聚相危险物质的筛选试验

名称	所测定的数据
SC-DSC BAM 着火性试验 UK Bickford 的着火性试验 US 可燃性固体着火试验 燃烧性试验 电火花着火性试验 克虏伯发火点试验 粉末堆的发火点试验 在开放容器中的放热分解试验及动态试验和静态试验 化学物质的恒温安定性试验 落锤试验 Hartmann 粉尘爆炸试验 闪点测定 液体化学物质的自然发火温度	分解开始温度,分解热,着火性和燃烧性 自然发火温度,分解强度 由撞击产生的发火,爆炸 空气中粉尘的发火,爆炸 化学药品的引火性闪点 化学药品的发火温度

4.5.1.1 密封池式差示扫描量热（SC-DSC）法

(1) DSC 测定的功能及特点

作为筛选试验，其他热分析也是可用的，事实上早些时候的研究就多是用差热分析（DTA）。由于 DSC 能直接得出热效应（放热或吸热）量，较方便，故现都倾向于用它了。通过 DSC 测定可以得到如图 4-19 所示的曲线和数据，其中主要是放热开始温度 T_a 和 T_0（℃）；放热量（峰面积，cal/g）；最大放热加速度 $[\tan\theta, \text{cal}/(\min^2 \cdot g)]$；峰值温度（$T_m$，℃）；放热曲线形状等五种信息。

① 关于放热开始温度　评价反应性化学物质的危险性主要着眼点之一是看它对外界作用的反应，即发生分解以至燃、爆的容易性或叫感度的性质如何。对热作用的感度，就可用

DSC 的放热开始温度 T_a 和 T_0 作为指标来表示。T_a 为放热曲线开始离开基线即开始放热的温度；T_0 为放热曲线上升段斜率最大的点切线与基线交点所相应的温度。大量实验数据表明，T_a 与 T_0 有良好的相关一致性。据对 452 组数据分析，其相关系数达 0.9659。所以作为热分解感度指标用 T_a 或 T_0 都可以，不过在对测定曲线处理时 T_0 更容易读取，故现一般多用 T_0。在安全评价应用中常写成 T_{DSC}。

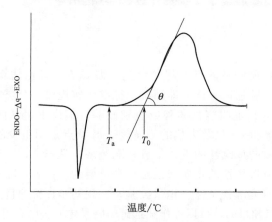

图 4-19　DSC 曲线和所得到的数据

② 关于放热量　放热量可以视为反应性物质发生放热分解反应的强度或威力（严重度）指标，是衡量危险性大小的另一个重要参数。它与 DSC 曲线和基线所围部分的面积（也叫峰面积）成正比，二者的关系为 $M \times \Delta H = KA$。式中，M 为试样的质量（mg）；ΔH 为单位质量的试样能量变化量（mcal/mg）；K 为仪器常数（mcal/mcal*）；A 为峰面积（mcal*）。这里的 mcal* 表示是由测定曲线图的面积所得到的热量。仪器常数的求法是，首先测定纯锡、钢、硝酸钾、高氯酸钾的熔解曲线，然后用它们熔解热的文献标准值求温度与仪器常数的关系，再外推至所测试样的分解开始温度下的仪器常数，并在上式中应用该值。

③ 关于最大放热加速度　它是放热分解反应激烈性的体现，也作为强度（因而也是危险性）的指标之一。

大量的实验数据分析表明，放热开始温度（T_a、T_0 或 T_{DSC}）、放热量（Q_{DSC}）、最大放热加速度（$\tan\theta$）三者之间没有明显的相关性，因此它们应分别作为独立因素来处理，可以认为是反映反应性化学物质热危险性的三个独立的指标。

还应指出的是，用普通的 DSC 样品池对不安定的反应性化学物质进行 DSC 测定是不太合适的，因为这些物质往往受热后发生分解反应之前和过程中有蒸发或升华现象，随之的热效应会对整个热测定造成干扰，以致使测定的结果不准确，甚至据此会得出有关危险性的错误判断。故用密封式样品池，即 SC-DSC。

（2）SC-DSC 试验装置与操作

① 试验装置　试验装置的主机用市售的一般差示扫描量热仪即可，但必须配备密封样品池（SC，即 sealed cell）。SC 如图 4-20 所示，一般为不锈钢质，可耐压 5.0MPa 左右。

② 试验条件

升温速度：10℃/min

最高温度：550℃

使用气体：氮气，40 mL/min

试样量：1～3 mg

标准试样：锡、钢、硝酸钾、高氯酸钾

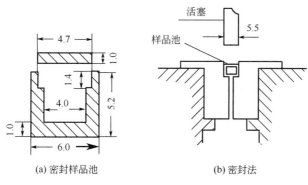

图 4-20 密封样品池和密封法

③ 试验步骤 试样的准备与 DSC 操作按以下步骤进行。DTA 测定与 DSC 相同。

a. 称量样品池和盖的质量。

b. 在样品池中放入试样，称量，由此减去样品池与盖的质量以求出试样的质量。

c. 盖上样品池盖，并将其按图 4-20（b）所示放入密封机的孔穴中。

d. 用密封机的杆强力挤压样品池的边缘和盖以进行密封。

e. 把密封好的样品池置于放试样的一侧支座上。用同样的方法准备 α-Al_2O_3 标准样密封池，并将其放于标准样一侧的支座上。

f. 以升温速度 10℃/min 进行 DSC 测定。

g. 取得 DSC 曲线后停机，称取样品池质量并检查是否有逸漏。

h. 由记录的 DSC 曲线读取放热量 Q_{DSC}，并外推出分解开始温度 T_{DSC}。

(3) SC-DSC 数据在危险性评价中的应用

反应性化学物质的 SC-DSC 数据可做危险性大小的定性判断，即取 2，4-DNT（二硝基甲苯）和过氧化苯甲酰（BPO）作标准物质，通过多种试验方法和大量的实际测试业已表明，用惰性物质（Al_2O_3 或水）稀释到 70% 的 2，4-DNT 和 80% 的 BPO 分别相当于爆轰临界物质和爆燃临界物质，即在强力起爆下，感度稍比 70%2，4-DNT 或 80%BPO 高的物质就可以爆轰或爆燃，或说它们具有爆轰或爆燃传爆性；感度稍低的物质，则不可以爆轰或爆燃，或说它们不具爆轰或爆燃传爆性。于是对 70% 的 2，4-DNT 和 80% 的 BPO 用同一台仪器作 DSC 测定，测得的 Q_{DSC} 和 T_{DSC} 取对数，并以 $\lg Q_{DSC}$ 对 $\lg (T_{DSC}-25)$ 作图得两个点，连接此二点的直线就相当于有无传爆性的临界线。如图 4-21 所示。用同样的仪器、同样的

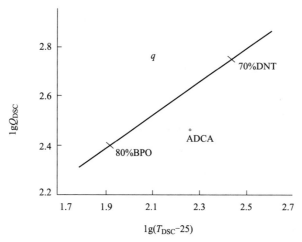

图 4-21 $\lg Q_{DSC}$ 对 $\lg (T_{DSC}-25)$ 作图的结果

方法对待评价的试样做同样的测定和处理，若试样点落在上述直线的上方，则具有传播爆轰或爆燃的可能性；落在直线的下方，则不具有传播爆轰或爆燃的可能性。如此，图4-21的 ADCA（偶氮甲酰胺）即判定为没有爆燃与爆轰传爆性。

对标准样品做 DSC 测定时，可直接用纯的 2，4—DNT 或 BPO，结果处理时取乘以它们纯度百分率的放热量，而放热开始温度不变。因已经证明惰性介质稀释基本上不影响试样的放热开始温度与纯试样的单位质量放热量。这几种物质的 SC-DSC 数据示于表 4-8 中。

表 4-8 标准物质和 ADCA 的 SC-DSC 数据

物质	气氛	试样数	$T_{DSC}/℃$	$Q_{DSC}/(cal/g)$	lg $(T_{DSC}-25)$	lg Q_{DSC}
100％2,4-DNT	空气	2	315	822	2.46	2.91
70％2,4-DNT	—	—	315	575	2.46	2.76
100％BPO	空气	2	108	318	1.92	2.50
80％BPO	—	—	108	254	1.92	2.41
100％ADCA	空气	2	213	297	2.27	2.47

另外，吉田研究室还根据大量的 DSC 与 DTA 数据，归纳出了下面的经验式，以作判定危险性物质是否具有传爆性之用。即

$$EP= lg Q_{DSC}-0.38 \ lg \ (T_{DSC}-25) -1.67$$

或

$$EP= lg Q_{DSC}-0.38 \ lg \ (T_{DSC}-25) -1.77 \qquad (4-2)$$

式中，EP 称传爆性函数，EP＞0 可判定为有传爆性；反之则反。

应注意的是，在 DSC 测定中因所用仪器不同、条件不同、以至不同的人，所得的 DSC 数据也是有差异的，这就是为什么 EP 有上面两个表达式的原因。这些作为物质危险性的一级近似评价，还是可以接受的。

（4）DSC 法与其他评价方法的相关性

① 与自加速分解温度（SADT）的相关性 SADT 试验及德国 BAM 蓄热贮存试验（HAST）都是评价自反应性物质在高环境温度下贮存、运输等过程中发生燃、爆危险的标准试验方法。这两种试验法测得的自加速分解温度相当一致，说明它们是正确可靠的。与这两种方法及日本琴寄的 SIT（自动发火测定装置）相比，DSC 的 T_a 同它们有相当好的相关性，但 T_{DSC} 和 SADT 并不相等，同一试样的 T_{DSC}＞SADT，有的甚至高 50～100℃。这是因为 DSC 试样量少且非绝热所致。

② 与火炸药爆热的相关性 单体炸药的爆热同 Q_{DSC} 有相当好的相关性，因此由 Q_{DSC} 推测爆热是可能的。但二者并不相等，即 $Q_{DSC}＜Q_{DET}$，这是由于 DSC 属低温热分解反应，不可能生成像爆轰反应那样氧化完全的分解产物。

③ 与特劳茨铅墙扩大值的相关性 猛炸药、起爆药、有机过氧化物及发泡剂的 QDSC 同它们的铅扩大值的关系从总体上看相关性不好；但若按化合物类别来观察，又有一定的相关性。其中猛炸药类相关性好，且表现出最大的威力（相同的 Q_{DSC} 对应着比，其他类化合物更大的铅墙扩大值）。起爆药次之，发泡剂与有机过氧化物较小。这可能是由于 DSC 条件下的反应产物和铅墙试验条件下的反应产物相近的程度不同有关。

④ 与弹道臼炮值的相关性 单体炸药和有机过氧化物的 Q_{DSC} 与其弹道臼炮值的相关性比有机过氧化物要好。

（5）DSC 条件的选定

DSC 作为一种筛选试验是非常有效的，但如果试验条件选定不当就不能正确发挥它的作用，甚至得出偏差很大以至错误的结果。影响 DSC 测定结果的主要有以下各因素。

① 样品池　实验表明，样品池的形式、材质、壁厚等对所测得的 T_{DSC} 及 Q_{DSC} 都有影响。现用的样品池大体上有图 4-22 所示的四种形式。对 DPT（二亚硝基五亚甲基四胺）用敞开式、针孔式和平行板式三种样品池测得的 DSC 曲线对比于图 4-23。可见针孔式 T_{DSC} 最低，放热量也最大；敞开式 T_{DSC} 最高，放热量也最小，这可能是 DPT 升华所造成的。而针孔式的放热曲线出现一点肩部，这可能是有复杂反应发生的缘故。平板式接近于密封状态，样品蒸发或升华影响小，所以测得的 T_{DSC} 较低，Q_{DSC} 较大。但这种型式对于液体试样不太合适，现一般都用密封池式的了。

样品池的材质在某些情况下影响也很显著。比如一般常用铝的，但含有卤素的化合物在高温分解时可以和铝反应生成铝的卤化物，或者在酸性条件下加热也会发生放热反应，这样都会影响放热曲线。例如 2，4，5—三氯苯酚（2，4，5—TCP）用金样品池时在 500℃ 以内没有放热效应，但用铝样品池时，便有放热峰出现，见图 4-24。所以对于类似的化合物作 DSC 测定时，最好用金或镀金的铝样品池。

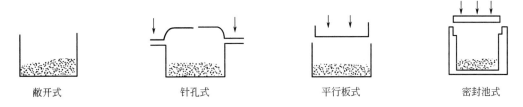

图 4-22　样品池形式

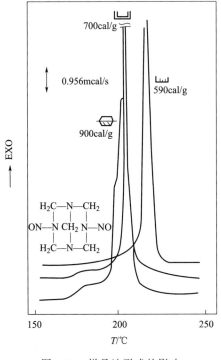

图 4-23　样品池形式的影响

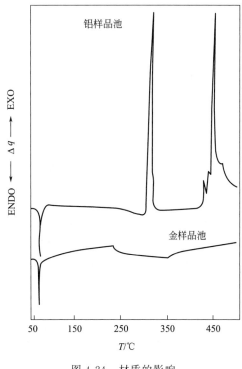

图 4-24　材质的影响

样品池的厚度也有一定影响。例如用不锈钢密封池，壁较厚，输出的检出分辨力降低，有时随着 DSC 曲线变宽，熔化峰就检不出来。另外，厚壁的样品池做参比用时，若反复使用会使 DSC 曲线的基线出现重影，故最好也换成新的。

② 关于试样量 现行热分析仪所用试样量一般为数毫克至数十毫克量级，这样试样内的温度梯度问题就可以不考虑。但即使在这个范围内，试样量对放热开始温度等也有影响。例如过氧化十二烷酰的 DSC 曲线随试样量的变化情况如图 4-25（升温速度 1 0℃/min）所示，可见放热开始温度随试样量增加有逐渐降低的趋势。所以用于危险性评价时，试样量不宜太少，一般数毫克较好。另外对放热量，升温速度也有一定的影响。

③ 环境气氛及压力的影响 做 DSC 测定时，试样接触的气氛一般是空气，但有时为了避免在加热条件下样品同空气中的氧反应，或同时为了保护仪器而通过惰性气体氮或氩等来进行。有些试样在大气压下加热会蒸发或升华，为抑制之就需要提高气氛的压力，否则将影响测试结果。例如一种叫做 5-CT（5-氯 1，2，3-硫杂重氮化合物）的物质，就是一个在安全上很特殊的物质，即用一般的危险性评价，试验总是得到安全的结论，只有经特殊试验，才发现其危险。在常压下无放热峰出现，但增大气氛压力（用加压 DSC）或在密封池条件下，便有分解放热峰，如图 4-26。这说明 SC-DSC 和加压 DSC 在危险性评价中是很重要的。

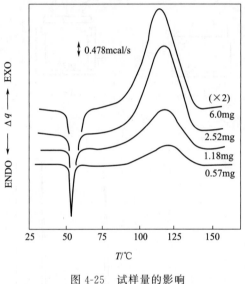

图 4-25 试样量的影响

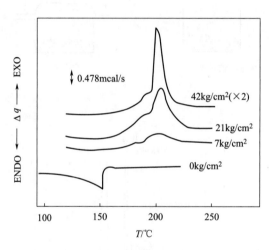

图 4-26 气氛压力的影响

关于密封池式与加压 DSC 之间的区别，森崎繁等人有表 4-9 所示的对比实验结果。

此表的试验条件为：试样量 1～1.5mg，升温速度 10℃/min；气氛加压氩气 35kg/cm²；密封空气 1atm，样品池加压为铝质针孔式，密封池为 SUS（不锈钢）厚壁。

可见两种形式数据相近的较多，但由于亚硝酸异戊酯（第 5 个）挥发性很高，用加压方式也不能完全抑制蒸发，所以和密封式相比发热量较低。另一方面，2,3-环氧-1-丙醇（第 12 个）的密封 DSC，由于容器内残留的空气中氧的影响而发生缺氧化分解，所以显示出较大的发热量，这样物质自身的热分解特性就不能正确地测得。加压 DSC 和密封池式究竟哪一种更好，还需要进一步研究。目前看来两种方式都可用，但各自也都有自己的问题。

表 4-9 样品池形式与压力的影响

序号	化合物名称	样品池型式	放热开始温度 T_a/℃	放热量/(cal/g)
1	过氧化苯甲酰($C_6H_5CO)_2O_2$	加压	108	438
		密封	113	369
2	N-亚硝基甲脲 $CH_3N(NO)CONH_2$	加压	66	316
		密封	99	285

续表

序号	化合物名称	样品池型式	放热开始温度 T_a/℃	放热量/(cal/g)
3	乙醛肟 $CH_3CH=NOH$	加压 密封	— —	— —
4	甲氧羰基氯化物 CH_3OCOCl	加压 密封	— —	— —
5	亚硝酸异戊酯 $(CH_3)_2CHCH_2CH_2ONO$	加压 密封	159 109	137 727
6	氧化偶氮苯 $C_6H_5N=NOC_6H_5$ $C_6H_5N(O)NC_6H_5$	加压 密封	217 241	405 329
7	二苯肼 $C_6H_5NHNHC_6H_5$	加压 密封	130 179	60 40
8	偶氮苯 $C_6H_5N=NC_6H_5$	加压 密封	308 379	191 162
9	氧化氮苯(氧化吡啶) C_6H_5NO	加压 密封	251 236	380 365
10	3,5-二硝基甲苯甲酸 $(O_2N)_2C_6H_2(CH_3)CO_2H$	加压 密封	266 267	444 458
11	甲氧苯甲基氧化羰基叠氮化物 $N_3CO_2CH_2C_5H_4OCH_3$	加压 密封	106 113	289 252
12	2,3-环氧-1-丙醇 OCH_2CHCH_2OH	加压 密封	187 115	241 441

④ 升温速度的影响 升温速度是影响 DSC 测定结果的另一个重要因素。例如 5-乙酰氨基-1，2，3-硫杂重氮化合物（AAT）以不同的升温速度所测定的 DSC 曲线如图 4-27

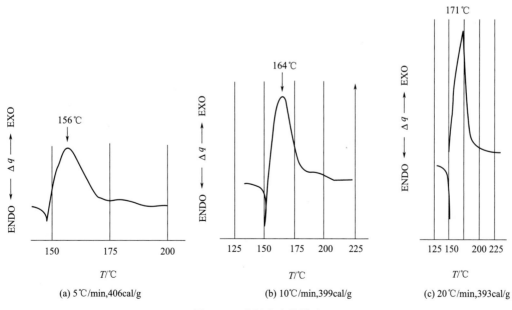

(a) 5℃/min,406cal/g   (b) 10℃/min,399cal/g   (c) 20℃/min,393cal/g

图 4-27 升温速度的影响

所示，可见，随着升温速度的提高，所测得的温度有向高温移动的趋势。所以用 DSC 来测定反应性化学物质的分解开始温度、峰值温度的时候，从危险性评价方面考虑，应尽可能以较小的升温速度加热较好（这样分解开始温度的测值较低，有利于保证安全）。然而，若升温速度过低，DSC 曲线变宽，放热曲线何时离开基线上升就不易判断。所以一般取 10℃/min 较好。

当用 SC-DSC 法测定的结果处于有传爆性和无传爆性之间临界状态的试样时，就应进一步通过相应的标准试验确认。

(6) DSC（DTA）数据与分子结构的关系

如前所述，化学物质的 DSC 或 DTA 的开始分解温度 T_{DSC} 或 T_{DTA} 是其热感度的一种度量。当物质受到热作用，并达到一定的强度时，总是首先在分子的最弱键处发生断裂，此断裂能（BDE）理应也是该物质热感度的一种量度。显然 T_{DSC} 与 BDE 之间存在一定的关系。某些含能材料和有机过氧化物的 T_{DSC} 与 BDE 关系如表 4-10 所示。

表 4-10　某些含能材料和有机过氧化物的 T_{DSC} 与 BDE 关系

化合物	分子式	T_{DTA}/℃	键	BDE/(kcal/mol)
硝基苯	$C_6H_5NO_2$	412	—NO$_2$（苯环）	
硝基甲烷	CH_3NO_2	370	$CH_3—NO_2$	60
正亚硝酸酯	$n\text{-}C_5H_{11}ONO$	202	$CH_3O—NO$	43
硝化甘油	$C_3H_5(ONO_2)_3$	190	$CH_3O—NO_2$	40.4
太安	$C_5H_8(ONO_2)_4$	196	$CH_3O—NO_2$	40.4
异丙基苯氢过氧化物	$C_6H_5C(CH_3)_2OOH$	181	$C_4H_9O—OH$	44
二叔丁基过氧化物(DTBP)	$(t\text{-}C_4H_9O)_2$	162	$C_4H_9O—OC_4H_9$	37.4
过氧化苯甲酰(BPO)	$(C_6H_5COO)_2$	110	$CH_3CO—OCCH_3$	29.5
过氧化月桂酰	$(C_{11}H_{23}COO)_2$	102	$CH_3CO—OCCH_3$	29.5

4.5.1.2　着火性与燃烧性筛选试验

(1) 着火性试验

此试验的目的在于观察被测试物质对外部点火源的反应。德国柏林材料试验所（BAM）的试验方法示于图 4-28 中。

① 试验方法

a. 铈-铁火花点火试验：用手枪式燃气点火器的铈—铁火花，在距试样 5mm 处喷射。

b. 导火索试验：用 5cm 长的导火索末端喷出的火焰对距 5 mm 处的粉末状试样点火，看是否能点着。共做 5 次。为防火索受潮，试验前应置于保干器中。

c. 小燃气火焰试验：用长 20mm、宽 5 mm 的本生灯燃气火焰尖端对试样点火，看在

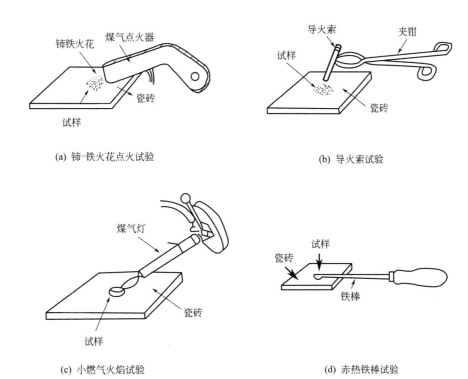

(a) 铈-铁火花点火试验　　　　　　　　(b) 导火索试验

(c) 小燃气火焰试验　　　　　　　　(d) 赤热铁棒试验

图 4-28　BAM 着火性试验

10s 内是否点着。共试验 5 次。

d. 赤热铁棒试验：用直径 5mm、加热至 800℃的铁棒与试样接触，时间不超过 10s，看是否点着。每次试验时都要重新加热铁棒。

② 判断　把试验结果分为以下几类。

a. 易着火物质。即在铈-铁火花和导火索试验中能立即点着或用小燃气火焰在 1s 内能点燃的物质。

b. 着火性物质。即小燃气火焰试验中需 1s 以上才能点着，或赤热铁棒试验能点着的物质。

c. 难着火性物质。即上三种试验中都不着火的物质。

（2）燃烧性试验

此试验的目的在于判定固体物质的着火性和燃烧性。瑞士和德国一些大化学公司通常使用的筛选试验方法如下。

① 原理　将堆放的粉状试样与加热到 1000℃的白金丝接触，观察是否着火以及着火后的燃烧情况。

② 装置　电加热的白金丝、变压器及厚 5～10mm 的石棉板。

③ 试样准备

a. 经干燥后粉碎。

b. 将粉碎后的试样，用一定规格的筛筛分。

c. 在 40～50℃，减压干燥 1h。对于熔点在 40℃以下的试样则不进行干燥。

d. 在干燥器中冷却。

④ 试验方法

a. 将试样在石棉板上摆成长 4cm、宽 2cm、容积约为 15mL 的一个堆。

b. 用红热的白金丝接触试样堆一端的表面，如点不着，可将红热白金丝插入试样中保持 5s，假如试样放出气体，可以观察能否用火柴点燃气体。

⑤ 判断　试样的燃烧性可分为 6 个危险等级，如表 4-11 所示。

表 4-11　燃烧性试验的判断标准

反应类型		等级	标准物质
点火后不传播火焰	不着火	1	食盐
	着火后立即熄灭	2	硬脂酸锌
传播火焰	几乎不发生局部燃烧或火焰传播,但有局部红热	3	氯化醋酸钠
	红热但没有火花,或缓慢分解而没有火焰	4	H—酸
	伴有火花及可见火焰的缓慢和平静地燃烧	5	硫磺、重铬酸铵
	带火焰的快速燃烧或不带燃烧的快速分解	6	黑火药

（3）粉末堆的发火点试验

① 目的　研究放在空气中的热表面上干燥制品的发火温度。

② 原理　将热板的温度调整到不同范围，在热板上放置试样，观察在何温度范围可使试样发火。

③ 装置及试验方法　装置应由 5 个铝块构成，它们彼此是间隔开的，在每个块的表面上安放不锈钢热板。每个热块的温度分别为 240℃、270℃、300℃、330℃ 以及 360℃。在 5 个热板上分别放 100mg 左右的试样，观察 5min。

④ 结果评定　试样在 5min 内发火（出现火焰、红热或火花）或发生无烟自燃分解（分解时间在 5s 以内），便认为是正结果。而发火的难易（即发火点）由其所在热块的温度决定。据发火点将其分为 6 级，如表 4-12 所示。

表 4-12　发火点试验的结果

试验结果	等级	试验结果	等级
360℃无反应(再升高温度后可能反应)	1	300℃反应	4
360℃反应	2	270℃反应	5
330℃反应	3	240℃反应	6

（4）微加热试验

压力容器试验（PVT）已广泛用于反应性化学物质的危险性评价，但如果受试物质的性质与用量不合适（如分解即爆炸或药量太多），就有可能在试验中造成仪器的损坏，甚至伤及人身。微加热试验就是为解决这一问题而由日本东京大学吉田研究室开发的一种筛选试验。

① 试验装置　如图 4-29 所示。其中试样容器为不锈钢制成，直径与高为 6mm 和 5mm。加热板也为不锈钢质，用加热器加热，加热板上有温度计测温，要保持温度（一般为 T_{DSC} ＋ 30℃左右）不变。用声音记录仪记录样品快速分解时的噪声，走纸速度 30mm/s 麦克风头距试样 1m。

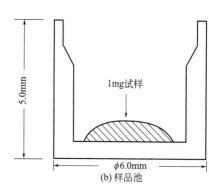

图 4-29 微加热试验装置

② 试验步骤　把加热板加热到高于试样的 $T_{DSC}=30℃$ 并保持。调好噪声记录器位置。称取 $1mg±0.1mg$ 试样放于样品池中，再置于加热板上，开始记录。当样品发生反应时，注意观察反应是瞬时完成还是缓慢进行。反应结束后停止噪声记录。如此重复试验三次。

③ 结果与判定　表 4-13 为若干自反应性物质的试验结果。据此结果，可将它们分成以下几类。

表 4-13　微加热试验结果

物质	试样量/mg	$T_{DSC}/℃$	加热板温度/℃	噪声水平/dB	燃烧或冒烟	PVT 结果
NG	0.99	194	230	73	燃烧	5g NG/talc＝50/50
NG	0.94	194	230	65	燃烧	发生爆轰
NG	0.95	194	230	72	燃烧	
NC(12.3％N)	1.08	205	228	62	燃烧	0.5g NC
NC(12.3％N)	1.10	205	228	61	燃烧	1mm＜PVLD＜9MM
NC(12.3％N)	1.02	205	228	58	燃烧	
PETN	0.94	196	220	62	燃烧	5g PETN
PETN	1.05	196	220	62	燃烧	1mm＜PVLD＜9MM
PETN	1.09	196	220	63	燃烧	
苦味酸	1.07	296	330	0	冒烟	5g 苦味酸
苦味酸	1.06	296	330	0	冒烟	1mm＜PVLD＜9MM
苦味酸	1.03	296	330	0	冒烟	
TNT	1.03	305	330	0	冒烟	5g TNT
TNT	1.02	305	330	0	冒烟	1mm＜PVLD＜9MM
TNT	0.95	305	330	0	燃烧	
PbN$_6$	1.10	337	350	101	燃烧	
PbN$_6$	0.98	337	370	94	燃烧	
DDNP	1.03	155	190	59	燃烧	
DDNP	2.91	155	190	76	燃烧	
特屈拉辛	1.02	191	200	85	燃烧	
KDNBF	1.03	182	200	85	燃烧	
KHND	1.03	333	350	55	燃烧	
HMX	1.26	266	280	0	冒烟	
RDX	1.08	214	245	0	冒烟	
DPT	1.04	199	230	0	冒烟	

续表

物质	试样量/mg	T_{DSC}/℃	加热板温度/℃	噪声水平/dB	燃烧或冒烟	PVT 结果
BPO	1.00	110	140	0	冒烟	
BPO	4.98	110	140	61	冒烟	
BPO	10.08	110	140	66	冒烟	
ADVN	1.04	77	110	0	不冒烟	
AIBN	1.03	120	150	0	不冒烟	
ADCA	1.02	215	245	0	冒烟	

注：KDNBF-二硝基苯并氧化呋咱钾盐；KHND-六硝基二苯胺钾盐；ADVN-偶氮二戊腈；AIBN-偶氮异丁腈；ADCA-偶氮甲酰胺；DPT-二亚硝基五亚甲基四胺；BPO-过氧化苯甲酰；PVLD-压力容器试验的临界孔板直径。

a. 不宜做 PVT 试验的物质。如起爆药类，即使用 1mg 试样，在此试验中也发生高噪声；而 5g 的硝化甘油（NG）/滑石粉（talc）＝50/50 在 PVT 中可把容器完全破坏，1mg 的 NG 噪声为 65～73dB，所以噪声高于 65dB 的物质不宜做 PVT。

b. 噪声为 50～65dB 的物质，在 PVT 中若用 5g 试样分解过于激烈，不太安全，故取 0.5g 较为合适。

c. 表 4-13 中无噪声或噪声低于 50dB 的物质，可做 5g 试样的 PVT，但应从 0.5g 开始，视情况再适当增加，以保证人员和设备安全。

4.5.1.3 机械撞击感度试验

机械撞击，是生产、贮运等处理中最常遇到的外界作用形式之一，因此在对自反应性化学物质进行危险性评价时，无论是作为筛选试验还是标准试验，撞击感度测试都是不可缺少的。

(1) 试验装置

常用的试验装置有落锤式和落球式两种。我国在火炸药领域通常都是用落锤式，并有相应的国家标准（GJB772A—97）。在日本消防法中，为了对氧化剂进行评价（分类）而常用小型落球感度仪，其结构示意如图 4-30。

在电磁铁的下端中央开有直径 5mm、深 25mm 的螺孔，以便能把不同直径的落球吸固在电磁铁的中心部位，同时还装有如图 4-31 所示的适配器。为能通过切断电磁铁电源使落球自由落下，还配有电开关整流器。小型落球有时会被电磁铁磁化，这时可用滑线变压器退磁。落球为 1g～5kg 的钢球。

击柱为直径 12mm、高 12mm 的钢柱（轴承用滚柱），可起定向作用。直击法系将试样置于其上；间击法则把试样夹于两击柱之间。

(2) 试验步骤

为避免危险，全部试样量要在 10mg 以下。像氧化剂/赤磷这样超高感度物系的试验，不能把试样混合，而只是在击柱表面上重叠放置两种组分，即仅使两者接触就可足够准确地判定爆与不爆。试验起爆药时，要先把湿起爆药置于击柱上，然后放于保干器中使之干燥。

① 上下法。

a. 在直径 12mm、高 12mm 的击柱表面上放置 4～10mg 粉末状试样。

b. 把载有试样的击柱放于落球试验机的铁砧中间。

c. 选择适当质量的落球，装于试验机上。

侧视图

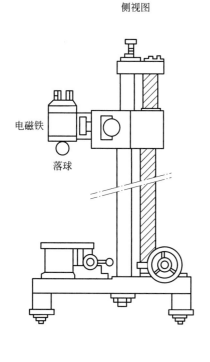

正视图

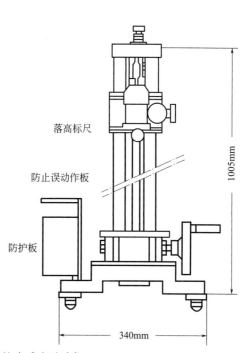

图 4-30　小型落球撞击感度试验仪

d. 落球下端至击柱上表面的距离（落高 H，cm）可按如下数值选取，即以 $\lg H = 1.0$ 作基准，以 $\Delta\lg H = 0.1 \sim 0.3$ 等间隔地决定 H。

e. 落球撞击试样后，观察是爆（产生爆音、火花或烟）还是不爆。

f. 反复试验，以找出从爆变为不爆或从不爆变为爆的落高。

g. 若是从爆变为不爆，就把落高调高一个间隔继续做下一次试验；若是从不爆变为爆，则调低一个间隔的落高再继续下一次试验。

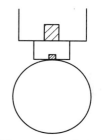

图 4-31　吸固落球用的适配器

h. 包括爆与不爆，总计进行 20 次试验。

i. 用 535g 的落球，在 $\lg H = 1.8$（即 $H = 63.1 \text{cm}$）时也不爆的试样，在这个高度下做 6 次试验，记下爆的次数。

对于氧化剂/可燃物（赤磷等）物系进行试验时，第①步作如下变化：用小型药勺把 $2 \sim 6 \text{mg}$ 赤磷涂在直径 12mm、高 12mm 的击柱上，在赤磷的上面再轻轻地加上 $2 \sim 6 \text{mg}$ 粉碎的氧化剂；氧化剂具有可塑性时，可以在赤磷上轻按一下。这种物系之所以采用这样的试样量，是因为万一爆炸也不致造成事故，而撞击发火时，其爆音和火光也能便于确认。

② 间接撞击法（间击法）　用直击法数据散布大时应用间接法。间接法的操作步骤只是第 b 步略有不同，即在载有试样的下击柱上面再放一相同规格的上击柱，试样应在二击柱之间分布均匀，然后将击柱置于铁砧中间。

③ 数据处理　所得数据用上下法处理，求 50%爆点（落高 H_{50}）并计算对应于 50%爆点的落球能量（E_{50}）。试验结果按表 4-14 的示例记录。

表 4-14　落球式撞击感度试验结果示例

试验序号	试样 落球质量/kg	氯酸钾-赤磷 0.005	氯酸钾-赤磷 0.005	B公司 叠氮化铅 0.173	B公司 叠氮化铅 0.173	黑火药 4.26	黑火药 4.26
	撞击方式	直击式	间击式	间接式	直击式	间接式	直击式
1	爆(Y)	Y(0.8)	Y(1.2)	Y(1.4)	Y(1.0)		Y(0.7)
2	不爆(N)	N(0.7)	N(1.1)	N(1.3)	N(0.9)	Y(1.5)	N(0.6)
3	数字为lgH	Y(0.8)	N(1.2)	N(1.4)	Y(1.0)		Y(0.7)
4		N(0.7)	Y(1.3)	N(1.5)	N(0.9)	N(1.4)	Y(0.6)
5		Y(0.8)	N(1.2)	Y(1.6)	Y(1.0)		N(0.5)
6		Y(0.7)	Y(1.3)	N(1.5)	Y(0.9)	N(1.5)	N(0.6)
7		N(0.6)	Y(1.2)	Y(1.6)	N(0.8)		Y(0.7)
8		N(0.7)	N(1.1)	N(1.5)	Y(0.9)	Y(1.6)	N(0.6)
9		N(0.8)	Y(1.2)	N(1.6)	Y(0.8)		Y(0.7)
10		Y(0.9)	N(1.1)	N(1.7)	Y(0.7)	N(1.5)	N(0.6)
11		N(0.8)	N(1.2)	Y(1.8)	Y(0.6)		Y(0.5)
12		Y(0.9)	Y(1.3)	N(1.7)	Y(0.5)	N(1.6)	Y(0.4)
13		N(0.8)	N(1.2)	Y(1.8)	N(0.4)		N(0.3)
14		N(0.9)	Y(1.3)	N(1.7)	N(0.5)	Y(1.7)	N(0.4)
15		Y(1.0)	Y(1.2)	Y(1.8)	N(0.6)		Y(0.5)
16		Y(0.9)	Y(1.3)	N(1.7)	N(0.7)	N(1.6)	N(0.4)
17		Y(0.8)	N(1.2)	Y(1.8)	N(0.8)		N(0.5)
18		N(0.7)	N(1.3)	Y(1.7)	N(0.9)	Y(1.7)	N(0.6)
19		N(0.8)	Y(1.4)	Y(1.6)	N(0.8)		Y(0.7)
20		Y(0.9)	N(1.3)	N(1.5)	Y(0.9)	N(1.6)	Y(0.6)
						N(1.7)	
						Y(1.8)	
						N(1.7)	
						Y(1.8)	
						N(1.7)	
						Y(1.8)	
						Y(1.7)	
						N(1.6)	
						Y(1.7)	
						Y(1.6)	

续表

试验序号	试样 落球质量/kg	氯酸钾-赤磷 0.005	氯酸钾-赤磷 0.005	B公司 叠氮化铅 0.173	B公司 叠氮化铅 0.173	黑火药 4.26	黑火药 4.26
	撞击方式	直击式	间击式	间接式	直击式	间接式	直击式
结果	$\lg H_{50}$ $\lg E_{50}$ $\lg H_{50}$ 的标准 偏差(S)	0.8 −2.51 0.11	1.23 −2.08 0.07	1.62 −0.14 0.28	0.76 −0.15 0.45	1.64 1.26	0.55 0.17 0.19

以表 4-14 的数据为例，下面介绍上下法数据处理的方法。

a. 编制数据总计表（表 4-15）。即第一栏为落高，按增高的顺序排列。第二栏为爆或不爆的发数，一般取较少者。第三栏 i 为从最低落高算所增加的步长数。

表 4-15　数据总计表（按表 4-14 黑火药直击式数据整理）

实验落高($\lg H$)	未爆炸发数(n)	i	$i \times n$	$i^2 \times n$
0.3	1	0	0	0
0.4	2	1	2	2
0.5	2	2	4	8
0.6	4	3	12	36
0.7	0	4	0	0
	$Ns=9$		$A=18$	$B=46$

b. 50%落高 H_{50}（cm）用下式计算：

$$\lg H_{50}=C+d(A/N_s\pm1/2) \tag{4-3}$$

式中，$N_s=\sum n$，n 为爆炸的或者没爆炸的次数，但是用合计次数较少的进行计算；$A=\sum(i \times n)$；C 为最低水平（$i=0$）落高的常用对数；d 为 $\lg H$ 的落高间隔（或叫步长）；在 n 中取用爆炸次数时为 −，取用不爆炸次数时为 +。这是对"落高"的情况，因为落高增加，爆炸概率增大；落高降低，爆炸概率减小。而如果测定可燃性粉尘或燃气的爆炸极限时用上下法的话，就要特别加以注意：测爆炸下限浓度时，+ − 号的取法同撞击感度，因为它们的规律一致，即浓度增加时爆炸概率增加，浓度降低时爆炸概率也降低。而测上限时，情况就相反了，这时若 N_s 取"爆"，用 +1/2；N_s 取"不爆"，则用 −1/2。

c. $\lg H$ 标准偏差（S）用下式计算：

$$S=1.620d[(N_sB-A^2)/N+0.029] \tag{4-4}$$

式中，$B=\sum(i^2 \times n)$。

d. 相当于 50%爆点（H_{50}）的能量 E_{50}（J）由下式求得：

$$E_{50}=0.098MH_{50} \tag{4-5}$$

式中，M 为落球质量，kg。

(3) 落球式撞击感度试验的性质

① 1/6 爆点和 50%爆点　无论是落球试验还是落锤试验，撞击感度试验中都不可避免地会有误差。所测得的结果是否正确，或者是否具有要求的精度，这些都是问题。在第二次世界大战中，美国为了以尽可能少的试验次数求得较正确的撞击感度，在布鲁斯登研究所以杰克逊教授为中心开展了落锤感度试验的统计研究，研究结果确认，用上下法求 50%爆点的方法，只需较少的试验次数就可以完成，结果的可靠性也高，并能推算其精度，因而是一种好方法。所谓 50%爆点，是指落锤试验中试样爆炸概率为 50%时落高。

用上下法做落锤试验，试样爆炸时（记为○），以一定间隔降低落高；不爆时（记为×）以一定的间隔升高落高，这样往下的试验就向50%爆点附近集中，从而使只经次数不多的试验就可以推算出50%爆炸概率的点成为可能。

在德国则用传统的1/6爆炸点法。所谓1/6爆炸点，是指进行6次落锤试验中只发生一次爆炸的落高。此方法系基于以下若干考虑：一是想得到近于不爆点（不发生爆炸的落高）的感度。因为50%爆点是爆炸概率一半时的落高，而1/6爆点表现上是爆炸概率为17%时的落高，更接近不爆点。二是最少试验次数仅为7，比上下法少，这也是1/6爆炸点的优点。另外，一般所用的5kg落锤试验机的1/6爆点法比上下法可测的感度范围宽，然而现1/6爆点法的可靠性不如上下法求50%爆点好，精确度也没有明确指出。

② 上下间隔：落高等间隔和对数落高等间隔　解析上下法的试验结果时，是取等间隔落高还是取等间隔对数落高？杰克逊等认为，从感度数据考虑爆炸概率的分布，用落高的对数比落高更近正态分布。因为上下法是假定爆炸概率为正态分布进行解析的。如不是正态分布，就应先将其作正态变化，然后再用上下法。

发令枪纸炮的落球试验积累爆炸频率分布于图4-32。在各个落高下的试验次数为30。

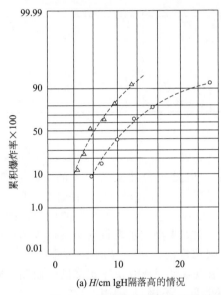
(a) H/cm lgH隔落高的情况

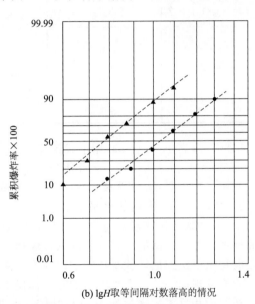
(b) lgH取等间隔对数落高的情况

图4-32　发令枪纸炮落球试验爆炸率在正态概率坐标纸上落高和对数落高作图结果

图4-32中(a)与(b)相比，显然后者具有良好的线性，更近于正态分布。这就是正态化变化的一种方式，也说明了正态变化的必要性。

用上下法不仅可以推算50%爆点H_{50}，而且可以推算出正态分布的标准偏差S。用这二者又可以推算出1/6爆点。即使同样是求1/6爆点，上下法也比现行的方法要好。

另外，以多大的上下间隔较佳呢？杰克逊认为，一般应在0.5~2.0S范围内。

发令枪纸炮的撞击感度散布较小，更接近于对数正态分布，而一般的爆炸物则不一定都能得到这样的规律，图4-33即是一例。

③ 试样的放置方法：直接撞击和间接撞击以及间接材质的影响　试样上放置的物体的材质（即所谓间接材质）不同，试样发火或爆炸所需能量亦异。图4-34所示为几种试验情况。A法~E法为落锤试验，引起爆炸所需能量大小的顺序为E>C>A>B>D；包括落球试验后顺序变为H>A>G>I>F。

可见，直击式只需较少能量就可使试样爆炸，所以直击式可用较轻的落球实施。然而问

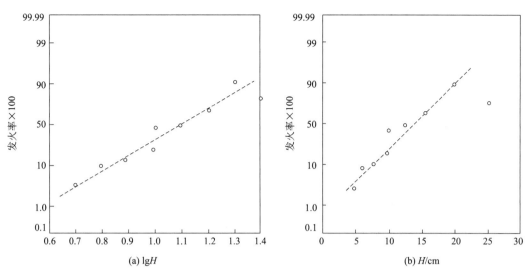

图 4-33　硝酸钾-赤磷（A 法）接触混合物落球试验发火率在正态概率坐标纸上
对对数落高和落高作图的结果

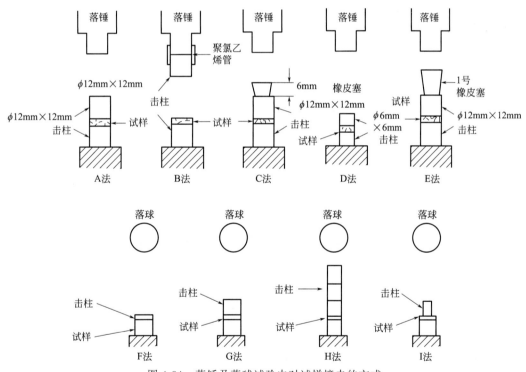

图 4-34　落锤及落球试验中对试样撞击的方式

题是，有些爆炸物受间接撞击可以爆炸，而受直接撞击则不爆炸；反之，相反的情况也有。另有一些物质，直击式比间击式的结果散布小，还有一些物质则相反。据吉田研究室的经验就应首先做直击式试验，不爆或散布大（即 S 大）时，再改用间击式。

④ 其他影响因素

a. 落球质量。较小时势必增大落高，这将使结果的散布增大，同时自由落体的球撞击击柱中央的概率降低，机械撞击声干扰对"爆"与"不爆"的判断。

所以宜选用能得到 H_{50} 为 10cm 左右的落球质量。

b. 试样粒度。块状比粉状钝感，所以一般试样都取粒度较细的粉末。少数反常的情况也有。

4.5.1.4 水中爆炸试验

（1）水中爆炸试验的特点

通过安全原理的学习我们知道，物质的危险度用其发生事故的概率和事故严重度的乘积来描述。按照此规则，对爆炸物质的危险性而言，就是要从其发生爆炸反应的容易程度（即感度）和爆炸后效（即威力）两个方面来评价。而威力，又要从其爆炸后的冲击效应和气体生成的膨胀效应两方面来评价。前者称动力学效应，后者称热（静）力学效应。一般试验测试方法，很难同时得到感度、动威力与静威力特征值，而利用水中爆炸却可以较容易的实现。这就是水中爆炸试验的特点，也是安全科技工作者对其兴趣之所在。

危险度＝发生事故的概率×事故严重度；

$$爆炸物质的危险性\begin{cases} 爆炸反应的容易程度（感度）\\ 爆炸后效（威力）\begin{cases} 爆炸后的冲击效应（动力学效应）\\ 气体生成的膨胀效应［热（静）力学效应］\end{cases}\end{cases}$$

（2）水中爆炸试验的基本原理

炸药在水中所释放的能量，一部分作为水中冲击波而快速传播出去，剩余部分则残存于高温高压的气体产物即气泡中。水中冲击波的波形（即 $P\text{-}t$ 曲线）如图 4-35 所示。

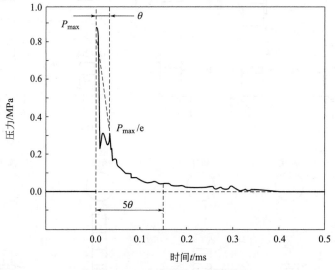

图 4-35　水中爆炸冲击波形

冲击波压力作为时间 t 的函数而按指数规律降低：

$$p(t) = p_{\mathrm{m}} e^{-t/\theta} \tag{4-6}$$

式中　p_{m}——冲击波的初始峰值压力；

　　　θ——衰减时间常数，即压力从 p_{m} 衰减至 p_{m}/e 所需时间；

　　　e——自然对数的底。

冲击波能量 E_{s} 由距爆源 R 距离处的冲击波压力波形用声学近似按下式求得。

$$E = \frac{4\pi R}{\rho_{\mathrm{w}} C_{\mathrm{w}}} \int [p(t) - p_0]^2 \, \mathrm{d}t \tag{4-7}$$

式中，ρ_{w}、C_{w}、$p(t)$ 及 p_0 分别为水的密度、声速，在时刻 t 时的水中绝对压力及静

水压力。

高温高压气泡借助于自身的能量克服静水压而膨胀，即对外做功。但气泡膨胀使内部压力降至静水压时并不停止而会过度膨胀，气泡半径达最大值 a_{max}，以至压力低于静水压某一值。然后在静压的作用下气泡被压缩，这样又会出现过度压缩，至某一值后再膨胀，同时给出一个压力脉冲。如此反复多次，直至气泡浮出水面或能量消耗殆尽。此过程称为气泡脉动，情形示于图 4-36。

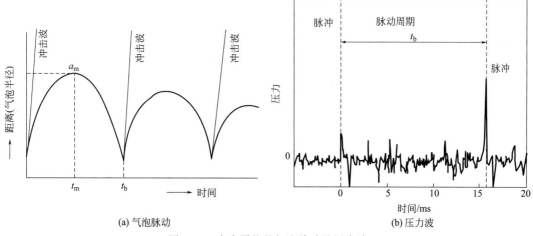

(a) 气泡脉动　　　　　　　　　　(b) 压力波

图 4-36　水中爆炸的气泡脉动及压力波

其中第一压力波和第二压力波的时间间隔 t_b 常叫第一脉动周期。第二压力波的峰值压力往往只是第一压力波峰值的 $1/10 \sim 1/6$（因炸药种类而定）。

根据 Cole 的著作，在无限水域中的爆炸气泡能 Eb 由下式给出：

$$E_b = 4\pi a_{max} p_0 / 3 \tag{4-8}$$

式中，a_{max} 为爆炸气泡的最大膨胀半径，它由非压缩性流体的运动方程式确定

$$a_{max} = \frac{3}{2} \sqrt{\frac{2p_0 t_b}{3p_w \beta}}$$

β 由 β 函数决定，即 $\beta = \beta(5/6, 1/2) = 2.2405$

据此，气泡能可用下式求得：

$$E_b = 0.684 p_0^{5/2} t_b^3 \rho_w^{-3/2} \tag{4-9}$$

冲击波在水中传播和气泡的脉动，都会有部分能量以热的形式而损失掉了，把这部分称作逸散能量 E_r。

于是，水中爆炸释放的全部能量

$$E_{tot} = E_s + E_b + E_r \tag{4-10}$$

据 Bjarnholt 的研究，E_r 和 E_s 成正比，比例系数为爆轰压 p_{CJ} 的函数，即

$$E_r = (\mu - 1) E_s \tag{4-11}$$

$$\mu = 1 + 1.3328 \times 10^{-2} p_{CJ} - 6.5775 \times 10^{-5} p_{CJ}^2 + 1.2594 \times 10^{-7} p_{CJ}^3 \tag{4-12}$$

$$p_{CJ} = 0.25 \rho_0 D^2 \tag{4-13}$$

式中　μ——冲击能损失系数；

$\quad\quad\ \rho_0$——炸药密度；

$\quad\quad\ D$——炸药爆速。

μ 与 p_{CJ} 的关系（实验点）示于图 4-37。

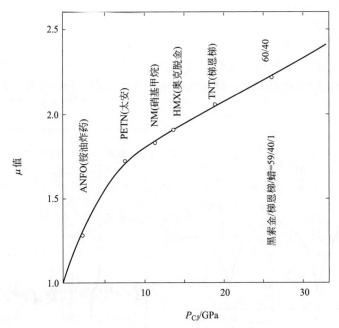

图 4-37　冲击能损失系数与爆压的关系

上述式子基于水中冲击波和气泡为球面状传播、扩展的假定，如果爆源不是球形，冲击波面与气泡就会偏离球形，这时 Bjarnholt 提出用下述形状系数予以修正：

$$E_{TOT} = K_f \left(\mu E_s + E_b \right) \tag{4-14}$$

式中，K_f 是形状系数。Bjarnholt 给出的形状系数示于表 4-16。

表 4-16　水中爆炸试验形状系数

试样炸药装药形状	形状系数 K_f	试样炸药装药形状	形状系数 K_f
圆柱形		三角烧瓶形	$1.02 \sim 1.03$
长/径=1	1.00	球形	1.00
长/径=6	$1.08 \sim 1.10$		

实际的测试工作往往都是在有限的水池或水槽中进行的，因此水面、水底、侧壁对水中压力波都会产生影响。Bjarnholt 对这些边界对气泡膨胀、收缩周期所产生的影响给予了修正方法。在无限水域中，气泡第一脉动周期 t_b 与气泡能 E_b 的立方根成正比。E_b 可认为和爆炸物的量 W 成正比，所以 t_b 和 W 的立方根成正比。而在水池（槽）这样的有限水域中，爆炸能量一增多，边界影响就表现出来了，即 t_b 开始偏离 $t_b = aW^{1/3}$ 而符合 Bjarnholt 给出的下式：

$$t_b = aW^{1/3} + aW^{2/3} \tag{4-15}$$

式中，a、b 为常数。如果利用 E_b 与 W 成正比的关系，（4-15）式变为

$$t_b = KW^{1/3} + K^2 cW^{2/3} \tag{4-16}$$

这里 $c = b/a^2$，常数 K 由下式给出

$$K = 1.135 \rho_w^{1/2} p_0^{-5/6} \tag{4-17}$$

通过解式（4-17），可得到

$$E_b = \frac{1}{8c^3 k^3} \left(\sqrt{1 + 4cT_b} - 1 \right)^3 \tag{4-18}$$

当然，不受这些边界的影响是测试上所需要的，所以 Bjarnholt 的建议注意以下几点。

① 爆源的水深，爆源和压力传感器的距离，爆源同水底的距离应是气泡最大半径的 2 倍以上；爆源和侧壁的距离应是气泡最大半径的 5 倍以上。

② 把爆源安装在水池全水深的 2/3 深处的话，评价气泡能时，水面和水深的影响相抵消。

③ 为了确切地算出冲击波能，压力传感器和爆源的距离应设在下式的范围内。即

$$3.5 < \frac{R}{W^{1/3}} < 7 \ (\text{m/kg}^{1/3})$$

气泡的最大半径的估值由下式给出：

$$a_{\max} = \frac{1.3QW}{1 + h/10} \ (\text{m}) \tag{4-19}$$

式中 Q——爆热，MJ/kg；
　　　h——水深，m。

(3) 水中爆炸在安全评价中的应用举例

爆炸物受到意外冲击波作用而发生爆炸反应的难易程度（即冲击波感度），也是评价其危险性的一个重要方面。为此，利用水中爆炸试验具有试样量少，同时可获得感度和动静威力性能，且具有操作简便、安全、噪声小等诸多优点。

① 试验装置系统　如图 4-38 所示。

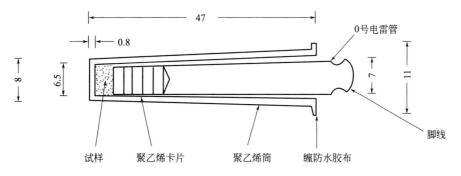

(a) 小型间隙卡片实验装置

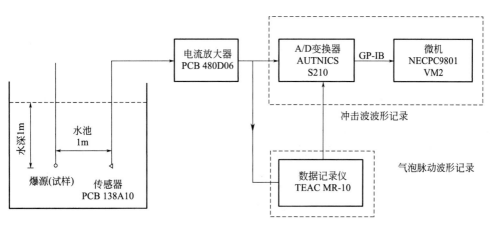

(b) 水槽、试样及测试装置

图 4-38　水中爆炸试验系统

② 某些炸药的冲击危险性测试结果与分级 大量试验结果表明，以水中爆炸所测得的气泡能量来评价其受到强烈冲击时的危险性是可行的。按此所做的冲击危险性分级，与文献报道的以 MK-弹道臼炮值的分级相当地一致。即常见的高级炸药 HMX、PETN、RDX、CE、干 NC，甚至耐热炸药 HNS 等为 1 级敏感的物质，具有最大的冲击危险性；TNT 之类的高级炸药的成型品和含水炸药，一般为 2 级感度，冲击危险性次之；多数二硝基化合物为 3 级，冲击危险性较小。

另外，用水中爆炸法本来是对炸药的冲击危险性进行测定的同时，也是可以对炸药的威力（包括水中冲击波能量-动威力与气泡能量-静威力）进行评价的，但由于本试验所用试样量太少（0.3g），易受外界因素影响，故测得的气泡能量对有的炸药规律性尚不够理想。笔者认为，当以威力为主要评定目的时，适当增大试样量是必要的。

(4) 炸药在不同形态时的冲击感度

通常炸药的工业产品为细结晶状或粉状，而使用时往往压制或铸装成一定的药片或药块。因此对炸药的安全性进行评价时，这两种形态都应予以考虑。为此我们分别测定了一些炸药的粉体（细结晶）和压制药片的冲击感度。结果列于表 4-17。

表 4-17　炸药不同形态的冲击感度

炸药名称	形态	起爆雷管号	间隙卡片厚度/mm	气泡能量 E_b/(kJ/g)
TNT	粉状	0	0	0.86
		0	2	0.78
		0	4	0.62
		0	6	0.35
	压片	1	2	0.20
		3	2	1.27
		3	4	0.13
RDX	细结晶	0	0	1.97
		0	2	1.47
		0	4	0.97
		0	6	0.77
	压片	0	1	1.30
		0	2	0.27
		0	4	0.13
PETN	细结晶	0	0	1.93
		0	2	1.47
		0	4	0.37
		0	6	0.10
	压片	0	2	0.23
		0	6	0.13

可见同一种炸药的压片比粉状或细结晶状冲击感度倾向于降低。这一点与机械撞击感度的变化趋势相同。应用布登的热点理论是不难理解的。

(5) 炸药被惰性介质稀释后的冲击感度

正如所分析的那样，当炸药为惰性介质稀释后其冲击感度应相应地降低。例如取干燥太安试样量均为 0.3g，用水稀释到不同程度后，用 0 号雷管起爆，在相同的测定条件下曾得到如表 4-18 所列的结果。

表 4-18　太安被水稀释到不同程度的冲击感度

卡片间隙厚度/mm	0				2			6		
水分含量/%	0	20	30	40	0	10	20	0	10	20
气泡能 E_b/(kJ/g)	3.00	1.77	0.27	0.07	3.00	2.50	0.23	2.50	0.13	0.10

可见冲击感度确实随稀释程度增加而降低。大致的范围是，当卡片间隙厚度为 0mm、2mm、4mm 时，0 号雷管可起爆的太安含水量分别相当于 20%、10% 左右及 10% 以下。由此也表明，在高能炸药制造后，其中保持一定的水含量对于降低其贮运等处理中的危险性是有效的。

筛选或鉴别试验以简单、快速、安全为主要特点与优点，但应注意如下几点。

① 不能随意选取和组合，也不能做得太多，而应根据试验目的及经验、水平而定。应由有关人员分析研究后定下最低限度的试验种类与数量。

② 鉴别试验装置与试验过程相对简单，但要求仍很严格，否则会得出不准确甚至错误的判定。所以各国或一些大企业也正在将其规范化、标准化。

4.5.2　标准试验

所谓标准试验，它具有以下主要特点。

① 试验方法、装置比较正规、严格，试样量相对较多，以保证试验结果准确可靠，精度也高。

② 实用时间较长，应用范围较广，经过实践与时间的考验，证明是符合实际和准确的，所以为人们（以至国际上）所公认。

③ 法律、法规所规定的正式用于危险性（品）分类、分级的试验。

前述第 1 类危险物品（即爆炸物）所用 GJB14372—93 的 7 组试验和橘皮书的相应试验，以及用于其他类危险品的各种试验，都应属于这种标准试验之列。此外，表 4-19 中除上述属于筛选试验或类似的试验外，也可以视为标准试验。

表 4-19　危险性物质的主要试验方法

危险性		试验方法
因冲击起爆引起的传爆		德国材料试验所(BAM)50/60 铁管起爆试验
		荷兰国立技术研究所(TNO)50/70 铁管起爆试验
		1 inch(=24.5mm)铁管起爆试验
		美国隔板试验(固体用)
		美国导入气泡的隔板试验(液体用)
由燃烧转爆轰	1. 密闭下	美国 DDT 试验(内部点火试验)
	2. 开放式	德国 BAM 铈—铁火花试验
		英国 Bickford 导火索着火试验
		德国 BAM 导火索着火试验
		德国 BAM 煤气火焰着火试验
		德国赤热铁棒试验
		燃烧性试验
		德国 BAM 赤热铁皿试验
		美国可燃性固体着火试验

危险性	试验方法	
由自动放热分解转为爆轰	美国自动加速分解温度试验（SADT） 德国 BAM 蓄热贮存试验	
火灾时引起的爆轰	篝火试验	
雷管起爆引起的爆炸强度	国际炸药测试标准化组织（EXTEST）弹道臼炮试验 英国弹道臼炮试验 EXTEST 特劳茨铅墙试验 美国改进的特劳次铅墙试验	
点火引起分解的激烈程度	1. 密闭下	英国时间－压力试验 德国 BAM 的 Eprouvette 试验 美国 DDT 试验（内部点火试验）
	2. 开放式（燃速试验）	美国氧化剂用燃速试验 荷兰 TNO 有机过氧化物燃速试验 美国有机过氧化物燃速试验 经济共同开发组织化学组（OECD－CG）的粉体及糊剂的燃速试验 德国 BAM 赤热铁皿试验
自动放热引起分解的激烈程度	美国自动加速分解温度试验（SADT） 德国 BAM 蓄热贮存试验 荷兰 TON 均匀热爆炸试验 小型高压釜试验 加压蓄热试验 （加速）量热法（ARC） SIKAREX 量热试验	
快速加热引起分解的激烈程度	荷兰式压力容器试验 美国式压力容器试验 德国 BAM 的 Koenen 试验 德国 BAM 铁箱试验	
火灾引起燃烧分解的激烈程度	篝火试验（也称外部火灾试验）	
撞击感度 摩擦感度	落锤感度试验 摩擦感度试验	
着火性	德国 BAM 铁－铈着火试验 英国 Bickford 导火索着火试验 德国 BAM 导火索着火试验 德国 BAM2m 气火焰着火试验 德国 BAM 赤热铁棒试验 美国可燃性固体着火性试验 点火花着火试验	
粉尘着火 粉尘爆炸的强度 易燃性 绝热压缩感度	Hartman 试验 Hartman 试验，20L 爆炸球试验 闪点 英国 U 形管试验	

危险性	试验方法
贮存安定性	阿贝尔（Abel）耐热试验 真空安定度试验 差热分析（DTA） 密封池差示扫描量热试验（SC－DSC） 加速量热试验（ARC） 德国 BAM 蓄热贮存试验 荷兰 TNO 绝热储存试验 荷兰 TNO 等温贮存试验 日本琴寄的自动发火试验（SIT） SIKAREX 量热试验 放热过程的灵敏检测（SEDEX） 粉尘自动发火试验（Grewer） Geigy－kuhner 的放热性试验
工艺安全性	小型热流量热计（BSC） 化工过程的危险性鉴定（OL WA）
反应危险性	美国海岸警备队（USCG）的反应危险性试验 混合接触发火试验 改良的铁皿试验

应指出的是，标准试验与筛选（或鉴别）试验并没有严格的界线和不可逾越的鸿沟。在某些情况下，有的筛选试验也可能作为标准试验使用；反之亦然。

4.5.3 实际规模试验

所谓实际规模，通常是指物质或物品生产出来后，是以怎样的包装形式和包装量，甚至堆积量进行贮存与运输的，这种形式和量就是实际规模。显然做这样的实际规模试验代价是太大了。所以对于大多数危险品来讲，做到标准试验后就可以对其危险性定下确切的结论、结束评价工作了。然而少数特殊的危险品，或者有特殊要求时，实际规模试验还必须要做。例如有些物质的危险性和规模大小（量多少）很有关系，有所谓危险性的规模效应。热危险性、燃烧传爆轰的危险性、整体爆炸危险性，就有显著的规模效应。这类物质正像橘皮书所说，包装类型往往对危险性有决定性影响。某些爆炸物，有机过氧化物就是较典型的代表。故在这里只代表性的对实规模试验加以简单介绍。

发令枪纸炮，通常是在较硬实的基纸上，每点放 50mg 的发音剂（组成为氯酸钾/赤磷/硫黄＝74/18/8），上面覆盖一层薄纸，用糨糊黏合而成。使用时撕下一个用发令手枪击发。日本的包装规格是 100 发装成一小箱（105mm×50mm×20mm），20 小箱装成一中箱（220mm×115mm×115mm），5 个中箱再装成一大箱。为了正确地确定它们所属的项别与配装组，以保证运输安全，而需要做实规模试验。

(1) 按联合国（橘皮书）的方法试验

从贮运安全的角度考虑，该分项和配装分组包括单个包装件试验，堆积件试验和外部火灾试验。在这些试验中如果发生大量（整体）爆炸的话就属于 1.1 项；如果出现抛射物的话，就属于 1.2 项；如果只发生激烈的燃烧的话就是 1.3 项；如果这三种危险性现象都不出现的话就是 1.4 项；如果危险现象只局限在包装箱内而对外界不产生有害影响的话，就属于 1.4S 配装组。

（2）单个包装件的试验

① 目的　研究在包装内起爆时，包装内的物品是否引起爆炸；如果包装内物品爆炸，观察爆炸是否会传播下去，另外还要研究包装品一旦爆炸时对其周围的损害程度。

② 适用情况　此试验适用于运输中的包装爆炸物质和产品。

③ 试验顺序　在地面上挖一直径为80cm，深为70cm的坑，坑底安置一块钢靶板（取证板），在此靶板上再放置一大箱被试包装样品，然后在包装品周围充填河沙。在大箱包装品上堆放装有河沙的布袋，堆积高度为50cm以上，在间隙中充填河沙，见图4-39。

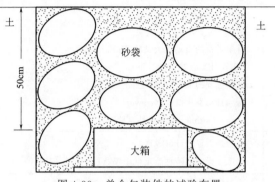

图4-39　单个包装件的试验布置

在被试包装品放入坑中之前，先将0号雷管插入中箱中部的小箱与小箱之间。隔离操作起爆雷管，用肉眼、照相机及扩音器观察并测试结果。试验结果如图4-40所示。通过3次试验得到的结果是雷管周围有5～6小箱爆炸或仅仅是燃烧，其他箱不殉爆。装有起爆用0号雷管的中箱已烧焦，也有燃烧的纸炮，但是，只限于在0号雷管的近旁才有燃烧的小箱。因此，可以认为包装品中即使有一小箱发火，燃烧也不会传播下去。

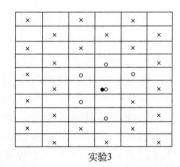

实验1　　　　　　　　　　实验2　　　　　　　　　实验3

○ 爆炸或燃烧；　× 既不燃烧也不爆炸；　● 雷管安装位置

图4-40　单个包装件的试验结果

（3）堆积包装品试验

① 目的　这一试验是研究由于堆积包装品某处爆炸时，爆轰是否会从一包装件向另一包装件传播，并同时观察此试验对周围的损坏程度。

② 适用范围　此试验适用于被堆放的爆炸性包装品，并可在任何一种运输条件和状态下进行。

③ 试验顺序　与单个包装件试验的顺序相同。根据联合国试验方法的规定，堆积包装品的整个体积要在0.15m³以上。但是，本试验中将五大箱捆在一起（体积0.05m³）进行试验。按照联合国方法，所用密封材料的厚度应在1m以上，但本试验采用0.5m进行。如果

堆得太高，包装箱容易压坏，纸炮有可能意外发火。

试验结果见图 4-41。除装雷管的大箱以外，其他大箱中所产生的爆炸是由 0 号雷管底部产生的聚能射流以及雷管的金属破片冲击声响剂而引起的。这可由聚能射流通过后，留下的孔及在箱中残留的雷管金属破片看出。

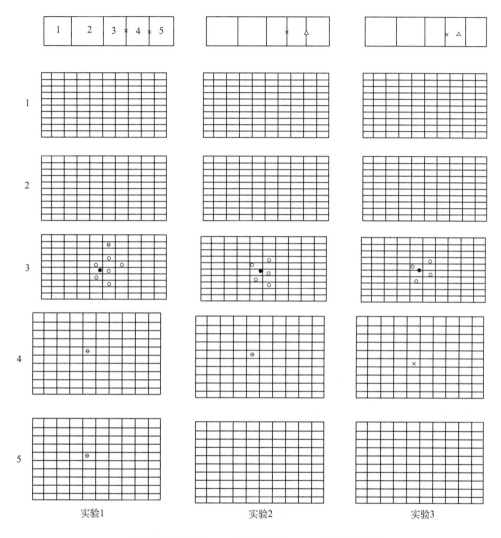

● 雷管的安装位置； × 聚能射流穿孔； ⊖ 仅有一发燃烧；
△ 聚能射流的停止位置； ○ 爆炸或燃烧的小箱
图 4-41　堆积试验的结果

由上述试验结果可知，如果没有雷管的聚能射流效应，在大箱中发令枪纸炮发生的爆炸就不会传播下去。

（4）外部火灾（篝火 bonfire）试验

① 目的　研究火焰从堆积包装品外部包围包装品时，所产生的结果以及一旦包装品爆炸时，周围接受冲击波、热效应及破片飞散后的损害程度。

② 适用条件　此试验适用于爆炸性制品的堆积包装品及在运输中没有包装的物品。堆积的整个空间都要充满包装品，即至少在 $0.15m^3$ 体积内的框格上堆积 3 个包装品。试验时，从外部进行加热，观察放入包装品的爆炸性物质反应的程度及反应持续时间。加热速度必须

由假定运输中可能发生的事故进行调节，但也没有必要再现实际火灾的严格状况。所使用的火焰有用树枝点火的火焰，用木片搭成格子状点火的火焰、液体燃料火焰及丙烷喷出的火焰等。本试验使用木片点火的火焰。

③ 试验装置　用图 4-42 所示的外部火灾试验装置进行试验。

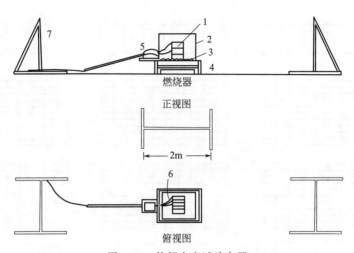

图 4-42　外部火灾试验布置

1—试样；2，3—金属网；4—支架；5—沙袋；6—热电偶；7—铝制判据板

④ 试验顺序

a. 由一大箱进行的预备试验。先从一大箱（内装纸炮 3000 发）的燃烧试验开始，观察发令枪纸炮的燃烧状况。

在燃烧容器中放入 10L 水（为防止过热用）、10L 轻油及 1L 汽油。在台架上放置一大箱纸炮，在燃烧容器的两角处装有用布条包裹的镍丝点火具。全体实验人员退至 100m 以外再行点火，同时按动秒表。用肉眼、照相机、摄像机及微音器观察和记录试验现象。在 5min 内点着一大箱，但没有发现助长火焰剧烈的燃烧现象。由燃烧状况可知，纸炮的燃烧并不那么激烈，燃烧的渣滓也不散乱，燃烧比较稳定。

b. 五大箱捆包一起的预备试验。由五大箱捆在一起，用与一大箱预备试验的情况大体相同的条件进行燃烧试验。

在此试验中，初始燃料只用轻油，如果在此条件下不能点火，就再添加些汽油继续进行试验。然而，当风大时，由于石油火焰横向摇摆，不能对捆包品进行较强的加热。石油的燃烧在稍稍熄火后便呈现间断燃烧状态。15min 后整体捆包品便开始燃烧。这时，也没有发现纸包有激烈燃烧的现象。

c. 三个五大箱捆包品的堆积试验。取 20L 水、20L 轻油及 2L 汽油，在其他条件与前述大体相同的情况下进行试验。热电偶的布置及测定温度的变化过程如图 4-43 及图 4-44 所示。

试验中，没有发现横向风助长石油的燃烧现象。在外部火灾试验中，也没有发现三个五大箱捆包品的堆积有什么特别的变化。燃烧后也没有飞散物的痕迹。因为测温的位置在大箱与大箱之间，所以即使最高温度在 800℃ 左右也不代表火焰的温度。可以认为，瓦楞硬纸板及瓦楞纸板箱的燃烧程度，没有产生很高的温度。

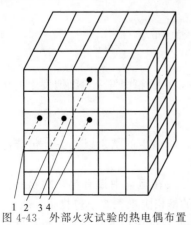

图 4-43　外部火灾试验的热电偶布置

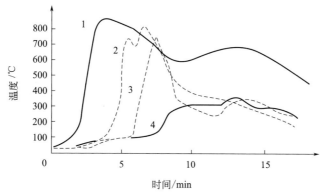

图 4-44　三个五大箱捆包件发令纸炮的外部火灾试验的温度变化

（5）结论

由上述试验可知，在发令枪纸炮包装小箱之间插入一个装有 3 片瓦楞硬纸板缓冲材料的小箱，并按联合国方法对这种包装进行单包包装品试验及堆积包装品试验时，发现爆炸或燃烧的小箱仅限于用于起爆的 0 号雷管的附近位置，如果包装品中的一箱起爆或发火，其爆炸或燃烧也不能传播。

在按联合国方法进行的外部火焰试验中，纸炮包装品的燃烧并不十分激烈，燃烧的滓子也不飞散，呈现比较稳定的燃烧。由上述结果可知，发令枪纸炮只要按上述包装方法包装是安全的。根据本试验可以得出结论，按联合国对危险品分类的分法，本包装内物品不属于危险性大的物质，而应当划归危险性较低的范围，即应划入 1.4S 类。

复习思考题

1. 请用方框流程图的形式表达出对危险化学品燃爆危险性测评的程序和步骤。
2. 请简要回答爆炸性基团和化学物质燃爆危险性之间的关系。
3. 试推算硝基甲烷的反应热。
4. 比较 CHETAH 评价法和 REITP2 评价法的区别和联系。
5. 简述推测简单反应物的原理。
6. 简述根据分子结构预测化合物燃爆特性的基本原理。

第 **5** 章
危险化学品的职业危害及防护

在化工生产中，常接触到许多有毒物质。这些毒物的种类繁多，来源广泛，如某些原料、成品、半成品、副产品、废水、废气、废渣等。在生产过程中，当毒物达到一定浓度时，便可对人体产生毒害作用。因此，在化工生产中预防中毒是极为重要的。

5.1 概述

5.1.1 有毒品的概念及分类

5.1.1.1 概念

当某些物质进入人的机体并积累到一定量后，就会与体液和组织发生生物化学作用或生物物理变化，扰乱或破坏机体的正常生理机能，使某些器官和组织发生暂时性或长久性病变，甚至危及生命，人们称该物质为有毒品。有毒品包括毒害品和剧毒化学品，由这些有毒品侵入人体而导致的病理状态称为中毒。

5.1.1.2 有毒品的分类

在实际生产环境中，由于反应或加工过程的不同，有毒品常按物理状态分为：气体、蒸气、雾、烟尘或粉尘几类。有毒品以这些形式污染生产环境，对人体产生毒害。

① 气体。指在常温常压下呈气态的物质。如 CO 等。

② 蒸气。指由液体蒸发或固体升华而形成的气体。前者如苯蒸气、汞蒸气，后者如熔磷时的磷蒸气。

③ 雾。指混悬在空气中的液体微粒，多由蒸气冷凝或液体喷散所形成。如喷漆时所形成的漆雾、电镀铬和酸洗时所形成的铬酸雾和硫酸雾等。

④烟尘。又称烟雾或烟气，指悬浮在空气中的烟状固体微粒，其直径往往小于 $0.1\mu m$。金属熔化时产生的蒸气在空气中氧化冷凝可形成烟，如铅块加热熔融时在空气中形成的氧化铅烟。有机物加热或燃烧时也可以产生烟，如煤和石油的燃烧、塑料热加工时产生的烟等。

⑤ 粉尘。指能较长时间飘浮于空气中的固体颗粒。其直径多为 $0.1\sim10\mu m$。大都是固体物质经机械加工时形成的。

粉尘的分类方法一般有两种。根据粉尘的性质分类，见表 5-1。根据粉尘的粒径大小分类，见表 5-2。

表 5-1 粉尘性质分类

属性	来源	举例
无机物	矿物	石英、石棉、煤、无机盐类
	金属	铁、铝、铬、锌、铅等及其化合物粉尘,使用的各种催化剂类粉尘
	人工	金刚砂、水泥、玻璃纤维等粉尘
有机物	植物	棉、麻、花粉、烟、茶等
	动物	兽毛、羽绒、角质等粉尘
	人工	塑料、燃料、合成纤维、化肥、焦粉、合成洗衣粉、炸药等
混合		各种粉尘的混合存在

表 5-2 粉尘粒径分类

名称	粒径/μm	特性
粗尘	>10	肉眼可见,在静止空气中以加速度下降,不扩散
飘尘	0.1~10	在静止空气中按斯托克斯法则作等速下降、不易扩散
烟尘	0.001~0.1	在超显微镜下可见,大小接近于空气分子。在空气中呈布朗运动状态,扩散能力强,在静止空气中不沉降或较缓慢曲折的沉降

掌握有毒品在生产环境中的存在形态,不仅有助于了解其进入人体的途径和发病的原因,而且便于采取有效的防护措施控制其危害。

有毒品除按上述物理状态分类外,还可以按以下几种方法进行分类。

① 按有毒品的化学成分,分为无机毒物和有机毒物。

无机毒物又可分为含硫气体、碳氧化物、氮氧化物、卤素及卤化物、光化学产物、氰化物、铵化合物等。有机毒物可分为烃类、含氧有机物、含硫有机物、含氮有机物、含氯有机物等。

② 按有毒品的类型,可分为原料类、成品类、废料类等。

③ 按有毒品的生物致毒作用分类,又可按其作用的性质和损坏的器官或系统加以区分。

按其作用的性质可分为:刺激性 (如氯气、氟化氢);窒息性 (如氮气、一氧化碳);麻醉性 (如乙醚);致热源性 (如氧化锌);腐蚀性 (如硫酸二甲酯);溶血性 (如硝基苯、砷化氢);致敏性 (如苯二胺);致癌性 (如 3,4-苯并芘);致突变性 (如砷);致畸胎性等。

按损害的器官或系统分为:神经毒性、血液毒性、肝脏毒性、肾脏毒性、呼吸系统毒性、全身性毒性等。有的有毒品主要具有一种作用,有的具有多种或全身性的作用。

5.1.2 有毒品毒性评价指标及分级

5.1.2.1 评价指标

有毒品的剂量与生理反应之间的关系,用"毒性"一词来表示。毒性一般以毒物能引起实验动物某种毒性反应所需的剂量表示。最通用的毒性反应是由动物实验测定的。根据实验动物的死亡数与剂量或浓度对应值来作为评价指标。常用的评价指标有以下几种。

① LD_{100} 或 LC_{100}。表示绝对致死剂量或浓度,即能引起实验动物全部死亡的最小剂量或最低浓度。

② LD_{50} 或 LC_{50}。表示半数致死剂量或浓度,即能引起实验动物的 50% 死亡的剂量或浓度。这是将动物实验所得数据经统计处理而得的。

③ MLD 或 MLC。表示最小致死剂量或浓度,即能引起实验动物中个别动物死亡的剂量或浓度。

④ LD_0 或 LC_0。表示最大耐受剂量或浓度,即不能引起实验动物死亡,全组染毒,动

物全部存活的最大剂量或浓度。

除用实验动物死亡情况表示毒性外，还可以用机体的某些反应来表示。如引起某种病理变化、上呼吸道刺激、出现麻醉和某些体液的生物化学变化等。

上述各种剂量通常用有毒品的毫克数与动物的每千克体重之比（mg/kg）表示。浓度常用每立方米空气中含有毒品的毫克或克数（mg/m^3 或 g/m^3）表示。

对于气态有毒品，还常用一百万份空气容积中，某种有毒品所占容积的份数表示。此容积是在 25℃、101.3kPa 下计算的。

有毒品在溶液中的浓度一般用每升溶液中所含有毒品的毫克数（mg/L）来表示。

有毒品的固体浓度用每千克物质中有毒品的毫克数（mg/kg）表示，亦可用一百万份固体物质中有毒品所占的质量分数表示。

5.1.2.2 分级

GHS 将化学品的急性毒性分为五级，见表 5-3。

表 5-3　GHS 关于化学品急性毒性分级标准

分级	大鼠经口/(mg/kg)	大鼠(或兔)经皮/(mg/kg)	大鼠吸入[1]		
			气体/ppm	蒸气/(mg/L,4h)	粉尘和雾/(mg/L·4h)
第 1 级	$LD_{50} \leqslant 5$	$LD_{50} \leqslant 50$	$LC_{50} \leqslant 100$	$LC_{50} \leqslant 0.5$	$LC_{50} \leqslant 0.05$
第 2 级	$5 < LD_{50} \leqslant 50$	$50 < LD_{50} \leqslant 200$	$100 < LC_{50} \leqslant 500$	$0.5 < LC_{50} \leqslant 2.0$	$0.05 < LC_{50} \leqslant 0.5$
第 3 级	$50 < LD_{50} \leqslant 300$	$200 < LD_{50} \leqslant 1000$	$500 < LC_{50} \leqslant 2500$	$2.0 < LC_{50} \leqslant 10$	$0.5 < LC_{50} \leqslant 1.0$
第 4 级	$300 < LD_{50} \leqslant 2000$	$1000 < LD_{50} \leqslant 2000$	$2500 < LC_{50} \leqslant 5000$	$10 < LC_{50} \leqslant 20$	$1.0 < LC_{50} \leqslant 5$
第 5 级	5000				

[1] 1h 数值气体和蒸气除 2，粉尘和雾除 4。

5.2　有毒品侵入人体的途径和危害

5.2.1　侵入人体的途径

有毒品侵入人体的途径有三个，即：呼吸道、皮肤和消化道。在生产过程中，有毒品最主要的是通过呼吸道侵入。其次是皮肤，而经消化道侵入的较少。当生产中发生意外事故时，有毒品有可能直接冲入口腔。生活性中毒则以消化道进入为主。

5.2.1.1　经呼吸道侵入

人的呼吸道可分为导气管和呼吸单位两大部分。按顺序，导气管包括鼻腔、口腔前庭、咽、喉、气管、主支气管、支气管、细支气管和终末细支气管。呼吸单位包括呼吸细支气管、终末呼吸细支气管、肺泡小管和肺泡。肺中的支气管经过多次反复分支，其末端形成若干亿个肺泡，肺泡的直径约 $100 \sim 200 \mu m$。所以人体肺泡总表面积约为 $90 \sim 160 m^2$，每天吸入空气 $12 m^3$ 左右，大约重 15kg。肺泡壁薄（$1 \sim 4 \mu m$）而且有丰富的毛细血管，空气在肺泡内流速慢（接触时间长），这些都有利于吸收。所以呼吸道是有毒品进入人体的最重要的途径。在生产环境中，即使空气中有害物质含量较低，每天也将有一定量的毒物通过呼吸道侵入人体。

由于从鼻腔到肺泡，整个呼吸道各部分结构的不同，对毒害物质的吸收也不同，愈入深部，表面积愈大，停留时间愈长，吸收量愈大。此外，吸收量的大小，对于固体有毒物质，与其粒径、溶解度大小有关；对于气体有毒物质，与肺泡壁两侧分压大小以及呼吸深度、速度、循环速度等有关，而这些因素又与劳动强度有关。环境温度、湿度、接触有毒品的条件（如同时有溶剂存在）等，也能影响吸收量。

肺泡内的二氧化碳形成碳酸润湿肺泡壁，对增加某些物质的溶解度起一定作用，从而能促进有毒品的吸收。另外，由呼吸道吸入的有毒物质被肺泡吸收后，不经过肝脏解毒而直接进入血液循环系统，分布到全身，所以毒害较为厉害。

5.2.1.2　经皮肤侵入

有些有毒品可透过无损皮肤通过表皮、毛囊、汗腺导管等途径侵入人体。经表皮进入体内的有毒品需经过三种屏障，第一是皮肤的角质层，一般相对分子质量大于 300 的物质不易透过完整的角质层。第二是位于表皮角质层下面的连接角质层，其表皮细胞富有固醇磷脂，它能阻止水溶性物质的通过、而不能阻止脂溶性物质透过。有毒品通过该屏障后即扩散，经乳头毛细血管进入血液。第三是表皮与真皮连接处的基膜。经表皮吸收的脂溶性有毒品还需具有水溶性，才能进一步扩散和被吸收。所以水、脂都溶的物质（如苯胺）易被皮肤吸收。只脂溶而水溶极微的苯，经皮肤的吸收量较少。

有毒品经皮肤进入毛囊后，可绕过表皮的屏障直接透过皮脂腺细胞和毛囊壁而进入真皮，再从下面向表皮扩散。电解质和某些重金属，特别是汞在频繁接触时可经过此途径被吸收。操作中如皮肤被溶剂沾染，则有毒品黏附于表皮，促使有毒品经毛囊被吸收。

有毒品通过汗腺导管被吸收是极少见的。手掌和足底的表皮虽有很多汗腺，但没有毛囊，有毒品只能通过表皮而被吸收。由于这些部位表皮的角质层较厚，故不易吸收。

某些气态有毒品如果浓度较高，即使在室温条件下，也能同时经表皮和毛囊两条途径进入血液。

如果表皮屏障的完整性被破坏（如外伤、灼伤等），可促进有毒品的吸收。潮湿环境也可促进皮肤吸收有毒物质，特别是促进吸收气态有毒品。环境温度较高，出汗较多，也会促进黏附在皮肤上的有毒品被吸收。此外，皮肤经常接触有机溶剂，会使皮肤表面的类脂质溶解，使接触到的有毒品容易侵入而吸收。

经皮肤侵入人体的有毒品，不先经过肝脏的解毒而直接随血液循环分布于全身。

黏膜吸收有毒品的能力远比皮肤强。部分粉尘也可通过黏膜侵入人体。

5.2.1.3　经消化道侵入

由呼吸道侵入人体的有毒品，一部分黏附在鼻咽部或混于口鼻咽部的分泌物中，另一部分可被吞入消化道。不遵守操作规程（如用沾染有毒品的手进食、吸烟和误服）也会使毒物进入消化道。毒物进入消化道后，可通过胃肠壁被吸收。

胃肠道的酸碱度是影响有毒品吸收的重要因素。胃液呈酸性，对弱碱性物质可增加其电离程度，从而减少其吸收；而对弱酸性物质则具有阻止其电离的作用，因而增加其吸收。脂溶性和非电离的有毒品能渗透过胃的上皮细胞。胃内的蛋白质和黏液状蛋白类食物则可减少毒物的吸收。

小肠吸收有毒品同样受到上述条件的影响。肠内较大的吸收面积和碱性环境，使弱碱性物质在胃内不易被吸收，待到达小肠后，即转化为非电解质而可被吸收。小肠内的多种酶可以使已与有毒品结合的蛋白质或脂肪分解，从而释放出游离的有毒品而促进其吸收。在小肠内物质可以经细胞壁直接透入细胞。此种吸收方式对有毒品的吸收，特别是对大分子有毒品的吸收起重要作用。化学结构上与天然物质相似的有毒品可以通过主动的渗透而被吸收。

5.2.2 对人体的危害

5.2.2.1 有毒品对人体全身的危害

有毒品侵入人体后，通过血液循环分布到全身各组织或器官。由于有毒品本身的理化特性及各组织的生化、生理特点，从而破坏人的正常生理机能，导致中毒。中毒可大致分为急性中毒和慢性中毒两种情况。急性中毒指短时间内大量有毒品迅速作用于人体后所发生的病变。表现为发病急剧、病情变化快、症状较重。慢性中毒指由毒品作用于人体的速度缓慢，在较长时间内才发生的病变，或长期接触少量毒物，毒物在人体内积累到一定程度所引起的病变。慢性中毒一般潜伏期长，发病缓慢，病理变化缓慢且不易在短时期内治好。职业中毒以慢性中毒为主，而急性中毒多见于事故场合，一般较为少见，但危害甚大。由于有毒品不同，作用于人体的不同系统，对各系统的危害也不同。

(1) 对呼吸系统的危害

① 窒息状态。造成窒息的原因有两种。一种是呼吸道机械性阻塞，如氨、氯、二氧化硫等急性中毒时能引起喉痉挛和声门水肿，当病情严重时可发生呼吸道机械性阻塞而窒息死亡；另一种是呼吸抑制，由于高浓度刺激性气体的吸入引起迅速的反射性呼吸抑制，麻醉性毒物以及有机磷等可直接抑制呼吸中枢、使呼吸肌瘫痪，甲烷等可稀释空气中的氧、一氧化碳等能形成高血红蛋白，使呼吸中枢因缺氧而受到抑制。

② 呼吸道炎症。水溶性较大的刺激性气体对局部黏膜产生强烈的刺激作用而引起充血、水肿。吸入刺激性气体以及镉、锰、铍的烟尘可引起化学性肺炎。汽油误吸入呼吸道会引起右下叶肺炎。长期接触刺激性气体，可引起黏膜和间质的慢性炎症，甚至发生支气管哮喘。铬酸雾能引起鼻中隔穿孔。

③ 肺水肿。中毒性水肿常由于吸入大量水溶性的刺激性气体或蒸气所引起，如氯气、氨气、氮氧化物、光气、硫酸二甲酯、三氧化硫、卤代烃、羟基镍等。

(2) 对神经系统的危害

① 急性中毒性脑病。锰、汞、汽油、四乙基铅、苯、甲醇、有机磷等所谓"亲神经性毒物"作用于人体会产生中毒性脑病。表现为神经系统症状，如头晕、呕吐、幻视、视觉障碍、复视、昏迷、抽搐等。有的患者有癔症样发作或神经分裂症、躁狂疾、忧郁症。有的会出现植物神经系统失调，如脉搏减慢、血压和体温降低、多汗等。

② 中毒性周围神经炎。二硫化碳、有机溶剂、铊、砷的慢性中毒可引起指、趾触觉减退、麻木、疼痛、痛觉过敏。严重者会造成下肢运动神经元瘫痪和营养障碍等。初期为指、趾肌力减退，逐渐影响到上、下肢，以致发生肌肉萎缩，键反射迟钝或消失。

③ 神经衰弱症候群。见于某些轻度急性中毒、中毒后的恢复期，以慢性中毒的早期症状最为常见。如头痛、头昏、倦怠、失眠、心悸等。

(3) 对血液系统的危害

① 白细胞数变化。大部分中毒均呈现白细胞总数和中性粒细胞的增高。苯、放射性物质等可抑制白细胞和血细胞核酸的合成，从而影响细胞的有丝分裂，对血细胞再生产生障碍，引起白细胞减少甚至患有中性粒细胞缺乏症。

② 血红蛋白变性。有毒品引起的血红蛋白变性常以高铁血红蛋白症为最多。由于血红蛋白的变性，带氧功能受到障碍，患者常有缺氧症状，如头昏、乏力、胸闷甚至昏迷。同时，红细胞可以发生退行性病变，寿命缩短、溶血等异常现象。

③ 溶血性贫血。砷化氢、苯胺、苯肼、硝基苯等中毒可引起溶血性贫血。由于红细胞迅速减少，导致缺氧，患者头昏、气急、心动过速等，严重者可引起休克和急性肾功能衰竭。

（4）对泌尿系统的危害

在急性和慢性中毒时，有许多毒物可引起肾脏损害，尤其以升汞和四氯化碳等引起的肾小管坏死性肾病最为严重。乙二醇、铅、铀等可引起中毒性肾病。

（5）对循环系统的危害

砷、磷、四氯化碳、有机汞等中毒可引起急性心肌损害。汽油、苯、三氯乙烯等有机溶剂能刺激 β-肾上腺素受体而致心室颤动。氯化钡、氯化乙基汞中毒可引起心律失常。刺激性气体引起严重中毒性肺水肿时，由于渗出大量血浆及肺循环阻力的增加，可能出现肺原性心脏病。

（6）对消化系统的危害

① 急性肠胃炎。经消化道侵入汞、砷、铅等，可出现严重恶心、呕吐、腹痛、腹泻等酷似急性肠胃炎的症状。剧烈呕吐、腹泻可以引起失水和电解质、酸碱平衡紊乱，甚至发生休克。

② 中毒性肝炎。有些毒物主要引起肝脏损害，造成急性或慢性肝炎，这些毒物被称为"亲肝性毒物"。该类毒物常见的有磷、锑、四氯化碳、三硝基甲苯、氯仿及肼类化合物。

5.2.2.2　有毒品对皮肤的危害

皮肤是机体抵御外界刺激的第一道防线，在从事化工生产中，皮肤接触外在刺激物的机会最多。许多有毒品直接刺激皮肤造成皮肤危害，有些有毒品经口鼻吸入，也会引起皮肤病变。不同有毒品对皮肤会产生不同的危害，常见的皮肤病症状有：皮肤瘙痒、皮肤干燥、皲裂等。有些有毒品还会引起皮肤附属器官及口腔黏膜的病变，如毛发脱落、甲沟炎、龈炎、口腔黏膜溃疡等。

5.2.2.3　有毒品对眼部的危害

化学物质对眼部的危害，是指某种化学物质与眼部组织直接接触造成的伤害，或化学物质进入体内后引起视觉病变或其他眼部病变。

① 接触性眼部损伤。化学物质的气体、烟尘或粉尘接触眼部，或其液体、碎屑飞溅到眼部，可引起色素沉着、过敏反应、刺激性炎症或腐蚀灼伤。例如对苯二酚等可使角膜、结膜染色。刺激性较强的物质短时间接触，可引起角膜表皮水肿、结膜充血等。腐蚀性化学物质与眼部接触，可使角膜、结膜立即坏死糜烂。如果继续渗入可损坏眼球，导致视觉严重减退、失明或眼球萎缩。

② 中毒所致眼部损伤。毒物侵入人体后，作用于不同的组织，对眼部有不同的损害。例如：有毒品作用于视网膜周边及视神经外围的神经纤维会导致视野缩小；有毒品作用于视神经中轴及黄斑会形成视中心暗点；有毒品作用于大脑皮层会引起幻视。有毒品中毒所造成的眼部损害还有复视、瞳孔缩小、眼睑病变、眼球震颤、白内障、视网膜及脉络膜病变和视神经病变等。

5.2.2.4　工业粉尘对人体的危害

工业粉尘来源颇多，就化工生产而言，粉尘主要来源于固体原料和产品的粉碎、研磨、筛分、造粒、混合以及粉状物料的干燥、输送、包装等过程。

工业粉尘的尘粒直径在 $0.5 \sim 5 \mu m$ 时，对人体危害最大。高于此值的尘粒在空气中很快沉降，即使部分侵入肺部也会被截留在上呼吸道，而在打喷嚏、咳嗽时随痰液排出；低于此值的尘粒虽能侵入肺中，但有一部分随同空气一起呼出，大部分被呼吸道内的纤毛由细支气管到喉向外排出。

粉尘的化学性质、物理性质（特别是溶解度）以及作用部位的不同对人体的危害也不同。主要表现在以下几个方面：

① 粉尘如铅、砷、农药等，能够经呼吸道进入体内而引起全身性中毒；

② 粉尘能引起呼吸道疾病，如鼻炎、咽炎、气管炎和支气管炎等；

③ 粉尘对人体有局部刺激作用，如皮肤干燥、皮炎、毛囊炎、眼病及功能减弱等病变；

④ 变态反应性，如大麻、锌烟、羽毛等物质；

⑤ 尘肺❶，是指肺内存在吸入的粉尘，并与之起非肿瘤的组织反应、引起肺组织弥漫性、纤维性病变。按吸入粉尘种类的不同，可分为矽肺、矽酸盐肺、煤尘肺、金属沉着症、植物性尘肺和混合性尘肺。

尘肺的发生，与被吸入粉尘的化学成分、空气中粉尘的浓度、颗粒大小、接触粉尘时间长短、劳动强度和身体健康状况等都有密切关系。因此应严格控制作业场所中的含尘浓度。

5.2.2.5 有毒品与致癌

在人体的正常发育和代谢过程中，每个细胞的形成和分裂都按其目的正常进行，使机体正常发育和保持各组织器官的机能。当受某些因素的影响，体内某一部位的组织细胞会突然毫无目的的生长。任何异常生长的细胞群被称为肿瘤。如果肿瘤局限在局部范围并不扩散，就叫做良性肿瘤。假如肿瘤扩散到邻近组织或体内其他部位，就叫做恶性肿瘤。各种恶性肿瘤统称为癌。

癌症病因十分复杂，较深入的研究认为，它可能与物理、化学、细菌、病毒、霉菌、遗传等因素有关。

人们在长期从事化工生产中，由于所接触的某些化学物质有致癌作用，可使人体产生肿瘤。这种对机体能诱发癌变的物质被称为致癌源。

现在已经被发现的工业致癌物质较多，如已被基本确认的致癌源有：砷、镍、铬酸盐、亚硝酸盐、石棉、3,4-苯并芘类多环芳烃、亚硝铵、蒽和菲的衍生物、芥子气、联苯胺、氯甲醚等。有些物质被怀疑有致癌作用或有潜在致癌作用。

职业性肿瘤多发生于皮肤、呼吸道及膀胱，少见于肝、血液系统。由于许多致癌病因的基本问题未弄清楚，加之在生产环境以外的自然环境中也可接触到各种致癌因素，因此要确定某种癌是否仅由职业因素引起是不容易的，必须有较充分的根据。

5.3 防毒、防尘措施

不论有毒品以何种状态存在，若逸散到空气中（或与人体直接接触）并超过最高容许浓度，就会对人体产生毒害作用。所以，防止有毒品危害的关键就是消灭毒物源，降低有毒物质在空气中的含量，减少有毒品与人体的接触机会。

5.3.1 防毒措施

5.3.1.1 防毒的技术措施

① 以无毒、低毒的物料或工艺代替有毒、高毒的物料或工艺，这意味着从根本上改变有关生产工艺路线，使生产过程中不产生或少产生对人体有害的物质，这是解决防毒问题的最好办法。近几年来在这方面的进展较大。

② 生产装置的密闭化、管道化和机械化。主要指以下几方面：

a. 装置密封、勿使有毒物质外逸；

b. 密闭投料、出料，指机械投料、真空投料、高位槽和管道密封、密闭出料等；

---

❶ 又称肺尘埃沉着病。

c. 转动轴密封，它有多种形式，如填料罐、密封圈、迷宫式密封、机械密封、填料密封、磁密封等；

d. 加强设备维护管理，消除跑、冒、滴、漏。

③ 通风排毒。通风是使车间空气中的有毒品浓度不超过国家卫生标准的一项重要技术措施，分局部通风和全面通风两种。局部通风，即把有害气体罩起并排出去。其排毒效率高、动力消耗低，比较经济合理，还便于有害气体的净化回收。全面通风又称稀释通风，是用大量新鲜空气将整个车间空气中的有毒气体冲淡到国家卫生标准以内。全面通风一般只适用于污染源不固定和局部通风不能将污染物排除的工作场所。

④ 有毒气体的净化回收。净化回收即把排出来的有毒气体加以净化处理或回收利用。气体净化的基本方法有洗涤吸收法、吸附法、催化氧化法、热力燃烧法和冷凝法等。

⑤ 隔离操作和自动化控制。因生产设备条件有限，而无法将有毒气体浓度降低到国家卫生标准时，可采取隔离操作的措施，常用的方法是把生产设备隔在室内，用排风的方法使隔离室处于负压状态，严格控制有毒品外逸。

自动化控制就是对工艺设备采用常规仪表或微机控制，使监视、操作地点离开生产设备。自动化控制，按其功能可分为四个系统：即自动检测系统、自动操作系统、自动调节系统、自动信号联锁和保护系统。

5.3.1.2　个人防护措施

作业人员在正常生产活动或进行事故处理、抢救、检修等工作中，为保证安全与健康，防止意外事故发生，要采取个人防护措施。个人防护措施就其作用分为皮肤防护和呼吸防护两个方面。

① 皮肤防护。皮肤防护常采用穿防护服，戴防护手套、帽子，穿鞋盖等防护用品。除此之外，还应在外露皮肤上涂一些防护油膏来保护。常见的防护油膏有：单纯防水用的软膏，防水活性刺激物的油膏，防油溶性刺激物的软膏，还有防光感性和防粉末作用的软膏等。

② 呼吸防护。保护呼吸器官的防毒用具，一般分为过滤式和隔离式两大类。过滤式防毒用具有简易防毒口罩、橡胶防毒口罩和过滤式防毒面具等。隔离式防毒面具又可分为氧气呼吸器、自吸式橡胶长管面具和送风式防毒面具等。使用防毒面具时，应根据现场操作和设备条件、空气中含氧量、有毒物质的毒性和浓度、操作时间长短等情况来正确选用。

a. 简易防毒口罩。该口罩是由十层纱布浸入药剂 2h，然后烘干制成的。它适用于空气中氧含量大于 18%，有毒气体含量小于 $200mg/m^3$ 的环境里使用。

b. 橡胶防毒口罩。该口罩由橡胶主体、呼吸阀、滤毒罐和背包带四个部分组成。适用于低浓度的有机蒸气，不适用于在一氧化碳等无臭味的气体以及空气中氧含量低于 18% 的环境中使用。

c. 过滤式防毒面具。由橡胶面具、导气管、滤毒罐几部分组成，可以过滤空气中的有毒气体、烟雾、放射性灰尘和细菌等，并可以保护眼睛、脸部免受有毒物质的伤害。适用于空气中氧含量大于 18%，有毒气体含量小于 2% 的环境使用。

d. 氧气呼吸器。该呼吸器是利用压缩氧气为供气源的防毒用具。适用于缺氧、有毒气体成分不明或浓度较高的环境。

e. 化学生氧式防毒面具。该面具是用金属过氧化物作为基本化学药剂的。适用于防护各种有害气体以及放射性粉尘和细菌等对人体的伤害，特别适用于在缺氧和含多种混合毒气的复杂环境中处理事故和抢救人员用。

f. 自吸式长管防毒面具。该面具是由面罩、10～20m 长的蛇形橡胶导气管和腰带三部分组成。运用于缺氧、有毒气体成分不明和浓度较高的环境，特别适用于进入密闭设备、储罐内从事检修作业时佩戴。

g. 送风式长管防毒面具。该面具由新鲜空气来源设备、导气管、面罩和腰带四部分组成。适用范围与自吸式长管防毒面具相同。

5.3.1.3 组织管理措施

企业及其主管部门在组织生产的同时，要加强对防毒工作的领导和管理，要有人分管这项工作，并列入议事日程，作为一项重要工作来抓。要认真贯彻国家"安全第一，预防为主"的安全生产方针，做到生产工作和安全工作"五同时"，即同时计划、布置、检查、总结、评比生产。对于新建、改建和扩建项目，防毒技术措施要执行"三同时"（即同时设计、施工、投产）的原则；加强防毒知识的宣传教育；建立健全有关防毒的管理制度。

5.3.2 防尘措施

5.3.2.1 防尘的技术措施

防止有毒品危害的技术措施中有许多也适用于防止粉尘的危害。在防尘工作中，多种措施配合使用能收到较显著的效果。

① 采用新工艺、新技术，降低车间空气中粉尘浓度，使生产过程中不产生或少产生粉尘。

② 对粉尘较多的岗位尽量采用机械化和自动化操作，尽量减少工人直接接触尘源。

③ 采用无害材料代替有害材料。

④ 采用湿法作业，防止粉尘飞扬。

⑤ 将尘源安排在密闭的环境中，设法使内部造成负压条件防止粉尘向外扩散。

⑥ 真空清扫。有扬尘点的岗位应采用真空吸尘清扫，避免用一般的方法清扫，更不能用压缩空气吹扫。

⑦ 个人防护。在粉尘场地工作的工人必须严格执行劳保规定，要穿防护服、戴口罩、手套、防护面具、头盔，穿鞋盖等。

5.3.2.2 除尘的措施

① 排尘。排尘是采取一定的措施将工作场地所产生的粉尘排放到空中或者送到除尘设备中的过程。排尘设备一般由吸尘罩、排风管道和排风机三个部分组成。

② 除尘。采取一定的技术措施除掉粉尘的过程为除尘。常用的除尘措施按其工作原理可分为以下几种。

a. 机械除尘。包括重力沉降法，旋风分离法。重力沉降是使高浓度的含尘气流进入沉降室后，体积扩大，流速降低，尘粒依靠自身的重力作用而自然沉降到下部的集尘箱，达到分离净化气体的目的。此设备适用于尘粒较大的粉尘（粒径大于 $70\mu m$）分离。旋风分离除尘是使含尘气流进入除尘器后，做螺旋状的高速旋转运动而产生离心作用。质量大的尘粒被甩到器壁，空气经中央导管由上方排出，起到分离净化的作用。适用于除去 $5\sim50\mu m$ 的粒径的粉尘，具有结构简单、适应性强、压力损失小、体积小、维护方便和除尘效率高等优点。

b. 湿式除尘。是利用水膜、水花、水雾或泡沫等捕集气体中的粉尘。它适用于处理亲水性粉尘，常见的湿式除尘器有喷淋式、自激式、板式塔、填料塔、文丘里喷淋式等。湿式除尘比干式除尘效果好，但存在净化后气体的脱水问题和水的净化问题。

c. 电除尘。电除尘器是用 $4\times10^4\sim1\times10^5\,V$ 的高压直流电源造成高强度的不均匀电场，并利用该电场中电晕放电，使含尘气流中的尘粒带上电荷，然后借助于库仑力把这些带电尘粒捕集于集尘极上。

d. 超声波除尘。是在超声波的振动作用下，使粉尘凝集，将空气与粉尘分离。

5.3.2.3　卫生保健措施

在工人就业前要进行严格的身体检查，根据情况分配合适的工种。要定期进行健康检查，在生产岗位上的工人有异常病变时要及时制定防治对策，确保工人的身体健康。

5.3.2.4　组织措施

建立健全防尘管理机构，制定规章制度，制定防尘工作计划，定期分析测定粉尘的浓度用以评价劳动条件和技术措施的措施。

5.4　职业接触有毒物质危害程度分级

我国职业卫生标准 GBZ230—2010 职业性接触毒物危害程度分级是根据《中华人民共和国职业病防治法》制定的，是职业性接触毒物危害程度分级的技术依据，也是工作场所职业病危害分级、有毒作业分级和建设项目职业病危害分类管理的重要技术依据。它依据联合国全球化学品统一分类及标记协调制度（GHS）的急性毒性分级标准修订原标准 GB5044—85 的急性毒性分级，依据国际癌症研究机构（IARC）致癌性分类，修订原致癌性分级标准。职业性接触毒物危害程度分级，是以毒物的急性毒性、扩散性、蓄积性、致癌性、生殖毒性、致敏性、刺激与腐蚀性、实际危害后果与预后等 9 项指标为基础的定级标准。分级依据急性毒性、影响毒性作用的因素、毒性效应、实际危害后果等 4 大类 9 项分级指标进行综合分析、计算毒物危害指数确定，每项指标均按照危害程度分 5 个等级并赋予相应分值，同时根据各项指标对职业危害影响作用的大小赋予相应的权重系数。依据各项指标加权分值的总和，即毒物危害指数确定职业性接触毒物危害程度的级别。职业性接触毒物危害程度分级见表 5-4。

表 5-4　职业性接触毒物危害程度分级

分项指标		极度危害	高度危害	中度危害	轻度危害	轻微危害	权重系数
		4	3	2	1	0	
急性毒性 毒性	气体[①] （cm^3/m^3）	<100	≥100～<500	≥500～<2500	≥2500～<20000	≥20000	5
	蒸气 （mg/m^3）	<500	≥500～<2000	≥2000～<10000	≥10000～<20000	≥20000	
	粉尘和烟雾 （mg/m^3）	<50	≥50～<500	≥500～<1000	≥1000～<5000	≥5000	
急性经口 LD_{50}（mg/kg）		<5	≥5～<50	≥50～<300	≥300～<2000	≥2000	
急性经皮 LD_{50}（mg/kg）		<50	≥50～<200	≥20～<1000	≥1000～<2000	≥2000	1
刺激与腐蚀性		pH≤2 或者 pH≥11.5	强刺激作用	中等刺激作用	轻刺激作用	无刺激作用	2
致敏性		有证据表明该物质能引起人类特定的呼吸系统致敏或重要脏器的变态反应性损伤	有证据表明该物质能导致人类皮肤过敏	动物试验证据充分,但无人类相关证据	现有动物试验证据不能对该物质的致敏性作出结论	无致敏性	2

续表

分项指标	极度危害 4	高度危害 3	中度危害 2	轻度危害 1	轻微危害 0	权重系数
生殖毒性	明确的人类生殖毒性:已确定对人类的生殖能力、生育或发育造成有效应的毒物,人类母体接触后可引起子代先天性缺陷	推定的人类生殖毒性:动物试验生殖毒性明确,但对人类生殖毒性作用尚未确定因果关系,推定对人的生殖能力或发育产生有害影响	可疑的人类生殖毒性:动物试验生殖毒性明确,但无人类生殖毒性资料	人类生殖毒性未定论:现有证据或资料不足以对毒物的生殖毒性作出结论	无人类生殖毒性;动物试验阴性,人群调查结果未发现生殖毒性	3
致癌性	Ⅰ组,人类致癌物	ⅡA组,近似人类致癌物	ⅡB组,可能人类致癌物	Ⅲ组,未归入人类致癌物	Ⅳ组,非人类致癌物	4
实际危害后果与预后	职业中毒病死率≥10%	职业中毒病死率<10%;或致残(不可逆损害)	器质性损害(可逆性重要脏器损害),脱离接触后可治愈	仅有接触反应	无危害后果	5
扩散性 (常温或工业使用时状态)	气态	液态,挥发性高(沸点<50℃);固态,扩散性极高(使用时形成烟或烟尘)	液态,挥发性中(沸点≥50℃且<150℃);固态,扩散性高(细微而轻的粉末,使用时可见尘雾形成,并在空气中停留数分钟以上)	液态,挥发性低(沸点≥150℃);固态,晶体、粒状固体、扩散性中,使用时能见到粉尘但很快落下,使用后粉尘留在表面	固态,扩散性低[不会破碎的固体小球(块)使用时几乎不产生粉尘]	3
蓄积性(或生物半减期)	蓄积系数(动物试验,下同)<1;生物半减期≥4000h	蓄积系数≥1且<3;生物半减期≥400h且<4000h	蓄积系数≥3且<5;生物半减期≥40h且<400h	蓄积系数>5;生物半减期≥4h且<40h	生物半减期<4h	1

①$1cm^3/m^3=1ppm$ 与 mg/m^3 在气温为 20℃,大气压为 101.3KPa(760mmHg)的条件下的换算公式为:$1ppm=24.04/Mr\ mg/m^3$,其中 Mr 为该气体的分子量。

注:1. 急性毒性分级指标以急性吸入毒性和急性经皮毒性为分级依据。无急性吸入毒性数据的物质,参照急性经口毒性分级。无急性经皮毒性数据、且不经皮吸收的物质,按轻微危害分级;无急性经皮毒性数据、但可经皮肤吸收的物质,参照急性吸入毒性分级。

2. 强、中、轻和无刺激作用的分级依据 GB/T21604 和 GB/T21609。

3. 缺乏蓄积性、致癌性、致敏性、生殖毒性分级有关数据的物质的分项指标暂按极度危害赋分。

4. 工业使用在五年内的新化学品,无实际危害后果资料的,该分项指标暂按极度危害赋分;工业使用在五年以上的物质,无实际危害后果资料的,该分项指标按轻微危害赋分。

5. 一般液态物质的吸入毒性按蒸气类划分。

复习思考题

1. 什么叫有毒品？
2. 有毒品有哪几种分类方法？
3. 有毒品的毒性通常以哪些指标来评价？
4. 有毒品以何种途径侵入人体？
5. 有毒品对人体各有哪些危害？
6. 防毒应采用哪些措施？防毒的技术措施包括哪几条？
7. 粉尘的防治措施有哪些？
8. 请列举五种常见有毒品的中毒表现？
9. 怎样进行现场急救？

第 **6** 章
危险化学品生产安全技术

6.1 概述

要实现危险化学品的生产、储运、经营等各方面的安全，预防事故，既要靠管理，同时又离不开技术，当然还需要提高所有从业人员的素质，而在这三个方面，技术是关键。所以，一切安全工作者在掌握尽可能全面的安全管理知识的同时，更应该掌握必要的安全技术。

6.1.1 安全技术

生产过程中存在着一些不安全或危险的因素，危害着工人的身体健康和生命安全，同时也会造成生产被动或发生各种事故。为了预防或消除对工人健康的有害影响、避免各类事故的发生、改善劳动条件而采取各种技术措施和组织措施，这些措施的综合，叫做安全技术。

6.1.2 安全技术的重要性

安全技术是劳动保护科学的重要组成部分，是一门涉及范围广、内容丰富的边缘性学科。

安全技术是生产技术发展过程中形成的一个分支，它与生产技术水平紧密相关。随着化工生产的不断发展，危险化学品安全技术也随之不断充实和提高。

安全技术的作用在于消除生产过程中的各种不安全因素，保护劳动者的安全和健康，预防伤亡事故和灾害性事故的发生。采取以防止工伤事故和其他各类生产事故为目的的技术措施，其内容包括：

① 使生产装置本质安全化的直接安全技术措施；

② 间接安全技术措施，如采用安全保护和保险装置等；

③ 提示性安全技术措施，如使用警报信号装置、安全标志等；

④ 特殊安全措施，如限制自由接触的技术设备等；

⑤ 其他安全技术措施，如预防性实验，作业场所的合理布局，个体防护设备等。

从上述情况看，安全技术所阐述的问题和采取的措施，是以技术为主，借安全技术来达到劳动保护的目的，同时也要涉及有关劳动保护法规和制度、组织管理措施等方面的问题。因此，安全技术对于实现危险化学品安全生产、储运、经营，保护职工的安全和健康发挥着重要作用。

6.1.3 安全技术的内容

安全技术是劳动保护科学中的一个学科，它可以分为"产业（部门）劳动保护学"，如煤矿安全技术、冶金安全技术、机械制造安全技术、建筑工程安全技术等；"专门劳动保护学"，如电气安全技术、工业锅炉安全技术、起重安全技术等。

本书中，安全技术的内容主要有：

① 防火防爆安全技术；

② 电气安全技术；

③ 生产工艺过程安全技术；

④ 化工装置与设备安全技术。

6.2　防火防爆安全技术

6.2.1　燃烧

6.2.1.1　燃烧及燃烧条件

燃烧是可燃物质（气体、液体或固体）与氧或氧化剂发生伴有放热和发光的一种激烈的化学反应。

可燃性物质不仅和氧化合的反应属于燃烧，在某些情况下，没有氧参加的反应，例如金属钠在氯气中燃烧、炽热的铁在氯气中燃烧所发生的激烈氧化反应，并伴有光和热发生，因此也是燃烧。

在化学反应中，失掉电子的物质被氧化，得到电子的物质被还原。氢在氯中燃烧生成氯化氢，其中氢失去 1 个电子变为 +1 价，氯得到 1 个电子变为 -1 价，此反应也伴有光和热，也叫燃烧。而铜和稀硝酸的反应，结果生成硝酸铜，铜失去 2 个电子被氧化，但反应没有产生光和热，不能算是燃烧。

燃烧必须具备 3 个条件：

① 有可燃物质存在（固体燃料如煤，液体燃料如汽油，气体燃料如甲烷）；

② 有助燃物质存在，通常的助燃物质有空气、氯、氧等；

③ 有导致燃烧的能源，即点火源。如撞击、摩擦、明火、高温表面、发热自燃、绝热压缩、电火花、光和射线等。

可燃物、助燃物和点火源是构成燃烧的三个要素，缺少其中任何一个，燃烧便不能发生。有时，即使这三个要素都存在，但在某些情况下，可燃物未达到一定的浓度、助燃物数量不够、点火源不具备足够的温度或热量，也不会发生燃烧。例如，氢气在空气中的体积分数少于 4% 时，便不能点燃。一般可燃物质在含氧量低于 14% 的空气中不能燃烧。一根火柴燃烧时释放出来的热量，不足以点燃一根木材或一堆煤。反过来，对于已经发生的燃烧，若消除其中任何一个条件，燃烧便会终止。这就是灭火的原理。

6.2.1.2　燃烧的过程和形式

（1）燃烧的过程

可燃物质的状态不同（气、液、固态），其燃烧的过程也不同。大多数可燃物质的燃烧是在蒸气或气态下进行的。

可燃气体最易燃烧，只要达到其本身氧化分解所需要的热量，便能燃烧，其燃烧速度很快。

液体可燃物在火源作用下，首先发生蒸发，然后蒸气再氧化分解，进行燃烧。

固体燃烧物分为简单物质和复杂物质。简单物质，如硫、磷等，受热后首先熔化，然后蒸发、燃烧。复杂物质在受热时分解成气态和液态产物，然后气态产物和液态产物的蒸气着火燃烧。如木材受热后，在温度小于110℃时，只放出水分；130℃开始分解；到150℃变色；在150～200℃时其分解产物主要是水和二氧化碳，但不能燃烧；在200℃以上时分解出一氧化碳、氢和碳氢化合物，此时木材开始燃烧；到300℃时析出的气体产物最多，燃烧也最激烈。

物质在受热燃烧时，其温度变化如图6-1所示。$T_{初}$为可燃物开始燃烧的温度，最初一段时间，加热的大部分热量用于熔化或分解、汽化上，故可燃物温度上升较缓慢。之后到$T_{氧}$（氧化开始的温度）时，可燃物开始氧化，由于温度尚低，故氧化速度不快，氧化所产生的热量尚不足以克服系统向外界的放热。若此时停止加热，仍不能引起燃烧。如继续加热，则温度上升很快，到$T_{自}$（理论自燃温度）时，氧化产生的热量与系统向外界散失的热量相平衡。若继续加热，使温度稍微升高一点，氧化产生的热量大于系统向外界放出的热量，此时即使停止加热，温度亦能自行升高。此平衡点温度称为理论自燃点温度。当温度继续升到$T'_{自}$（实际自燃点温度）时，就出现火焰并燃烧起来。$T'_{自}$是开始出现火焰的温度，即通常测得的自燃点，$T_{燃}$是物质的燃烧温度。

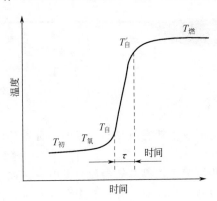

图6-1 物质燃烧时温度的变化

从$T_{自}$到$T'_{自}$这一段延滞时间τ被称为诱导期。物质的诱导期在安全上有意义，诱导期越短，说明物质越易燃烧。氢只有0.01s的诱导期，因此是很危险的，可以说一点就着。

（2）燃烧形式

由于可燃烧物质存在的状态不同，所以它们的燃烧形式是多种多样的。按参加燃烧反应相态的不同，可分为均一系燃烧和非均一系燃烧。均一系燃烧指燃烧反应在同一相中进行，如氢气在氧气中燃烧，煤气在空气中燃烧等均属于均一系燃烧。与此相反，在不同相内进行的燃烧叫非均一系燃烧。如石油、木材和煤等液、固体的燃烧均属于非均一系燃烧。

根据可燃性气体的燃烧过程，又分成混合燃烧和扩散燃烧两种形式。将可燃气体预先同助燃剂——空气或氧气混合，然后进行的燃烧叫混合燃烧。可燃性气体由管中喷出，同周围的空气（或氧气）接触，可燃性气体分子与助燃气体（氧）分子由于扩散，边混合边燃烧，这种形式叫做扩散燃烧。混合燃烧反应迅速，温度高，火焰传播速度快。通常的爆炸反应即属于这一类。

在可燃烧液体的燃烧中，通常不是液体本身燃烧而是由液体产生的蒸气进行燃烧，这种形式的燃烧叫蒸发燃烧。

很多固体或不挥发性液体，由于热分解而产生可燃烧的气体而发生燃烧，这种燃烧叫分解燃烧。木材和煤的燃烧即属分解燃烧。而硫黄和萘等一类可燃性固体的燃烧是先受热熔融成液体，液体再蒸发成气体而后燃烧，这类燃烧叫蒸发燃烧。

蒸发燃烧和分解燃烧均有火焰产生，因此属于火焰型燃烧。当可燃固体燃烧到最后，分解不出可燃气体时，此时没有可见火焰，燃烧转为表面燃烧。这种燃烧又叫均热型燃烧。金属的燃烧就是一种表面燃烧。

根据燃烧的起因和剧烈程度的不同，又有闪燃、着火以及自燃的区别。

（3）闪燃与闪点

当火焰或炽热物体接近易燃或可燃液体时，液面上的蒸气与空气混合物会发生瞬间火苗或闪光，此种现象称为闪燃。由于闪燃是在瞬间发生的，新的易燃或可燃液体的蒸气来不及补充，其与空气的混合浓度还不足以构成持续燃烧的条件，故闪燃瞬间即熄灭。

闪点是指易燃液体表面挥发出的蒸气足以引起闪燃时的最低温度。闪点与物质的饱和蒸气压有关，物质的饱和蒸气压越大，其闪点越低。如果易燃液体温度高于它的闪点，则随时都有触及火源而被点燃的危险。闪点是衡量可燃液体危险性的一个重要参数，可燃液体的闪点越低，其火灾危险性越大。

通常把闪点低于45℃的液体叫易燃液体，把闪点高于45℃的液体叫可燃液体。显然易燃液体比可燃液体的火灾危险性要高。易燃与可燃液体又根据其闪点的高低不同分为不同的火灾危险级别，见表6-1。

表6-1　液体根据闪点分类分级表

种　类	级　别	闪点/℃	举　例
易燃液体	I	$t \leqslant 28$	汽油、甲醇、乙醇、乙醚、苯、甲苯、丙酮、二硫化碳
	II	$28 < t \leqslant 45$	煤油、丁醇
可燃液体	III	$45 < t \leqslant 120$	戊醇、柴油、重油
	IV	$t > 120$	植物油、矿物油、甘油

可燃性液体的闪点随其浓度变化而变化。例如，乙醇水溶液中乙醇含量为80%、40%、20%、5%时，其闪点分别为19℃、26.75℃、36.75℃、62℃。当含量在3%时，没有闪燃现象。

两种可燃性液体的混合物的闪点，一般在这两种液体闪点之间，并低于这两种物质闪点的平均值。

某些固体，如樟脑和萘等，也能在室温下挥发或缓慢蒸发，因此也有闪点。

（4）自燃与自燃点

自燃是可燃物质自发着火的现象。可燃物质在没有外界火源的直接作用下，常温中自行发热，或由于物质内部的物理（如辐射、吸附等）、化学（如分解、化合）、生物（如细菌的腐败作用）反应过程所提供的热量聚积起来，使其达到自燃温度，从而发生自行燃烧。

可燃物质在没有外界火花或火焰的直接作用下能自行燃烧的最低温度称为该物质的自燃点。自燃点是衡量可燃性物质火灾危险性的又一个重要参数，可燃物的自燃点越低，越易引起自燃，其火灾危险性越大。

自燃又分为受热自燃和自热自燃。受热自燃是可燃物质在外界热源作用下，温度升高，当达到其自燃点时，即着火燃烧。在化工生产中，可燃物由于接触高温表面、加热和烘烤过度、冲击摩擦，均可导致自燃。造成自热自燃的原因有氧化热、分解热、聚合热和发酵热等。

自热燃烧的物质可分为四类。

① 自燃点低的物质，如磷、磷化氢等在常温下即可自燃。

② 遇空气、氧气会发生自燃的物质，如油脂类，浸渍在棉纱、木屑中的油脂，很容易发热自燃。又如金属粉尘及金属硫化物（像硫化铁）极易在空气中自燃。在化工厂和炼油厂里，由于有硫化物（H_2S）存在，铁制的设备和容器易受到腐蚀而生成硫化铁，硫化铁与空气接触便能自燃。如果有可燃气体存在，则容易形成火灾和爆炸。

③ 自然分解发热物质，如硝化棉。

④ 产生聚合、发酵热的物质，如潮湿的干草、木屑堆积在一起，由于细菌作用，产生热量，若热量不能及时散发，则温度逐渐升高，最后达到自燃点而自燃。

影响可燃物质自燃点的因素很多。例如压力对自燃点影响很大，压力越高，自燃点越低。苯在常压下自燃点为680℃，在1MPa下为590℃，在2.5MPa下为490℃。

可燃气体与空气混合时的自燃点随其浓度的变化而变化。当混合物的比例符合该物质氧化反应的化学计算量（理论量）时，其自燃点最低。混合气体中氧的浓度增高，其自燃点降低。

催化剂对可燃液体和气体的自燃点也有很大影响。活性催化剂（正催化剂）能降低物质的自燃点，而钝性催化剂（负催化剂）却能提高物质的自燃点，例如，汽油中加入的抗震剂四乙基铅，就是一种钝性催化剂。

液体和固体可燃物受热后分解并析出来的可燃气体挥发物愈多，其自燃点愈低。固体可燃物粉碎的愈细，其自燃点愈低。

一般情况下，液体密度越大，闪点越高，而自燃点越低。比如，下列油品的密度：汽油＜煤油＜轻柴油＜重柴油＜蜡油＜渣油，而其闪点依次升高，自燃点依次降低，见表6-2。

表6-2　几种液体燃料自燃点和闪点比较表

物　　质	闪点/℃	自燃点/℃	物　　质	闪点/℃	自燃点/℃
汽油	＜28	510～530	重柴油	＞120	300～330
煤油	28～45	380～425	蜡油	＞120	300～320
轻柴油	45～120	350～380	渣油	＞120	230～240

有机物的自燃点有以下几个特点：

① 同系物的第一个化合物具有比其他化合物高的自燃点，同系物中，自燃点随相对分子质量增加而降低，如甲烷的自燃点高于乙烷、丙烷的自燃点；

② 正位结构物的自燃点低于其异构物的自燃点，如正丙醇的自燃点为540℃，而异丙醇的自燃点则为620℃；

③ 饱和碳氢化合物的自燃点比与它相当的不饱和碳氢化合物的自燃点为高，如乙烯的自燃点为425℃，乙烷的自燃点为515℃，乙炔的自燃点为305℃；

④ 苯系低碳氢化合物的自燃点高于有相同碳原子数的脂肪族碳氢化合物的自燃点，如苯（C_6H_6）和甲苯（C_7H_8）的自燃点分别高于己烷（C_6H_{14}）和庚烷（C_7H_{16}）的自燃点。

应当说明的是，自燃点的值与测定的仪器、步骤、条件有很大关系，因此，测定的条件不同，其结果也不相同。下面将一些气体、液体和固体物质的自燃点列于表6-3和表6-4。

表6-3　某些气体及液体的自燃点[①]

化合物	分子式	自燃点/℃		化合物	分子式	自燃点/℃	
		空气中	氧气中			空气中	氧气中
氢	H_2	572	560	丙烯	C_3H_6	458	—
一氧化碳	CO	609	588	丁烯	C_4H_8	443	—
氨	NH_3	651	—	戊烯	C_5H_{10}	273	—
二硫化碳	CS_2	120	107	乙炔	C_2H_2	305	296
硫化氢	H_2S	292	220	苯	C_6H_6	580	566
氢氰酸	HCN	538	—	环丙烷	C_3H_6	498	454
甲烷	CH_4	632	556	环己烷	C_6H_{12}	—	296
乙烷	C_2H_6	472	—	甲醇	CH_4O	470	461
丙烷	C_3H_8	493	468	乙醇	C_2H_6O	392	—
丁烷	C_4H_{10}	408	283	乙醛	C_2H_4O	275	159
戊烷	C_5H_{12}	290	258	乙醚	$C_4H_{10}O$	193	182
己烷	C_6H_{14}	248	—	丙酮	C_3H_6O	561	485
庚烷	C_7H_{16}	230	214	醋酸	$C_2H_4O_2$	550	490
辛烷	C_8H_{18}	218	208	二甲醚	C_2H_6O	350	352
壬烷	C_9H_{20}	285	—	二乙醇胺	$C_4H_{11}NO_2$	662	—
癸烷（正）	$C_{10}H_{22}$	250	—	甘油	$C_3H_8O_3$	—	320
乙烯	C_2H_4	490	485	石脑油		227	

① 引自（日本）化学工学协会编：《物性定数》，第6集（1968）。

表 6-4 某些常见固体物质的自燃点

名　　称	燃点/℃	名　　称	燃点/℃	名　　称	燃点/℃
松节油	53	棉花	150	硫黄	207
樟脑	70	漆布	165	豆油	220
灯油	86	蜡烛	190	无烟煤	280~500
赛璐珞	100	布匹	200	涤纶纤维	390
纸张	130	麦草	200		

（5）燃点

燃点也叫着火点，有的书上也叫火焰点。可燃物被加热到超过闪点温度时，其蒸气与空气的混合气与火焰接触即着火，并能持续燃烧 5s 以上时的最低温度，称为该物质的燃点。在燃点温度下，不只是闪燃，而是形成连续燃烧。一般来说，燃点比闪点高出 5~20℃，但闪点在 100℃ 以下时，二者往往相同。

易燃液体的燃点与闪点很接近，仅差 1~5℃；可燃液体，特别是闪点在 100℃ 以上时，两者相差 30℃ 以上。

6.2.1.3 燃烧速度与热值

（1）气体燃烧速度

由于气体燃烧不需要像固体、液体那样经过熔化、蒸发等过程，所以燃烧速度较液体、固体要快。气体扩散燃烧时，其燃烧速度取决于气体的扩散速度。而在混合燃烧时，燃烧速度则取决于本身的化学反应速度。通常混合燃烧速度要比扩散燃烧速度快得多。

气体的燃烧速度常以火焰传播速度来衡量。一些气体与空气的混合物在直径为 25.4mm 的管道中燃烧时，火焰传播速度的试验数据列于表 6-5 中。

表 6-5 气体在空气中的火焰传播速度

气体名称	最大火焰传播速度/(m/s)	可燃气体在空气中的体积分数/%	气体名称	最大火焰传播速度/(m/s)	可燃气体在空气中的体积分数/%
氢	4.83	38.5	丁烷	0.82	3.6
一氧化碳	1.25	4.5	乙烯	1.42	7.1
甲烷	0.67	9.8	炼焦煤气	1.70	17
乙烷	0.85	6.5	焦炭发生煤气	0.73	48.5
丙烷	0.82	4.6	水煤气	3.1	43

管子的直径对火焰传播速度有明显的影响。一般来说，传播速度随着管子直径的增加而增加，但当达到某个极限直径时，速度就不再增加了。同样，传播速度随着管子直径的减少而减少，在达到某一小的直径时，火焰就不能传播了。阻火器就是根据这一原理制作的。

可以利用表 6-5 所列数据，按下式来估算不同管径时的火焰传播速度：

$$V = V_0 m$$

式中　V——所求管径中的火焰传播速度，m/s；

　　　V_0——管径在 25.4mm 时的传播速度，m/s；

　　　m——校正系数，可从图 6-2 中查取。

例　计算氢气在 50mm 管径中火焰传播速度。

从表 6-5 中查出氢气的 $V_0 = 4.83$m/s，从图 6-2 中查得 $m = 1.4$，

$$V = V_0 m = 4.83 \times 1.4 = 6.76$$

氢气在 50mm 管中，火焰传播速度为 6.76m/s。

气体火焰传播速度还与气体的浓度、管材及管子的方向有关。管子垂直向上时，传播速

度最快，水平方向次之，垂直向下最慢。

（2）液体燃烧速度

液体的燃烧速度取决于液体的蒸发，其燃烧速度有两种表示方法：一种是以每平方米面积上 1h 烧掉液体的质量来表示，这叫液体燃烧的质量速度；另一种是以单位时间内烧掉液体层的高度来表示，这叫做液体燃烧的直线速度。

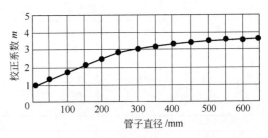

图 6-2　管径对火焰传播速度的校正值

易燃液体的燃烧速度与液体的初温、储罐直径、罐内液面高度及其液体含水量等因素有关。液体的初温越高、罐内液面越低，燃烧速度就越快。对于石油产品，含水量高的其燃烧速度比含水量低的要慢。

几种易燃液体的燃烧速度见表 6-6。

表 6-6　几种易燃液体的燃烧速度

液体名称	直线速度 /(cm/h)	质量速度 /[kg/(m²·h)]	液体名称	直线速度 /(cm/h)	质量速度 /[kg/(m²·h)]
苯	18.9	165.37	二硫化碳	10.5	132.97
乙醚	17.5	125.84	丙酮	8.4	66.36
甲苯	16.1	138.29	甲醇	7.2	57.6
航空汽油	12.6	91.98	煤油	6.6	55.11
车用汽油	10.5	80.85			

（3）固体物质的燃烧速度

固体物质的燃烧速度一般小于可燃气体和液体。不同的固体物质其燃烧速度有很大差别。例如，萘的衍生物、三硫化磷、松香等的燃烧过程是：受热熔化、蒸发、分解氧化、起火燃烧，一般速度较慢；而硝基化合物、含硝化纤维的制品等，本身含有不稳定的基团，燃烧是分解型的，比较剧烈，燃烧速度也很快。对于同一固体物质，其燃烧速度还取决于表面积的大小。固体燃料单位体积的表面积越大，则燃烧速度越快。

（4）热值与燃烧温度

单位质量的可燃物质在完全烧尽时所放出的热量叫该物质的热值。物质燃烧时的火焰温度叫燃烧温度。常见的可燃物质燃烧温度见表 6-7。

表 6-7　可燃物质的燃烧温度

可燃物质	燃烧温度/℃	可燃物质	燃烧温度/℃
甲烷	1800	木材	1000～1177
乙烷	1895	镁	3000
乙炔	2127	钠	1400
甲醇	1100	石蜡	1427
乙醇	1180	一氧化碳	1680
丙酮	1000	硫	1820
乙醚	2861	二硫化碳	2195
原油	1100	液化气	2110
汽油	1200	天然气	2020
煤油	700～1030	石油气	2120
重油	1000	火柴火焰	750～850
烟煤	1647	燃着的卷烟	700～800
氢气	2130	橡胶	1600
煤气	1600～1850		

热值是决定燃烧温度的主要因素。热值数据是用热量计在常压下测得的。高热值包括燃烧生成的水蒸气全部冷凝成液态水所放出的热量，低热值不包括这部分热量。

6.2.2 爆炸

6.2.2.1 爆炸及其分类

爆炸是指一种极为迅速的物理或化学的能量释放过程，在此过程中，系统的内在势能转变为机械功及光和热的辐射等。爆炸做功的根本原因，在于系统爆炸瞬间形成的高温、高压气体或蒸气的骤然膨胀。爆炸的一个最重要的特征是爆炸点周围介质中发生急剧的压力突变，而这种压力突跃变化是产生爆炸破坏作用的直接原因。

爆炸可以分为物理爆炸和化学爆炸两大类。

① 物理性爆炸。这种爆炸是物质因状态或压力发生突变等物理变化而形成的，例如容器内液体过热、汽化而引起的爆炸，锅炉的爆炸、压缩气体、液化气体超压引起的爆炸等，都属于物理性爆炸。物理性爆炸前后，物质的化学成分及性质均无变化。

② 化学性爆炸。由于物质发生极其激烈的化学反应，产生高温、高压而引起的爆炸称为化学性爆炸。化学性爆炸前后，物质的性质和成分均发生根本的变化。化学性爆炸按爆炸时所发生的化学变化的不同又可分为 3 类。

a. 简单分解爆炸。引起简单分解的爆炸物在爆炸时并不一定发生燃烧反应，爆炸所需的热量是由爆炸物本身分解时产生的。属于这一类的物质有叠氮铅（PbN_6）、乙炔银（Ag_2C_2）、碘化氮（IN）等，这类物质受到震动即可引起爆炸。

某些气体由于分解产生很大的热量，在一定的条件下可能产生分解爆炸，尤其在受压情况下。乙炔分解爆炸产生的热量很大，假定没有热量的损失，火焰可达 3100℃。在容积为 1.2L 的容器中测定时，乙炔爆炸产生的压力是初压的 9～10 倍。达到最高压力的时间随初压而变化，初压为 0.2MPa（$2kgf/cm^2$）时，时间为 0.18s；初压为 1MPa（$10kgf/m^2$）时，时间为 0.03s。乙炔分解爆炸的诱爆距离与压力有关，压力越高，诱爆距离就越短。乙炔在直径为 25mm 管内爆炸的诱爆距离与初压的关系见表 6-8。

表 6-8　乙炔在直径 25mm 管内爆炸的诱爆距离

初压/MPa(kgf/cm^2)	0.35(3.5)	0.38(3.8)	0.5(5)	2(20)
诱爆距离/m	9.1	6.7	3.7	0.9～1.0

从表 6-8 中可见，当初压为 2MPa（$20kgf/m^2$）时，乙炔的诱爆距离不到 1m，可见高压下乙炔是很危险的。

在一定的压力下容易引起分解爆炸的物质，当压力降至某个数值时，火焰便不能传播，这个压力叫该物质分解爆炸的临界压力。乙炔分解爆炸的临界压力是 0.14MPa（$1.4kgf/cm^2$），在这个压力下乙炔储存装瓶是安全的。但是若有强大的点火能源，即使在常压下也还是有爆炸危险的。

b. 复杂分解爆炸。这类爆炸物质的危险性较简单分解爆炸物低。所有炸药的爆炸都属于这一类。这类物质爆炸时伴有燃烧现象，燃烧所需的氧是由本身分解产生的。

c. 爆炸性混合物的爆炸。所有可燃气体、蒸气及粉尘同空气（氧）的混合物所发生的爆炸均属此类。在化工生产中，可燃性气体或蒸气与空气形成爆炸性混合物的可能性很大。物料从工艺装置中、管道里泄漏到厂房里，或空气进入有可燃气体的设备里，都可能形成爆炸性混合物，遇到明火时会造成爆炸事故。

为了研究方便，必须对爆炸现象作进一步分析，掌握各种状态下发生爆炸的规律性。根据爆炸的速度可分为轻爆、爆炸和爆轰。

① 轻爆。爆炸传播速度为每秒数十厘米至数米的过程。

② 爆炸。爆炸传播速度为每秒10m至数百米的过程。

③ 爆轰。指传播速度为每秒1000m至数千米以上的爆炸过程。爆轰是在一定浓度极限范围内产生的。表6-9为某些可燃物的爆轰范围。

表6-9 混合气体爆轰范围

混合气体		爆轰范围/%		混合气体		爆轰范围/%	
可燃气体	空气或氧气	下限	上限	可燃气体	空气或氧气	下限	上限
氢气	空气	18.3	59.0	氨	氧气	25.4	75.0
氢气	氧气	15.0	50.0	乙炔	空气	4.1	50.0
一氧化碳	氧气	38.0	90.0	乙炔	氧气	3.5	92.0
氢气	氧气	25.40	75.0	乙醚	空气	2.8	4.5
丙烷	氧气	3.20	37.0	乙醚	氧气	2.6	24.0

按引起爆炸的相可将爆炸分为气相爆炸和凝聚相爆炸。

① 气相爆炸。气相爆炸又分为可燃气体混合物爆炸、气体热分解爆炸和可燃粉尘爆炸。

a. 可燃气体混合物爆炸。可燃性气体或可燃液体蒸气同助燃性气体按一定比例混合，在着火源作用下而引起的爆炸称为可燃气体混合物爆炸。可燃气体除氧气、天然气、乙炔、液化石油气等外，还包括汽油、苯类、醇类、醚类等可燃液体蒸发出来的蒸气。

b. 气体热分解爆炸。单一气体由于分解反应产生大量的反应热而引起的爆炸，如乙炔、乙烯、氯乙烯、环氧乙烷、丙二烯、甲基乙炔、乙烯基乙炔、二氧化氯、肼、叠氮化氢等在分解时引起的爆炸。

c. 可燃粉尘爆炸。可燃性固体的微细粉尘，在一定浓度、呈悬浮状态分散在空气等助燃气体中时，由着火源作用而引起的爆炸，如分散在空气中的镁、铝、铁、硫黄、小麦面粉、化纤等粉尘引起的爆炸。

② 凝聚相爆炸。凝聚相爆炸又分为液相爆炸和固相爆炸。

液相爆炸包括聚合爆炸、过热液体爆炸；固相爆炸包括爆炸性物质的爆炸，固体物质混合、混融所引起的爆炸，以及由于电流过流所引起的电缆爆炸等。

6.2.2.2 各种爆炸过程及其特点

(1) 可燃气体-空气混合系爆炸

① 混合系引燃。可燃气体-空气混合系在引燃能量的作用下，便有原子或自由基生成并成为连锁反应的中心。此时产生的热量以及连锁载体都向四周传播，促使邻近的一层混合系起化学反应，然后这一层又成为热和连锁载体的源，而引起另一层混合系的反应，火焰是以一层层同心圆球面的形式向各方面传播的。在距离引燃源附近0.5～1.0m处的火焰速度基本上是固定的，以每秒若干米的速度传播，但以后逐渐加速，达每秒数百米（爆炸）以至数千米（爆轰）。若在火焰扩散的过程中有阻挡物，则由于气体温度的上升以及由此引起的压力急剧增加，可造成极大的破坏作用。混合系如果是在具有一定空间的密闭容器、管线、地沟等局限化空间被点燃，将由于火焰的快速传播而引起爆炸。

② 气云爆炸。气云爆炸是由于气体或易挥发的液体燃料的大量快速泄漏，与周围空气混合，形成覆盖很大范围的可燃气体混合物，在点火能源作用下而产生的爆炸。与一般的燃烧或爆炸相比，气云爆炸的破坏范围要大得多，所造成的危害程度也要严重得多。气云爆炸的形成一般要经过以下几个阶段：

a. 燃料气体或液体在短时间内大量泄漏，液体燃料蒸发为蒸气；

b. 燃料气体或蒸气与周围空气混合形成可燃混合物并聚集于空间；

c. 可燃混合物被点燃；

d. 点燃后气云中常常只发生低速燃烧并覆盖广泛区域；

e. 形成空间爆炸。

气云爆炸由于泄漏与点火之间有一定的延滞时间，因而在广泛区域内形成可燃混合物气云，为预混火焰的传播奠定了基础。由于点火源的强度高并存在火焰加速条件而导致气云的快速燃烧甚至引起爆轰。

气云爆炸所造成的破坏效应可表现为：

a. 形成相当大的火球；

b. 在空气中形成爆炸波，爆炸波的强度取决于气云燃烧的速度，可能在由弱到强的很大范围内变化；

c. 碎片效应通常可以忽略；

d. 气云爆炸后往往仍有火球燃烧，这是由于气云团的燃烧当量比太高的缘故。

（2）热分解爆炸

在热作用下，爆炸性物质、热敏感性物质、某些单一气体以及化合物可能在极短的时间内发生分解爆炸。

爆炸性物质，例如含碳、氢、氧、氮类的炸药等爆炸性物质，当受热气相分解时，就会发生 C—N 键、N—N 键、O—N 键的断裂。热分解是由分子中最不稳定的那部分键断开，生成分子碎片、自由基和气体分解产物。凡是热分解过程出现高热，产生大量气体且具有很快的速度时都可能引起爆炸。气体物质在分解过程中产生高热，就会引起分解爆炸，例如乙炔、乙烯、环氧乙烷、丙炔、臭氧等。

乙炔分解爆炸反应：

$$C_2H_2 \Longrightarrow 2C(固) + H_2 \qquad \Delta H = -226.7kJ/mol$$

乙炔分解爆炸时，终压为初压的 11 倍左右。压力升高，乙炔易发生分解爆炸，乙炔发生分解爆炸的临界压力为 0.137MPa（表压）。

（3）喷雾爆炸

可燃性液体雾滴与助燃性气体形成爆炸性混合系引起的爆炸为喷雾爆炸。控制条件下的油雾按燃料汽化性能与油滴尺寸大小，可能有以下 3 种方式：①当燃料易于汽化、油滴直径小于 $10 \sim 30\mu m$ 且环境温度较高时，燃料基本上按气相预混可燃混合物的方式进行燃烧；②当燃料汽化性能较差、油滴直径又较大时，燃烧按边汽化边燃烧的方式，各油滴之间的火焰传播将连成一片；③当油滴直径大于 $10\mu m$ 且空气供应比较充足时，在各滴周围形成各自的火焰前锋，整个燃烧区由许多小火焰组成。化工生产过程的化工装置中液相或含液混合系由于装备破裂、密封失效、喷射、排空、泄压等过程都会形成可燃性混合雾滴，液体雾化、热液闪蒸、气体骤冷等过程也可以形成液相分散雾滴。喷雾爆炸需要比气体混合系爆炸要大的引燃能量，较小的雾滴只需要较小的引燃能量。

（4）液化气体蒸气和过热液体爆炸

各种物质由液态转变为气态的过程称为汽化。汽化过程可以通过液体表面的蒸发，也可以通过液体内部产生的气泡的沸腾来形成。水、有机液体等液体物质在容器内处于过热饱和状态，容器一旦破裂，气液平衡破坏，液体就会迅速汽化发生爆炸。

蒸发与沸腾是液体汽化的两种形式，前者只发生于液体表面，不会引起蒸气爆炸，但只要未达到饱和状态，任何温度下都可以进行蒸发；后者发生于液体的内部，只有当液体的温度达到或超过对应压力下饱和温度时才能出现。当液体受到高温作用时，由于超过其该压力条件下的沸点温度，产生大量蒸气而爆炸；系统内的过热液体或液化气体在减压或降至大气压力时，液体内部产生大量的气泡，液体表面迅速汽化发生一个压力突跃而爆炸，此时汽化所需要的热量由液体本身的内能供给。

过热液体蒸气爆炸的条件和特征如下。

① 容器外壳破裂。热的液体在密闭容器中具有一定的蒸气压，只要有气相空间，蒸气和液体保持物理化学平衡。在容器内保持蒸气压平衡的状态下，假定气相部分的容器外壳发生裂缝，高压蒸气就会通过裂缝喷出，容器内压急剧下降，直到等于环境压力。由于内压急剧下降，气液平衡被破坏，过热状态的液体，为了再次恢复平衡，过热液体内部会均匀地产生沸腾核；同时产生大量的气泡，液体体积急剧膨胀，液体因膨胀力而获得惯性，猛烈撞击器壁而呈现很大的液击现象，使容器的裂缝范围扩大，最后断裂，碎片飞散，发生蒸气爆炸。

② 可燃蒸气爆炸。如果过热液体是水或液体二氧化碳之类的不燃性物质时，蒸气爆炸只限于容器破坏后内容物的喷出；如果液体是可燃性有机液体或液化石油气，由于蒸气爆炸而喷到空气中的可燃性气体和喷雾形成的蒸气云，会着火而导致空间化学爆炸，爆炸之后，还会有巨大的火球悬在空中，这是因为可燃性物质在爆炸时的浓度太高。

③ 压力降速度。压力降速度取决于装置压力与环境压力之差，装置裂缝面积与位置以及介质的特性等因素。压力降越大，降压所需时间越短；蒸气爆炸越猛烈，爆压就越高；如果压力降不大，内压下降缓慢，蒸气爆炸就弱，压力突跃就难以发生。

④ 裂缝面积与位置。即使容器在气相部分产生裂缝，如果裂口面积不足够大时，蒸气爆炸是不会发生的。例如设置在装置气相部分的安全阀等安全装置，由于开放面积较小，即使动作泄压，装置内压也不会急剧下降，流体不会达到过热状态，就不会发生蒸气爆炸。只有在容器的气相部分产生大裂缝时，才会使装置在 $5\sim10ms$ 极短的时间内形成压力降，在 $50\sim60ms$ 完成蒸气爆炸。如果在容器下方液相部分产生裂缝时，尽管液体流出并瞬时快速蒸发，但是由于液体的流出阻力大，内压的下降速度缓慢，装置内过热液体往往不会发生蒸气爆炸。

气相裂缝面积与装置内液相面积的比值决定了过热液体是否会导致蒸气爆炸。大量的实验证明，过热液体的蒸气爆炸及其最高爆压是由泄漏裂缝面积与装置内液相面积之比决定的，比值越大越易发生蒸气爆炸，爆炸压力也越高。当比值小于 $1/125$ 时，就不会导致过热液体的蒸气爆炸。

⑤ 裂缝距液面的位置。实验中发现裂缝距液面的位置，也决定了压力降低的速度，裂开部位越靠近装置内液面，破裂时压力降的时间就越短，蒸气爆炸就越猛烈。

⑥ 满液状态。装置容器被高压状态下的液体充满，装置内没有气相空间，此时，装置即使有少许裂缝，由于少量液体的泄漏，也会引起内压的迅速下降而处于过热状态，最终导致蒸气爆炸。

(5) 气体压缩爆炸

气体压缩爆炸是压缩气体在超过外壳所能承受压力的状态下引起的一种爆炸。气瓶内介质可分为压缩气体、液化气体和溶解气体。在实际生产中临界温度 $t_c<-10℃$ 的气体称为压缩气体；$t_c>-10℃$ 的气体称为液化气体，其中 $t_c\leq70℃$ 的气体称为高压液化气体；$t_c>70℃$ 且在 $60℃$ 时的饱和蒸气压 $p_V>1.0MPa$ 的气体称为低压液化气体；乙炔被溶解在丙酮或其他溶剂内储存在钢瓶中，称为溶解气体。气瓶的安全问题取决于气瓶内介质的压力、状态和变化与气瓶材质、结构及强度之间的关系。当气瓶的设计制造质量确定之后，气瓶的安全主要取决于瓶内气体介质的变化情况。气瓶内介质无论是压缩气体状态，还是液化气体、溶解性气体状态，其压力均随介质的温度变化而变化。温度升高，压力上升；温度降低，压力下降。压缩气体的压力取决于充装量和介质使用前后的温差，液化气体的压力变化在低于临界温度条件下，介质气液平衡时的压力符合饱和蒸气压曲线；高于临界温度条件下，液体全部汽化，成为压缩气体。无论是何种状态，一旦泄漏变为极易扩散的气体，它们大多具有易燃、易爆、有毒、助燃性质，容易引起燃烧、爆炸、中毒等事故。气瓶内介质的充装量，压缩性气体不能超过气瓶的设计压力，液化气体则要按照介质规定的充装系数充装。使用中介质的温度变化也要符合有关规定。

（6）粉尘爆炸

粉尘与空气混合可以形成爆炸性混合系。粉尘由于密度不同，在空气中悬浮的条件也不同。粉尘爆炸是由于粉尘在助燃性气体中被点燃，其粒子表面快速气化（燃烧）的结果。粉尘爆炸的历程如图 6-3 所示，有以下几个过程：

① 粒子表面受热后表面温度上升被热解；

② 粒子表面的分子发生热分解或干馏，产生气体在粒子周围；

③ 气体混合物被点燃产生火焰并传播；

④ 火焰产生的热量进一步促进粉尘分解，继续放出气体，燃烧持续下去。

粉尘爆炸不同于可燃气体混合系的爆炸，具有某些特殊性质。

① 粉尘爆炸往往不是发生在一个均匀的气相混合系，这一点和可燃气体混合系不同。一旦被点燃爆炸，由于爆炸冲击波的作用，使散落、沉积的粉尘形成新的混合系，使爆炸可能持续下去，因此粉尘爆炸往往不是一次完成的。

② 引燃后燃烧热以辐射热的形式进行传递。燃烧速度及爆炸压力虽比气体爆炸小，但是持续时间长，产生的能量大，所以破坏力及烧毁程度也大。粉尘爆炸时首先在局部空间形成一个爆压，紧接着可能形成火焰，火焰初始速度大约为 2～3m/s，因燃烧粉尘的膨胀，继而压力上升，其速度以加速度增加。

粉尘爆炸所产生的压力是随着粉尘浓度的变化而变化的。影响粉尘爆炸压力的因素很多，如粉尘的化学成分、颗粒大小和温度、热源的温度、爆炸空间的容积等。表 6-10 列出了一些粉尘爆炸的特性。

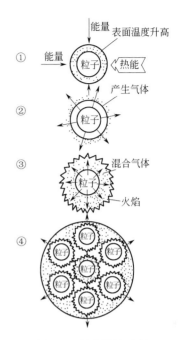

图 6-3 粉尘爆炸过程

表 6-10 粉尘爆炸的特性

名　　　称	云状粉尘自燃点/℃	粉尘最低引爆能/J	爆炸下限/（mg/L）	最大爆炸压力/（kgf/cm²）
铝（喷雾）	700	50	40	3.95
铝（研雾）	645	20	35	6.06
铁（氢还原）	315	160	120	1.98
镁（喷雾）	600	240	30	3.87
镁（磨）	520	80	20	4.43
锌	680	900	50	0.899
铝-镁齐（50%-50%）	535	80	50	4.15
醋酸纤维	320	10	25	5.58
六亚甲基四胺	410	10	15	4.35
甲基丙烯酸甲酯	440	15	20	3.87

续表

名　　称	云状粉尘自燃点/℃	粉尘最低引爆能/J	爆炸下限/(mg/L)	最大爆炸压力/(kgf/cm²)
碳酸树脂	460	10	25	4.15
邻苯二甲酸酐	650	15	15	3.33
聚乙烯塑料	450	80	25	5.63
聚苯乙烯	470	120	20	2.99
松香、虫胶	310	10	15	3.75
合成硬橡胶	320	30	30	4.01
硫黄	190	15	35	2.79
烟煤	610	40	35	3.13

注：$1kgf/cm^2 = 98066.5Pa$。

③ 爆炸粒子一面燃烧一面飞散，受其作用的可燃物产生局部严重炭化，特别是碰到人体，燃烧的炽热颗粒或碳化物会造成严重的烧伤。

④ 粉尘爆炸总是在缺氧的状态下发生，因此爆炸过程往往伴随有一氧化碳的中毒。

⑤ 由于粉尘的沉积性、堆积性的特点，粉尘着火时要避免采用气流喷射式的灭火设施，否则粉尘在扑火气流的作用下飞散悬浮会形成新的混合系。

⑥ 粉尘与空气的接触面积由于粒径、形状以及密度的不同差异很大，几乎不可能得到一定浓度条件下的爆炸极限值，即使在下限浓度，也可能产生不完全燃烧。

6.2.3　防火防爆基本措施

失去控制的燃烧和爆炸会引起火灾与爆炸事故，威胁人身安全，造成巨大经济损失。因此，要贯彻"预防为主、防消结合"的方针，积极预防火灾与爆炸事故的发生。

6.2.3.1　火灾与爆炸事故

（1）火灾及其分类

① 火灾。凡在时间或空间上失去控制的燃烧所造成的灾害，都为火灾。

根据《火灾统计管理规定》，所有火灾不论损害大小，都列入火灾统计范围。以下情况也列入火灾统计范围：

a. 易燃易爆化学物品燃烧爆炸引起的火灾；

b. 破坏性试验中引起非实验体的燃烧；

c. 机电设备因内部故障导致外部明火燃烧或者由此引起其他物体的燃烧；

d. 车辆、船舶、飞机及其他交通工具的燃烧（飞机因飞行事故而导致本身燃烧的除外），或者由此引起其他物体的燃烧。

② 国家标准对火灾的分类。在国家技术标准《火灾分类》（GB 4968—85）中，根据物质燃烧特性将火灾分为6类。

a. A类火灾。指固体物质火灾。

b. B类火灾。指液体火灾和可熔化的固体物质的火灾。

c. C类火灾。指气体火灾。

d. D类火灾。指金属火灾。

e. E类火灾。指带电火灾，物体带电燃烧的火灾。

f. F类火灾。指烹饪器具内的烹饪物（如动植物油脂）火灾。

上述分类方法对防火和灭火，特别是选用灭火剂与灭火器材有指导意义。

（2）爆炸事故及其特点

① 常见工业爆炸事故类型。

a. 可燃气体与空气混合引起的爆炸事故；

b. 可燃液体蒸气与空气混合引起的爆炸事故；

c. 可燃粉尘与空气混合引起的爆炸事故；

d. 间接形成的可燃气体（蒸气）与空气混合引起的爆炸事故；

e. 火药、炸药及其制品的爆炸事故；

f. 锅炉及压力容器的爆炸事故，这类爆炸属于物理爆炸。由于本书只涉及化学爆炸，因此对此类爆炸事故不做讨论。

注意：本节下面所讨论的爆炸事故均指化学爆炸事故。

② 爆炸事故的特点与危害。爆炸事故具有以下特点：

a. 突发性，爆炸往往在瞬间发生，难以预料；

b. 复杂性，爆炸事故发生的原因、灾难范围及其后果各异，相差悬殊；

c. 严重性，爆炸事故的破坏性大，往往是摧毁性的，造成惨重损失。

爆炸事故的破坏作用有：冲击波破坏，灼烧破坏，由于爆炸而飞散的固体碎片可能击伤人员或砸坏物体，由于爆炸还可能形成地震波的破坏等。其中冲击波的破坏最为重要，破坏作用也最大。

(3) 火灾和爆炸事故的区别与关系

① 二者的区别。火灾与爆炸事故的主要区别在于发展过程有显著不同。一般情况下，火灾在起火后火场逐渐蔓延扩大，随着时间的延续，损失急剧增长。经验规律是：火灾损失大约与火灾持续时间的平方成正比关系。因此，对于火灾来说，初期的救火尚有意义。而爆炸则是猝不及防的，在大多数情况下，爆炸过程在瞬间完成，人员伤亡及物质损失也在瞬间造成。因此，对于爆炸事故，更应当强调对其预防。

② 二者的关系。由于火灾与大多数（化学）爆炸事故均由氧化反应导致，因此二者可能同时发生，也可能相互引发、转化，形成复杂的情况。

a. 火灾引起爆炸。火灾中的明火及高温可能引起易燃物爆炸。如油库或炸药失火，可能引起密封油桶、炸药的爆炸；一些在常温下不会爆炸的物质，如醋酸，在火场的高温下有变成爆炸物的可能。因此一旦发生火灾，应立即将燃爆危险品撤出，同时用大量冷却水使燃爆危险品处于低温状态，防止火灾转化为爆炸。

b. 爆炸引起火灾。爆炸抛出的易燃物可能引起大面积火灾。如密封的燃料油罐爆炸后，由于油品的外泄引起火灾。因此在发生爆炸时，要考虑到引发火灾的可能，及时采取防范、抢救措施。

6.2.3.2 防火防爆基本原理与措施

(1) 基本原理与思路

引发火灾的条件是：可燃物、氧化剂和点火能源同时存在、相互作用。引发爆炸的条件是：爆炸品（内含还原剂及氧化剂）或者是可燃物与空气的混合物与引爆能源同时存在、相互作用。如果采取措施避免或者消除上述条件，就可以防止火灾或爆炸事故的发生，这就是防火防爆的基本原理。

在制定防火防爆措施时，可以从下面 4 个方面来考虑。

① 预防性措施。这是最理想、最重要的措施，也是本节讲述的重点。其基本点是使可燃物（还原剂）、氧化剂与点火（引爆）能源没有结合的机会，从根本上杜绝着火（引爆）的可能性。

② 限制性措施。这是指在一旦发生火灾爆炸事故时，能够起到限制其蔓延、扩大作用的措施。如在设备上或者在生产系统中安装阻火、泄压装置，在建筑物中设置防火墙等，采取限制性措施能够有效地减少事故损失。

③ 消防措施。按照法规或规范的要求，采取消防措施。一旦火灾初起，就能够将其扑

灭，避免发展成大的火灾。从广义上讲，也是防火措施的一部分。

④ 疏散性措施。预先设置安全出口及安全通道，使得一旦发生火灾爆炸事故时，能够迅速将人员或者重要物资撤离危险区域，以减少损失。如在建筑物中或者飞机、车辆上设置安全门或疏散通道等。为了便于管理、防盗等原因，将一些门封死，将窗外加装铁栏杆，都是违反防火要求的，是不可取的。

（2）预防火灾爆炸事故的基本措施

可以把预防火灾爆炸事故（以下简称火爆灾害）的措施分为两大类：消除导致火爆灾害的物质条件（即可燃物与氧化剂的结合）以及消除导致火爆灾害的能量条件（即点火或引爆能源）。下面分别阐述。

① 消除导致火爆灾害的物质条件。

a. 尽量不使用或少使用可燃物。通过改进生产工艺或者改进技术，以不燃物或者难燃物代替可燃物或者易燃物，燃爆危险性小的物质代替危险性大的物质，这是防火防爆的一条根本性措施，应当首先加以考虑。比如：以阻燃织物代替可燃织物；在煤矿井下用锚喷或金属支架代替木支架等。

较为常见的情况，是以不燃或者难燃溶剂。一般来说，沸点较高（110℃）的液体，常温下（20℃左右）不会达到爆炸极限浓度，使用起来比较安全。

b. 生产设备及系统尽量密闭化。已密闭的正压设备或系统要防止泄漏，负压设备及系统要防止空气的渗入。常见引起泄漏的原因有如下。

ⓐ 因材料强度不够引起破坏而发生泄漏。如材料老化；材料受到腐蚀或者磨损；介质或者环境温度过高或过低；静负荷或者反复应力使材料发生疲劳破坏或变形；由于各种原因使用了伪劣材料等。

ⓑ 因外界负荷造成破坏引起泄漏。如地震或者泥石流导致输油管或者输气管断裂；因施工不慎或者车辆碰撞造成的油、气罐或管道破裂等。

ⓒ 因内压升高引起破坏导致泄漏。如容器内介质受热发生热膨胀；由于系统内发生机械压缩、绝热压缩或发生"水锤"现象；或者容器内化学反应失控而导致内压升高，使容器破裂而泄漏等。

ⓓ 焊接接缝开裂或者密封部位不严引起的泄漏。这种泄漏在化工厂中比较常见。如果泄漏的可燃气量较大，积聚到危险浓度，又遇到火源，就会引起火爆灾害。

ⓔ 误操作造成泄漏，如开错阀门，按错开关等。

为了防止可燃物的泄漏，应针对以上原因采取措施，加强管理。

c. 采取通风除尘措施。对于因某些生产系统或设备无法密闭或者无法完全密闭，可能存在可燃气、蒸气、粉尘的生产现场，要设置通风除尘装置以降低空气中可燃物浓度。要确保将可燃物浓度控制在爆炸极限以下。

d. 在可能发生火爆灾害危险的场所设置可燃气（蒸气、粉尘）浓度检测报警仪器。一旦浓度超标（一般将报警浓度定为气体爆炸下限的25%）即报警，以便采取紧急防范措施。

e. 惰性气体保护。惰性气体有氮、氖、氩、氦、氙等，就防火防爆而言，常用的是氮气和水蒸气，有时还可以用烟道气。这些气体通常可以认为是不燃气体。在存有可燃物料的系统中，加入惰性气体，使可燃物及氧气浓度下降，可以降低或消除燃爆危险性。

f. 对燃爆危险品的使用、储存、运输等都要根据其特性采取针对性的防范措施。表6-11列出了某些固体的燃爆危险性及其安全措施要点。

② 消除或者控制点火源。常见的点火源可以分为4大类，见表6-12。

下面简要阐述消除或者控制上述点火源的措施。

a. 防止撞击、摩擦产生火花。机器上传动部分的摩擦；钢铁的相互撞击或钢铁与水泥地面的碰撞；带压管道或钢铁容器瞬间破裂时，物料高速喷出与容器壁摩擦等，都可能产生高温或者火花，成为火灾、爆炸的起因。

因此，在爆炸危险场所应采取相应措施。如严禁穿带铁钉的鞋进入；严禁使用能产生冲击火花的工、器具，而应使用防爆工、器具或者钢制、木制工、器具。我国于 1989 年制定并发布了一系列防爆工具国家标准，并已有专业生产防爆工具的工厂。此外，在机械设备中凡可能发生撞击、摩擦的两部分都应采用不同的金属（如钢与铜、钢与铝等）；火炸药工房应铺设不发火地面等。

b. 防止绝热压缩引起着火。这种火灾实例不多，主要由于可燃气绝热压缩使温度急剧上升而自燃着火。如氢气或者乙炔等从钢瓶泄漏喷到空气中时，因喷气流猛撞空气，其一瞬间受到绝热压缩，温度上升而引起自燃着火。

c. 防止高温表面引起着火。工业生产的加热装置、高温物料容器或者管道以及高温反应器、塔等，表面温度都较高。其他常见的高温表面还有通电的白炽灯泡、因机械摩擦导致发热的转动部分、烟筒烟道、熔融金属等。如可燃物与这些高温表面接触或者接近时间较长，就可能被引燃。对一些自燃点较低的物质，尤其需要注意。

为防止发生这类火灾，高温表面应当机械保温或隔热，可燃气体排放口应远离高温表面，禁止在高温表面烘烤衣物。此外，还应当注意清除高温表面的油污等，以防止它们受热分解、自燃。

表 6-11　某些固体的燃爆危险性及其安全措施要点

物质分类	危险特性	物质举例	防火类别	储存及处理注意事项
易燃固体	易燃烧，受明火、热、撞击、摩擦、电火花或氧化剂作用能引起燃烧爆炸	一级易燃固体：赤磷、硝化棉、赛璐珞、电影胶片	甲类	① 在储存及处理现场及其附近，严禁烟火； ② 密封储存，防止泄漏； ③ 不得与氧化剂共同储存； ④ 数量较多时，应按规定分隔储存； ⑤ 室温不超过 36℃，理想温度在 20℃ 以下； ⑥ 储存及处理场所中要备有灭火设施； ⑦ 硝化棉最好单独储存，含水不得低于 20%
		二级易燃物质：樟脑、硫黄、松香、火柴	乙类	
自燃性物质	在空气中能发生氧化作用，放热使温度升高，导致自燃，甚至爆炸	① 一级自燃物质：黄磷； ② 二级自燃物质：硝化纤维、油纸、油布	甲类	① 密封储存，不能直接接触空气； ② 与其他危险品隔离储存； ③ 库房应阴凉、通风、干燥； ④ 处理时要使用防护用具，避免直接与皮肤接触； ⑤ 黄磷应浸入水中储存
遇水燃烧物质（忌水性物质）	与水或潮湿空气接触，能产生可燃气体，放热而引起燃烧或爆炸，有的还产生有毒气体	① 一级遇水燃烧物质：钾、钠、锂、氢化钾、电石； ② 二级遇水燃烧物质：保险粉、锌粉、氢化钙、氢化铝	甲类	① 金属钾、钠要浸入煤油中储存，其他物质要在密闭容器中储存严禁接触水和空气； ② 库房保持干燥； ③ 可以与氧化剂共同存放，不可与其他类危险品共同存放； ④ 处理中要避免直接接触皮肤
强氧化剂	遇强酸、强碱，受潮、冲击、摩擦、受热等作用，或者遇还原剂接触，能分解、燃烧甚至爆炸	① 一级氧化剂：氯酸钾、硝酸钾、过氧化物； ② 二级氧化剂：过硫酸盐、重铬酸盐、亚硝酸盐	乙类	① 避免与还原性强的物质、所有有机化合物、可燃物接触； ② 避免与强酸、强碱混合、接触； ③ 一、二级氧化剂要分别储存； ④ 库房阴凉通风，最高不得超过 30℃，理想温度 20℃ 以下； ⑤ 过氧化氢储存温度不得超过 25℃，遇水有发热燃爆危险，应单独存放

续表

物质分类	危险特性	物质举例	防火类别	储存及处理注意事项
腐蚀性物质	对人体皮肤有强烈刺激和腐蚀作用	① 一级酸性腐蚀物：硝酸、硫酸、溴素； ② 二级酸性腐蚀物：盐酸、冰乙酸、醋酐； ③ 碱性腐蚀物：生石灰、苛性钠； ④ 其他腐蚀物：碘、苯酚、漂白粉	丙类	① 库房阴凉通风； ② 不得与其他危险品共同存放； ③ 冰乙酸储存温度不得低于 6℃； ④ 处理时防止皮肤接触； ⑤ 处理时应戴防护眼镜，以免溅入眼内，若溅入眼内，立即用大量清水冲洗 15min 后，找医生处理

表 6-12 常见点火源分类

点火源类别	举　　例	点火源类别	举　　例
机械火源	撞击、摩擦、绝热压缩	电火源	电火花、静电火花、雷电火花、明火、化学热、受热自燃
热火源	高温表面、热射线（日光）	化学火源	

d. 热射线（日光）。直射的太阳光通过凸透镜及弧形、有气泡或者不平的玻璃等，都会被聚集形成高温焦点，可能会引燃可燃物。为此，有爆炸危险的厂房及库房必须采取遮阳措施。如将门窗玻璃涂上白漆或者采用磨砂玻璃。

e. 防止电气火灾爆炸事故。由于电气方面的原因引起的火灾爆炸事故，在火灾爆炸事故中占相当大的比例。

f. 消除静电火花。静电指的是相对静止的电荷，是一种常见的带电现象。在一定条件下，两种不同物质（其中至少有一种是电介质）相互接触、摩擦，就可能产生静电并积聚起来，形成高电压。若静电能量以火花形式放出，则可能引起火灾爆炸事故。在石油化工企业，塑料、化纤等合成材料企业，橡胶制品企业，造纸、印刷企业，纺织企业以及其他制造、加工、转运高电阻材料的企业，都可能并且已经发生不少静电引起的火灾爆炸事故。

g. 预防雷电火花引发火灾爆炸事故。雷电是自然界中静电放电现象。雷电所产生的火花温度之高可以熔化金属，也是引起火灾爆炸事故的祸根之一。因遭受雷击导致油罐大火的事故，在国内外时有耳闻，一般都损失惨重。

h. 防止明火。生产过程中的明火主要指加热用火、维修用火以及其他火源。

ⓐ 加热用火的控制。加热可燃物时，应避免采用明火，宜使用水蒸气、热水或者其他热载体（导热油、联苯醚等）间接加热。如果必须采用明火加热，加热设备应当严格密闭；燃烧室应当与加热设备分开设置。设备应定期检修，特别注意防止可燃物的泄漏。

生产装置中明火加热设备的布置，应当按照规定，与可能发生可燃气（蒸气、粉尘）的工艺设备和罐区保持足够的安全距离，并应布置在容易散发可燃物设备、系统的上风向或者侧风向；两个以上的明火加热装置，应当将它们集中布置在生产装置的边缘，并与其他设备、系统保持安全距离。

ⓑ 维修用火。维修用火主要指焊接、切割以及喷灯作业等。在工矿企业，特别是石油化工企业中，因维修用火引发的火灾爆炸事故较多。因此，对于维修用火一般都制定了严格的管理规定，必须严格遵守。

ⓒ 其他火源。对于其他明火熬炼设备（如沥青熬炼设备）要经常检查，防止烟道窜火和熬锅破漏；要注意选择适当的熬炼地点，并应当指定专人看管，严格控制加热温度。烟囱飞火及汽车、拖拉机、柴油机等的排气管喷出的火星，都可能引起可燃气的爆燃，需要采取

相应的防范措施。

此外，要特别注意的是，在生产场所，因烟头、火柴引起的火灾也时有发生，应引起人们的警惕，防止此类事故的发生。

6.2.3.3　防火防爆安全装置（设备）

防火防爆设备可以分为阻火装置（设备）与防爆泄压装置（设备）两大类，一旦发生火灾爆炸事故时，这些装置（设备）能够起到阻止事态蔓延、扩大，减少事故损失的作用，属于限制性措施。下面分别加以介绍。

（1）阻火装置

阻火装置又称为火焰隔断装置，包括安全液（水）封、水封井、阻火器及单向阀等，其主要作用是防止外部火焰窜入存有燃爆物料的系统、设备、容器及管道内，或者阻止火焰在系统、设备、容器及管道之间蔓延。

① 安全液封。安全液封一般安装在压力低于 0.02MPa（表压）的管线与生产设备之间。常用的安全液封有开敞式和封闭式两大类。

安全液封内装有不燃液体，一般是水。环境气温低的场所，为防止液封冻结，可以通入蒸汽；也可以用水与甘油、矿物油或者乙二醇与三甲酚磷酸酯的混合液，或者用食盐、氯化钙的水溶液作为防冻液。

安全液封阻火的基本原理是：由于液封中装有不燃液，无论在液封两侧的哪一侧着火，火焰蔓延到液封就会熄灭，从而阻止火势蔓延。

② 水封井。水封井是安全液封的一种，一般设置在含有可燃气（蒸气）或者油污的排污管道上，以防燃烧爆炸沿排污管道蔓延。一般来说，水封高度不应小于 250mm。

③ 阻火器。阻火器的阻火层主要由拥有许多能够通过气体的、均匀或不均匀的细小通道或孔隙的固体不燃材料构成。阻火器的阻火原理：当燃烧开始后，在没有外界能量作用的情况下，火焰在管道中的传播速度是随着管径减小而降低的，当管径小到某个临界值时，火焰就不能传播（也就是熄灭）。因此，影响阻火器阻火性能的主要因素是阻火层的材质、厚度及其中的管径或者孔隙的大小。

阻火器有金属网型阻火器、砾石阻火器、波纹金属片阻火器及平行板型阻火器等多种形式。

a. 金属网阻火器。在阻火器中设置了若干层具有一定孔径的金属网作为阻火网。

b. 砾石阻火器。又叫填充型阻火器。它的阻火层是用砂砾、卵石、玻璃球、或者铁屑、铜屑等作为填充料形成的，在填充料的上面和下面用孔眼为 2mm 的金属网作为支撑。砾石阻火器的阻火效果比金属网好，特别是对阻止二硫化碳火焰效果更好。

c. 波纹金属片阻火器。这种阻火器，一种是由交叠置放扁平的或波纹的金属带材组成的有正三角形孔隙的方形阻火器；另一种是将一条波形金属带与一条扁平金属带缠绕在一个芯子上组成的圆形阻火器。带的材料一般选用铝，也可选用铜、不锈钢等其他金属。

d. 平行板型阻火器。这种阻火器的阻火层是由不锈钢薄板垂直平行排列而成，板间隙在 0.3～0.7mm 之间，这样就形成了许多细小孔道，阻火效果也很好。

此外还有泡沫金属阻火器、多孔板型阻火器等。

阻火器一般安装在下列设备、管道系统中：输送可燃气（蒸气）的管线，石油及其产品储罐的呼吸阀，容易引起燃烧爆炸的通风口、排气管，油气回收系统，燃气加热炉的送气系统等。阻火器在使用时应当根据设备系统的要求和阻火器的特性来选用。表 6-13 所示为各类阻火器的比较，可供选用阻火器时参考。

表 6-13　各类阻火器的比较

阻火器类别	优　点	缺　点	适　用　范　围
金属网阻火器	结构简单,容易制造,造价低廉	阻爆范围小,易损坏,不耐烧	石油储罐,输油、输气管道,油轮等
波纹型阻火器	适用范围大,流体阻力小,能阻止爆炸火焰,易于置换清洗	结构比较复杂,造价较高	石油储罐;油气回收系统气体管道等
填充型阻火器	孔隙小,结构简单,易于制造	阻力大,容易堵塞,质量大	煤气、乙炔、化学溶剂火焰等

④ 单向阀。单向阀又称止逆阀、止回阀。它的作用是仅允许流体（气体或液体）向一个方向流动,若有逆流时即自动关闭,可以防止高压窜入低压引起设备、容器、管道的破裂。单向阀在生产工艺中有很多用途,阻火也是用途之一。单向阀通常设置在与可燃气（蒸气）管道或与设备相连接的辅助管线上,压缩机或油泵的出口管线上,高压系统与低压系统相连接的低压方向上等。液化石油气钢瓶上的调压阀也是一种单向阀。

⑤ 阻火闸门。阻火闸门是为了阻止火焰沿通风管道或生产管道蔓延而设置的阻火装置。在正常情况下,阻火闸门受环状或者条状的易熔金属的控制,处于开启状态。一旦着火,温度升高,易熔金属即会熔化,此时闸门失去控制,受重力作用自动关闭,将火阻断在闸门一边。易熔金属元件通常由铋、铅、锡、汞等金属按一定比例组成的低熔点金属制成,也有用赛璐珞、尼龙、塑料等有机材料代替易熔合金来控制阻火闸门。

⑥ 火星熄灭器。由烟道或车辆尾气排放管飞出的火星也可能引起火灾。通常在可能产生火星设备的排放系统,如加热炉的烟道,汽车、拖拉机的尾气排放管等,要安装火星熄灭器（又称防火帽）,用以防止飞出的火星引燃可燃物料。

(2) 防爆泄压装置

防爆泄压装置包括安全阀、防爆片、防爆门和放空管等。生产系统内一旦发生爆炸或压力骤增时,可以通过这些设施将超高压力释放出去,以减少巨大压力对设备、系统的破坏或者减少事故损失。

① 安全阀。安全阀是为了防止非正常压力升高超过限度而引起爆裂的一种安全装置。当内部压力超限时,安全阀能够自动开启,排出部分气体,使压力降至安全范围后再自动关闭,从而实现内部压力的自动调控,防止设备、容器或系统的破裂爆炸。

设置安全阀时应注意以下 5 点:

a. 新装安全阀,应有产品合格证;安装前,应由安装单位继续复校后加铅封,并出具安全阀校验报告;

b. 当安全阀的入口处装有隔断阀时,隔断阀必须保持常开状态并加铅封;

c. 如果容器内装有两相物料,安全阀应安装在气相部分,防止排出液相物料发生意外;

d. 在存有可燃物料,有毒、有害物料或高温物料的系统,安全阀排放管应连接（有针对性的）安全处理设施,不得随意排放;

e. 一般安全阀可就地放空,但要考虑放空口的高度及方向的安全性。

② 爆破片。爆破片（又称防爆膜、防爆片）利用法兰安装在受压设备、容器及系统的放空管上。当设备、容器及系统因某种原因压力超标时,爆破片即被破坏,使过高的压力泄放出去,以防止设备、容器及系统受到破坏。应该说爆破片与安全阀的作用基本相同,但安全阀可根据压力自行开关,如一次因压力过高开启泄放后,待压力正常即自行关闭;而爆破片的使用则是一次性的,如果被破坏,需要重新安装。

爆破片一般用于下列情况:

a. 放空口要求全量排放的情况；

b. 不允许介质有任何泄漏的情况，各种安全阀一般总有微量泄漏；

c. 内部介质容易因沉淀、结晶、聚合等形成黏着物，妨碍安全阀正常动作的情况；

d. 系统内存在发生燃爆或者异常反应而使压力骤然增加的可能性的情况，这种情况下弹簧式安全阀由于惯性而不适用。

爆破片的防爆效率取决于它的质量、厚度和泄压面积。

正常生产时操作压力较低或没有压力的系统，可选用石棉、塑料、橡皮或玻璃等材质的爆破片；操作压力较高的系统可选用铝、铜等材质；微负压操作时可选用 2～3mm 厚的橡胶板做爆破片。应特别注意的是：由于钢、铁片破裂时可能产生火花，系统内存有燃爆性气体的系统不宜选用其做爆破片。在存有腐蚀性介质的系统，为防止腐蚀，可以在爆破片上涂上一层防腐剂。

爆破片爆破压力的选定，一般为设备、容器及系统最高工作压力的 1.15～1.3 倍。压力波动幅度较大的系统，其比值还可增大。但是任何情况下，爆破片的爆破压力均应低于系统的设计压力。

爆破片一定要选用有生产许可证单位制造的合格产品。爆破片安装要可靠，表面不得有油污；运行中应经常检查法兰连接处有无泄漏；爆破片排放管的要求可参照安全阀。爆破片一般 6～12 个月更换一次。此外如果在系统超压后未破裂的爆破片以及正常运行中有明显变形的爆破片应立即更换。

③ 防爆帽。防爆帽（爆破帽）也是一种断裂型的安全泄压装置。它的样式较多，其主要元件是一个一端封闭、中间具有一个薄弱断面的厚壁短管。当容器内压力超标时，即从薄弱断面处断裂，过高的压力从此处泄放。防爆帽结构简单制造较容易且爆破压力易于控制，它适用于超高压容器。

④ 防爆门。防爆门（窗）一般设置在使用油、气或煤粉作燃料的加热炉燃烧室外壁上，在燃烧室发生爆燃或爆炸时用于泄压，以防止加热炉的其他部分遭到破坏。

⑤ 防爆球阀。有些加热炉还在燃烧室底部设置防爆球阀作泄压用。

最后要强调一点：各种安全装置在运行一定期限后，要进行检验、维护和修理，使之经常保持良好状态，这样才能保证发挥它们的作用。

6.2.3.4 防火防爆检测报警仪表

(1) 火灾探测器

火灾探测器是火灾自动报警系统的重要组成部分。火灾自动报警系统由火灾探测器、信号传输信道、报警控制器及消防联锁控制设施 4 个基本部分组成，参见图 6-4。

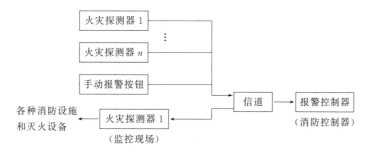

图 6-4 火灾自动报警系统的基本组成

火灾探测器是能对火灾参数响应，自动产生火灾报警信号的器件。它们的传感器可以检测到在火灾初期陆续出现的一些信息，如辐射热、火光、烟等，并通过中间继电器将信号输出到火灾接收机，迅速发出警报信号，甚至能与自动消防设施联锁，以使火灾能够得到最快的扑救，把损失降到最低。火灾探测器的类型较多，表 6-14 列出了火灾探测器的类型。

表 6-14　火灾探测器的类型

感烟探测器	点型	离子感烟型	
		光电感烟型	遮光型
			散光型
	线型	双射遮光感烟型	红外型
			激光型
感温探测型	点型	差温	双金属型
		定温	膜盒型
		差定温	易熔金属型
			半导体型
	线型	差温	管型
			电缆型
		定温	半导体型
感光探测器	点型	紫外光型	
		红外光型	
可燃气体探测器	点型	催化型	
		气敏半导体型	
复合式探测器	点型	感烟感温型	
		感烟感光型	
		感温感光型	
		感烟感温感光型	
	线型	红外对射感烟感温型	

（2）可燃气监测报警器

可燃气监测报警器用于测量空气中各种可燃气（蒸气）在爆炸下限以下的浓度，可燃气浓度超过报警浓度（一般是爆炸下限浓度的 25%）时，报警器即会报警。告知人们尽快采取措施以防止火灾爆炸事故的发生。

《作业环境气体检测报警仪通用技术要求》（GB 12358—2006）规定了作业环境检测报警仪的术语、分类、技术要求、试验方法检验规则及标志等。可燃气检测报警器可按不同方式分类。

① 按功能分类。可分为可燃气检测仪、可燃气报警仪和可燃气检测报警仪。

② 按使用方式分类。

a.固定安装式。检测器及报警器两部分分开安装，前者安装在作业现场，后者安装在仪表监控室内。

b.便携式。检测元件及报警器为一体结构，由检测人员携带至作业现场。

③ 按采样方式分类。

a.扩散式。依靠空气中的可燃气自然扩散进行检测，这是常用的方式。其特点是无需采样装置，结构简单，体积小，使用方便，但是易受风向与风速的影响，因此检测效果因检测元件位置和环境条件不同而异。这种检测报警器适用于室内和不容易受风影响的作业场所。

b. 泵吸引式。这是一种固定安装的检测报警器。在检测器内有一个吸气泵，定点把某一部位的被测气体抽吸到检测元件里。在吸入口有一个气体捕获罩，并设有气体分离器，对被测气体进行分离过滤。泵吸引式检测报警器设备多、体积大、结构复杂，但是不易受风向及风速的影响，采集率高，应用范围较广，一般与采样装置联用于某些特殊需要的场合。

④ 按检测原理分类。

a. 催化燃烧式。它是利用难熔金属铂丝受热后的电阻变化测定可燃气体浓度的。催化燃烧式检测器一般用于检测石油气、煤气、汽油、瓦斯、甲烷、乙炔、氢气等可燃气。它的优点是重复性好，耗电少，不受环境温度影响。主要缺点是铂丝很容易中毒，导致仪器失效。为延长检测元件的寿命，这类仪器均装有过滤器，对进入的气体进行净化。

b. 半导体式（气敏式）。这类检测器采用灵敏度较高的气敏半导体元件，整机体积小，电路较简单，对检测氢气、甲烷、乙醇、乙醚、天然气等很灵敏。这类检测器灵敏度高，不存在催化剂中毒问题，仪器使用寿命长，但测量精确度较差。适用于微量检测及报警。此外，由于半导体元件由常温进入工作温度（稳态）需要几分钟时间，这个缺点限制了它在频繁启动的便携式检测仪器上的应用。

6.2.4　火灾扑救

6.2.4.1　灭火的基本原理和方法

一切灭火方法都是为了破坏已经产生的燃烧条件（之一），只要失去其中任何一个条件，燃烧就会停止。但由于在灭火时，燃烧已经开始，控制火源已经没有意义，主要是消除前两个条件，即可燃物和氧化剂。

根据物质燃烧原理及与火灾斗争的实践经验，灭火的基本方法有：减少空气中氧含量的窒息灭火法；降低燃烧物质温度的冷却灭火法；隔离与火源相近可燃物质的隔离灭火法；消除燃烧过程中自由基的化学抑制灭火法。

(1) 冷却法灭火

可燃物燃烧的条件（因素）之一，是在火焰和热的作用下，达到燃点、裂解、蒸馏或蒸发出可燃气体，使燃烧得以持续。冷却法灭火就采用冷却措施使可燃物达不到燃点，也不能裂解、蒸馏或蒸发出可燃气体，使燃烧终止。如可燃固体冷却到自燃点以下，火焰就将熄灭；可燃液体冷却到闪点以下，并隔绝外来的热源，就不能挥发出足以维持燃烧的气体，火就会被扑火。水具有较大的热容量和很高的汽化潜热，是冷却性能最好的灭火剂，如果采用雾状水流灭火，冷却灭火效果更为显著。建筑水消防设备不仅投资少、操作方便、灭火效果好、管理费用低，且冷却性能好，是冷却法灭火的主要灭火设施。

(2) 窒息法灭火

窒息法灭火就是采取措施降低火灾现场空间内氧的浓度，使燃烧因缺少氧气而停止。窒息法灭火常采用的灭火剂一般有二氧化碳、氮气、水蒸气以及烟雾剂等。在条件许可的情况下，也可用水淹窒息法灭火。重要的计算机房、贵重设备间可设置二氧化碳灭火设备扑救初期火灾；高温设备间可设置蒸气灭火设备；重油储罐可采用烟雾灭火设备；石油化工等易燃易爆设备可采用氮气保护，以利及时控制或扑灭初期火灾，减少损失。

(3) 隔离法灭火

隔离法灭火就是采取措施将可燃物与火焰、氧气隔离开来，使火灾现场没有可燃物，燃烧无法维持，火灾也就被扑灭。

石油化工装置及其输送管道（特别是气体管路）发生火灾，关闭易燃、可燃液体的来源，将易燃、可燃液体或气体与火焰隔开，残余易燃、可燃液体（或气体）烧尽后，火灾就被扑灭。电机房的油槽（或油罐）可设一般泡沫固定灭火设备；汽车库、压缩机房可设泡沫喷洒灭火设备；易燃、可燃液体储罐除可设固定泡沫灭火设备外，还可设置倒罐转输设备；气体储罐可设倒罐转输设备外，还可设放空火炬设备；易燃、可燃液体和可燃气体装置，可设消防控制阀门等。一旦这些设备发生火灾事故，可采用相应的隔离法灭火。

(4) 化学抑制法灭火

化学抑制法灭火就是采用化学措施有效地抑制游离基的产生或者能降低游离基的浓度，破坏游离基的连锁反应，使燃烧停止。如采用卤代烷灭火剂灭火，就是捕捉游离基的灭火方法。干粉灭火剂的化学抑制作用也很好，且近年来不少类型干粉可与泡沫联用，灭火效果很显著。凡是卤代烷能抑制的火灾，干粉均能达到同样效果，但干粉灭火的不足之处是有污染。化学抑制法灭火，灭火速度快，使用得当，可有效地扑灭初期火灾，减少人员和财产的损失。

根据上述 4 种基本灭火方法所采取的具体灭火措施是多种多样的。在灭火中，应根据可燃物的性质、燃烧特点、火灾大小、火场的具体条件以及消防技术装备的性能等实际情况，选择一种或几种灭火办法。一般说来，几种灭火方法综合运用效果较好。

无论哪种灭火方法，都要重视初起灭火。所谓初起灭火，即在火灾初起时，一个人（或几个人）就能将火灾扑灭，这种灭火活动称为初起灭火。由于一般情况下发生火灾时，火灾的规模随时间推移成指数关系扩大，所以应采取措施，力求在火灾初起时迅速将火扑灭。很多案例都是在火灾发生后，才发现没有消防设施，贻误了扑救时机，酿成巨大损失。为此，需要做好下列几项工作：制定防火计划，健全消防体制，进行防火教育及训练，以在火灾发生时能采取恰当对策，迅速行动；平时彻底检查、整治、消除能够引起火灾扩大的条件；经常对消防器材进行维护检查，做到随时可用。

6.2.4.2 灭火剂

灭火剂是能够有效地破坏燃烧条件，中止燃烧的物质。选择灭火剂的基本要求是灭火效能高、使用方便、来源丰富、成本低廉、对人和物基本无害。常用的灭火剂有水、水蒸气、泡沫液、二氧化碳及惰性气体、干粉、卤代烷等。下面就这几类灭火剂的性能及应用范围作简单介绍。

(1) 水

① 水的灭火作用

水是最常用的灭火剂，它资源丰富，取用方便。水的热容量大，1kg 水温度升高 1℃，需要 4.1868kJ（1kcal）的热量；1kg100℃的水汽化成水蒸气则需要吸收 2.2567kJ（539cal）的热量。因此水能从燃烧物中吸收很多热量，使燃烧物的温度迅速下降，使燃烧终止。水在受热气化时，体积增大 1700 多倍，当大量的水蒸气笼罩于燃烧物的周围时，可以阻止空气进入燃烧区，从而大大减少氧的含量，使燃烧因缺氧而窒息熄火。在用水灭火时，加压水流能喷射到较远的地方，具有较大的冲击作用，能冲过燃烧表面而进入内部，从而使未着火的部分与燃烧区隔离开来，防止燃烧物继续分解燃烧。

水能稀释或冲淡某些液体或气体，降低燃烧强度。水能浸湿未燃烧的物质，使之难以燃烧。水还能吸收某些气体、蒸气和烟雾，有助于灭火。

② 灭火时形态及应用范围

a. 直流水和开花水（滴状水）　经水泵加压由直流水枪喷出之柱状水流称直流水，由开花水枪喷出之滴状水流称开花水。直流水、开花水可用于扑救一般固体物质的火灾（如煤炭、木制品、粮草、棉麻、橡胶、纸张等），还可扑救闪点大于 120℃，常温下呈半凝固状态的重油火灾。

b. 雾状水 由喷雾水枪喷出，水滴直径小于 $100\mu m$ 的水流称雾状水。它可大大提高水与燃烧物或火焰的接触面积，因而降温快灭火效率高。可用于扑灭可燃粉尘、纤维状物质、谷物堆囤等团体物质的火灾，也可用于电气设备火灾的补救。

但是与直流水相比，开花水和雾状水的射程均较近，不能远距离使用。

c. 细水雾灭火技术 它采用特定的压力装置将水箱中的水分解成滴径数微米的细水雾，再驱动细水雾直接到达燃烧的火焰表面，通过卷吸等作用，形成一个稳固的隔氧冷却层，使火灾得到有效的抑制，直至熄灭。据报道，中国科学技术大学已于 2000 年成功开发出这一国际先进的新型灭火技术。

③ 不能用水扑灭的火灾

a. 密度小于水和不溶于水的易燃液体的火灾，如汽油、煤油、柴油等油品（密度大于水的可燃液体，如二硫化碳，可以用喷雾水扑救，或用水封阻火势的蔓延）、苯类、醇类、醚类、酮类、酯类及丙烯腈等大容量储罐，如用水扑救，则水会沉在液体下层，被加热后会引起爆沸，形成可燃液体的飞溅和溢流，使火势扩大。

b. 遇水燃烧的火灾，如金属钾、钠、碳化钙等，不能用水，而应用砂土灭火。

c. 硫酸、盐酸和硝酸引发的火灾，不能用水流冲击，因为强大的水流能使酸飞溅，流出后遇可燃物质，有引起爆炸的危险。酸溅在人身上，能烧伤人。

d. 电气火灾未切断电源前不能用水扑救，因为水是良导体，容易造成触电。

e. 高温状态下化工设备的火灾不能用水扑救，以防高温设备遇冷水后骤冷，引起形变或爆裂。

(2) 泡沫灭火剂

泡沫灭火剂是扑救可燃易燃液体的有效灭火剂，它主要是在液体表面生成凝聚的泡沫漂浮层，通过隔离作用达到扑灭火灾的目的，泡沫中含有大量的水，在高温下气化为水蒸气起到窒息和冷却作用。泡沫灭火剂按照组成不同分为普通蛋白泡沫灭火剂、氟蛋白泡沫、水成膜泡沫和抗溶性泡沫等，按照发泡倍数不同可以分为低倍数、中倍数、高倍数泡沫灭火剂。

① 普通蛋白质泡沫。是一定比例的泡沫液、水和空气经过机械作用相互混合后生成的膜状泡沫群。泡沫的相对密度为 0.11～0.16，气泡中的气体是空气。泡沫液是动物或植物蛋白质类物质经水解而成的。

空气泡沫灭火剂的作用是当其以一定厚度覆盖在可燃和易燃液体的表面后，可以阻挡易燃或可燃液体的蒸气进入火焰区，使空气与液面隔离，也防止火焰区的热量进入可燃和易燃液体表面。

在高温下，空气泡沫灭火剂产生的气泡由于受热膨胀会迅速遭到破坏，所以不宜在高温下使用。

构成泡沫的水溶液能溶解于酒精、丙酮和其他有机溶剂中，使泡沫遭到破坏，故空气泡沫不适用扑救醇、酮、醚类等有机溶剂的火灾，对于忌水的化学物质也不适用。

② 抗溶性泡沫灭火剂（MPK） 在蛋白质水解液中添加有机酸金属络合盐便制成了蛋白型的抗溶性泡沫液。这种有机金属络合物盐类与水接触，析出不溶于水的有机酸金属皂。当产生泡沫时，析出的有机酸金属皂在泡沫层上面形成连续的固体薄膜。这层薄膜能有效地防止水溶性有机溶剂吸收泡沫中的水分，使泡沫能持久地覆盖在溶剂液面上，而起到灭火的作用。

这种抗溶性泡沫不仅可以扑救一般液体烃类的火灾，还可以有效地扑灭水溶性有机溶剂的火灾。

③ 氟蛋白泡沫灭火剂（MPF）　普通蛋白泡沫通过油层时，由于不能抵抗油类的污染，上升到油面后泡沫本身含的油足以使其燃烧，导致泡沫的破坏。在空气泡沫液中加入氟碳表面活性剂，即生成氟蛋白泡沫。

氟碳表面活性剂具有良好的表面活性、较高的热稳定性、较好的浸润性和流动性。当该泡沫通过油层时，油不能向泡沫内扩散而被泡沫分隔成小油滴。这些小油滴被未污染的泡沫包裹，在油层表面形成一个包有小油滴的不燃烧的泡沫层，即使泡沫中含汽油量高达 25% 也不会燃烧，而普通空气泡沫层中含有 10% 的汽油时即开始燃烧。因此，这种氟蛋白泡沫灭火剂适用在较高温度下的油类灭火，并适用于液下喷射灭火。

④ 水成膜泡沫灭火剂（MPQ）　水成膜泡沫灭火剂又称"轻水"泡沫灭火剂，或氟化学泡沫灭火剂。它由氟碳表面活性剂、无氟表面活性剂（碳氢表面活性剂或硅酮表面活性剂）和改进泡沫性能的添加剂（泡沫稳定剂、抗冻剂、助溶剂以及增稠剂等）及水组成。

根据泡沫灭火剂溶液成泡后发泡倍数（膨胀率）的大小，泡沫灭火剂可以分为低倍数、中倍数和高倍数三种。发泡倍数在 20 倍以下的称为低倍数；20～40 倍的为中倍数；100 倍以上的为高倍数。

发泡倍数的计算公式为：

发泡倍数 $N = (V \times \rho) / (W - W_1)$

式中　N——发泡倍数；

　　　V——量筒的容积（L 或 dm³）；

　　　W_1——空桶的质量（kg）；

　　　W——接满泡沫后量筒的重量（kg）；

　　　ρ——泡沫混合液的密度，按 1kg/L 或 1kg/dm³。

通常使用的泡沫灭火剂为 6～8 倍的，低于 4 倍的就不能再用了。

（3）惰性气体灭火剂

工业场所目前使用的惰性气体灭火剂主要是二氧化碳和氮气。

① 二氧化碳在通常状态下是无色无味的气体，相对密度 1.529，比空气重，不燃烧也不助燃。经过压缩液化的二氧化碳灌入钢瓶内，制成二氧化碳灭火剂（MT）。从钢瓶里喷射出来的固体二氧化碳（干冰）温度可达 −78.51℃，干冰气化后，二氧化碳气体覆盖在燃烧区内，除了窒息作用之外，还有一定的冷却作用，火焰就会熄灭。

由于二氧化碳不含水、不导电，所以可以用来扑灭精密仪器和一般电气火灾，以及一些不能用水扑灭的火火。但是二氧化碳不宜用来扑灭金属钾、钠、镁、铝等及金属过氧化物（如过氧化钾、过氧化钠）有机过氧化物、氯酸盐、硝酸盐、高锰酸盐、亚硝酸盐、重铬酸盐等氧化剂的火灾。因为当二氧化碳从灭火器中喷出时，温度降低，使环境空气中的水蒸气凝集成小水滴，上述物质遇水即水合导致分解、释放大量的热量，抵制了冷却作用。同时放出氧气，使二氧化碳的窒息作用受到影响。因此，上述物质用二氧化碳效果不佳。

② 氮气灭火剂。氮气灭火是根据冷却可燃物质可以减缓油转化为可燃气体，并最后终止可燃气体的产生而使火熄灭的原理。氮气灭火系统主要用于电力变压器的油箱灭火，也称为"排油搅拌防火系统"。

变压器爆裂漏油起火是常见的事故。在变压器油箱内，顶层热油温度高达 160℃，该层油下面的油温较低。如搅拌所有的油，即能降低其液体表面的温度，也就消除热区域，防止碳氢气体的产生。

早在 1955 年，法国国家电力局的工程师根据美国油罐的防火技术，并以碳氢化合物的燃烧原理为基础，进行了一次电力变压器的防火试验——"机油搅拌防火"试验。在变压器运行中，从其底部均匀地注入氮气进行搅拌，使变压器内油温降到燃点（160℃）以下。为了避免油喷到油箱盖外面，使引起的火蔓延到变压器外部，注入氮气时，应事先排出一部分油。该试验获得成功后，进而研制了"排油注氮搅拌式变压器灭火装置"。

1988 年，我国保定变压器厂引进了法国 5KRGI 公司的排油注氮搅拌式灭火装置的制造技术。

（4）干粉灭火剂

干粉灭火剂（MF）的主要成分是碳酸氢钠和少量的防潮剂硬脂酸镁及滑石粉等。用干燥的二氧化碳或氮气作动力，将干粉从容器中喷出，形成粉雾喷射到燃烧区，干粉中的碳酸氢钠受高温作用发生分解，其化学反应方程式如下：

$$2NaHCO_3 \longrightarrow Na_2CO_3 + H_2O + CO_2$$

该反应是吸热反应，反应放出大量二氧化碳和水，水受热变成水蒸气并吸收大量的热能，起到一定的冷却和稀释可燃气体的作用。

干粉灭火剂的种类很多，大致可分为 3 类：

① 以碳酸氢钠（钾）为基料的干粉，用于扑灭易燃液体、气体和带电设备的火灾。

② 以磷酸三铵、磷酸氢二铵、磷酸二氢铵及其混合物为基料的干粉，用于扑灭可燃固体、可燃液体、可燃气体及带电设备的火灾。

③ 以氯化钠、氯化钾、氯化钡、碳酸钠等为基料的干粉，用于扑灭轻金属火灾。

对于一些扩散性很强的易燃气体，如乙炔、氢气，干粉喷射后难以使整个范围内的气体稀释，灭火效果不佳。它也不宜用于精密机械、仪器、仪表的灭火，因为在灭火后留有残渣。

此外，在使用干粉灭火时，要注意及时冷却降温，以免复燃。

（5）水型灭火剂

水型灭火剂（MS）也叫酸碱灭火剂，它是用碳酸氢钠与硫酸相互作用，生成二氧化碳和水，其化学反应方程式为：

$$2NaHCO_3 + H_2SO_4 \rightarrow Na_2SO_4 + 2H_2O + 2CO_2 \uparrow$$

这种水型灭火剂用来扑救非忌水物质的火灾，它在低温下易结冰，天气寒冷的地区不适合使用。

（6）卤代烷灭火剂

① 七氟丙烷灭火剂 七氟丙烷灭火剂（HFC227ea）的化学分子式为 CF_3CHFCF_3。七氟丙烷是一种较为理想的哈龙替代物，对大气的臭氧层没有破坏作用，消耗大气臭氧层的潜能值 ODP 为零，但有很大的温室效应，其潜能值 GWP 高达 2050。七氟丙烷有很好的灭火效果，并被美国环境保护署推荐，得到美国 NFPA2001 及 ISO 的认可。

七氟丙烷的灭火机理与卤代烷系列灭火剂的灭火机理相似，属于化学灭火的范畴，通过灭火剂的热分解产生含氟的自由基，与燃烧反应过程中产生支链反应的 H+、OH-、O-活性自由基发生气相作用，从而抑制燃烧过程中化学反应来实施灭火。

② 三氟甲烷灭火剂 三氟甲烷是一种人工合成的无色、几乎无味、不导电气体，对臭氧层的耗损潜能值（ODP）为零，符合国家政策和环保要求，是公安部消防局和国家环保总局首推的哈龙灭火剂替代物之一，密度为空气的 2.4 倍。

三氟甲烷是以物理和少量的化学方式灭火的，它主要是降低空气中氧气含量，使空气不能支持燃烧，从而达到灭火的目的。同时，在灭火过程中伴有化学反应，即灭火剂分离有破坏燃烧链反应的自由基，实现断链灭火。能够扑灭 A 类火、B 类火灾、C 类火灾以及电气设备火灾，主要适用场所有电子计算机房、电信通讯设备、过程控制中心、贵重的工业设备、图书馆、博物馆及艺术馆、机器人、洁净室、消声室、应急电力设施、易燃液体储存区、也可用于生产作业火灾危险场所，如喷漆生产线，电器老化间、轧制机、印刷机、油开关、油浸变压器、浸渍槽、熔化槽、大型发电机、烘干设备、水泥生产流程中的煤粉仓以及船舶机舱、货舱等。

（7）其他

用砂、土覆盖物灭火也很广泛。它们覆盖在燃烧物上，主要起到与空气隔绝的作用，其次砂、土也可从燃烧物吸收热量，起到一定的冷却作用。

（8）灭火剂的选用

当发生火灾时，要根据火灾类别和具体情况，根据表6-15选用适当的灭火剂，以求最好的灭火效果。

表6-15　各类灭火剂的适用范围

灭火剂种类			火灾种类				
			木材等一般火灾	可燃液体火灾		带电设备火灾	金属火灾
				非水溶性	水溶性		
液体	水	直流	○	×	×	×	×
		喷雾	○	△	○	○	△
	水溶液	直流（加强化剂）	○	×	×	×	×
		喷雾（加强化剂）	○	○	○	×	×
		水加表面活性剂	○	△	△	×	×
		水加增黏剂	○	×	×	×	×
		水胶	○	×	×	×	×
		酸碱灭火剂	○	×	×	×	×
	泡沫	蛋白泡沫	○	○	×	×	×
		氟蛋白泡沫	○	○	×	×	×
		水成膜泡沫（轻水）	○	○	×	×	×
		合成泡沫	○	○	×	×	×
		抗溶泡沫	○	△	○	×	×
		高、中倍数泡沫	○	○	×	×	×
	特殊液体（7150灭火剂）		×	×	×	×	○
气体	卤代烷	七氟丙烷	△	○	○	○	×
		三氟甲烷	△	○	○	○	×
	不燃气体	二氧化碳	△	○	○	○	×
		氮气	△	○	○	○	×
固体	干粉	钠盐、钾盐 Morlnex 干粉	△	○	○	○	×
		磷酸盐干粉	○	○	○	○	×
		金属火灾用干粉	×	×	×	×	○
	烟雾灭火剂		×	○	×	×	×

注：○—适用；△—一般不用；×—不适用。

6.2.4.3　灭火器和消防设施

（1）灭火器

灭火器是指在其压力作用下，将所装填的灭火剂喷出，以扑救初起火灾的小型灭火器具。

① 灭火器的分类

a. 按充装灭火剂的种类可以分为水型灭火器、空气泡沫灭火器、干粉灭火器、卤代烷灭火器、二氧化碳灭火器等。

b. 按灭火器的重量及移动方式可以分为手提式灭火器、背负式灭火器、推车式灭火器等。

c. 按加压方式可以分为储气瓶式灭火器、储压式灭火器等。

② 灭火器型号

我国灭火器型号由类、组、特征代号和主参数 4 部分组成，各类灭火器型号的编制参见表 6-16。

表 6-16　各类灭火器的型号编制

类	组	特征	代号	代号含义	主参数	
					名称	单位
灭火器 M	水 S	清水 强化液	MSQ MQH	手提式清水灭火器 手提式强化液灭火器	灭火剂量	L
	泡沫 P	空气泡沫 （机械泡沫）	MJP	手提式机械泡沫灭火器		L
	二氧化碳 T	手提式 推车式	MT MTT	手提式二氧化碳灭火器 推车式二氧化碳灭火器		kg
	干粉 F	手提式 推车式 背负式	MF MFT MFB	手提式干粉灭火器 推车式干粉灭火器 背负式干粉灭火器		kg
	1211 Y	手提式 推车式	MY MYT	手提式 1211 灭火器 推车式 1211 灭火器		kg

③ 适用范围

a. 水型灭火器　主要适用于扑救 A 类物质，如木材、纸张、棉麻织物等的初起火灾。

b. 空气泡沫灭火器　主要适用于扑救 B 类物质，如汽油、煤油、柴油、植物油、油脂等的初起火灾；也可以用于 A 类物质的初起火灾。对于极性（水溶性）物质，如甲醇、乙醇、乙醚、丙酮等物质的初起火灾，只能使用抗溶性空气泡沫灭火器扑救。

c. 干粉灭火器　ABC 干粉灭火器也可以扑救 A 类物质的初起火灾。

d. 卤代烷灭火器　主要适用于扑救 B 类、C 类物质，如图书、档案和精密仪器、电气设备等的初起火灾。

e. 7150（即三甲氧基硼氧六环）灭火器　主要适用于扑救轻金属，如镁、铝、铝镁合金等初起火灾。

④ 常用灭火器的使用与保养。常用灭火器的使用与保养见表 6-17。

⑤ 灭火器的配置。小型灭火器的配置种类及数量，应根据使用场所的火灾危险性、占地面积、有无其他消防设施等情况综合考虑。

设置灭火器总的要求是：根据场所可能发生火灾的性质，选择灭火器的种类，并应保证足够的数量；灭火器应放置在明显、取用方便、又不易被损坏的地方；灭火器应注意使用期限，定期进行检查，保证随时启用。

表 6-17　常用灭火器的使用与保养

灭火器类型	泡沫灭火器	干粉灭火器	1211 灭火器	CO_2 灭火器
规格	10L 65～130L	8kg 50kg	1kg 2kg 3kg	2kg 3kg 5kg 24kg
使用方法	倒置,稍加摇动或打开开关,药剂即喷出	提起圈环,干粉即可喷出	拔下铅封或横销,用力压下手把即可喷出	一手持喇叭筒对着火源,另一手打开开关即可喷出
保养与检查	①防止喷嘴堵塞; ②冬季防冻,夏季防晒; ③每年检查一次,泡沫低于 25% 应换药	①放在干燥通风处,防潮防晒; ②每年检查一次气压,若重量减少至原重量 10% 时应充气	①放在干燥处 ②防止碰撞 ③每年检查一次质量	每月检查一次,当质量小于原质量 10% 时,应充气

注：推车式干粉灭火器每隔三年检查一次：干粉储罐需经 2.45MPa（25kg/cm²）水压试验；钢瓶需经 2.21MPa（225kg/cm²）水压试验；合格后方能继续使用。

（2）消防给水设施

消防给水设施是一般工厂必备的。这里根据《建筑设计防火规范》（GB50016）择其要介绍如下。

① 在进行建筑设计时，必须同时设计消防给水系统。

② 消防给水宜于与生产、生活给水管道系统合并，如合并不经济或技术上不可能，可采用独立的消防给水管道系统。

③ 室外消防给水可采用高压或临时高压给水系统或低压给水系统。

④ 民用与工业建筑室外消防用水量，应按同一时间内的火灾次数和一次灭火用水量确定。易燃、可燃材料露天、半露天堆场，可燃气储罐或储罐区的室外消火栓用水量，室外油浸电力灭火器水喷雾灭火用水量，甲类、乙类、丙类液体储罐的消防用水量及液化石油气储罐区消防用水量，《规范》均做了规定。

⑤ 室外消防给水管网一般应布置成环状，输水干管不应少于两条。环状管道应用阀门分为若干独立段，每段内消火栓数量不宜超过 5 个。

⑥ 室外消防给水管道最小直径不应小于 100mm。

⑦ 消火栓分室外与室内两类，室外消火栓又分地上式与地下式两种。

⑧ 室外消火栓应沿道路设置，消火栓与道路的距离也不应超过 2m，距房屋外墙不宜小于 5m。室外消火栓间距不应超过 120m，其保护半径不应超过 150m。室外消火栓的数量应按室外消防用水量计算决定，每个室外消火栓用水量应按 10～15L/s 计算。

⑨ 设有消防给水的建筑物，其各层均应设置（室内）消火栓。室内消火栓栓口处的静水压力不应超过 100mH₂O。室内消火栓应设在明显易于取用地点，栓口离地面高度为 1.1m，其出水方向宜向下或与设置消火栓的墙面而成 90°角。

⑩ 必要时应设消防水池和消防水源泵。

⑪ 某些特定部位应设固定灭火装置。如闭式自动喷水灭火设备、水幕设备、雨淋喷水灭火设备、水喷雾灭火设备、蒸汽灭火设备等。

此外，大、中型企业还应根据自身实际需要，在生产装置、仓库、罐区等部位，设置使用水蒸气、氮气、泡沫、干粉或卤代烷等的灭火装置。

6.2.4.4　危险化学品火灾的扑救

（1）概述

危险化学品容易发生火灾爆炸事故，不同的危险化学品或者在不同情况下发生火灾时，其扑救方法可能差异很大。若处置不当，不仅不能扑灭火灾，反而可能使灾情扩大。此外，由于有些危险化学品本身或者燃烧产物具有较强的毒性或腐蚀性，容易使人员中毒、灼伤。因此，比起扑救一般火灾，扑救危险化学品火灾是一项困难和危险的工作。扑救人员必须慎之又慎。从事危险化学品生产、使用、储存、经营、运输的人员和消防、急救人员，在平时都应该熟悉和掌握这类物品的危险特性及相应的灭火措施。一旦发生火灾时才能正确扑救。

扑救危险化学品火灾总的要求如下。

① 扑救人员应占领上风或侧风地点。

② 位于火场一线人员应采取针对性防护措施，如穿戴防护服、佩戴防护面具或面罩等。应尽量佩戴隔绝式面具，因为一般防护面具对一氧化碳无效。

③ 首先应迅速查明燃烧物品、范围和周边物品的主要危险特性，以及火势蔓延的主要途径。

④ 尽快选择最适当的灭火剂和灭火方法。如果该场所内的危险化学品品种较为固定，平时就应有针对性地配备灭火剂和消防设施。

⑤ 在平时，针对发生爆炸、喷溅等特别危险情况，拟定紧急应对（包括撤退）方案，并进行演练。

下面对一些常见危险化学品火灾的扑救要点简要介绍。

(2) 压缩或液化气体火灾的要点

一般情况下，压缩或液化气体储存在钢瓶中，或者通过管道输送。其中钢瓶内气体压力较高，受热或受火焰烤时容易爆裂，大量气体泄出抑或燃烧爆炸，抑或使人中毒，危险性较大。另外，如果气体泄出后遇火源已形成稳定燃烧时，其危险性比气体泄出未燃时危险性要小得多。针对以上特点，扑救要点如下。

① 切记不要盲目灭火。首先要堵漏或截断气源（如关阀门等）。在此之前，应保持泄出气体稳定燃烧。否则，大量可燃气泄出，与空气混合，遇火源就会发生爆炸，后果更为严重。

② 灭火时要先积极抢救受伤及被困人员，并扑灭火场外围的可燃物火势，切断火势蔓延途径。

③ 如果火场中有受到火焰辐射热威胁的压力容器，必须首先尽量在水枪掩护下疏散到安全地点，不能疏散的应部署足够的水枪进行冷却保护。

④ 如果确认无法截断泄漏气源，则需冷却着火容器及周围容器和可燃物品，或将后两者撤离火场，控制着火范围，直至容器内可燃气烧尽，使火自行熄灭。

⑤ 现场指挥应密切注意各种危险征兆，当有容器爆裂危险时，及时做出正确判断，下达撤退命令并组织现场人员尽快撤离。

(3) 易燃液体的扑救要点

易燃液体通常是储存在容器内，用管道输送，但一般都是常压状态，有些还是敞口的，只有反应釜（锅、炉等）及其输送管道内的液体压力较高。液体无论是否着火，如果泄漏或溢出，都将沿着地面（或水面）流淌漂散；因此易燃液体火灾还有着火液体比重和水溶性等涉及能否用水或普通泡沫灭火剂扑救等问题，以及是否可能发生危险性很大的沸溢及喷溅问题。一般可燃液体火灾的扑救要点如下。

① 首先应该切断火势蔓延途径，控制燃烧范围，并积极抢救受伤及被困人员。一方面着火容器、设备有管道与外界相通的，要截断其与外界的联系；另一方面如果有液体泄漏应堵漏或者在外围修防火堤。

② 及时了解和掌握着火液体的品名、密度、水溶性，以及又无毒害、腐蚀、沸溢、喷溅等危险性；还应正确判断着火面积，以便采取相应的灭火和防护措施。

a. 小面积（在 50m² 以内）液体火灾，一般可用雾状水扑救，而用泡沫、干粉、二氧化碳、卤代烷更有效。

b. 大面积液体火灾则必须根据其密度、水溶性和燃烧面积大小，选择适当的灭火剂扑救：

• 比水轻而不溶于水的液体（如汽油、苯等），一般可用普通蛋白泡沫或轻水泡沫扑救；

• 比水重而不溶于水的液体（如二硫化碳）着火时可用水扑救，用泡沫也有效；

• 具有水溶性的液体，最好用抗溶性泡沫扑救。

扑救以上三类液体火灾时，都需要用水冷却容器设备外壁。如果采用干粉或卤代烷灭火剂时，灭火效果要视燃烧面积大小和燃烧条件而定。

③ 扑救具有毒性、腐蚀性或燃烧产物具有毒性的易燃液体火灾时，救火人员必须佩戴防护面具，采取防护措施。

④ 扑救具有沸溢、喷溅危险的液体（原油、重油等）火灾时，如有条件，可采取措施防止发生放水、搅拌；现场指挥发现危险征兆，应迅速做出正确判断，及时下达撤退命令，避免人员与装备损失。

（4）爆炸品火灾爆炸的扑救要点

由于爆炸品是瞬间爆炸，往往同时引发火灾，危险性、破坏性极大，给扑救带来很大困难。因此，应该在保证扑救人员安全的前提下，把握以下要点。

① 采取一切可能的措施，全力制止再次爆炸。

② 应迅速组织力量及时疏散火场周围的易爆、易燃物品，使火区周边现场一个隔离带。

③ 切忌用砂、土盖、压爆炸物品，以免增加爆炸时其爆炸威力。

④ 灭火人员要利用现场的有利地形或采取卧姿行动，尽可能采取自我保护措施。

⑤ 如有发生再次爆炸征兆或危险时，指挥员应迅即做出正确判断，下达命令，组织人员撤退。

（5）遇湿易燃物品火灾的扑救要点

遇湿易燃物品（如金属钠、钾及液态三乙基铝等）能与水或湿气发生化学反应，促使可燃气体及热量，有时即使没有明火也能"自动"燃烧爆炸。这类物品在达到一定数量时，绝对禁止用水、泡沫、酸碱等湿性灭火剂扑救，这就为其发生火灾时的扑救带来很大困难。通常情况下遇湿易燃物品火灾的扑救要点如下。

① 首先要了解遇湿易燃物品的品名、数量；是否与其他物品混存；燃烧范围及火势蔓延途径等。

② 如果只有极少量（一般在 50g 以内）遇湿易燃物品着火，则无论是否与其他物品混存，仍可以用大量水或泡沫扑救。水或泡沫刚一接触着火物品时，瞬间可能会使火势增大，但少量物品燃尽后，火势就会减小或熄灭。

③ 如果遇湿易燃物品数量较多，而且未与其他物品混存，则绝对禁止用水、泡沫、酸碱等湿性灭火剂扑救，而应该用干粉、二氧化碳、卤代烷扑救，只有轻金属（如钾、钠、铝、镁等）用后两种灭火剂无效。固体遇湿易燃物品应该用水泥（最常用）干砂、干粉、硅藻土及蛭石等覆盖。对遇湿易燃物品中的粉尘如镁粉、铝粉等，切忌喷射有压力的灭火剂，以防将粉尘吹扬起来，与空气形成爆炸性混合物而导致爆炸。

④ 如遇有较多的遇湿易燃物品与其他物品混存，则应先查明是哪类物品着火，遇湿易燃物品的包装是否损坏。如果可以确认遇湿易燃物品尚未着火，包装也未损坏，应立即用大量水或泡沫扑救，扑灭火势后立即组织力量将遇湿易燃物品疏散到安全地点。如果确认遇湿易燃物品已经着火或包装已经损坏，则应禁止用水或湿性灭火剂扑救，若是液体应该用干粉

等灭火剂扑救；若是固体应该用水泥、干沙扑救；如遇钾、钠、铝、镁等轻金属火灾，最好用石墨粉、氯化钠以及专用的轻金属灭火剂扑救。

⑤ 如果其他物品火灾威胁到面临的较多遇湿易燃物品，应考虑其防护问题。可先用油布、塑料布或者其他防水布将其遮盖，然后在上面盖上棉被并淋水；也可以考虑筑防水堤等措施。

（6）易燃固体、自燃物品火灾的扑救要点

相对于其他危险化学品而言，易燃固体、自燃物品火灾的扑救较为容易，一般都能用水和泡沫扑救。但是有少数物品的扑救比较特殊，需要注意如下问题。

① 2，4-二甲基苯甲醚、二硝基萘、萘等能够升华的易燃固体，受热会放出易燃蒸气，能在上层空间与空气形成爆炸性混合物，尤其在室内，容易发生爆燃。因此在扑救此类物品火灾时，应注意，不能以为明火扑灭即完成灭火工作，而要在扑救过程中不时向燃烧区域上空及周围喷射雾状水，并用水浇灭燃烧区域及周围的所有火源。

② 黄磷是自燃点很低，在空气中极易氧化并自燃的物品。扑救黄磷火灾时，首先应切断火势蔓延途径，控制燃烧范围。对着火的黄磷应该用低压水或雾状水扑救。高压水流冲击能使黄磷飞溅，导致灾害扩大。已熔融黄磷流淌时，应该用泥土、沙袋等筑堤阻截并用雾状水冷却。对磷块和冷却后已凝固的黄磷，应该用钳子夹到储水容器中。

③ 少数易燃固体和自燃物品，如三硫化二磷、铝粉、烷基铝、保险粉等，不能用水和泡沫扑救，应根据具体情况分别处理，一般宜选用干砂和非压力喷射的干粉扑救。

（7）氧化剂和有机过氧化物火灾的扑救要点

从灭火角度来说，氧化剂和有机过氧化物是一个杂类。不同的氧化剂和有机过氧化物物态不同，危险特性不同，适用的灭火剂也不同。因此，扑救此类火灾比较复杂，其扑救要点如下。

① 首先要迅速查明着火的氧化剂和有机过氧化物以及其他燃烧物品的品名、数量、主要危险特性；燃烧范围、火势蔓延途径；能否用水和泡沫扑救等情况。

② 能用水和泡沫扑救时，应尽力切断火势蔓延途径，孤立火区，限制燃烧范围；同时积极抢救受伤及受困人员。

③ 不能用水、泡沫和二氧化碳扑救时，应该用于干粉扑救，或用水泥、干沙覆盖。用水泥、干沙覆盖时，应先从着火区域四周特别是下风方向或火势主要蔓延方向覆盖起。形成孤立火势的隔离带，然后逐步向着火点逼近。

应该注意的是，由于大多数氧化剂和有机过氧化物会遇酸会发生化学反应甚至爆炸；活泼金属过氧化物等一些氧化剂不能用水、泡沫和二氧化碳扑救。因此，专门生产、使用、储存、经营、运输此类物品的单位及场所不要配备酸碱灭火器，对泡沫和二氧化碳灭火剂也要慎用。

（8）毒害品、腐蚀品火灾的扑救要点

毒害品、腐蚀品火灾扑救不很困难，但是由于此类物品对人体都有一定危害——毒害品主要经口、呼吸道或皮肤使人体中毒；腐蚀品是通过皮肤接触灼伤人体，所以在扑救此类火灾时要特别注意对人体的保护。

① 灭火人员必须穿着防护服，佩戴防护面具。一般情况下穿着全身防护服即可，对有特殊要求的物品，应穿着专用防护服。在扑救毒害品火灾时，最好使用隔绝式氧气或空气面具。

② 限制燃烧范围，积极抢救受伤及受困人员。

③ 凭借时应尽量使用低压水流或雾状水，避免毒害品和腐蚀品溅出；遇酸类或碱类腐蚀品，最好配制相应的中和剂进行中和。

④ 遇毒害品和腐蚀品容器设备或管道泄漏，在扑灭火势后应采取堵漏措施。

⑤ 浓硫酸遇水能放出大量的热，会导致沸腾飞溅，需要特别注意防护。扑救有浓硫酸的火灾时，如果浓硫酸数量不多，可用大量低压水快速扑救；如果浓硫酸数量很大，应先用二氧化碳、干粉、卤代烷等灭火，然后迅速将浓硫酸与着火物品分开。

（9）放射性物品火灾的扑救要点

放射性物品是一类能放射出能严重危害人类健康甚至生命的 α、β、γ 射线或中子流的特殊物品。扑救此类火灾必须采取防护射线照射的特殊措施。生产、使用、储存、经营及运输放射性物品的单位和有关消防部门有关配备一定数量的防护装备和放射性测试仪器。此类火灾的扑救要点如下。

① 首先要派人测试火场范围和辐射（剂）量，测试人员应采取防护措施。

对辐射（剂）量超过 0.0387C/kg 的区域，应设置"危及生命、禁止进入"的警告标志牌；对辐射（剂）量低于 0.0387C/kg 的区域，可快速用水或泡沫、二氧化碳、干粉、卤代烷扑救，并积极抢救受伤及受困人员。

② 对辐射（剂）量超过 0.0387C/kg 的区域，灭火人员不能深入辐射区域实施扑救；对辐射（剂）量低于 0.0387C/kg 的区域，可快速用水或泡沫、二氧化碳、干粉、卤代烷等扑救，并积极抢救受伤及受困人员。

③ 对燃烧现场包装没有破坏的放射性物品，可在水枪掩护下设法疏散；无法疏散时，应就地冷却保护，防止扩大破损程度，增加辐射（剂）量。

④ 对已破损的容器切忌搬运或用水流冲击，以防止放射性沾染范围扩大。

需要强调的是，灭火人员必须穿着防护服及配备必要的防护装备。

6.3 电气安全技术

6.3.1 电气事故概述

电气事故包括触电事故、雷电、静电、电磁场危害、电气火灾或爆炸，电气线路和设备故障等。

6.3.1.1 电气事故的特点

① 电气事故危害大。电气事故往往伴随着人员伤害和财产损失，严重的电气事故不仅会带来重大的经济损失，甚至还可能造成人员伤亡。

② 电气事故危险直观识别难。由于电既看不见、听不见，又嗅不着，其本身不具备为人们直观识别的特征。因此，由电所引发的危险不易被人们察觉，使得电气事故往往来得猝不及防。也正因如此，给电气事故的防护以及人员的教育带来难度。

③ 电气事故涉及领域广。电气事故并不仅仅局限在用电领域的触电、设备和线路故障等，在一些非用电场所，因电能的释放，也会造成灾害或伤害。如雷电、静电和电磁场危害等。电能的使用极为广泛，遍布各个行业、各个领域。可以说，哪里使用电，哪里就有可能发生电气事故，哪里就必须考虑电气事故的预防问题。

6.3.1.2 电气事故的类型

电气事故是由于电能非正常地作用于人体或系统所造成的。根据电能的不同作用形式，可将电气事故分为以下 5 类。

① 触电事故。是以电流形式的能量作用于人体造成的事故。当电流直接作用于人体或转换成其他形式的能量（如热能）作用于人体时，人体都将受到不同形式的伤害。

② 静电危害事故。是由静电电荷或静电场能量引起的。在生产工艺过程中以及操作人员的操作过程中，某些材料的相对运动、接触与分离等很容易产生静电。尽管产生的静电其能量一般不大，不会直接使人致命。但是，其电压可能高达数十千伏以上，容易发生放电，产生放电火花。

③ 雷电灾害事故。雷电是大气中的一种放电现象。雷电放电具有电流大、电压高的特点，其能量释放出来可能形成极大的破坏力。

④ 射频电磁场危害。射频是指无线电波的频率或者相应的电磁振荡频率，泛指 100kHz 以上的频率。射频伤害是由电磁场的能量造成的。在射频电磁场的作用下，人体因吸收辐射能量会受到不同程度的伤害。过量的辐射可引起中枢神经系统的机能障碍，出现神经衰弱等临床症状；可造成植物神经紊乱，出现心律或血压异常；可引起眼睛损伤，造成晶体浑浊，严重时导致白内障；可造成皮肤表层灼伤或深度灼伤等。

⑤ 电气系统故障危害。电气系统故障危害是由于电能的输送、分配、转换过程中，失去控制而产生的。断线、短路、异常接地、漏电、误合闸、误掉闸、电气设备或电气元件损坏，电子设备受电磁干扰而发生误动作等都属于电路故障。系统中电气线路或电气设备的故障则可能引起火灾和爆炸、异常带电或停电，而导致人员伤亡及重大财产损伤。

6.3.2 触电防护技术

6.3.2.1 触电事故的种类

电气事故主要包括触电事故、静电危害、电磁场危害、电气火灾和爆炸、雷击，也包括危及人身安全的线路故障和设备故障。由于物体带电不像机械危险部位那样容易被人们察觉到，因而更具有危险性。本部分着重讨论电流对人体的伤害。

触电时，电流对人体的伤害可分为局部电伤和全身性电伤（电击）两类。

(1) 局部电伤

局部电伤是指在电流或电弧的作用下，人体部分组织的完整性明显地遭到损伤。有代表性的局部电伤有电灼伤、电标志、皮肤金属化、机械损伤和电光眼。

① 电灼伤。可分为接触灼伤（又称电流灼伤）和电弧灼伤。前者是人体与带电体直接接触，电流通过人体时产生热效应的结果，通常造成皮肤灼伤，只有在大电流通过人体时，才可能损伤皮下组织。后者是指电气设备的电压较高时产生强烈的电弧或电火花，灼伤人体，甚至击穿部分组织或器官，并使深部组织烧死或使四肢烧焦，此时，由于人体表面大面积灼伤或由于呼吸麻痹而致死。

② 电标志。亦称电印记或电流痕迹。电流通过人体时，在皮肤上留下青色或浅黄色的斑痕。

③ 皮肤金属化。当带负荷拉断电路开关或刀闸开关时，形成弧光短路，被熔化了的金属微粒飞溅，渗入裸露的皮肤；或由于人体某部位长时间紧密接触带电体，使皮肤发生电解作用，电流将金属粒子带入皮肤。

④ 机械损伤。电流通过人体时，产生机械-电动力效应，致使肌肉抽搐收缩，造成肌腱、皮肤、血管及神经组织断裂。

⑤ 电光眼。眼睛受到紫外线或红外线照射后，角膜或结膜发炎。

(2) 全身性电伤

遭受电击后，人体维持生命的重要器官（心脏、肺等）和系统（中枢神经系统）的正常活动受到破坏，甚至导致死亡。

6.3.2.2 电流对人体的伤害

(1) 电流对人体的伤害

电流对人体的伤害有电击、电伤和电磁场生理伤害等3种形式。

① 电击是指电流通过人体，破坏人的心脏、肺及神经系统的正常功能。

电流对人体造成死亡的原因主要是电击。在100V以下的低压系统中，电流会引起人的心室颤动，即使心脏由原来正常跳动变为每分钟数百次以上的细微颤动。这种颤动足以使心脏不能再压送血液，导致血液终止循环和大脑缺氧，发生窒息死亡。

② 电伤是指电流的热效应、化学效应或机械效应对人体的伤害，主要有电弧灼伤、熔化金属溅出烫伤等。

③ 电磁场生理伤害是指在高频电磁场的作用下，使人出现头晕、乏力、记忆力减退、失眠等神经系统的症状。

(2) 电流对人体伤害程度的影响因素

电流对人体的伤害程度与下列因素直接相关：

① 流经人体的电路强度；

② 电流通过人体的持续时间；

③ 电流通过人体的途径；

④ 电流的频率；

⑤ 人体的健康状况等。

通过人体的电流越大，通电时间越长，人体的生理反应越明显，人体感觉越强烈，致命的危险性就越大。从电流通过人体途径来看，一般认为，电流通过人体的心脏、肺部和中枢神经系统的危险性大，其中以电流通过心脏的危险性最大。所以，按电流通过的途径来区别危险程度，首先以从手到脚的电流途径最危险，因为沿这条途径有较多的电流通过心脏、肺部和脊髓等重要器官；其次是从一只手到另一只手的电流途径；第三是从一只脚到另一只脚的电流途径。但后者容易因剧烈痉挛而摔倒，导致电流通过全身，造成摔伤、坠落等严重二次事故。

电气设备通常都采用工频（50Hz）交流电，这对人的安全来说是最危险的频率。另外，人的健康状况不同，对电流的敏感程度和可能造成的危害程度也不完全相同。凡患有心脏病、神经系统疾病及肺结核的人，受电击伤害的程度都比较重。

6.3.2.3 触电的形式与原因

(1) 触电形式

按照人体及带电体的接触方式和电流通过人体的途径，电击可以分为下列4种情况。

① 低压单相触电。即在地面或其他接地导体上，人体的某一部位触及一相带电体的触电事故。大部分触电事故都是单相触电事故。

② 低压两相触电。即人体两处同时触及两相带电体的触电事故。这时由于人体受到的电压可高达220V或380V，所以危险性很大。

③ 跨步电压触电。当带电体接地有电流流入地下时，电流在接地点周围土壤中产生电压降，人在接地点周围，两脚之间出现电压（即跨步电压），由此引起的触电事故称为跨步电压触电。高压故障接地处或有大电流流过的接地装置附近，都可能出现较高的跨步电压。

④ 高压电击。对于1000V以上的高压电气设备，当人体过分接近它时，高压电能将空气击穿使电流通过人体。此时还伴有高温电弧，能把人烧伤。

(2) 触电的原因

① 缺乏电气安全知识。如带电拉高压隔离开关；用手触摸被破坏的胶盖刀闸等。

② 违反操作规程。如在高压线附近施工或运输大型货物，施工工具和货物碰击高压线；带电接临时照明线及临时电源；火线误接在电动工具外壳上等。

③ 维护不良。如大风刮断的低压线路未能及时修理；胶盖开关破损长期不予修理等。

④ 电气设备存在事故隐患。如电气设备漏电；电气设备外壳没有接地而带电；闸刀开关或磁力启动器缺少护壳；电线或电缆因绝缘磨损或腐蚀而破坏等。

6.3.2.4　触电防护措施

触电事故尽管各种各样，但最常见的情况是偶然触及那些正常情况下不带电而意外带电的导体。触电事故虽然具有突发性，但具有一定的规律性，针对其规律性采取相应的安全技术措施，很多事故是可以避免的。预防触电事故的主要技术措施如下。

（1）采用安全电压

安全电压是为了防止触电事故而采用的由特定电源供电的电压系列，它是制定电气安全规程和一系列电气安全技术措施的基础数据。这个电压系列的上限值，在任何情况下，两导体间或任一导体与地之间均不得超过交流（频率为 $50 \sim 500 \mathrm{Hz}$）有效值 $50\mathrm{V}$。

安全电压能限制人员触电时通过人体的电流在安全电流范围内，从而在一定程度保障了人身安全。国家标准规定，安全电压额定值的等级为 $42\mathrm{V}$、$36\mathrm{V}$、$24\mathrm{V}$、$12\mathrm{V}$ 和 $6\mathrm{V}$。当电气设备采用了超过 $24\mathrm{V}$ 电压时，必须采用防止人直接接触带电体的保护措施。凡手提照明灯、危险环境和特别危险环境的局部照明灯、高度不足 $2.5\mathrm{m}$ 的一般照明灯、危险环境和特别危险环境中使用的携带式电动工具，如果没有特殊安全结构或安全措施，应采用 $36\mathrm{V}$ 安全电压；凡工作地点狭窄，行动不便，以及周围有大面积接地导体的环境（如金属容器内、隧道或矿井内等），所使用的手提照明灯应采用 $12\mathrm{V}$ 安全电压；对于水下的安全电压值，国内尚未规定，国际电工标准委员会（IEC）规定为 $2.5\mathrm{V}$。

（2）保证绝缘性能

电气设备的绝缘，就是用绝缘材料将带电导体封闭起来，使之不被人身触及，从而防止触电事故。一般使用的绝缘材料有瓷、云母、橡胶、塑料、布、纸、矿物油及某些高分子合成材料。作业环境不良时（潮湿、高温、有导电性粉尘、腐蚀性气体的工作环境，如机加工、铆工、锻工、电镀、漂染车间和空压站、锅炉房等场所），可选用加强绝缘或双重绝缘的电动工具、设备和导线。但绝缘并非万无一失，它也会遭到破坏，有的因为机械损伤，有的因为电压过高或绝缘老化产生电击穿。绝缘损坏会使电气设备外壳带电的机会增加，从而也就增加了触电机会。因此，必须使电气设备的绝缘强度保持在规定范围内。衡量电气设备绝缘性能最基本的指标是绝缘电阻，足够的绝缘电阻能把电气设备的泄漏电流限制在很小的范围内，可以防止漏电引起的事故。不同电压等级的电气设备，有不同的绝缘电阻要求，并要定期测定。

此外，电工作业人员还应正确使用绝缘用具，穿戴绝缘防护用品，如绝缘手套、绝缘鞋和绝缘垫等。

（3）采用屏护

屏护包括屏蔽和障碍，是指能防止人体有意、无意触及或过分接近带电体的遮拦、护罩、护盖、箱匣等安全装置。某些开启式开关电器的活动部分不便绝缘，或高压设备的绝缘不能保证人在接近时的安全，应有相应的屏护，如围墙、遮拦、护网、护罩等，所采用的材料应有足够的机械强度和耐火性能，必要时，还可设置声、光报警信号和联锁保护装置。

（4）保持安全距离

安全距离是指有关规程明确规定的、必须保持的带电部位与地面、建筑物、人体、其他设备之间的最小电气安全空间距离。安全距离的大小取决于电压的高低、设备的类型及安装方式等因素，大致可分为4种：各种线路的安全距离、变配电设备的安全距离、各种用电设备的安全距离、检维修时的安全距离。为了防止人体触及和接近带电体，为了避免车辆或其他工具碰撞或过分接近带电体，为了防止火灾、过电压放电和各种短路事故，在带电体与地面之间、带电体与带电体之间、带电体与人体之间、带电体与其他设备之间，均应保持安全距离。

（5）合理选用电气装置

合理选用电气装置是减少触电危险和火灾爆炸危害的重要措施。选择电气设备时主要根据周围环境的情况，如在干燥少尘的环境中，可采用开启式或封闭式电气设备；在潮湿和多尘的环境中，应采用封闭式电气设备；在有腐蚀性气体的环境中，必须采用封闭式电气设备；在有易燃易爆危险的环境中，必须采用防爆式电气设备。

（6）装设漏电保护装置

漏电保护装置（亦称漏电动作保护器）是一种在设备及线路漏电时，保证人身和设备安全的装置，其作用主要是防止由于漏电引起的人身触电，并防止由于漏电引起的设备火灾。《漏电保护器安装和运行》（GB 13955—2005）要求，在电源中性点直接接地的保护系统中，在规定的设备、场所范围内必须安装漏电保护器和实现漏电保护器的分级保护。对一旦发生漏电切断电源时，会造成事故和重大经济损失的装置和场所，应安装报警式漏电保护器。

（7）保护接地与接零

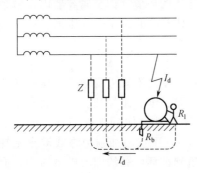

图 6-5　保护接地

① 保护接地。是把用电设备在故障情况下可能出现危险的金属部分（如外壳等）用导线与接地体连接起来，使用电设备与大地紧密连通。在电源为三相三线制中性点不直接接地或单相制的电力系统中，应设保护接地线。保护接地线的形式如图 6-5 所示。

在中性点不接地的系统中，如果电气设备没有保护接地，当设备某一部分的绝缘损坏时、人体触及此绝缘损坏的设备外壳时，将有触电的危险。对电气设备实行保护接地后，接地短路电流将同时沿接地体和人体两条通路流通。接地体的接地电阻一般为 4Ω 以下，而人体电阻约为 1000Ω，因此通过接地体的分流作用，流经人体的电流几乎为零，这样就避免了触电的危险。

保护接地的应用范围：在中性点不接地的系统中，凡是在正常情况下不带电，而当绝缘损坏、碰壳短路或发生其他故障时，有可能带电的电气设备金属部分及其附件都应实行接地保护，如电机、变压器、断路器和其他电气设备的金属外壳或底座，配电、控制、保护用的盘（屏、台、箱）的框架，变、配电装置的金属框架、遮栏和门等。

② 保护接零。保护接零是指将电气设备在正常情况下不带电的金属部分（外壳），用导线与低压电网的零线（中性线）连接起来。

a. 保护接零的原理。保护接零一般与熔断器、自动开关等保护装置配合，当发生碰壳短路时，短路电流就由相线流经外壳到零线（中性线），再回到中性点。由于故障回路的电阻、电抗都很小，所以有足够大的故障电流使线路上的保护装置（熔断器等）迅速动作，从而将故障的设备断开电源，起到保护作用。

保护接零的原理如图 6-6 所示。当某相带电部分与设备外壳碰连时，通过设备外壳形成相线对零线的单相短路（即碰壳短路），短路电流 I_d 能促使线路上的保护装置（如熔断器

FU）迅速动作，从而把故障部分断开，消除触电危险。

b. 保护接零的分类。在三相四线制电网中，应当区分工作零线和保护零线。前者即中性线，用 N 表示；后者是保护导体，用 PE 表示。如果一根线既是工作零线又是保护零线，则用 PEN 表示。

保护接零属于 TN 系统，而 TN 系统又分 TN-C、TN-S 和 TN-C-S 系统。

ⓐ TN-C 系统。保护零线和工作零线是一根线（PEN 线）。

ⓑ TN-S 系统。保护零线和工作零线是分开的。

ⓒ TN-C-S 系统。有一部分保护零线和工作零线共用。

c. 保护接零的要求。

ⓐ 线路的阻抗不宜过大，以保证发生漏电时有足够大的短路电流，迫使线路上的保护装置迅速动作。

ⓑ 在起保护作用的零线上，绝不允许装设熔断器和开关。

ⓒ 在同一供电系统中，不允许个别设备接地不接零。否则，采取接地（不接零）的设备发生漏电时，电流通过两接地体构成回路。由于电流不会太大，保护装置可能不动作，故障会长时间存在。采用接地的漏电设备和采用接零的非漏电设备上都可能带有危险电压。

d. 保护接地与保护接零的区别。

ⓐ 保护原理不同。保护接地是限制设备漏电后的对地电压，使之不超过安全范围；保护接零是借助接零线路使设备形成短路，促使线路上的保护装置动作，以切断故障设备的电源。

ⓑ 适用范围不同。保护接地既适用于一般不接地的高低压电网，也适用于采取了其他安全措施（如装设漏电保护器）的低压电网；保护接零只适用于中性点直接接地的低压电网。

ⓒ 线路结构不同。如果采取保护接地措施，电网中可以无工作零线，只设保护接地线；如果采取保护接零措施，则必须设工作零线，利用工作零线作接零保护。保护零线不应接开关、熔断器，当在工作零线上装设熔断器时，还必须另装保护接地或接零线。

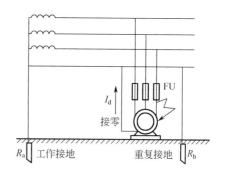

图 6-6　保护接零

6.3.2.5　触电的急救

触电事故发生后，必须不失时机地进行急救，尽可能减少损失。触电急救的要点为：动作迅速、方法正确，使触电者尽快脱离电源是救治触电者的首要条件。

(1) 触电时使触电者脱离电源的方法

① 如果电源开关或电源插头在触电地点附近，可立即拉开开关或拔出插头，切断电源。但应注意拉线开关和平开关只能控制一根线，有可能只切断地线，而火线并未切断，没有达到真正切断电源的目的。

② 如果电源开关或电源插头不在触电地点附近，可用有绝缘柄的电工钳或有干燥木柄的斧头切断电源线，断开电源；或用干木板等绝缘物插入触电者身下，隔断电源。

③ 当电线搭落在触电者身上时，可用干燥的衣服或手套、绳索、木板、木棒等绝缘物作工具，拉开触电者或挑开电线，使触电者脱离电源。

④ 如果触电者的衣服很干燥，且未曾紧缠在身上，可用一手抓住触电者的衣服，拉离

电源。但因触电者的身体是带电的，其鞋子的绝缘也可能遭到破坏，救护人员不得接触触电者的皮肤，也不能触摸他的鞋子。

（2）高压触电时使触电者脱离电源的方法

① 立即通知有关部门停电。

② 戴上绝缘手套、穿上绝缘靴，用相应电压等级的绝缘工具拉开开关。

③ 抛掷裸金属线使线路短路接地，迫使保护装置动作，断开电源。抛掷金属线前，应注意先将金属线一端可靠接地，然后抛掷另一端，被抛掷的一端切不可触及触电者和其他人。

上述使触电者脱离电源的办法，应根据具体情况，以快速为原则选择采用。

（3）救护中的注意事项

① 救护人员不可直接用手或其他金属或潮湿的物件作为救护工具，而必须使用干燥绝缘的工具。救护人最好只用一只手操作，以防自己触电。

② 要防止触电者脱离电源后可能摔伤，特别是当触电者在高处的情况下，应考虑防摔措施。即使触电者在平地，也要注意触电者倒下的方向，以防摔倒。

③ 要避免扩大事故。如触电事故发生在夜间，应迅速解决临时照明问题，以利于抢救。

④ 人触电以后，会出现神经麻痹、呼吸中断、心脏停止跳动等征象，外表上呈现昏迷不醒的状态，但不应认为是死亡，而应该看做是"假死"，有条件时应立即把触电者送医院急救；若不能马上送到医院，应立即进行现场急救，现场急救方法主要指口对口（鼻）人工呼吸法和胸外心脏挤压法。对于与触电同时发生的外伤，应分情况酌情处理，对于不危及生命的轻度外伤，可以在触电急救之后处理；对于严重的外伤，应与实施人工呼吸和胸外心脏挤压的同时处理，如伤口出血，应予以止血，为了防止伤口感染，最好进行包扎。

6.3.3　电力系统安全技术

6.3.3.1　变、配电所及防火防爆

变、配电所是用电设备的枢纽，也是电力系统发生联系的场所，具有接受电能、变换电压等级和分配电能的功能。工业企业中的变电所属于降压变电所，按照容量的大小及引入电压的高低，变、配电所分为一次降压变电所、二次降压变电所和配电所3种类型。

（1）电力变压器的防火防爆

① 变压器发生火灾和爆炸的原因。电力变压器是由铁芯柱或铁轭构成的一个完整闭合磁路，由绝缘铜线或铝线制成线圈，形成变压器的原、副边线圈。变压器大多为油浸自然冷却式，绝缘油起着线圈间的绝缘和冷却作用。绝缘油的闪点约为135℃，易蒸发燃烧，同空气混合能形成爆炸混合物。而变压器内部的绝缘衬垫和支架大多采用纸板、棉纱、布、木材等有机可燃物质，因此，一旦变压器内部发生过载或短路，可燃的材料和油就会因高温或电火花、电弧作用而分解、膨胀以致汽化，使变压器内部压力剧增，可引起变压器外壳爆炸，大量绝缘油喷出燃烧，造成火灾危险。

② 变压器的防火防爆措施。

a. 防止变压器过载运行。过载运行会引起线圈过热，使绝缘逐渐老化，造成匝间短路、相间短路或对地短路及油的分解。

b. 保证绝缘油质量。绝缘油质量差或杂质、水分过多，会降低绝缘强度。当绝缘强度降低到一定值时，变压器就会短路而引起电火花、电弧或出现危险温度。因此，运行中变压器应定期检查化验油，不合格的油应及时更换。

c. 防止铁芯绝缘老化，保证导线接触良好。铁芯绝缘老化或夹紧螺旋套管损坏，会使

铁芯产生很大的涡流，引起铁芯长期发热。线圈内部接头接触不良，会造成局部过热，破坏绝缘，发生短路或断路。此时所产生的高温电弧会使绝缘油分解，产生大量气体，可能引起变压器爆炸。

d. 保证良好的接地和可靠的短路保护。对于采用保护接零的低压系统，变压器低压侧中性点要直接接地。为防止线圈或负载发生短路时烧毁变压器，应安装可靠的短路保护装置。

e. 防止超温。温度的高低对绝缘和使用寿命的影响很大，温度每升高 8℃，绝缘寿命将减少 50％ 左右。所以，变压器运行时应注意监视温度的变化，并保证良好的通风和冷却。

（2）油开关的防火防爆

油开关又叫油断路器，是用来切断和接通电源的，在短路时能迅速可靠地切断短路电流。

① 油开关发生火灾爆炸的原因。油开关主要由油箱、触头和套管组成，触头全部浸没在绝缘油中。造成油开关火灾和爆炸的主要原因如下。

a. 油开关油面过低时，使油开关触头的油层过薄。油受电弧作用而分解释放出可燃气体，与空气混合可形成爆炸性气体，在高温下就会引起燃烧、爆炸。

b. 油箱油面过高时，析出的气体在油箱较小的空间内形成过高的压力，导致油箱爆炸。

c. 油开关内油的杂质和水分过多，引起油开关内部闪络。油开关箱盖与套管、箱盖与箱体密封不严，油箱进水受潮，油箱不清洁或套管有机械损伤，都可能造成对地短路，从而引起油开关着火。

d. 油开关操作机构调整不当，部件失灵，致使开关动作缓慢或合闸后接触不良。当电弧不能及时切断和熄灭时，在油箱内可产生过多的可燃气体而引起火灾。

② 油开关运行时注意的问题。油开关运行时，油面必须在油标指示的高度范围内。若发现异常，如漏油、渗油、有不正常声音等，应立即采取措施，必要时可停电检修。严禁在油开关存在各种缺陷的情况下强行送电运行。

6.3.3.2　动力、照明及电力系统的防火防爆

（1）电动机的防火防爆

电动机是一种将电能转变为机械能的电气设备，电动机按结构和适用范围，可分为开启式和防护式两种。在石油化工企业中，为防止化学腐蚀和易燃易爆危险物质，多使用各种防爆封闭式电动机。

电动机易着火的部位是定子绕组、转子绕组和铁芯。引线接头接触不良、接触电阻过大或轴承过热，也会引起绝缘燃烧。针对电动机着火的原因，应采取相应的预防措施。

① 电动机超负荷运行。如发现电动机外壳过热，电流表所指示的电流超过额定值，说明电动机已超载。当电网电压过低时，电动机也会出现过载。因此，在电动机运行时，要严密监视电流表的指示值，发现过载，迅速查找原因并及时调整，以免烧毁电机。

② 由于金属物体或其他固体掉进电动机内，或在检修时绝缘受损，绕组受潮，以及遇到过高电压时将绝缘击穿等原因，会造成电动机绕组匝间或相间短路或接地，所产生的电弧将烧坏绕组，甚至烧坏铁芯。因此，电动机必须按规定装设防护装置，保护绝缘良好、可靠，以避免出现短路现象。

③ 当电动机接线处的接点接触不良或松动时，会使接触电阻增大，引起接点发热而氧化，最后可将电源接点烧毁，产生电弧火花，损坏周围导线的绝缘，造成短路而烧毁电机。为防止这些情况的出现，必须加强日常的维护保养，经常检查接线处是否牢固，保持电动机

处于良好的工作状态。

（2）电缆的防火防爆

电缆一般分为动力电缆和控制电缆两种。动力电缆用来输送和分配电能；控制电缆用于测量、保护和控制回路。电缆的敷设可以直接埋在地下，也可以用隧道、电缆沟或电缆桥架架空敷设。埋地敷设时应设置标志，穿过道路或铁路时应有保护套管；用电缆桥架空敷设时，宜采用阻燃电缆。

动力电缆发生火灾的可能性很大，在防火防爆方面需要注意以下 5 点。

① 敷设电缆时，防止其保护铅皮受到损坏；电缆运行中，保护其绝缘体不受损伤。保护铅皮或绝缘体受损，均会导致电缆相间或相与铅皮之间的绝缘击穿而发生电弧，致使电缆内部的绝缘材料和电缆外部的麻包发生燃烧。

② 避免电缆长时间超负荷运行。否则，会使电缆绝缘过热和过分干枯，使纸制绝缘材料失去绝缘性能，因而造成击穿着火。

③ 充油电缆敷设高差不可过大（6～10kV 浸油纸绝缘电缆最大允许高差为 15m，20～35kV 为 5m）。高差过大可造成淌油现象。使得淌油部分的电缆热阻增加，绝缘老化而击穿损坏。

④ 保证电缆接头盒的质量。接头盒的中间接头若压接不紧、焊接不牢或接头选材不当，灌注在接头盒内的绝缘剂质量不符合要求，灌注时盒内存有气体，以及电缆盒密封不好；都能引起绝缘击穿，形成短路而发生爆炸。

⑤ 严防外界的火源和热源。

（3）电缆桥架及电缆沟的防火防爆

如果电缆桥架处在防火防爆区域里，可在托盘、梯架添加具有耐火或难燃性的板、网材料，构成封闭式结构，并在桥架表面涂刷防火层。其整体耐火性应符合国家有关规范的要求。桥架还应有良好的接地措施。

电缆沟与变、配电所的连通处，应采取严密封闭的措施，如填砂等，以防可燃气体通过电缆沟窜入变、配电所，引起火灾爆炸事故。电缆沟中敷设的电缆可采用阻燃电缆或涂刷防火涂料。

（4）电气照明、电气线路的防火防爆

① 电气照明的防火防爆。照明灯具在工作时，玻璃灯泡、灯管、灯座等表面温度都较高，若灯具选用不当或发生故障，会产生电火花和电弧。接头处接触不良，局部会产生高温。导线和灯具的过载和过压会引起导线发热，使绝缘损坏、短路和灯具爆碎。下面分别介绍几种灯具在防火防爆方面应注意的问题。

a. 白炽灯。在散热情况不良的情况下，灯泡表面温度会很高，且灯泡的功率越大，升温的速度就越快。此外，白炽灯耐震性差，极易破碎，破碎后高温的玻璃片和高温的灯丝溅落在可燃物上或接触到可燃气体，都能引起火灾。因此，使用中，要注意创造良好的散热条件，使其表面不致过热；要防止白炽灯受到剧烈的震动，以免破碎。

b. 荧光灯。荧光灯的镇流器由铁芯线圈组成。正常工作时，镇流器本身也耗电，具有一定温度。若散热条件不好，或与灯管配套不合理，以及其他附件发生故障等，内部温升会破坏线圈的绝缘，形成匝间短路，产生高温和电火花。防止荧光灯过热，除了保证良好的散热外，还应保证其内部附件配套合理。

c. 高压汞灯。正常工作时，其表面温度虽比白炽灯要低，但因功率比较大，不仅温升速度快，发生的热量也大。高压汞灯镇流器的火灾危险性与荧光灯镇流器相似。

d. 卤钨灯。卤钨灯工作时维持灯管点燃的最低温度为 250℃。1000W 卤钨灯的石英玻璃管外表面温度可达 500～800℃，其内壁的温度更高，约为 1000℃。因此，卤钨灯不仅能在短时间内烤燃接触灯管较近的可燃物，其高温辐射还能将距离灯管一定距离的可燃物烤燃。所以它的火灾危险性比别的灯具更大，也需更加注意它的散热条件，并将可燃物远离其周围。

② 电气线路的防火防爆。电气线路往往因为短路、过载和接触电阻过大等原因产生电火花、电弧，或因导线、电缆达到危险高温而发生火灾。因此，在防火防爆方面应注意以下问题。

a. 防止电气线路短路起火。短路有相间短路和对地短路两种。短路时电阻突然减小，电流急剧增大，出现瞬时放电发热，不仅会烧损绝缘，使金属熔化，也能将附近易燃易爆物品引燃引爆。

b. 防止电气线路过载。线路中的电流若超过额定电流，就称过载电流。过载电流通过导线时，温度相应增高。长时间过载，导线温度就会超过允许温度，会加快绝缘老化，甚至损坏。

c. 保证接触良好。导线接头处不牢固，接触不良，造成局部接触电阻过大，发生过热。长时间过热可导致接头处熔化，引起导线绝缘材料中可燃物质的燃烧。

6.3.4 火灾爆炸危险场所的电气安全

6.3.4.1 爆炸和火灾危险场所的分级和判断

(1) 爆炸和火灾危险场所的分级

按形成爆炸火灾危险的可能性大小将危险场所分级，其目的是为了有区别地选择电气设备和采取防护措施。目前国内将爆炸火灾危险场所按照气体爆炸、粉尘爆炸及火灾危险三大类，每类危险场所各分若干区域等级。具体划分见表 6-18～表 6-19。

表 6-18 气体爆炸危险场所区域等级

区域等级	说 明
0 区	连续出现爆炸性气体环境或长期出现爆炸性气体环境的区域
1 区	在正常运行时，可能出现爆炸性气体环境的区域
2 区	在正常运行时，不可能出现爆炸性气体环境，即使出现也仅可能是短时存在的区域

注：1. 除了封闭的空间，如密闭的容器、储油罐等内部气体空间外，很少存在 0 区。

2. 有高于爆炸上限的混合物环境或在有空气进入时可能使其达到爆炸极限的环境，应划为 0 区。

表 6-19 粉尘爆炸危险场所区域等级

区域等级	说 明
20 区	空气中的可燃性粉尘云持续地或长期地或频繁地出现于爆炸性环境中的区域
21 区	在正常运行时，空气中的可燃性粉尘云很可能偶尔出现于爆炸性环境中的区域
22 区	在正常运行时，空气中的可燃性粉尘云一般不可能出现于爆炸性环境中的区域，即使出现，持续的时间也是短暂的

注：1. "正常情况"包括正常开车、停车和运转（如敞开装料、卸料等），也包括设备和管线允许的正常泄漏在内；"不正常情况"包括装置损坏、误操作、维护不当及装置的拆卸、检修等。

2. 各表分级按《爆炸危险环境电力装置设计规范》（GB 50058—2014）。

(2) 危险场所的判断

判断场所危险程度需考虑危险物料性质、释放源特征和通风状况等因素。

① 危险物料除应考虑危险物料种类外，还必须考虑物料的闪点、爆炸极限、密度、引燃温度等理化性能，必须考虑其工作温度、压力及其数量和配置。

② 释放源应考虑释放源的布置和工作状态，注意其泄漏或放出危险物品的速率、泄放量和混合物的浓度，以及扩散情况和形成爆炸性混合物的范围。一般分为三级：连续释放或预计长期释放的为连续级释放源，周期性或偶然性释放的为一级释放源，不释放或只是偶然短暂释放的为二级释放源。

③ 通风室内原则上应视为阻碍通风场所，但若安装了能充分通风的强制通风设备，则不视为阻碍通风场所；室外危险源周围有障碍处亦应视为阻碍通风场所。

④ 综合判断危险场所，首先应考虑释放源及其布置，再分析释放源的性质，划分级别，并考虑通风条件。

6.3.4.2 爆炸性环境内电气设备的选择

(1) 爆炸性环境内电气设备应根据下列条件进行选择

① 爆炸危险区域的分区。

② 可燃性物质和可燃性粉尘的分级。

③ 可燃性物质的引燃温度。

④ 可燃性粉尘云、可燃性粉尘层的最低引燃温度。

(2) 根据爆炸危险区域的划分选择防爆电气结构的类型

表 6-20　根据爆炸危险区域的划分选择防爆电气结构的类型

爆炸危险区域 防爆结构	0 区	1 区	2 区
隔爆外壳"d"	X	○	○
正压型"p"	X	○	○
充沙型"q"	X	○	○
油浸型"o"	X	○	○
增安型"e"	X	△	○
本质安全型"ia"	○	○	○
本质安全型"ib"	X	○	○
浇封型"m"	○	○	○

注：1. 表中符号：○为适用；△为慎用；X 为不适用。

2. 在 1 区中使用的增安型"e"电气设备仅限于下列电气设备：

① 在正常运行中不产生火花、电弧或危险温度的接线盒和接线箱，包括主体为"d"或"m"型，接线部分为"e"的电气产品；

② 配置有合适热保护装置（GB3836.3—2010）的"e"型低压异步电动机（启动频繁和环境条件恶劣者除外）；

③ "e"型荧光灯；

④ "e"型测量仪表和仪表用电流互感器。

6.3.5　静电的危害与消除

6.3.5.1　静电的产生

静电的产生有内因和外因两方面原因。内因是由于物质的逸出功不同，当两物体接触时，逸出功较小的一方失去电子带正电，另一方则获得电子带负电。若带电体电阻率高，导电性能差，就使得带电层中的电子移动困难，为静电荷积聚创造了条件。

产生静电的外因有多种，如物体的紧密接触和迅速分离（如摩擦、撞击、撕裂、挤压等），促使静电的产生；带电微粒附着到与地绝缘的固体上，使之带上静电；感应起电；固定的金属与流动的液体之间会出现电解起电；固体材料在机械力的作用下产生压电效应；流体、粉末喷出时，与喷口剧烈摩擦而产生喷出带电等。需要指出的是，静电产生的方式不是单一的，如摩擦起电的过程中，就包括了接触带电、热电效应起电、压电效应起电等几种形式。

6.3.5.2　静电危害

(1) 爆炸和火灾

爆炸和火灾是静电最大的危害。在有可燃液体的作业场所（如油料装运等），可能由静电火花引起火灾；在有气体、蒸气爆炸性混合物或有粉尘纤维爆炸性混合物的场所（如氧、乙炔、煤粉、铝粉、面粉等），可能由静电引起爆炸。

(2) 电击

当人体接近带电体时，或带静电电荷的人体接近接地体时，都可能产生静电电击。由于静电的能量较小，生产过程中产生的静电所引起的电击一般不会直接使人致命，但人体可能因电击导致坠落、摔倒等二次事故。电击还可能使作业人员精神紧张，影响工作。

(3) 影响生产

在某些生产过程中，如不消除静电，将会妨碍生产或降低产品质量。例如，静电使粉尘吸附在设备上，影响粉尘的过滤和输送；在聚乙烯的物料输送管道和储罐内，常发生物料结块、熔化成团的现象，造成管路堵塞。

6.3.5.3　防止静电的途径

防止和消除静电的基本途径有：在工艺方面控制静电的发生量；采取泄漏导走的方法，消除静电电荷的积聚；利用设备生产出异性电荷，中和生产过程中产生的静电电荷。

(1) 工艺控制法

工艺控制法就是从工艺流程、设备结构、材料选择和操作管理等方面采取措施，限制静电的产生或控制静电的积累，使之不能到达危险的程度。具体方法有：限制输送速度；对静电的产生区和逸散区，采取不同的防静电措施；正确选择设备和管道的材料；合理安排物料的投入顺序；消除产生静电的附加源，如液流的喷溅、冲击、粉尘在料斗内的冲击等。

(2) 泄漏导走法

泄漏导走法即是将静电接地，使之与大地连接，消除导体上的静电。这是消除静电最基本的方法。可以利用工艺手段对空气增湿、添加抗静电剂，使带电体的电阻率下降或规定静置时间和缓冲时间等，使所带的静电荷得以通过接地系统导入大地。

常用的静电接地连接方式有静电跨接、直接接地、间接接地三种。接地跨接是将两个以上、没有电气连接的金属导体进行电气上的连接，使相互之间大致处于相同的静电电位。直接接地是将金属体与大地进行电气上的连接，使金属体的静电电位接近于大地，简称接地。间接接地是将非金属全部或局部表面与接地的金属紧密相连，从而获得接地的条件。正确地选择接地连接方式对消除静电是十分重要的。一般情况下，金属导体应采用静电跨接和直接接地。

积聚了大量静电电荷的导体与大地连接的瞬间，大量电荷通过连接体集中放电，会形成较大的冲击电流，产生火花。此时要进行放电，方法是在接地放电回路中串接限流电阻。

(3) 静电中和法

静电中和法是利用静电消除器产生的消除静电所必需的离子来对异性电荷进行中和。此法已被广泛用于生产薄膜、纸、布、粉体等行业的生产中。静电消除器的形式主要有自感应式、外接电源式、放射线式、离子流式和组合式等。自感应式和放射线式静电消除器适用于任何级别的场所，但当危及安全工作时不得使用放射线式；外接电源式静电消除器应按场所级别选用，如在防爆场所内，应选用具有防爆性能的；离子流型静电消除器适用于远距离和需防火、防爆的环境中。

6.3.5.4　人体防静电措施

人体带电除了能使人遭到电击和对安全生产构成威胁外，还能在精密仪器或电子器件生产中造成质量事故。因此，消除人体所带有的静电非常必要。

(1) 人体接地

在人体必须接地的场所，工作人员应随时用手接触接地棒，以清除人体所带有的静电，防静电场所的入口处、外侧，应有裸露的金属接地物，如采用接地的金属门、扶手、支架等。在有静电危害的场所，工作人员应穿戴防静电工作服、鞋和手套，不得穿用化纤衣物。

(2) 工作地面导电化

特殊危险场所的工作地面，应是导电性的或具备导电条件。这一要求可通过洒水或铺设导电地板来实现。工作地面泄漏电阻的阻值一般应控制在 $3\times10^4\Omega\leqslant R\leqslant10^6\Omega$。

(3) 安全操作

工作中，应尽量不进行可使人体带电的活动，如接近或接触带电体；操作应有条不紊，避免急骤性的动作；在有静电危害的场所，不得携带与工作无关的金属物品，如钥匙、硬币、手表等；合理使用规定的劳动保护用品和工具，不准使用化纤材料制作的拖布或抹布擦洗物体或地面。

6.3.6 雷电危害及其防护

6.3.6.1 雷电的分类与危害

(1) 雷电的概念和分类

雷电是雷云层相互接近或雷云层接近大地时，感应出相反电荷。当电荷积聚到一定程度，产生云与云间以及云与大地间的放电，同时发出光和电的现象。根据形状不同，雷电大致可分为片状、线状和球状三种形式；从危害的角度考虑，雷电可分为直击雷、感应雷（包括静电感应和电磁感应）和雷电侵入波三种。

(2) 雷电的危害

雷电的危害按其破坏因素可归纳为电性质破坏、热性质破坏、机械性质的破坏 3 类。

① 电性质破坏。雷电放电产生极高的冲击电压，可击穿电气设备的绝缘，损坏电气设备和线路，造成大规模停电。绝缘损坏会引起短路，导致火灾或爆炸事故。二次反击的放电火花也能够引起火灾和爆炸。绝缘的损坏还为高压窜入低压、设备漏电造成了危险条件，并可能造成严重触电事故。

② 热性质破坏。强大雷电通过导体时，在极短的时间内转换为大量热能，产生的高温会造成易燃物燃烧或金属熔化飞溅，而引起火灾、爆炸。

③ 机械性质的破坏。由于热效应使漏电通道中木材纤维缝隙和其他结构中缝隙里的空气剧烈膨胀，并使水分及其他物质分解为气体，因而在雷击物体内部出现强大的机械压力，使被击物体遭受严重破坏或造成爆裂。

雷电的危害主要表现在雷电放电时所出现的各种物理效应和作用，具体如下。

① 雷电感应。雷电的强大电流所产生的强大交变电磁场合，会使导体感应出较大的电动势，还会在构成闭合回路的金属物中感应出电流。如果回路中有的地方接触电阻较大，就会局部发热或发生火花放电，可引燃易燃、易爆物品。

② 雷电侵入波。雷电在架空线路、金属管道上会产生冲击电压，使雷电波沿线路或管道迅速传播。若侵入建筑物内，可将配电装置和电气线路的绝缘层击穿，产生短路或使建筑物内易燃、易爆物品燃烧和爆炸。

③ 反击作用。当防雷装置受雷击时，在接闪器引下线和接地体上部具有很高的电压。如果防雷装置与建筑物内的电气设备、电气线路或其他金属管道的距离很近，它们之间就会产生放电，这种现象称为反击。反击可能引起电气设备绝缘破坏，金属管道烧穿。

④ 雷电对人体的危害。雷击电流迅速通过人体，可立即使呼吸中枢麻痹，心室纤颤、心跳骤停，以致使脑组织及一些主要脏器受到严重损害，出现休克或突然死亡。雷击时产生的火花、电弧，还可使人遭到不同程度的烧伤。

6.3.6.2　防雷的基本措施

（1）直接雷的保护措施

① 避雷针。避雷针的保护原理是将雷电引向自身，从而保护其他免遭雷击。多用于保护工业与民用高层建筑以及发电厂、变电所的屋外配电装置、油品燃料储罐等。

② 避雷带、避雷网。它们是在建筑时沿屋角、屋脊、檐角和屋檐等易受雷击部位敷设的金属网络，主要用于保护高大的建筑物。

（2）雷电感应的保护措施

防止雷电感应产生的高压，可将室内外的金属设备、金属管道、结构钢筋予以接地。对于金属屋顶，可将屋顶妥善接地；对于钢筋混凝土屋顶，可将屋面钢筋焊接成 $6\sim12mm$ 的金属网格予以接地。

为防止雷电感应放电，平行管道相距不到 0.1m 时，每 $20\sim30m$ 用金属线跨接；交叉管道相距不到 0.1m 时，也用金属线跨接；管道与金属设备或金属结构之间距离小于 0.1m 时，同样用金属线跨接。

（3）雷电侵入波的保护措施

防止雷电波的防护装置有阀型避雷针、管型避雷针和保护间隙，主要用于保护电力设备，也用作防止高压电侵入室内的安全措施。

6.3.6.3　建筑物的防雷措施

（1）建筑物防雷分类

根据建筑物的危险性和重要性，将建筑物的防雷等级分为三类：第一类防雷建筑物主要为处于爆炸危险环境的建筑物，如制造、使用或储存炸药、火药、军火品等大量爆炸物的建筑物；第二类防雷建筑物主要为国家级重点建筑物，如国家级重点文物保护的建筑物、国家级的会堂、大型展览和博览建筑物、大型火车站、国宾馆、国家级计算中心等；第三类防雷建筑物主要为省级重点建筑物，如省级重点文物保护的建筑物、省级档案馆、省级办公建筑物等。

（2）建筑物的防雷措施

① 第一类防雷建筑物的防雷措施。

a. 防直击雷采取的措施主要是：装设独立避雷针或架空避雷线（网），网格尺寸不大于 $5m\times5m$，并有独立的接地装置；对排放有爆炸危险气体、蒸气或粉尘的放散管、呼吸阀、排风管等管道，其管口外的以下空间应处于接闪器的保护范围内。

b. 防雷电感应采取的措施主要是：建筑物内的设备、管道、构架、电缆金属外皮、钢窗等较大金属物和突出屋面的放散管、风管等金属物，均应接到防雷电感应的接地装置上；平行敷设的管道、构架和电缆金属外皮等长金属物，其净距小于 0.1m 时，每隔不大于 30m 用金属线跨接。

c. 防止雷电波侵入采取的措施主要是：低压线路最好全线采用电缆直接埋地敷设，在入户端应将电缆的金属外皮、钢管接到防雷电感应的接地装置上；架空金属管道，在进出建筑物处应与防雷电感应的接地装置相连。

② 第二类防雷建筑物的防雷措施。

a. 防直击雷采取的措施主要是：在建筑物上装设避雷网（带）、避雷针，避雷网格应不大于 $10m\times10m$；对排放有爆炸危险气体、蒸气或粉尘的放散管、呼吸阀、排风管等管道，其管口外的以下空间应处于接闪器的保护范围内；引下线应不少于2根，每根引下线的冲击接地电阻不应大于10Ω。

b. 防雷电感应的措施主要是：建筑物内的设备、管道、构架等主要金属物，应就近接至防雷击接地、电气设备的保护接地装置上；平行敷设的管道、构架和电线金属外皮等长金属物，若净间距小于0.1m时，沿管线应每隔不大于30m用金属线跨接。

c. 防雷电波侵入的措施主要是：当低压线路全长采用埋地电缆或敷设在架空金属线槽内的电缆引入时，在入口端应将电缆金属外皮、金属线槽接地；架空和直接埋地的金属管道在进出建筑物处应就近与防雷接地装置相连。

③ 第三类防雷建筑物的防雷措施。

a. 防直击雷的措施主要是：在建筑物上装设避雷网或避雷针，避雷网格不大于20m×20m；引下线应不小于2根，每根引下线的冲击接地电阻不应大于30Ω。

b. 防雷电波侵入的措施主要是：对电缆进出线，应在进出端将电缆金属外皮、钢管等与电气设备接地相连。

6.4 生产工艺过程安全

由于化工生产的产品绝大多数都是危险化学品，化工生产具有易燃、易爆、易中毒，高温、高压、有腐蚀等特点，从而导致化工生产较其他工业生产具有更大的危险性，较易发生火灾爆炸事故，职业病的发生率也较高。因此，安全生产在化工行业就更为重要。在《安全生产法》中被列入较易发生危险的一类（其他两类为矿山及建筑），在很多方面提出了更为严格的要求。

6.4.1 典型化学反应的危险性及基本安全技术

在化工生产中不同的化学反应有不同的工艺条件，不同的化工过程有不同的操作规程。评价一套化工生产装置的危险性，不单要看它所加工的介质、中间产品、产品的性质和数量，还要看它所包含的化学反应类型及化工过程和设备的操作特点。因此，化工安全技术与化工工艺是密不可分的。作为基础，本部分首先讨论典型化学反应的危险性及其相关的基本安全技术。

6.4.1.1 氧化反应

绝大多数氧化反应都是放热反应。这些反应很多是易燃易爆物质（如甲烷、乙烯、甲醇、氨等）与空气或氧气参加，其物料配比接近爆炸极限。倘若配比及反应温度控制失调，即能发生爆炸、燃烧。某些氧化反应能生成危险性更大的过氧化物，它们化学稳定性极差，受高温、摩擦或撞击便会分解、引燃或爆炸。

有些参加氧化反应的物料本身是强氧化剂，如高锰酸钾、氯酸钾、铬酸酐和过氧化氢，它们的危险性很大，在与酸、有机物等作用时危险性就更大了。

因此，在氧化反应中，一定要严格控制氧化剂的投料量（即适当的配料比），氧化剂的加料速度也不宜过快。要有良好的搅拌和冷却装置，防止温升过快、过高。此外，要防止由于设备、物料含有的杂质而引起的不良副反应，例如有些氧化剂遇金属杂质会引起分解。使用空气时一定要净化，除掉空气中的灰尘、水分和油污。

当氧化过程以空气和氧为氧化剂时，反应物料配比应严格控制在爆炸范围以外。如乙烯氧化制环氧乙烷，乙烯在氧气中的爆炸下限为91%，即含氧量9%。反应系统中氧含量要求严格控制在9%以下。其产物环氧乙烷在空气中的爆炸极限范围很宽，为3%～

100%。其次，反应放出大量的热增加了反应体系的温度。在高温下，由乙烯、氧和环氧乙烷组成的循环气具有更大的爆炸危险性。针对上述两个问题，工业上采用加入惰性气体（N_2、CO_2 或甲烷等）的方法，来改变循环气的成分，缩小混合气的爆炸极限，增加反应系统的安全性；其次，这些惰性气体具有较高的热容，能有效地带走部分反应热，增加反应系统的稳定性。这些惰性气体叫做制稳气体，制稳气体在反应中不消耗，可循环使用。

6.4.1.2 还原反应

还原反应种类很多。虽然多数还原反应的反应过程比较缓和，但是许多还原反应会产生氢气或使用氢气，增加了发生火灾爆炸的危险性，从而使防火防爆问题突出；另外有些反应使用的还原剂和催化剂具有很大的燃烧爆炸危险性。下面就不同情况进行介绍。

(1) 利用初生态氢还原

利用铁粉、锌粉等金属在酸、碱作用下生成初生态氢起还原作用。例如硝基苯在盐酸溶液中被铁粉还原成苯胺。

在此类反应中，铁粉和锌粉在潮湿空气中遇酸性气体时可能引起自燃，在储存时应特别注意。

反应时酸、碱的浓度要控制适宜，浓度过高或过低均使产生初生态氢的量不稳定，使反应难以控制。反应温度也不宜过高，否则容易突然产生大量氢气而造成冲料。反应过程中应注意搅拌效果，以防止铁粉、锌粉下沉。一旦温度过高，底部金属颗粒动能加大，将加速反应，产生大量氢气而造成冲料。反应结束后，反应器内残渣中仍有铁粉、锌粉在继续作用，不断放出氢气，很不安全，应将残渣放入室外储槽中，加冷水稀释，槽上加盖并设排气管以导出氢气。待金属粉消耗殆尽，再加碱中和。若急于中和，则容易产生大量氢气并生成大量的热，将导致燃烧爆炸。

(2) 在催化剂作用下加氢

有机合成工业和油脂化学工业中，常用雷尼镍、钯碳等为催化剂使氢活化，然后加入有机物质分子中起还原反应，例如苯在催化作用下，经加氢生成环己烷。

催化剂雷尼镍、钯碳在空气中吸潮后有自燃的危险。钯碳更易自燃，平时不能暴露在空气中，而要浸在酒精中保存。反应前必须用氮气置换反应器的全部空气，经测定证实含氧量降低到规定要求后，方可通入氢气。反应结束后应先用氮气把氢气置换掉，并以氮保存。

此外，无论是利用初生态氢还原，还是用催化加氢，都是在氢气存在下，并在加热加压条件下进行的。氢气的爆炸极限为 4%～75%，如果操作失误或设备泄漏，都极易引起爆炸。操作中要严格控制温度、压力和流量。厂房的电气设备必须符合防爆要求，且应采用轻质屋顶，开设天窗或风帽，使氢气易于飘逸。尾气排放管要高出房顶并设阻火器。

高温高压下的氢对金属有渗碳作用，易造成氢腐蚀，所以对设备和管道的选材要符合要求。对设备和管道要定期检测，以防事故。

(3) 使用其他还原剂还原

常用还原剂中火灾危险性大的有硼氢类、四氢化锂铝、氢化钠、保险粉（连二亚硫酸钠）、异丙醇铝等。

常用的硼氢类还原剂为钾硼氢和钠硼氢。它们都是遇水燃烧物质，在潮湿的空气中能自燃，遇水和酸即分解放出大量的氢，同时产生大量的热，可使氢气燃爆。所以应储于密闭容器中，置于干燥处。钾硼氢通常溶解在液碱中比较安全。在生产中，调节酸、碱度时要特别注意防止加酸过多、过快。

四氢化锂铝有良好的还原性，但遇潮湿空气、水和酸极易燃烧，应浸没在煤油中储存。使用时应先将反应器用氮气置换干净，并在氮气保护下投料和反应。反应热应由油类冷却剂取走，不应用水，防止水漏入反应器内发生爆炸。

用氢化钠作还原剂与水、酸的反应与四氢化锂铝相似，它与甲醇、乙醇等反应也相当激烈，有燃烧爆炸的危险。

保险粉是一种还原效果不错且较为安全的还原分。它遇水发热，在潮湿的空气中能分解析出黄色的硫黄蒸气。硫黄蒸气自燃点低，易自燃。使用时应在不断搅拌下，将保险粉缓缓溶于冷水中，待溶解后再投入反应器与物料反应。

异丙醇铝常用于高级醇的还原，反应较温和。但在制备异丙醇铝时需加热回流，将产生大量氢气和异丙醇蒸气，如果铝片或催化剂三氯化铝的质量不佳，反应就不正常。往往先是不反应，温度升高后又突然反应，引起冲料，增加了燃烧爆炸的危险性。

采用还原性强而危险性又小的新型还原剂对安全生产很有意义。例如用硫化钠代替铁粉还原，可以避免氢气产生，同时也消除了铁泥堆积问题。

6.4.1.3 硝化反应

有机化合物分子中引入硝基（$-NO_2$）取代氢原子而生成硝基化合物的反应，称为硝化。硝化反应是生产染料、药物及某些炸药的重要反应。常用的硝化剂是浓硝酸或浓硝酸与浓硫酸的混合物（俗称混酸）。

硝化反应使用硝酸作硝化剂，浓硫酸为催化剂，也有使用氧化氮气体作硝化剂的。一般的硝化反应是先把硝酸和硫酸配成混酸，然后在严格控制温度的条件下将混酸滴入反应器，进行硝化反应。

制备混酸时，应先用水将浓硫酸适当稀释，稀释应在有搅拌和冷却的情况下将浓硫酸缓缓地加入水中，并控制温度。如温度升高过快，应停止加酸，否则易发生爆溅，引发危险。

浓硫酸适当稀释后，在不断搅拌和冷却条件下加浓硝酸。应严格控制温度和酸的配比，直至充分搅拌均匀为止。配酸时要严防因温度猛升而冲料或爆炸。更不能把未经稀释的浓硫酸与硝酸混合，因为浓硫酸猛烈吸收其中的水分而产生高热，将使硝酸分解产生多种氮氧化物，引起爆沸冲料或爆炸。浓硫酸稀释时，不可将水注入酸中，因为水的密度比浓硫酸小，上层的水被溶解放出的热量加热而沸腾，引起四处飞溅。

配制成的混酸具有强烈的氧化性和腐蚀性，必须严格防止触及棉、纸、布、稻草等有机物，以免发生燃烧爆炸。硝化反应的腐蚀性很强，要注意设备及管道的防腐性能，以防渗漏。

硝化反应是放热反应，温度越高，硝化反应速率越快，放出的热量越多，极易造成温度失控而爆炸。所以硝化反应器要有良好的冷却和搅拌，不得中途停水、断电及搅拌系统发生故障。要有严格的温度控制系统及报警系统，遇有超温或搅拌故障，能自动报警并自动停止加料。反应物料不得有油类、醋酐、甘油、醇类等有机杂质，含水也不能过高，否则易与酸反应，发生燃烧爆炸。

硝化器应设有泄爆管和紧急排放系统。一旦温度失控，紧急排放到安全地点。

硝化产物具有爆炸性，因此处理硝化物时要格外小心。应避免摩擦、撞击、高温和日晒，不能接触明火、酸和碱。卸料时或处理堵塞管道时，可用水蒸气慢慢疏通，千万不能用黑色金属棒敲打或明火加热。拆卸的管道、设备应移至车间外安全地点，用水蒸气反复冲洗，刷洗残留物，经分析合格后，才能进行检修。

6.4.1.4 磺化反应

在有机物分子中导入磺酸基或其衍生物的化学反应称为磺化反应。磺化反应使用的磺化剂主要是浓硫酸、发烟硫酸和硫酸酐，都是强烈的吸水剂。吸水时放热，会引起温度升高，甚至发生爆炸。磺化剂有腐蚀作用。磺化反应与硝化反应在安全技术上相似，不再赘述。

6.4.1.5 氯化反应

以氯原子取代有机化合物中氢原子的反应称为氯化反应。常用的氯化剂有液态或气态的氯、气态的氯化氢和不同浓度的盐酸、磷酰氯（三氯氧磷）、三氯化磷、硫酰氯（二氯硫酰）和次氯酸钙（漂白粉）等。最常用的氯化剂是氯气。氯气由氯化钠电解得到，通过液化储存和运输。常用的容器有储罐、气瓶和槽车，它们都是压力容器。氯气的毒性很大，要防止设备泄漏。

在化工生产中用以氯化的原料一般是甲烷、乙烷、乙烯、丙烷、丙烯、戊烷、苯、甲苯及萘等，它们都是易燃易爆物质。

氯化反应是放热反应。有些反应比较容易进行，如芳烃氯化，反应温度较低。而烷烃和烯烃氯化则温度高达 $300 \sim 500℃$。在这样苛刻的反应条件下，一定要控制好反应温度、配料比和进料速度。反应器要有良好的冷却系统。设备和管道要耐腐蚀，因为氯气和氯化产物（氯化氢）的腐蚀性极强。

气瓶或储罐中的氯气呈液态，冬天汽化甚慢，有时需加热，以促使氯的汽化。加热一般用温水而切忌用蒸汽和明火，以免温度过高，液氯剧烈汽化，造成内压过高而发生爆炸。停止通氯时，应在氯气瓶尚未冷却的情况下关闭出口阀，以免温度骤降，瓶内氯气体积缩小，造成物料倒灌，形成爆炸性气体。三氯化磷、三氯氧磷等遇水猛烈分解，会引起冲料或爆炸，所以要防水。冷却剂最好不用水。氯化氢极易溶于水，可以用水来冷却和吸收氯化反应的尾气。

6.4.1.6 裂解反应

广义地说，凡是有机化合物在高温下分子发生分解的反应过程都称为裂解。而石油化工中所谓的裂解是指石油烃（裂解原料）在隔绝空气和高温条件下，分子发生分解反应而生成小分子烃类的过程。在这个过程中还伴随着许多其他的反应（如缩合反应），生成一些别的反应物（如由较小分子的烃缩合成较大分子的烃）。

裂解是总称，不同的情况，可以有不同的名称。如单纯加热不使用催化剂的裂解称为热裂解；使用催化剂的裂解称为催化裂解；使用添加剂的裂解，随着添加剂的不同，有水蒸气裂解、加氢裂解等。

石油化工中的裂解与石油炼制工业中的裂化有共同点，即都符合前面所说的广义定义。但是也有不同，主要区别有二：一是所用的温度不同，一般大体以 $600℃$ 为分界，在 $600℃$ 以上所进行的过程为裂解，在 $600℃$ 以下的过程为裂化；二是生产的目的不同，前者的目的产物为乙烯、丙烯、乙炔、联产丁二烯、苯、甲苯、二甲苯等化工产品，后者的目的产物是汽油、煤油等燃料油。

在石油化工中用的最为广泛的是水蒸气热裂解，其设备为管式裂解炉。

裂解反应在裂解炉的炉管内在很高的温度（以轻柴油裂解制乙烯为例，裂解气的出口温度近 $800℃$）、很短的时间内（$0.7s$）完成，以防止裂解气体二次反应而使裂解炉管结焦。

炉管内壁结焦会使流体阻力增加，影响生产，同时影响传热。当焦层达到一定厚度时，因炉管壁温度过高，而不能继续运行下去，必须进行清焦，否则会烧穿炉管，裂解气外泄，引起裂解炉爆炸。

裂解炉运转中，一些外界因素可能危及裂解炉的安全，这些不安全因素大致有以下几个。

① 引风机故障。引风机是不断排除炉内烟气的装置。在裂解炉正常运行中，如果由于断电或引风机机械故障而使引风机突然停转，则炉膛内很快变成正压，会从窥视孔或烧嘴等处向外喷火，严重时会引起炉膛爆炸。为此，必须设置联锁装置，一旦引风机故障停车，则裂解炉自动停止进料并切断燃料供应。但应继续供应稀释蒸汽，以带走炉膛内的余热。

② 燃料气压力降低。裂解炉正常运行中，如燃料系统大幅度波动，燃料气压力过低，则可能造成裂解炉烧嘴回火，使烧嘴烧坏，甚至会引起爆炸。

裂解炉采用燃料油作燃料时，如燃料油的压力降低，也会使油嘴回火。因此，当燃料油压力降低时应自动切断燃料油的供应，同时停止进料。当裂解炉同时用油和气为燃料时，如果油压降低，则在切断燃料油的同时，将燃料气切入烧嘴，裂解炉可继续维持运转。

③ 其他公用工程故障。裂解炉其他公用工程（如锅炉给水）中断，则废热锅炉汽包液面迅速下降，如不及时停炉，必然会使废热锅炉炉管、裂解炉对流段锅炉给水预热管损坏。此外，水、电、蒸汽出现故障，均能使裂解炉造成事故。在这种情况下，裂解炉应能自动停车。

6.4.1.7　聚合反应

由低分子单体合成聚合物的反应称为聚合反应。聚合反应的类型很多，按聚合物和单体元素组成和结构的不同，可分成加聚反应和缩聚反应两大类。

单体加成而聚合起来的反应叫做加聚反应。氯乙烯聚合成聚氯乙烯就是加聚反应。

加聚反应产物的元素组成与原料单体相同，仅结构不同，其分子量是单体分子量的整数倍。

另外一类聚合反应中，除了生成聚合物外，同时还有低分子副产物产生，这类聚合反应称为缩聚反应。例如己二胺和己二酸反应生成尼龙-66 的缩聚反应。

缩聚反应的单体分子中都有官能团，根据单体官能团的不同，低分子副产物可能是水、醇、氨、氯化氢等。

由于聚合物的单体大多数都是易燃易爆物质，聚合反应多在高压下进行，反应本身又是放热过程，所以如果反应条件控制不当，很容易出事。如乙烯在温度为 150～300℃、压力为 130～300MPa 的条件下聚合成聚乙烯。在这种条件下，乙烯不稳定。一旦分解，会产生巨大的热量。进而反应加剧，可能引起爆聚，反应器和分离器可能发生爆炸。

聚合反应过程中的不安全因素：

① 单体在压缩过程中或在高压系统中泄漏，发生火灾爆炸；

② 聚合反应中加入的引发剂都是化学活泼性很强的过氧化物，一旦配料比控制不当，容易引起爆聚，反应器压力骤增易引起爆炸；

③ 聚合反应热未能及时导出，如搅拌发生故障、停电、停水，由于反应釜内聚合物黏壁作用，使反应热不能导出，造成局部过热或反应釜急剧升温，发生爆炸，引起容器破裂，可燃气外泄。

针对上述不安全因素，应设置可燃气体检测报警器，一旦发现设备、管道有可燃气体泄漏，将自动停车。

对催化剂、引发剂等要加强储存、运输、调配、注入等工序的严格管理。反应釜的搅拌和温度应有检测和联锁，发现异常能自动停止进料。高压分离系统应设置爆破片、导爆管，并有良好的静电接地系统。一旦出现异常，及时泄压。

6.4.2　化工单元操作的危险性及基本安全技术

6.4.2.1　加热

温度是化工生产中最常见的需要控制的条件之一。加热是控制温度的重要手段，其操作的关键是按规定严格控制温度的范围和升温速度。温度过高会使化学反应速度加快，若是放热反应，则放热量增加，一旦散热不及时，温度失控，发生冲料，甚至会引起燃烧和爆炸。

升温速度过快不仅容易使反应超温，而且还会损坏设备。例如，升温过快会使带有衬里的设备及各种加热炉、反应炉等设备损坏。

化工生产中的加热方式有直接火加热（包括烟道气加热）、蒸汽或热水加热、载体加热以及电加热。加热温度在 100℃以下时，常用热水或蒸汽加热；100～140℃用蒸汽加热；超过 140℃则用加热炉直接加热或用热载体加热；超过 250℃时，一般用电加热。各种加热方法注意事项如下：

①　用高压蒸汽加热时，对设备耐压要求高，须严防泄漏或与物料混合，避免造成事故；

②　使用热载体加热时，要防止热载体循环系统堵塞、热油喷出，酿成事故；

③　使用电加热时，电气设备要符合防爆要求；

④　直接火加热危险性最大，温度不易控制，可能造成局部过热烧坏设备，引起易燃物质的分解爆炸。当加热温度接近或超过物料的自燃点时，应采用惰性气体保护。若加热温度接近物料分解温度，此生产工艺称为危险工艺，必须设法改进工艺条件，如负压或加压操作。

6.4.2.2　冷却

在化工生产中，把物料冷却到大气温度以上时，可以用空气或循环水作为冷却介质；冷却温度在 15℃以上，可以用地下水；冷却温度在 0～15℃之间，可以用冷冻盐水。

还可以借某种沸点较低的介质的蒸发从需冷却的物料中取得热量来实现冷却。常用的介质有氟里昂、氨等。此时，物料被冷却的温度可达-15℃左右。更低温度的冷却，属于冷冻的范围。如石油气、裂解气的分离采用深度冷冻，介质需冷却至-100℃以下。冷却操作时冷却介质不能中断，否则会造成积热，系统温度、压力骤增，引起爆炸。开车时，应先通冷却介质；停车时，应先撤出物料，后停冷却系统。

有些凝固点较高的物料，遇冷易变得黏稠或凝固，在冷却时要注意控制温度，防止物料卡住搅拌器或堵塞设备及管道。

6.4.2.3　加压

凡操作压力超过大气压的都属于加压操作。加压操作所使用的设备要符合压力容器的要求。加压系统不得泄漏，否则在压力下物料以高速喷出，产生静电，极易发生火灾爆炸。

所用的各种仪表及安全设施（如爆破泄压片、紧急排放管等）都必须齐全好用。

6.4.2.4　负压操作

负压操作即在低于大气压下的操作。负压系统的设备也和压力设备一样，必须符合强度要求，以防在负压下把设备抽瘪。

负压系统必须有良好的密封，否则一旦空气进入设备内部，形成爆炸混合物，易引起爆炸。当需要恢复常压时，应待温度降低后，缓缓放进空气，以防自燃或爆炸。

6.4.2.5　冷冻

在某些化工生产过程中，如蒸发、气体的液化、低温分离，以及某些物品的输送、储藏等，常需将物料降到比 0℃更低的温度，这就需要进行冷冻。

冷冻操作的实质是利用冷冻剂不断地由被冷冻物体取出热量，并传给其他物质（水或空气），以使被冷冻物体温度降低。制冷剂自身通过压缩-冷却-蒸发（或节流、膨胀）循环过程，反复使用。工业上常用的制冷剂有氨、氟里昂。在石油化工生产中常用乙烯、丙烯作为深冷分离裂解气的冷冻剂。

对于制冷系统的压缩机、冷凝器、蒸发器以及管路，应注意耐压等级和气密性，防止泄漏。此外还应注意低温部分的材质选择。

6.4.2.6 物料输送

在化工生产过程中，经常需要将各种原料、中间体、产品以及副产品和废弃物从一个地方输送到另一个地方。由于所输送物料的形态不同（块状、粉状、液体或气体），所采用的输送方式、输送机械也各异，但不论采取何种形式的输送，保证它们的安全运行都是十分重要的。

固体块状和粉状物料的输送一般多采用皮带输送机、螺旋输送器、刮板输送机、链斗输送机、斗式提升机以及气流输送等多种方式。

这类输送设备除了其本身会发生故障外，还会造成人身伤害。因此除要加强对机械设备的常规维护外，还应对齿轮、皮带、链条等部位采取防护措施。

气流输送分为吸送式和压送式。气流输送系统除设备本身会产生故障之外，最大的问题是系统的堵塞和由静电引起的粉尘爆炸。

粉料气流输送系统应保持良好的严密性。其管道材料应选择导电性材料并有良好的接地。如采用绝缘材料管道，则管外应采取接地措施。输送速度不应超过该物料允许的流速。粉料不要堆积在管内，要及时清理管壁。

用各种泵类输送可燃液体时，其管内流速不应超过规定的安全速度。

在化工生产中，也有用压缩空气为动力来输送一些酸碱等有腐蚀性液体的。这些输送设备也属于压力容器，要有足够的强度。在输送有爆炸性或燃烧性物料时，要采用氮、二氧化碳等惰性气体代替压缩空气，以防造成燃烧或爆炸。

气体物料的输送采用压缩机。输送可燃气体要求压力不太高时，采用循环泵比较安全。可燃气体的管道应经常保持正压，并根据实际需要安装逆止阀、水封和阻火器等安全装置。

6.4.2.7 熔融

在化工生产中常常需将某些固体物料（如苛性钠、苛性钾、萘、磺酸等）熔融之后进行化学反应。碱熔过程中的碱屑或碱液飞溅到皮肤上或眼睛里会造成灼伤。

碱熔物和磺酸盐中若含有无机盐等杂质，应尽量除掉，否则这些无机盐因不熔融会造成局部过热、烧焦，致使熔融物喷出，容易造成烧伤。

熔融过程一般在150～350℃下进行，为防止局部过热，必须不间断地搅拌。

6.4.2.8 干燥

在化工生产中将固体和液体分离的操作方法是过滤，要进一步除去固体中液体的方法是干燥。干燥操作有常压和减压，也有连续与间断之分。用来干燥的介质有空气、烟道气等。此外还有升华干燥（冷冻干燥）、高频干燥和红外干燥。

干燥过程中要严格控制温度，防止局部过热，以免造成物料分解爆炸。在干燥过程中散发出来的易燃易爆气体或粉尘，不应与明火和高温表面接触，防止燃爆。在气流干燥中应有防静电措施，在滚筒干燥中应适当调整刮刀与筒壁的间隙，以防止产生火花。

6.4.2.9 蒸发与蒸馏

蒸发是借加热作用使溶液中所含溶剂不断汽化，以提高溶液中溶质的浓度，或使溶质析出的物理过程。蒸发按其操作压力不同可分为常压、加压和减压蒸发。按蒸发所需热量的利用次数不同可分为单效和多效蒸发。

蒸发的溶液皆具有一定的特性。如溶质在浓缩过程中可能有结晶、沉淀和污垢生成，这些都能导致传热效率的降低，并产生局部过热，促使物料分解、燃烧和爆炸，因此要控制蒸发温度。为防止热敏性物质的分解，可采用真空蒸发的方法，降低蒸发温度；或采用高效蒸发器，增加蒸发面积，减少停留时间。对具有腐蚀性的溶液，要合理选择蒸发器的材质，必要时做防腐处理。

蒸馏是借液体混合物各组分挥发度的不同，使其分离为纯组分的操作。蒸馏操作可分为间歇蒸馏和连续蒸馏。按压力分为常压、减压和加压（高压）蒸馏。此外还有特殊蒸馏——蒸汽蒸馏、萃取蒸馏、恒沸蒸馏和分子蒸馏。

在安全技术上，对不同的物料应选择正确的蒸馏方法和设备。在处理难于挥发的物料时（常压下沸点在150℃以上）应采用真空蒸馏，这样可以降低蒸馏温度，防止物料在高温下分解、变质或聚合。

在处理中等挥发性物料（沸点为100℃左右）时，一般采用常压蒸馏。对于沸点低于30℃的物料，则应采用加压蒸馏。

蒸汽蒸馏通常用于在常压下沸点较高，或在沸点时容易分解的物质的蒸馏；也常用于高沸点物与不挥发杂质的分离，但只限于所得到的产品完全不溶于水。

萃取蒸馏与恒沸蒸馏主要用于分离由沸点极接近或恒沸组成的各组分、难以用普通蒸馏方法分离的混合物。

分子蒸馏是一种相当于绝对真空下进行的一种真空蒸馏。在这种条件下，分子间的相互吸引力减少，物质的挥发度提高，使液体混合物中难以分离的组分容易分开。由于分子蒸馏降低了蒸馏温度，所以可以防止或减少有机物的分解。

6.4.3 控制化工工艺参数的技术措施

控制化工工艺参数，即控制反应温度、压力，控制投料的速度、配比、顺序以及原材料的纯度和副反应等。工艺参数失控，不但破坏了平稳的生产过程，还常常是导致火灾爆炸事故的"祸根"之一，所以严格控制工艺参数，使之处于安全限度之内，是化工装置防止发生火灾爆炸事故的根本措施之一。

6.4.3.1 温度控制

温度是石化生产中的主要控制参数。准确控制反应温度不但对保证产品质量、降低能耗有重要意义，也是防火防爆所必需的。温度过高，可能引起反应失控发生冲料或爆炸；也可能引起反应物分解燃烧、爆炸；或由于液化气体介质和低沸点液体介质急剧蒸发，造成超压爆炸。温度过低，则有时会因反应速度减慢或停滞造成反应物积聚，一旦温度正常时，往往会因未反应物料过多而发生剧烈反应引起爆炸。温度过低还可能使某些物料冻结，造成管路堵塞或破裂，致使易燃物料泄漏引起燃烧、爆炸。

为了严格控制温度，需从以下3个方面采取相应措施。

① 有效除去反应热。对于相当多数的放热化学反应应选择有效的传热设备、传热方式及传热介质，保证反应热及时导出，防止超温。

还要注意随时解决传热面结垢、结焦的问题，因为它会大大降低传热效率，而这种结垢、结焦现象在石化生产中又是较常见的。

② 正确选用传热介质。在石化生产中常用载体来进行加热。常用的热载体有水蒸气、热水、烟道气、碳氢化合物（如导热油、联苯混合物即道生液）、熔盐、汞和熔融金属等。

正确选择热载体对加热过程的安全十分重要，应避免选择容易与反应物料相作用的物质作为传热介质。如不能用水来加热或冷却环氧乙烷，因为微量水也会引起液体环氧乙烷自聚发热而爆炸，此种情况宜选用液体石蜡作传热介质。

③ 防止搅拌中断。搅拌可以加速反应物料混合以及热传导。有的生产过程如果搅拌中断，可能会造成局部反应加剧和散热不良而发生超压爆炸。对因搅拌中断可能引起事故的石化装置，应采取防止搅拌中断的措施，例如采用双路供电等。

6.4.3.2 压力控制

压力是化工生产的基本参数之一。在化工生产中，有许多反应需要在一定压力下才能进行，或者要用加压方法来加快反应速度，提高效率。因此，加压操作在化工生产中普遍采用，所使用的塔、釜、器、罐等大部分是压力容器。

但是，超压也是造成火灾爆炸事故的重要原因之一。例如，加压能够强化可燃物料的化学活性，扩大燃爆极限范围；久受高压作用的设备容易脱碳、变形、渗漏，以至破裂和爆炸；处于高压的可燃气体介质从设备、系统连接薄弱处（如焊接处或法兰、螺栓、丝扣连接处甚至因腐蚀穿孔处等）泄漏，还会由于急剧喷出或静电而导致火灾爆炸等。反之，压力过低，会使设备变形。在负压操作系统，空气容易从外部渗入，与设备、系统内的可燃物料形成爆炸性混合物而导致燃烧、爆炸。

因此，为了确保安全生产，不因压力失控造成事故，除了要求受压系统中的所有设备、管道必须按照设计要求，保证其耐压强度、气密性，有安全阀等泄压设施外；还必须装设灵敏、准确、可靠的测量压力的仪表——压力计。而且要按照设计压力或最高工作压力以及有关规定，正确选用、安装和使用压力计，并在生产运行期间保持完好。

6.4.3.3 进料控制

① 进料速度。对于放热反应，进料速度不能超过设备的散热能力，否则物料温度将会急剧升高，引起物料的分解，有可能造成爆炸事故。进料速度过低，部分物料可能因温度过低，反应不完全而积聚。一旦达到反应温度时，就有可能使反应加剧进行，因温度、压力急剧升高而产生爆炸。

② 进料温度。进料温度过高，可能造成反应失控而发生事故；进料温度过低，情况与进料速度过低相似。

③ 进料配比。反应物料的配比要严格控制，尤其是对连续化程度较高、危险性较大的生产，更需注意。如环氧乙烷生产中，反应原料乙烯与氧的浓度接近爆炸极限范围，必须严格控制。尤其在开、停车过程中，乙烯和氧的浓度在不断变化，且开车时催化剂活性较低，容易造成反应器出口氧浓度过高。为保证安全，应设置联锁装置，经常核对循环气的组成，尽量减少开、停车次数。

对可燃或易燃物与氧化剂的反应，要严格控制氧化剂的速度和投料量。两种或两种以上原料能形成爆炸性混合物的生产，其配比应严格控制在爆炸极限范围以外，如果工艺条件允许，可采用水蒸气或惰性气体稀释。

催化剂对化学反应速度影响很大，如果催化剂过量，就可能发生危险。因此，对催化剂的加入量也应严格控制。

④ 进料顺序。有些生产过程，进料顺序是不能颠倒的。如氯化氢合成应先投氢后投氯；三氯化磷生产应先投磷后投氯；磷酸酯与甲胺反应时，应先投磷酸酯，再滴加甲胺等。反之就会发生爆炸。

6.4.3.4 控制原料纯度

许多化学反应，由于反应物料中危险杂质的增加导致副反应、过反应的发生而引起燃烧、爆炸。

① 原料中某种杂质含量过高，生产过程中易发生燃烧爆炸。如生产乙炔时要求电石中含磷量不超过 0.08%，因为磷（即磷化钙）遇水后生成磷化氢，它遇空气燃烧，可导致乙炔-空气混合气爆炸。

② 循环使用的反应原料气中，如果其中有害杂质气体不清除干净，在循环过程中就会越积越多，最终导致爆炸。如空分装置中液氧中的有机物（烃）含量过高，就会引起爆炸。这需要在工艺上采取措施，如在循环使用前将有害杂质吸收清除或将部分反应气体放空以及加强监测等，以保证有害杂质气体含量不超过标准。

有时为了防止某些有害杂质的存在引起事故，还可采用加稳定剂的办法。

需要说明的是，温度、压力、进料量与进料温度、原料纯度等工艺参数，甚至是一些看起来"较不重要"的工艺参数都是互相影响的，有时是"牵一发而动全身"，所以对任何一项工艺参数都要认真对待，不能"掉以轻心"。

6.5 化工装置与设备安全技术

机械设备是实现化工生产必不可少的组成部分。一般来说，可以将其分为通用设备与机器和化工（专用）设备与机器两大部分。前者中使用较多的有锅炉、起重机械等；后者包括化工静设备（如化工容器、换热器、反应器、塔器和管式炉等，其中相当部分为压力容器）和化工机器（如气体压缩机、机泵、风机和离心机等）。其中有相当数量属于特种设备，如锅炉、压力容器、气瓶及压力管道和起重机械等。由于篇幅所限，本节只能择要进行介绍，此外本节还包括化工安全检修的内容。

6.5.1 通用机械安全技术概述

机械是人类进行生产的重要工具，是现代生产和生活必不可少的设备。在科技日新月异的今天，机械设备的功能不断增加、数量不断增长、使用范围不断扩大，机械在给人们带来高效、快捷、方便的同时，也带来了不安全因素。机械安全是发展机械生产的必然要求。

机械安全是由组成机械的各部分和整机的安全状态以及使用机械的人的安全行为来保证的。机械的安全状态是实现机械系统安全的基本前提和物质基础。本部分主要侧重于机械的安全技术内容的介绍。

6.5.1.1 机械的组成

机械是由若干相互联系的零部件按一定规律装配组成，能够完成一定功能的整体。机械的种类繁多，形状各异，应用目的各不相同。但从机械最基本的特征入手，可掌握机械的一般组成规律：由原动机将各种形式的动力能变为机械能输入，经过传动机构转换为适宜的力或速度后传递给执行机构，通过执行机构与物料直接作用，完成作业或服务任务，而组成机械的各部分借助支承装置连接成一个整体。

6.5.1.2 由机械产生的危险

由机械产生的危险是指在使用机械过程中，可能对人的身心健康造成损伤或危害的根源和状态，主要有两类：一是机械危害；另一类是非机械危险，包括电气危险、噪声危险、振动危险、辐射危险、温度危险、材料或物质产生的危险、未履行安全人机学原则而产生的危险等。

机械伤害，是机械能的非正常转化或传递，导致对人员的接触性伤害。其主要形式有夹挤、碾压、剪切、切割、缠绕或卷入、刺扎或刺伤、摩擦或磨损，飞出物打击、高压流体喷射、碰撞或跌落等。

机械及其零件对人产生机械伤害的主要原因如下：

① 形状和表面性能，切割要素、锐边、利角部分、粗糙或过于光滑；

② 相对位置，相对运动，运动与静止物的相对距离小；

③ 质量和稳定性，在重力的影响下可能运动的零部件的势能；

④ 质量和速度（加速度），可控或不可控运动中的零部件的动能；

⑤ 机械强度不够，零件、构件的断裂或垮塌；

⑥ 弹性元件的势能，在压力或真空下的液体或气体的势能。

6.5.1.3 机械安全通用技术

(1) 设计与制造的本质安全措施

通过设计减小风险，是指在机械设计阶段，从零件材料到零部件的合理形状和相对位置，从限制操纵力、运动件的质量与速度到减少噪声和振动，采用本质安全技术与动力源，应用零部件间的强制机械作用原理，结合人机工程学原则等多项措施，通过选用适当的设计结构，尽可能避免或减小危险；也可以通过提高设备的可靠性、操作机械化或自动化，以及实行在危险区之外的调整、维修等措施。通过选用适当的设计结构，尽可能避免或减小风险。

① 采用本质安全技术。本质安全技术是指利用该技术进行机械预定功能的设计和制造，不需要采用其他安全防护措施，就可以在预定条件下执行机械的预定功能时满足机械自身的安全要求。

a. 在不影响预定使用功能的前提下，机械设备及其零部件应尽量避免设计成会引起损伤的锐边、尖角、粗糙或凹凸不平的表面和较突出的部分。

b. 安全距离原则。利用安全距离防止人体触及危险部位或进入危险区，这是减小或消除机械风险的一种方法。

c. 限制有关因素的物理量。在不影响使用功能的情况下，根据各类机械的不同特点，限制某些可能引起危险的物理量值来减小危险。如将操纵力限制到最低值，使操作件不会因破坏而产生机械危险；限制噪声和振动等。

d. 使用本质安全工艺过程和动力源、对预定在有爆炸隐患场所使用的机械设备，应采用全气动或全液压控制系统和操纵机构，或本质安全电气装置，并在机械设备的液压装置中使用阻燃和无毒液体。

② 限制机械应力。机械选用的材料性能数据、设计规程、计算方法和试验规则，都应该符合机械设计与制造的专业标准或规范的要求，使零件的机械应力不超过许用值，保证安全系数，以防止由于零件应力过大而被破坏或失效，从而避免故障或事故的发生。同时，通过控制连接、受力和运动状态来限制应力。

③ 材料和物质的安全性。用以制造机械的材料、燃料和加工材料在使用期间不得危及面临人员的安全或健康。材料的力学特性，如抗拉强度、抗剪强度、冲击韧性、屈服极限等，应能满足执行预定功能的载荷作用要求；材料应能适应预定的环境条件，如有抗腐蚀、耐老化、耐磨损的能力；材料应具有均匀性，防止由于工艺设计不合理，使材料的金相组织不均匀而产生残余应力；同时应避免采用有毒的材料或物质，应能避免机械本身或由于使用某种材料而产生的气体、液体、粉尘、蒸气或其他物质造成的火灾和爆炸危险。

④ 遵循安全人机工程学原则。在机械设计中，通过合理分配人机功能、适应人体特性、人机界面设计、作业空间的布置等方面履行安全人机工程学原则，提高机械设备的操作性能和可靠性，使操作者的体力消耗和心理压力降到最低，从而减小操作差错。

⑤ 设计控制系统的安全原则。机械在使用过程中，典型的危险工况有意外启动，速度变化失控，运动不能停止，运动机械零件或工件掉下飞出，安全装置的功能受阻等。控制系统的设计应考虑各种作业的操作模式或采用故障显示装置，使操作者可以安全地采取措施，并遵循以下原则和方法。

a. 重新启动原则。动力中断后重新接通时，如果机械设备自发启动会产生危险，应采取措施，使动力重新接通时机械不会自行启动，只有再次操作启动装置，机械才能运转。

b. 关键件的冗余原则。控制系统的关键零部件，可以通过备份的方法减小机械故障率，即当一个零部件失效时，用备用件接替，以实现预定功能。

c. 定向失效模式，指部件或系统主要失效模式是预先已知的，而且只要失效，总是这些部件或系统，这样可以事先针对其失效模式采用相应的预防措施。

⑥ 防止气动和液压系统的危险。采用气动、液压、热能等装置的机械，必须通过设计来避免由于这些能量意外释放而带来的各种潜在危害。

⑦ 预防电的危害。用电安全是机械安全的重要组成部分，机械中电气部分应符合有关电气安全标准的要求。预防电危害应注意防止电击、短路、过载和静电。

(2) 减少或限制操作者涉入危险区

① 提高设备的可靠性。提高机械的可靠性可以降低危险故障率，减少需要查找故障和检修的次数，从而可以减少操作者面临危险的概率。

② 采用机械化和自动化技术。机械化和自动化技术可以使人的操作岗位远离危险或有害现场。

③ 调整、维修的安全。在设计机械时，应尽量考虑将一些易损而需经常更换的零部件设计得便于拆装和更换；提供安全接近或站立措施（梯子、平台和通道）；锁定切断的动力；机械的调整、润滑、一般维修等操作点设置在危险区外，这样可以减少操作者进入危险区的需要。

6.5.1.4　安全防护措施

安全防护是通过采用防护装置、安全装置或其他手段，对一些机械危险进行预防的安全技术措施，其目的是防止机械在运行时产生各种对人员的接触伤害。防护装置和安全装置有时也统称安全防护装置。安全防护的重点是机械的传动部分、操作区、高空作业区、机械的其他运动部分、移动机械的移动区域，以及某些机械由于特殊危险形式需要采取的特殊防护等。

安全防护采取的安全措施必须不影响机械的预定使用，而且使用方便，否则就可能出现为了追求达到机械的最大效用而导致避开安全措施的行为。

① 防护装置，指通过设置物体障碍方式将人与危险隔离的专门用于安全防护的装置。防护装置按使用方式可分为固定式和活动式两种。

② 安全装置，指用于消除或减小机械伤害风险的单一装置或与防护装置联用的保护装置。常见的安全装置有以下 6 种。

a. 联锁装置。是防止机械零部件在特定条件下（如防护装置未关闭时）运转的装置。

b. 止-动装置。是一种手动操纵装置，只有当手对操纵器作用时，机器才能启动并保持运转；当手离开操纵器时，该操作装置能自动回复到停止位置。

c. 双手操纵装置。是两个手动操纵器同时动作的止-动操纵装置。只有两手同时对操纵器作用时，才能启动并保持机器或机器的一部分运转。

d. 自动停机装置。是一种当人或人的某一部分超越安全限度，能使机器或其零部件停止运转的装置。

e. 机械抑制装置。是一种机械障碍（如楔、支柱、撑杆和止转棒等）装置。该装置靠其自身强度支撑在机构中，用来防止某种危险运动发生。

f. 有限运动控制装置。也称行程限制装置，只允许机械零部件在有限的行程内动作。

6.5.2 特种设备安全监察

6.5.2.1 概述

特种设备指涉及生命安全、危险性较大的锅炉、压力容器（含气瓶）、压力管道、电梯、起重机械、客运索道和大型游乐设施。

特种设备危险性较大，容易发生事故。特种设备的质量的好坏，对于生产安全影响很大，必须对其实行严格管理。《特种设备安全监察条例》对特种设备的生产、使用、检验检测及监督检查做出规定。

(1) 政府及其主管监督管理部门的责任

① 国务院特种设备安全监督管理部门负责全国特种设备的安全监察工作，县以上地方负责特种设备安全监督管理的部门对本行政区域内特种设备实施安全监察。

② 县级以上地方人民政府应当督促、支持特种设备安全监督管理部门依法履行安全监察职责，对特种设备安全监察中存在的重大问题及时予以协调、解决。

(2) 涉及特种设备单位和机构的责任

① 特种设备生产、使用单位和特种设备检验检测机构，应当接受特种设备安全监督管理部门依法进行的特种设备安全监察。

② 特种设备的设计、制造单位和特种设备安装、改造、维修的施工单位以及气瓶充装单位，都应当按照《条例》规定，具备相应的资质和条件，并取得国务院或地方特种设备安全监督管理部门许可，方可从事相应的生产经营活动。

③ 特种设备生产、使用单位应当建立健全特种设备安全管理制度和岗位安全责任制度。其主要负责人应当对本单位特种设备的安全全面负责。

④ 特种设备的生产单位及安装、改造、维修的施工单位，应当按照《条例》规定以及有关安全技术规范的要求，进行生产活动；并对其生产的特种设备的安全性能负责。

⑤ 特种设备使用单位，应当严格执行《条例》和有关安全生产的法律、行政法规的规定，保证特种设备的安全使用。具体规定参见 6.5.2.2。

⑥ 特种设备的制造过程和安装、改造、重大维修过程，必须经国务院特种设备安全监督管理部门核准的检验检测机构按照安全技术规范的要求进行监督检验，未经监督检验合格的不得出厂或者交付使用。

⑦ 特种设备检验检测机构应当按照《条例》规定，具备相应的资质和条件，并经国务院特种设备安全监督管理部门核准。

⑧ 国务院特种设备安全监督管理部门及县以上地方负责特种设备安全监督管理的部门应当在各自管辖范围内，组织对特种设备检验检测机构的检验检测结果、鉴定结论进行监督抽查，并将抽查结果向社会公布。

(3) 法律责任的追究

政府及其负责特种设备安全监督管理部门；特种设备生产、使用单位和特种设备检验检测机构有违反本《条例》行为的，都要依法追究其法律责任。

6.5.2.2 特种设备使用单位的责任

① 特种设备使用单位（简称使用单位）应当使用符合安全技术规范要求的特种设备。特种设备投入使用前，使用单位应当核对其是否附有安全技术规范要求的设计文件、产品质

量合格证明、安装及使用、维修说明、监督检验证明等文件。

② 特种设备在投入使用前或者投入使用后 30 日内，使用单位应当向直辖市或者设区的市的特种设备安全监督管理部门登记。登记标志应当置于或者附着于该特种设备的显著位置。

③ 使用单位应当建立特种设备安全技术档案。安全技术档案应当包括以下内容：

a. 特种设备的设计文件、制造单位、产品质量合格证明、使用维护说明等文件以及安装技术文件和资料；

b. 特种设备的定期检验和定期自行检查的记录；

c. 特种设备的日常使用状况记录；

d. 特种设备及其安全附件、安全保护装置、测量调控装置及有关附属仪器仪表的日常维护保养记录；

e. 特种设备运行故障和事故记录。

④ 使用单位应当对在用特种设备进行经常性日常维护保养，并定期自行检查。

使用单位对在用特种设备应当至少每月进行一次自行检查，并做出记录。特种设备使用单位在对在用特种设备进行自行检查和日常维护保养时发现异常情况的，应当及时处理。

使用单位应当对在用特种设备的安全附件、安全保护装置、测量调控装置及有关附属仪器仪表进行定期校验、检修，并做出记录。

⑤ 使用单位应当按照安全技术规范的定期检验要求，在安全检验合格有效期届满前一个月向特种设备检验检测机构提出定期检验要求。未经定期检验或者检验不合格的特种设备，不得继续使用。

⑥ 特种设备出现故障或者发生异常情况，使用单位应当对其进行全面检查，消除事故隐患后，方可重新投入使用。

⑦ 特种设备存在严重事故隐患，无改造、维修价值，或者超过安全技术规范规定使用年限，使用单位应当及时予以报废，并应当向原登记的特种设备安全监督管理部门办理注销。

⑧ 使用单位应当制定特种设备的事故应急措施和救援预案。

⑨ 锅炉、压力容器、电梯、起重机械、客运索道、大型游乐设施的作业人员及其相关管理人员（以下统称特种设备作业人员），应当按照国家有关规定经特种设备安全监督管理部门考核合格，取得国家统一格式的特种作业人员证书，方可从事相应的作业或者管理工作。

⑩ 使用单位应当对特种设备作业人员进行特种设备安全教育和培训，保证特种设备作业人员具备必要的特种设备安全作业知识。

⑪ 特种设备作业人员在作业中应当严格执行特种设备的操作规程和有关的安全规章制度。

⑫ 特种设备作业人员在作业过程中发现事故隐患或者其他不安全因素，应当立即向现场安全管理人员和单位有关负责人报告。

此外，《条例》对电梯、客运索道、大型游乐设施等为公众提供服务的特种设备的运营、使用，还做了更为严格、具体的规定。

6.5.3 锅炉安全

6.5.3.1 锅炉压力容器安全的重要性

锅炉、压力容器的安全问题之所以特别重要，主要是因为它既是工业生产中广泛使用的设备，又属容易发生事故、而且往往是灾难性事故的特种设备。

（1）锅炉压力容器的工作条件

① 承受压力和温度。压力容器不但承受大小不同的压力载荷（在许多情况下还是波动载荷）和其他载荷，而且有些还是在高温或深冷的条件下运行；锅炉则属于受火直接加热的压力容器。

② 接触腐蚀性介质。压力容器盛装的介质往往具有高的腐蚀性；而锅炉的金属表面一侧要接触烟气、灰尘，另一侧要接触水或蒸汽，常会发生腐蚀或磨损。

③ 容易超载。与其他设备比较起来，锅炉、压力容器比较容易超负荷运行。

④ 连续运行。锅炉、压力容器需要维持连续运转，不能随意停运。因而锅炉、压力容器常有带"病"运行，并把小"病"拖成大"病"的可能。

（2）锅炉压力容器事故危险性严重

锅炉、压力容器一旦发生破裂爆炸，不仅仅是设备本身遭到毁坏，而且常常会破坏周围的建筑物和其他设备，甚至产生连锁反应，酿成灾难性事故。

① 冲击波破坏建筑物、设备或直接伤人。

② 破裂时碎片伤人或击穿设备。

③ 器内介质外溢，产生连锁反应。容器破裂后，若器内介质是水蒸气或其他高温流体，会造成严重的烫伤事故；若器内介质是有毒的气体，它向周围迅速扩散后会造成大面积的毒害区域；若器内介质为可燃的气体或液化气体，则其与空气混合后可能产生二次火灾、爆炸。

因此，国内一直将锅炉压力容器作为特种设备，由专门机构对其安全进行监察、监督，并制定了相关的规程、规范、技术标准，使锅炉压力容器从设计、制造、安装到使用、检验、修理等各个环节都有章可循。

6.5.3.2　锅炉概述

锅炉作为提供热能的承压设备，在生产、生活中广泛应用。锅炉的主要作用是通过燃料在炉中燃烧，将燃料的化学能转变为热能，并把这些热能传给载热工质——水，使其蒸发为蒸汽，或被加热成温度较高的热水。所以说，锅炉是生产蒸汽或加热水的设备。生产蒸汽的锅炉叫蒸汽锅炉，生产热水的锅炉叫热水锅炉。

锅炉包括"锅"和"炉"两大部分，"锅"即为锅内系统或水汽系统，由一系列容器和管道组成，水汽在内部流动并不断吸热；"炉"即为炉内系统或风煤烟系统，是燃料燃烧、烟气流动并向水汽传热的场所。为维持和监控锅炉正常运行，锅炉中还有一系列辅机、附件、仪表等。

6.5.3.3　锅炉基本参数与分类

（1）基本参数

反映锅炉工作特征的基本参数，主要是蒸发量、供热量及压力和温度。

（2）锅炉分类

① 按出口介质划分，可分为蒸汽锅炉和热水锅炉两大类。

② 按容量划分，可分为大型锅炉（蒸发量大于 100t/h）、中型锅炉（蒸发量为 20～100t/h）和小型锅炉（蒸发量小于 20t/h）。

③ 按蒸汽压力大小划分，可分为低压锅炉（$p \leqslant 2.45\text{MPa}$）、中压锅炉（$2.45\text{MPa} < p \leqslant 5.9\text{MPa}$）、高压锅炉（$p = 9.8\text{MPa}$）和超高压锅炉（$p = 13.7\text{MPa}$）。

④ 按锅炉结构划分，可分为火管锅炉（锅壳锅炉）、水管锅炉和水火管锅炉。

⑤ 按燃料种类和能源来源划分，可分为燃煤锅炉、燃油锅炉、燃气锅炉、原子能锅炉、

废热（余热）锅炉。

⑥ 按燃料燃烧方式划分，可分为层燃炉、沸腾炉、室燃炉。

⑦ 按工质流动方式划分，可分为自然循环锅炉、强制循环锅炉、直流锅炉。

6.5.3.4 锅炉安全装置

锅炉安全装置，是指保证锅炉安全运行而装设在设备上的一种附属装置，又称安全附件。按其使用性能或用途的不同，分为联锁装置、报警装置、计量装置和泄压装置四类。

联锁装置指为了防止操作失误而设置的控制机构，如锅炉上使用的缺水联锁保护装置、熄火联锁保护装置、超压联锁保护装置等均属此类。

报警装置指锅炉运行中存在不安全因素致使锅炉处于危险状态时，能自动发出声、光或其他明显报警信号的仪器，如高低水位报警器、温度监测仪等。

计量装置指自动显示锅炉运行中与安全有关的工艺参数或信息的仪表装置，如压力表、水位表和温度计等。

泄压装置指锅炉超压时能自动泄放压力的装置，如安全阀。

锅炉的安全装置是锅炉安全运行不可缺少的组成部件，其中安全阀、压力表和水位表是被称之为锅炉的三大安全附件。

(1) 安全阀

安全阀是锅炉设备中重要的安全附件之一。它的作用是：当锅炉压力超过预定的数值时，安全阀自动开启，排汽泄压，将压力控制在允许范围之内，同时发出警报；当压力降到允许值后，安全阀又能自行关闭，使锅炉在允许的压力范围内继续运行。

① 安全阀的种类

工业锅炉上通常装设的安全阀有三种：弹簧式安全阀、杠杆式安全阀和静重式安全阀。

② 安全阀的选用与安装

a. 安全阀的选用。安全阀的工作特性取决于其结构型式。所以要根据不同的工作条件（压力参数），选择不同类型的安全阀。弹簧式安全阀主要用于低压（压力不大于 2.5MPa）锅炉，考虑到弹簧的滞后作用，所以锅炉选用弹簧式安全阀应是全启式；杠杆式安全阀一般多用于中压（压力为 2.9～4.9MPa）锅炉；对于高压及以上的锅炉，多采用控制式安全阀，如脉冲式、气动式、液动式和电磁式等。

额定蒸汽压力小于或等于 0.1MPa 的锅炉可以采用静重式安全阀。

b. 安全阀的安装。

ⓐ 安全阀的安装位置。安全阀应该铅直安装，并应安装在锅筒（锅壳）集箱的最高位置。安全阀的安装位置还应该考虑便于它的日常检查、维护和检修。

ⓑ 安全阀的连接方式。采用法兰连接的安全阀，连接螺栓必须均匀地上紧；采用螺纹连接的弹簧式安全阀，其规格应符合 JB 2202《弹簧式安全阀参数》的要求。此时，安全阀应与带有螺纹的短管相连接，而短管与锅筒（锅壳）或集箱的筒体应采用焊接连接。

ⓒ 安全阀的排放要求。安全阀的排汽管应直通安全地点；排汽管要予以适当地固定，以防止因排汽振动而造成排汽管振动疲劳。为及时将排汽管内蒸汽凝结的水排出，以免发生水击现象，排汽管底部要装有接到安全地点的疏水管。在排汽管和疏水管上都不允许装设阀门。

③ 安全阀的维护

a. 经常保持安全阀的清洁，防止阀体弹簧等被污垢所粘满或被锈蚀，防止安全阀排汽管被异物堵塞。

b. 经常检查安全阀的铅封是否完好，检查杠杆式安全阀的重锤是否有松动、被移动以及另挂重物的现象。

c. 发现安全阀有渗漏迹象时，应及时进行更换或检修。禁止用增加载荷的方法（例如，加大弹簧的压缩量或移动重锤、加挂重物等）减除阀的泄漏。

为了防止安全阀的阀瓣和阀座被水垢、污物粘住或堵塞，应定期对安全阀做手动排放试验。

(2) 压力表

压力表是显示锅炉汽水系统压力大小的仪表。严密监视锅炉受压元件的承压情况，把压力控制在允许的压力范围之内，是锅炉实现安全运行的基本条件和基本要求。

① 压力表的选用与装设

a. 压力表的选用。

ⓐ 压力表的精度主要取决于锅炉的工作压力。

ⓑ 压力表的量程应与锅炉的工作压力相适应。

ⓒ 压力表的表盘直径应保证司炉人员能清楚地看到压力指示值。

b. 压力表的装设。

ⓐ 压力表的安装位置。每台蒸汽锅炉必须装有与锅筒（锅壳）蒸汽空间直接相连接的压力表，还应在给水调节阀前、可分式省煤器出口、过热器出口和主汽阀之间装设压力表。每台热水锅炉的进水阀出口和出水阀入口都应装设一个压力表；循环水泵的进水管和出水管上也应装设压力表。

ⓑ 压力表应装设在便于观察和冲洗的位置，并应防止受到高温、冰冻和振动的影响。

ⓒ 存水弯管和三通阀门的装设。为避免蒸汽直接进入压力表的弹簧管内而使弹簧受热变形，并减少因介质波动对压力表指示值的影响，压力表应有存水弯管；为了便于冲洗管路、卸换、校验压力表，在压力表和存水弯管之间应装设三通阀门。

ⓓ 明确指示工作压力。为使司炉人员随时警惕锅炉发生超压事故，压力表在使用前，应在刻度盘上划红线，明确指示出工作压力。

② 压力表的维护

压力表应保持洁净，表盘上的玻璃应明亮清晰，使表盘内指针指示的压力值能清楚易见。

压力表的连接管要定期吹洗，以免堵塞。

经常检查压力表指针的转动和波动是否正常；检查压力表的连接管是否有漏水、漏气的现象。如发现压力表存在下列情况之一时，应停止使用：

ⓐ 有限止钉的压力表在无压力时，指针转动后不能回到限止钉处；

ⓑ 没有限止钉的压力表在无压力时，指针离零位的数值超过压力表规定的允许误差；

ⓒ 表面玻璃破碎或表盘刻度模糊不清；封印损坏或超过校验有效期；表内泄漏或指针跳动。

压力表一般每半年至少校验一次。校验应符合国家计量部门的有关规定。压力表校验后应封印，并注明下次的校验日期。

(3) 水位表

水位表是用来显示锅筒（锅壳）内水位高低的仪表。锅炉操作人员可以通过水位表观察并相应调节水位，防止发生锅炉缺水或满水事故。

① 水位表的型式及适用范围

水位表的结构型式有很多种，蒸汽锅炉上通常装设较多的是玻璃管式和玻璃板式两种。上锅筒位置较高的锅炉还应加装远程水位显示装置，目前使用得较多的远程水位显示装置是低位水位表。

② 水位表的安全技术要求

a. 一般每台锅炉至少应装两个彼此独立的水位表。水位表的结构和装置应符合下列要求：

ⓐ 在水位表和锅筒之间的汽水连接管上，应装有阀门，阀门在锅炉运行中必须处于全开的位置；

ⓑ 水位表和锅筒之间的汽水连接管，内径应符合规定要求，以保证水位表灵敏准确；

ⓒ 连接管应尽可能的短，以减小连接管的阻力；

ⓓ 阀门的流道直径及玻璃管的内径都不得小于 8mm。

b. 水位表要有下列标志和防护装置：

ⓐ 水位表应有指示最高、最低安全水位和正常水位的明显标志；

ⓑ 玻璃管式水位表应有防护装置（如保护罩、快关阀、自动闭锁珠等），但不得妨碍观察真实水位；

ⓒ 水位表应有放水阀门和接到安全地点的放水管。

③ 水位表的维护

a. 经常保持水位表清洁明亮，使操作人员能清晰地观察到其显示的水位。

b. 经常冲洗水位表。

c. 水位表的汽、水旋塞和放水旋塞应保证严密不漏。

6.5.3.5 锅炉正常运行中的监督和调整

在锅炉运行期间，必须对其进行一系列的调节，如对燃料量、空气量、给水量等作相应的改变，才能使锅炉的蒸发量与外界负荷相适应。否则，锅炉的运行参数（蒸气压、汽温、水位等）就不能保持在规定的范围内。

(1) 水位的调节

锅炉在正常运行中，应保持水位在水位表正常水位线处有轻微波动。负荷低时，水位稍高；负荷高时，水位稍低。在任何情况下，锅炉的水位不应降低到最低水位线以下和上升到最高水位线以上。水位过高会降低蒸汽品质，严重时甚至造成蒸汽管道内发生水击。水位过低会使受热面过热，金属强度降低，导致被迫紧急停炉，甚至引起锅炉爆炸。

水位的调节一般是通过改变给水调节阀的开度来实现的。为对水位进行可靠的监督，锅炉运行中要定时冲洗水位表，一般每班冲洗 2～3 次。

(2) 汽压的调节

汽压的波动对安全运行影响很大，超压则更危险。蒸汽压力的变动通常是由负荷变动引起的。当外界负荷突减，小于锅炉蒸发量，而燃料燃烧还未来得及减弱时，蒸气压就上升；当外界负荷突增，大于锅炉蒸发量，而燃烧尚未加强时，蒸气压就下降。因此，对汽压的调节就是对蒸发量的调节，而蒸发量的调节是通过燃烧调节和给水调节来实现的。

(3) 汽温的调节

锅炉的蒸汽温度偏低，蒸汽做功能力降低，汽耗量增加，不经济，甚至会损坏锅炉和用汽设备。过热蒸汽温度过高，会使过热器管壁温度过热，从而降低其使用寿命。严重超温甚至会使管子过热而爆破。因此，在锅炉运行中，蒸汽温度应控制在一定的范围内。

由于汽温变化是由蒸汽侧和烟气侧两方面的因素引起的，因而对汽温的调节也就应从这两方面来进行。

(4) 燃烧的监督调节

燃烧是锅炉工作过程的关键。对燃烧进行调节就是使燃料燃烧工况适应负荷的要求，以维持汽压稳定；使燃烧正常，保持适量的过剩空气系数，降低排烟热损失和减小未完全燃烧损失；调节送风量和引风量，保持炉膛一定的负压，以保证设备安全运行和减小排烟损失。

正常的燃烧工况，是指锅炉达到额定参数，不产生结焦和燃烧设备的烧损；着火稳定，燃烧正常；炉内温度场和热负荷分布均匀。外界负荷变动时，应对燃烧工况进行调整，使之适应负荷的要求。调整时，应注意风与燃料增减的先后次序，风与燃料的协调及引风与送风的协调。

6.5.3.6　锅炉安全运行与管理

① 锅炉一般应装在单独建造的锅炉房内，与其他建筑物的距离符合安全要求；锅炉房每层至少应有两个出口，分别设在两侧。锅炉房通向室外的门应向外开，在锅炉运行期间不准锁住或闩住，锅炉房内工作室或生活室的门应向内开。

② 使用锅炉的单位必须办理锅炉使用登记手续，并设专职或兼职管理人员负责锅炉房安全管理工作。司炉工人、水质化验人员必须经培训考核，持证上岗。建立健全各项规章制度（如岗位责任制、交接班制度、安全操作规程、巡回检查制度、设备维护保养制度、水质管理制度、清洁卫生制度等），建立锅炉技术档案，做好各项记录。

③ 蒸汽锅炉运行中，遇有下列情况之一时，应立即停炉：

a. 锅炉水位低于水位表的下部最低可见边缘；

b. 不断加大给水及采取其他措施，但水位仍然下降；

c. 锅内水位超过最高可见水位（满水），经放水仍不能见到水位；

d. 给水泵全部失效或给水系统故障，不能向锅内进水；

e. 水位表或安全阀全部失效；

f. 设置在汽空间的压力表全部失效；

g. 锅炉元件损坏且危及运行人员安全；

h. 燃烧设备损坏，炉墙倒塌或锅炉构架被烧红等，严重威胁锅炉安全运行；

i. 其他异常情况危及锅炉安全运行。

④ 通过加强对设备的日常维护保养和定期检验，提高设备完好率。

a. 在锅炉运行过程中，应不定期地查看锅炉的安全附件是否灵敏可靠、辅机运行是否正常和本体的可见部分有无明显的缺陷。

b. 每 2 年对运行的锅炉进行一次停炉内、外部检验，重点检验锅炉受压元件有无裂纹、腐蚀、变形、磨损，各种阀门、胀孔、铆缝处是否有渗漏，安全附件是否正常、可靠，自动控制、信号系统及仪表是否灵敏可靠等。

c. 每 6 年对锅炉进行一次水压试验，检验锅炉受压元件的严密性和耐压强度。新装、迁装、停用 1 年以上需恢复运行的锅炉，以及受压元件经过重大修理的锅炉，也应进行水压试验。水压试验前，应进行内、外部检验。

⑤ 保证锅炉经济运行。在锅炉运行过程中，必须定期对其运行工况（运行热力参数）进行全面的监测，了解各项热损失的大小，及时调整燃烧工况，将各项热损失降至最低。

6.5.3.7　锅炉常见事故及原因

由于锅炉的设计、制造、安装和使用的问题，在运行中会发生各类事故，大致可分为三大类：爆炸事故、重大事故和一般事故。

（1）爆炸事故

爆炸事故指锅炉中的主要受压部件如锅筒（锅壳）、联箱、炉胆、管板等发生破裂爆炸的事故。这些受压部件内部容纳的汽水介质较多，一旦发生破裂，汽水瞬时膨胀，释放大量的能量，具有极大的破坏力，可导致厂房设备损坏并造成人员伤亡。

锅炉爆炸事故通常是由于锅炉超压、存在缺陷或超温所造成的。由于安全阀、压力表不齐全或损坏，操作人员对指示仪表监视不严或操作失误（如误关闭或关小出汽阀门），致使受压元件超压引起爆炸；锅炉主要受压元件存在缺陷，如裂纹、腐蚀、严重变形、组织变化等，承压能力大大降低，使锅炉在正常工作压力下突然发生破裂；再有就是由于锅炉严重缺水，未按规定立即停炉，而匆忙上水，致使金属性能与组织变化丧失承载能力而破裂。

（2）重大事故

发生重大事故后，锅炉无法维持正常运行而被迫停炉。此类事故虽不及锅炉爆炸那么严重，但也往往造成设备损坏和人员伤亡，并可导致用户局部或全部停工停产，造成严重经济损失。这类事故主要包括以下 6 种。

① 缺水事故。当锅炉水位低于水位表最低安全水位刻度线时，即形成了锅炉缺水事故。严重的缺水会使锅炉蒸发面管子过热变形甚至破裂，胀口渗漏以致脱落，炉墙破坏。

通常判断缺水程度的方法是"叫水"。通过"叫水"，如果水位表中有水位出现，即为轻微缺水。此时可以立即上水，使水位恢复正常；如果水位表中仍无水位出现，则为严重缺水，必须紧急停炉。在未判定缺水程度或严重缺水的情况下，严禁给锅炉上水，以免引起锅炉爆炸事故。

造成缺水的原因主要是：司炉人员对水位监视不严；水位表故障造成假水位而司炉人员未及时发现；给水设备或给水管道故障，无法给水或水量不足；水位报警器或给水自动调节器失灵；司炉人员排污后忘记关排污阀，或者排污阀泄漏等。

② 满水事故。锅炉水位高于水位表最高安全水位刻度线时，叫做锅炉满水。满水的主要危害是降低蒸汽品质，损害过热器。发现锅炉满水后，应冲洗水位表，检查水位表有无故障。确认满水后，立即关闭给水阀，停止向锅炉上水，并减弱燃烧，开启排污阀。

造成满水事故的原因是：司炉人员对水位监视不严；水位表故障造成假水位而司炉人员未及时发现；给水自动调节器失灵而未及时发现。

③ 炉管爆破。锅炉蒸发，受热面管子在运行中爆破，此时蒸汽和给水压力下降，炉膛和烟道中有汽水喷出，燃烧不稳定。炉管爆破时，如果爆破口不大，能维持正常水位，可降负荷运行，待备用炉启动后，再停炉检修；若不能维持正常水位和汽压，必须紧急停炉修理。

导致炉管爆破的原因主要有：水质不良，管子结垢；严重缺水；管壁因腐蚀而减薄；烟气磨损导致管壁减薄；水循环故障；管材缺陷或焊接缺陷在运行中发展导致爆破。

④ 汽水共腾。锅炉蒸发面表面汽、水共同升起，产生大量泡沫并上下波动翻腾的现象，其后果会使蒸汽带水，降低蒸汽品质，造成过热器结垢及水击振动。发生汽水共腾时，应减弱燃烧，关小主汽阀，打开排污阀放水，同时上水，改善锅水品质。待水质改善、水位清晰后，可逐渐恢复正常运行。

形成汽水共腾有两方面的原因：一是锅水品质太差，锅水中悬浮物或含盐量太大、碱度过高，使锅水黏度很大，气泡被黏阻在锅水表面层附近来不及分离出去；二是负荷增加和压力降低过快。

⑤ 水击事故。发生水击时，管道承受的压力骤然升高，发生猛烈振动并发出巨大声响，常常造成管道、法兰、阀门等的损坏。锅炉中易发生水击的部件有给水管道、省煤器、过热器、锅筒等。给水管道发生水击时，可适当关小给水控制阀；蒸汽管道发生水击时，应减小供气，开启水击段疏水阀门；省煤器发生水击，应开启旁路门，关闭烟道门。

⑥ 炉膛爆炸。燃气、燃油锅炉或煤粉炉，当炉膛内的可燃物质与空气混合物的浓度

达到爆炸极限时，遇明火就会爆燃，甚至引起炉膛爆炸。炉膛爆炸虽较锅炉爆炸（锅筒爆炸）的破坏力为小，但也会造成严重后果，损坏受热面、炉墙及构架，造成锅炉停炉，有时也会造成人身伤亡。因此，发生炉膛爆炸事故后，应立即停炉，避免二次爆燃和连锁反应。

此外，锅炉的重大事故还有省煤器损坏、过热器损坏、尾部烟道二次燃烧、锅炉结渣等，均可危及锅炉的正常运行。

(3) 一般事故

在运行中可以排除或经过短暂停炉可以排除的事故，为一般事故，其损失较小。

6.5.4 压力容器、气瓶及压力管道安全

6.5.4.1 压力容器概述

压力容器是一种能承受压力载荷的密闭容器，它的主要作用是储存、运输有压力的气体或液化气体，或者为这些流体的传热、传质反应提供一个密闭的空间。目前国内纳入安全监察范围的压力容器应同时具备下列 3 个条件：

① 最高工作压力 $p_0 \geqslant 0.1$MPa（表压）；

② 内径 $D_i \geqslant 0.15$m，且容积 $V \geqslant 0.25$m^3；

③ 盛装介质为气体、液化气体或最高工作温度高于等于标准沸点的液体。

压力容器具有各式各样的形式结构，从小至只有几十升的瓶或罐，到大至上万立方米的球形容器或高达上百米的塔式容器，在工业生产中都得到广泛的应用，尤其是在化学和石油化学工业中，几乎每一个工艺过程都离不开压力容器，而且它们还常常是生产中的主要设备。

6.5.4.2 压力容器的分类

① 按工作压力可分为：

a. 低压容器（$0.1 < p \leqslant 1.6$MPa），多用于化工、机械制造、冶金采矿等行业；

b. 中压容器（$1.6 \leqslant p < 10$MPa），多用于石油化工；

c. 高压容器（$10 \leqslant p < 100$MPa），主要用于氮肥工业和部分石油化学工业；

d. 超高压容器（$p \geqslant 100$MPa），主要是高分子聚合设备。

② 按工艺用途可分为：

a. 反应容器（如反应锅、合成塔、聚合釜等）；

b. 换热容器（如热交换器、冷却塔、蒸煮锅等）；

c. 分离容器（如分离器、吸收塔、洗涤器等），储存容器（如储罐、压力缓冲器等）。

③ 从管理使用的角度来划分，常把压力容器分为两大类，即固定式容器和移动式容器。其中移动式容器（如气瓶、槽车等）没有固定的使用地点，一般没有专职的管理和操作人员，使用环境经常变化，管理较为复杂，因而较易发生事故。国内对这两类容器分别制定了不同的管理章程和技术标准、规范。

④ 按安全的重要程度分类。根据压力高低、介质的危害程度及在生产中的重要作用，将压力容器分为三类，即第一类容器、第二类容器和第三类容器，其中第三类容器最为重要，要求也最为严格。

6.5.4.3 压力容器的安全装置

压力容器的安全装置是专指为了使压力容器能够安全运行而装设在设备上的一种附属装置，所以又常称为安全附件。常用的安全泄压装置有安全阀、爆破片；计量显示装置有压力表、液面计等。

（1）安全装置的设置原则

① 凡《压力容器安全技术监察规程》适用范围内的专用压力容器，均应装设安全泄压装置。在常用的压力容器中，必须单独装设安全泄压装置的有以下 6 种：

a. 液化气体储存容器；

b. 压气机附属气体储罐；

c. 器内进行放热或分解等化学反应，能使压力升高的反应容器；

d. 高分子聚合设备；

e. 由载热物料加热，使器内液体蒸发汽化的换热容器；

f. 用减压阀降压后进气，且其许用压力小于压源设备（如锅炉、压气机储罐等）的容器。

② 若容器上的安全阀安装后不能可靠地工作，应装设爆破片或采用爆破片与安全阀组合结构。

③ 压力容器最高工作压力低于压力源压力时，在通向压力容器进口的管道上必须装设减压阀；如因介质条件影响到减压阀可靠地工作时，可用调节阀代替减压阀。在减压阀或调节阀的低压侧，必须装设安全阀和压力表。

（2）安全装置的选用要求

① 安全装置的设计、制造应符合《压力容器安全技术监察规程》和相应国家标准、行业标准的规定。使用单位必须选用有制造许可证单位生产的产品。

② 安全阀、爆破片的排放能力必须大于等于压力容器的安全泄放量。

③ 对易燃和毒性程度为极度、高度或中度危害介质的压力容器，应在安全阀或爆破片的排出口装设导管，将排放介质排至安全地点，并进行妥善处理，不得直接排入大气。

④ 压力容器设计时，如采用最大允许工作压力作为安全阀、爆破片的调整依据，应在设计图样上和压力容器铭牌上注明。

⑤ 压力容器的压力表、液面计等应根据压力容器的介质、性质和最高工作压力正确选用。

（3）几种常用的安全装置

① 安全阀。安全阀的工作原理及结构型式，可参见锅炉安全装置的有关内容。但是由于化工压力容器内介质与锅炉不同，在设置安全阀时还应注意的事项见 6.2 节。

② 爆破片。爆破片又称防爆片、防爆膜。爆破片装置由爆破片本身和相应的夹持器组成。爆破片是一种断裂型安全泄压装置，由于它只能一次性使用，所以其应用不如安全阀广泛，只用在安全阀不宜使用的场合（详见 6.2 节）。

a. 爆破片的选用。压力容器应根据介质的性质、工艺条件及载荷特性等来选用爆破片。首先要考虑介质在工作条件（压力、温度等）下对膜片有无腐蚀作用，如果介质是可燃气体，则不宜选用铸铁或碳钢等材料制造的膜片，以免膜片破裂时产生火花，在容器外引起可燃气体的燃烧爆炸。

b. 爆破片的装设。爆破片的装设应符合以下要求：爆破片装置与容器的连接管线应为直管，通道面积不得小于膜片的泄放面积；对易燃、毒性程度为极度、高度、中度危害介质的压力容器，应在爆破片的排出口装设导管，将排放介质引至安全地点，并进行妥善处理，不得直接排入大气；爆破片应与容器液面以上的气相空间相连。

c. 爆破片的更换。爆破片应定期更换，更换期限由使用单位根据本单位的实际情况确定。对于超过爆破片标定爆破压力而未爆破的也应更换。

③ 压力表。压力表的安装、使用要求，可参见锅炉安全装置部分。

④ 液面计。液面计是显示容器内液面位置变化情况的装置。盛装液化气体的储运容器，包括大型球形储罐、卧式储槽和罐车等，以及作液体蒸发用的换热容器，都应装设液面计以

防止器内因满液而发生液体膨胀导致容器的超压事故。

压力容器常用的液面计是玻璃管式和平板玻璃式两种。

a. 液面计选用的原则。

ⓐ 根据容器的工作压力选择。承压低的容器，可选用玻璃管式液面计；承压高的容器，可选用平板玻璃液面计。

ⓑ 根据液体的透光度选择。对于洁净或无色透明的液体可选用透光式玻璃板液面计；对非洁净或稍有色泽的液体可选用反射式玻璃板液面计。

ⓒ 根据介质特性选择。对盛装易燃易爆或毒性程度为极度、高度危害介质的液化气体的容器，应采用玻璃板式液面计或自动液面指示计，并应有防止液面计泄漏的保护装置；对大型储槽还应装设安全可靠的液面指示计。

ⓓ 根据液面变化范围选择。液化气体槽车上可选用浮子（标）式液面计，不得采用玻璃管式或玻璃板式液面计。对要求液面指示平稳的，不应采用浮子（标）式液面计。

ⓔ 盛装 0℃ 以下介质的压力容器上，应选用防霜液面计。

b. 液面计的安装。

ⓐ 液面计应安装在便于观察的位置。

ⓑ 液面计的最高和最低安全液位，应做明显的标记。

ⓒ 液面计的排污管应接至安全地点。

ⓓ 在安装使用前，应按照有关规定进行水压试验。

c. 液面计的维护。

保持清洁，玻璃板（管）必须明亮清晰，液位清楚易见。经常检查液面计的工作情况，如气、液连管旋塞是否处于开启状态，连管或旋塞是否堵塞，各连接处有无渗漏现象等，以保证液位正常显示。

液面计出现下列情况时，应停止使用：超过检验周期，玻璃板（管）有裂纹、破碎，阀件固死，经常出现假液位。

6.5.4.4　压力容器安全管理

（1）压力容器安全管理基础工作

压力容器安全管理的基础工作主要包括压力容器的选购验收、安全调试、技术档案、使用登记和统计报表等。

① 选购与验收。

a. 选用压力容器的总体要求是满足生产工艺需要、技术上先进、检修方便、安全性能可靠，同时也要考虑到经济性和安装位置的适应性。选择时应注意以下几点：

ⓐ 必须根据容器的用途与工作压力确定主体结构形式和压力容器的压力等级；

ⓑ 按照生产工艺和介质特性、操作温度的高低以及保证产品质量要求选用主体材质；

ⓒ 依据生产能力大小，确定压力容器的容积；

ⓓ 保障使用安全，必须考虑选用合适的安全泄压装置，测温、测压仪器（表）、自控装置和报警装置。

b. 验收工作主要有两方面内容：验收制造单位出厂技术资料是否齐全、正确，且符合购置要求；验收压力容器产品质量，主要是检查产品铭牌是否与出厂技术资料相吻合，依据竣工图对实物进行质量检查，检查随机备件、附件质量与数量，以及规格型号是否满足需要。

② 安装与调试。压力容器使用前需要进行安装就位。安装时应注意接管的方位与安装螺栓的对应，尽量做到一次吊放就位。及时做好容器内部构件安装质量、固定螺栓的紧固、

管线及梯子、平台等与容器相接部件的施焊质量、保温层施工质量及安全附件调试、装设正确与否的检查记录。

③ 压力容器的技术档案。压力容器的技术档案是压力容器设计、制造、使用和检修全过程的文字记载，通过它可以使容器的管理和操作人员掌握设备的结构特征、介质参数和缺陷的产生及发展趋势，防止由于盲目使用而发生事故。另外，档案还可以用于指导容器的定期检验以及修理、改造工作，亦是容器发生事故后，用以分析事故原因的重要依据之一。压力容器的技术档案包括容器的原始技术资料（容器的设计资料和容器的制造资料），容器使用情况记录资料（容器运行情况记录、容器检验和修理记录、安全附件技术资料）。

④ 压力容器使用登记。压力容器的使用单位，在压力容器投入使用前，应按劳动部颁发的《压力容器使用登记管理规则》的要求，逐台申报和办理使用登记手续，取得使用证，才能将容器投入运行。固定式容器的使用单位，必须向地、市级锅炉压力容器安全监察机构申请和办理使用登记手续；超高压容器和液化气体罐车的使用单位，必须向省级锅炉压力容器机构申请和办理使用登记手续。

⑤ 压力容器统计报表。压力容器统计报表主要有以下 3 种：

a. 压力容器年报表，统计当年某一确定时间处于使用状态的压力容器具体数量、类别及用途情况，报给上级主管部门；

b. 反映压力容器检验和修理情况的统计报表，其中包括当年定检计划及实际检验情况和下年的定期检验计划和修理台数的统计；

c. 反映压力容器利用情况的统计报表，主要用来反映压力容器开车时间及能力利用指标。

（2）安全管理工作的内容与要求

① 压力容器使用单位的技术负责人（主管厂长或总工程师），必须对压力容器的安全技术管理负责，并根据设备的数量和对安全性能的要求，设置专门机构或指定具有专业知识的技术人员，具体负责容器的安全工作。

② 使用单位必须贯彻压力容器有关的规程、规章和技术规范，编制本单位压力容器的安全管理规章制度及安全操作规程。

③ 使用单位必须持压力容器有关的技术资料到当地锅炉压力容器安全监察机构逐台办理使用登记手续，建立压力容器技术档案，并管理好有关的技术资料。

④ 使用单位应编制压力容器的年度定期检验计划，并负责组织实施。每年年底应将当年检验计划完成情况和第二年度的检验计划报到主管部门和当地质量技术监督行政部门。

⑤ 压力容器使用单位应做好压力容器运行、维修和安全附件校验情况的检查，做好压力容器校验、修理、改造和报废等的技术审查工作。压力容器的受压部件的重大修理、改造方案应报当地锅炉压力容器安全监察机构审查批准。

⑥ 发生压力容器爆炸及重大事故的单位，应迅速报告主管部门和当地质量技术监督行政部门，并立即组织或积极协助调查，根据调查结果填写事故调查报告书，报送有关的部门。

⑦ 使用单位必须对压力容器校验、焊接和操作人员进行安全技术培训，经过考核，取得合格证后，方准上岗操作。

（3）压力容器安全管理制度

压力容器的使用单位应根据单位的生产特点制定相应的压力容器安全管理制度，主要包括：

① 各级岗位责任制。

② 基础工作管理制度。诸如压力容器选购、验收、安装调试、使用登记、备件管理、操作人员培训及考核、技术档案管理和统计报表等制度，称为基础工作管理制度。

③ 使用过程中的管理制度。使用过程中的管理制度主要有下列 8 项：

a. 压力容器定期检验制度；

b. 压力容器修理、改造、检验、报废的技术审查和报批制度；

c. 压力容器安装、改造、移装的竣工验收制度，压力容器安全检查制度；

d. 交接班制度；

e. 压力容器维护保养制度；

f. 安全附件校验与修理制度；

g. 压力容器紧急情况处理制度；

h. 压力容器事故报告与处理制度等。

(4) 安全操作规程

安全操作规程至少应有下列内容：

① 压力容器的操作工艺控制指标，包括最高工作压力、最高或最低工作温度、压力及温度波动幅度的控制值、介质成分特别是有腐蚀性的成分控制值等；

② 压力容器岗位操作方法、开、停车的操作程序和注意事项；

③ 压力容器运行中日常检查的部位和内容要求；

④ 压力容器运行中可能出现的异常现象的判断和处理方法以及防范措施；

⑤ 压力容器的防腐措施和停用时的维护保养方法。

6.5.4.5 压力容器安全运行

正确合理地操作和使用压力容器，是保证容器安全运行的一项重要措施。容器的使用单位应在容器运行过程中从使用条件、环境条件和维修条件等方面采取控制措施，以保证容器的安全运行。

(1) 压力容器的投用

① 投用前的准备工作。

a. 检查容器安装、检验、修理工作后遗留的辅助设施是否全部拆除；容器内有无遗留工具、杂物等。

b. 检查水、电、汽等的供给是否恢复，道路是否畅通；操作环境是否符合安全运行的要求。

c. 检查系统中压力容器连接部位、接管等的连接情况，该抽的盲板是否抽出，阀门是否处于规定的启闭状态。

d. 检查附属设备及安全防护设施是否完好。

e. 检查安全附件、仪器仪表是否齐全，并检查其灵敏程度及校验情况，若发现安全附件无产品合格证或规格、性能不符合要求或逾期未校验等情况，不得使用。

f. 编制压力容器的有关管理制度及安全操作规程，操作人员应熟悉和掌握有关内容，并了解工艺流程和工艺条件。

② 压力容器的开车与试运行。

压力容器开车时应有专人负责、统一指挥，严格按开车方案执行。操作人员进入现场必须按规定穿戴各种防护用品和携带各种操作工具；安全部门应到场监护，发现异常情况及时处理。

试运行前需对容器、附属设备、安全附件、阀门等进一步确认检查。在试运行过程中，操作人员应与检修人员密切配合，检查整个系统畅通情况和严密性，检查容器、机泵、阀门及安全附件是否处于良好状态，是否有跑、冒、滴、漏、窜气、憋压等现象。需进行热紧密封的系统，应在升温同时对容器、管道、阀门、附件等进行均匀热紧，并注意用力适当。当升到规定温度时，热紧工作应停止。

在容器进料时，操作人员要沿工艺流程线路跟随物料进程进行检查，防止物料泄漏或走错流向。同时应注意检查阀门的开启度是否合适，并密切注意运行中的细微变化。

(2) 运行中工艺参数的控制

每台容器都有特定的设计参数，运行中对工艺参数的严格控制，是压力容器正确使用的主要内容。

① 压力和温度控制。

压力和温度是压力容器使用过程中的两个主要工艺参数。压力的控制要点主要是控制容器的操作压力不超过最高工作压力；对经检验认定不能按原铭牌上的最高工作压力运行的容器，应按专业检验单位所限定的最高工作压力范围使用。温度的控制主要是控制其极端的工作温度。高温下使用的压力容器，主要是控制介质的最高温度，并保证器壁温度不高于其设计温度；低温下使用的压力容器，主要控制介质的最低温度，并保证壁温不低于设计温度。

因此，压力容器运行中，操作人员应严格按照容器安全操作规程中规定的操作压力和操作温度进行操作，严禁盲目提高工作压力。可采用联锁装置、实行安全操作挂牌制度来防止操作失误。对于反应容器，必须严格按照规定的工艺要求进行投料、升温、升压和控制反应速度，注意投料顺序，严格控制反应物料的配比，并按照规定的顺序进行降温、卸压和出料；盛装液化气体的压力容器，应严格按照规定的充装量进行充装，以保证在设计温度下容器内部存在气相空间。充装用的全部仪表量具如压力表、磅秤等都应按规定的量程和精度选用。容器还应防止意外受热，储存易于发生聚合反应的碳氢化合物的容器，为防止物料发生聚合反应而使容器内气体急剧升温导致压力升高，应该在物料中加入相应的阻聚剂，同时限制这类物料的储存时间。

② 液位控制。

液位控制主要是针对液化气体介质的容器和部分反应容器的介质比例而言。盛装液化气体的容器，应严格按照规定的充装系数充装，以保证在设计温度下容器内有足够的气相空间；反应容器则需通过控制液位来实现控制反应速度和某些不正常反应的产生。

③ 介质腐蚀性的控制。

要防止介质对容器的腐蚀，首先应在设计时根据介质的腐蚀性及容器的使用温度、使用压力，选择合适的材料，并规定一定的使用寿命。同时也应该看到在操作过程中，介质的工艺条件对容器的腐蚀有很大影响。因此必须严格控制介质的成分及杂质含量、流速、温度、水分及 pH 值等工艺指标，以减小腐蚀速度、延长使用寿命。

④ 交变载荷的控制。

压力容器在反复变化的载荷作用下会产生疲劳破坏。为了防止容器发生疲劳破坏，就容器使用过程中工艺参数控制而言，应尽量使压力、温度的升降平稳，尽量避免突然的开、停车，避免不必要的频繁加压和卸压。对要求压力、温度稳定的工艺过程，则要防止压力、温度的急剧升降，使操作工艺指标稳定。对于高温压力容器，应尽可能减缓温度的突变，以降低热应力。

(3) 容器安全操作的一般要求

① 压力容器操作人员必须持证上岗，并定期接受专业培训与安全教育。

② 压力容器操作人员要熟悉本岗位的工艺流程，熟悉容器的结构、类别、主要技术参数和技术性能。严格按操作规程操作，掌握处理一般事故的方法，认真填写有关记录。

③ 要平稳操作。容器运行期间，还应尽量避免压力、温度的频繁和大幅度波动。

④ 严格控制工艺参数，严禁容器超温、超压运行；随时检查容器安全附件的运行情况，保证其灵敏可靠。

⑤ 容器内部有压力时，不得进行任何修理。对于特殊的生产工艺过程，需要带温带压紧固螺栓时，或出现紧急泄漏需进行带压堵漏时，使用单位必须按设计规定制定有效的操作要求和防护措施。

⑥ 坚持容器运行期间的巡回检查，及时发现操作中或设备上出现的不正常状态，并采取相应的措施进行调整或消除。

⑦ 正确处理紧急情况。

(4) 压力容器运行中的检查

操作人员在容器运行期间应经常对容器进行检查，及时发现操作中或设备上所出现的不正常状态，并及时处理。

① 工艺条件方面的检查。

工艺条件方面的检查主要是检查操作压力、操作温度、液位是否在安全操作规程规定的范围内；检查工作介质的化学成分，特别是那些影响容器安全（如产生应力腐蚀、使压力或温度升高等）的成分是否符合要求。

② 设备状况方面的检查。

设备状况方面的检查主要是检查容器各连接部位有无泄漏、渗漏现象；容器有无明显的变形、鼓包；容器外表面有无腐蚀，保温层是否完好；容器及其连接管道有无异常振动、磨损等现象；支承、支座、紧固螺栓是否完好，基础有无下沉、倾斜；重要阀门的"启"、"闭"与挂牌是否一致，联锁装置是否完好。

③ 安全装置方面的检查。

安全装置方面的检查主要是检查安全装置以及与安全有关的器具（如温度计、计量用的衡器及流量计等）是否保持良好状态。

(5) 压力容器停止运行

容器停止运行的操作包括：泄放容器内的气体或其他物料，使容器内压力下降，并停止向容器内输入气体或其他物料。对于系统中连续性生产的压力容器，停止运行时必须做好与其他有关岗位的联系工作。容器停止运行有正常停止运行和紧急停止运行两种情况。

① 正常停止运行。正常停运过程中应注意以下事项。

a. 编制停运方案。内容包括：停运周期及停运操作的程序和步骤；停运过程中控制工艺参数变化幅度的具体要求；容器及设备内剩余物料的处理、置换清洗方法及要求；动火作业的范围等。

b. 停运中应严格控制降温、降压速度。注意：降温，才能实现降压。

c. 清除剩余物料。对残留物料的排放与处理应采取相应的措施，特别是可燃、有毒气体应排至安全区域。

d. 准确执行停运操作，严格执行停运方案。

② 紧急停止运行。容器运行过程中，发生下列异常现象之一时，操作人员应立即采取紧急措施，停止容器运行。

a. 压力容器的工作压力、介质温度或器壁温度超过允许值，采取措施仍得不到有效控制。

b. 压力容器的主要承压部件出现裂纹、鼓包、变形、泄漏等危及安全的现象。

c. 安全装置失效，连接管件断裂，紧固件损坏，难以保证安全运行。

d. 发生火灾直接威胁到压力容器的安全运行。

e. 过量充装，容器液位失去控制，采取措施仍得不到有效控制。

f. 压力容器与管道发生严重振动，危及安全运行。

压力容器紧急停运时，操作人员必须做到"稳"、"准"、"快"，即保持镇定，判断准确、操作准确，处理迅速，防止事故扩大。在执行紧急停运的同时，还应按规定程序及时向本单位有关部门报告；对于系统性连续生产的，还必须做好与前、后有关岗位的联系工作。紧急停运前，操作人员应根据容器内介质状况做好个人防护。

6.5.4.6　压力容器的维护保养

压力容器的使用安全与其维护保养工作密切相关。做好容器的维护保养工作，使容器在完好状态下运行，就能防患于未然，提高容器的使用效率，延长使用寿命。

(1) 容器运行期间的维护保养

① 保持完好的防腐层。

工作介质对材料有腐蚀性的容器，通常采用防腐层来防止介质对器壁的腐蚀，如涂层、搪瓷衬里等。这些防腐层一旦损坏，工作介质将直接接触器壁，局部加速腐蚀会产生严重的后果。因此，要经常检查防腐层有无自行脱落，检查衬里是否开裂或焊接接缝处是否有渗漏现象，发现防腐层损坏时，即使是局部的，也应该经过修补等妥善处理后才能继续使用。装入固体物料或安装内部附件时，应注意避免刮落或碰坏防腐层。内装填料的容器，填料环应布放均匀，防止流体介质运动的偏流磨损。

② 消除"跑"、"冒"、"滴"、"漏"现象。

压力容器的连接部位及密封部位由于磨损或连接不良或密封面损坏，经常会产生各种泄漏现象。应加强巡回检查，注意观察，消灭"跑"、"冒"、"滴"、"漏"现象。

③ 保护好保温层。

对于有保温层的压力容器要检查保温层是否完好，防止容器壁裸露。

④ 减小或消除容器的振动。

容器的振动对其正常使用影响也是很大的。当发现容器存在较大振动时，应及时查找原因，采取适当的措施，如隔断振源、加强支撑装置等，以消除或减轻容器的振动。

⑤ 维护保养好安全装置。

容器的安全装置是防止其发生超压事故的重要装置，应使它们始终处于灵敏准确、使用可靠状态。因此必须在容器运行过程中，按照有关规定加强维护保养。

(2) 容器停用期间的维护保养

对长期停用或临时停用的压力容器，也应加强维护保养工作。可以说，停用期间保养不善的容器甚至比正常使用的容器损坏得更快，有些容器恰恰是忽略了停用期间的维护而造成了日后的事故。

停止运行的容器尤其是长期停用的容器，一定要将内部介质排放干净，清除内壁的污垢、附着物和腐蚀产物。对于腐蚀性介质，排放后还需经过置换、清洗、吹干等技术处理，使容器内部干燥和洁净。应保持容器表面清洁，并保持容器及周围环境的干燥。此外，要保持容器外表面的防腐油漆等完好无损。有保温层的容器，还要注意保温层下的防腐和支座处的防腐。

6.5.4.7　压力容器定期检验

(1) 压力容器定期检验的周期

压力容器的检验周期应根据容器的技术状况、使用条件来确定。《压力容器安全技术监察规程》将压力容器的定期检验分为外部检查、内外部检验和耐压试验。其检验周期具体规定如下。

① 外部检查。指在用压力容器运行中的定期在线检查，每年至少一次。

② 内外部检验。指在用压力容器停机时的检验，其检验周期分为：安全状况等级为1、2级的，每隔6年至少检验一次；安全状况等级为3、4级的，每3年至少检验一次。

③ 耐压试验。指压力容器停机检验时，所进行的超过最高工作压力的液压或气压试验。对固定式压力容器，每两次内外部检验期间内，至少进行一次耐压试验，对移动式压力容器，每6年至少进行一次耐压试验。

（2）压力容器定期检验内容

① 外部检查。外部检查的内容包括：

a. 压力容器本体检查；

b. 外表面腐蚀情况检查；

c. 压力容器保温层的检查；

d. 容器与相邻管道或构件的检查；

e. 容器安全附件检查；

f. 容器支座或基础的检查。

除上述内容外，外部检查中还要对容器的排污、疏水装置进行检查；对运行容器稳定情况进行检查；安全状况等级为4级的压力容器，还要检查其实际运行参数是否符合监控条件。对盛装腐蚀性介质的压力容器，若发现容器外表面油漆大面积剥落，局部有明显腐蚀现象，应对容器进行壁厚测定。

外部检查工作可由检验单位有资格的压力容器检验员进行，也可由经过安全监察机构认可的使用单位的压力容器专业人员进行。

② 内外部检验。内外部检验的目的是尽早发现容器内外部所存在的缺陷，包括在本次运行中新产生的缺陷以及原有缺陷的发展情况，以确定容器能否继续运行和为保证容器安全运行所必须采取的相应措施。主要内容包括以下几方面。

a. 外部检查的全部内容。

b. 容器的结构检查。检查的重点如下：

ⓐ 筒体与封头的连接方式是否合理；

ⓑ 是否按规定开设了人孔、检查孔、排污孔等，开孔处是否按规定补强；

ⓒ 焊接接缝布置情况，如焊接接缝有无交叉、焊接接缝间距离是否过小；

ⓓ 支座与支承型式是否符合安全要求等。

如需要，应对可能造成局部应力集中的部位做进一步的检查，如表面探伤，必要时采用射线探伤或超声波探伤，查清表面或焊接接缝内部是否存在缺陷。

c. 几何尺寸检查。对运行中可能发生变化的尺寸，应重点检查。

d. 表面缺陷检查。检查时要求测定腐蚀与机械损伤的深度、直径、长度及其分布，并标图记录。对非正常的腐蚀，应查明原因。对于内表面的焊接接缝应以肉眼或5～10倍放大镜检查裂纹。应力集中部位、变形部位、异种钢焊接部位、补焊区、电弧损伤处和易产生裂纹的部位，应重点检查。

e. 壁厚测定。选择具有代表性的部位进行测厚，如液位经常波动的部位，易腐蚀、冲蚀的部位，制造成型时壁厚减薄的部位和使用中产生的变形部位，表面缺陷检查时发现的可疑部位。

f. 材质检查。应考虑两项内容：一项是压力容器选材（即材料的种类和牌号）是否符合有关规程和规范的要求；另一项是经过一定时间的使用后，材质变化（劣化）后是否还能满足使用要求。

g. 焊接接缝埋藏缺陷检查。对下列几种情况，应进行射线探伤或超声波探伤抽查，以确定焊接接缝内部是否存在缺陷：

ⓐ 制造中焊接接缝经过两次以上返修或使用过程中曾经补焊过的部位；

ⓑ 检验时发现焊接接缝表面裂纹的部位；错边量和棱角度严重超标的部位；

ⓒ 使用中出现焊接接缝泄漏的部位。

h. 安全附件和紧固件检查。对安全阀、紧急切断阀等要进行解体检查、修理和调整，必要时还需进行耐压试验和气密性试验；按规定校验安全阀的开启压力、回座压力；爆破片应按有关规定进行更换。对高压螺栓应逐个清洗，检查其损伤和裂纹情况。

③ 耐压试验。耐压试验的目的是检验容器受压部件的结构强度，验证是否具有设计压力下安全运行所需要的承压能力，同时通过试验可检查容器各连接处有无渗漏，以检验容器的严密性。压力容器内外部检验合格后，按检验方案的要求或根据被检容器的实际情况还要考虑进行必要的耐压试验。根据压力容器使用工况、安装位置等具体情况，由检验人员确定液压试验或气压试验。

a. 试验温度。碳素钢、16MnR 钢制压力容器液压试验时，液体的温度不得低于 5℃；其他低合金钢制压力容器，液体温度不得低于 15℃。

b. 试验压力。液压试验的试验压力为容器设计压力的 1.25 倍；气压试验的试验压力为设计压力的 1.15 倍。

c. 合格标准。液压试验后的压力容器，若无渗漏、无可见的变形、试验过程中无异常的响声，即为合格；气压试验的压力容器，若无异常响声、经肥皂液或其他检漏液检查无漏气、无可见的变形，即为合格。

6.5.4.8　气瓶安全技术

气瓶在化工行业中应用广泛。气瓶属于移动式的、可重复充装的压力容器。由于经常装载易燃、易爆、有毒及腐蚀性等危险介质，压力范围遍及高压、中压和低压，因此气瓶除具有一般固定式压力容器的性质外，在充装、搬运和使用方面还有一些特殊问题，如气瓶在移动、搬运过程中，易发生碰撞而增加瓶体爆炸的危险；气瓶经常处于储存物的罐装和使用的交替进行中，亦即处于承受交变载荷状态；气瓶在使用时，一般与使用者之间无隔离或其他防护措施。所以要保证安全使用，除了要求它符合压力容器的一般要求外，还需要有一些专门的规定和要求。

(1) 气瓶分类

① 永久气体气瓶。临界温度 $t_c < -10℃$ 的气体称为永久气体，盛装永久气体的气瓶称为永久气体气瓶。盛装氧、氮、空气、一氧化碳、甲烷等气体的气瓶均属此类。由于永久气体在环境温度下始终呈气态，以较高压力将其压缩才能在气瓶较小容积中储存较多气体，因而这类气瓶必须有较高的许用压力。常用标准压力系列为 15MPa、20MPa 及 30MPa。

② 高压液化气体气瓶。临界温度 $t_c \geq -10℃$ 的气体称为液化气体，液化气体又分高压液化气体和低压液化气体两种。

临界温度 $-10℃ \leq t_c \leq 70℃$ 的液化气体为高压液化气体，也称低临界温度液化气体，如二氧化碳、氧化亚氮、乙烷、乙烯、氯化氢、氟乙烯等均属高压液化气体，盛装它们的气瓶为高压液化气体气瓶。

高压液化气体在环境温度下可能呈气液两相状态，也可能完全呈气态，因而也要求以较高压力充装。常用的标准压力系列为 8MPa、12.5MPa、15MPa 及 20MPa。

③ 低压液化气体气瓶。临界温度 $t_c > 70℃$ 的液化气体为低压液化气体，也称高临界温度液化气体，如液氯、液氨、硫化氢、丙烷、丁烷、丁烯及液化石油气等均属低压液化气

体，盛装它们的气瓶为低压液化气体气瓶。

在环境温度下，低压液化气体始终处于气液两相共存状态，其气态的压力是相应温度下该气体的饱和蒸气压。按最高工作温度为 60℃ 考虑，所有高临界温度液化气体的饱和蒸气压均在 5MPa 以下，因此，这类气体可用低压气瓶充装，其标准压力系列为 1.0MPa、1.6MPa、2.0MPa、3.0MPa 和 5.0MPa。

④ 溶解气体气瓶。专指盛装乙炔的特殊气瓶。乙炔气体极不稳定，不能像其他气体一样以压缩状态装入瓶内，而是将其溶解于瓶内的丙酮溶剂中。瓶内装满多孔性物质用作吸收溶剂。

溶解气体气瓶的最高工作压力一般不超过 3.0MPa。

(2) 气瓶的颜色标记和钢印标记

① 颜色标记。气瓶颜色标记是指气瓶外表面的瓶色、字样、字色和色环。气瓶喷涂颜色标记的目的主要是从颜色上迅速地辨别出盛装某种气体的气瓶和瓶内气体的性质（可燃性、毒性），避免错装和错用，同时也可防止气瓶外表面生锈。

a. 字样。字样是指气瓶充装介质名称、气瓶所属单位名称。介质名称一般用汉字表示，凡属液化气体，在介质名称前一律冠以"液化"、"液"的字样。对于小容积的气瓶可用化学式表示。

字样一律采用仿宋体。公称容积为 40L 的气瓶，其字体高度为 80～100mm。介质名称按瓶的环向横写，位于瓶高 3/4 处。单位名称按气瓶轴向竖写，位于介质名称居中的下方或转向 180°的瓶面。

b. 色环。色环是识别充装同一介质，但具有不同公称工作压力的气瓶标记。凡充装同一介质且公称工作压力比规定起始级高一级的气瓶加一道色环，高二级加二道，依此类推。

色环的宽度，对于公称容积 40L 的气瓶，单环宽度为 40mm，多环每环宽度为 30mm；其他规格的气瓶，色环宽度宜按相应比例放宽或缩窄。多环的环间距等于环宽度。色环应喷涂于瓶高 2/3 处，且介于介质名称和单位名称之间。

国家标准《气瓶颜色标记》（GB 7144—1999）中，列出了盛装常用介质的气瓶的颜色标记，并规定瓶帽、防护胶圈等的颜色应与瓶色一致。

② 钢印标记。气瓶的钢印标记包括制造钢印标记和检验钢印标记。

a. 制造钢印。是气瓶的原始标志，是由制造单位打铳在气瓶肩部、筒体、瓶阀护罩上的有关设计、制造、充装、使用、检验等技术参数的印章。钢印标记上的项目有：气瓶制造单位代号、气瓶编号、公称工作压力、实际质量、实际容积、瓶体设计壁厚和制造年月等。

b. 检验钢印。是气瓶定期检验后，由检验单位打铳在气瓶肩部、筒体、瓶阀护罩上，或打铳在套于瓶阀尾部金属检验标记环上的印章。检验钢印标记上，还应按年份涂检验色标。

(3) 气瓶安全附件

气瓶的安全附件有安全泄压装置、瓶帽和防震圈。

① 安全泄压装置。气瓶的安全泄压装置主要是防止气瓶在遇到火灾等特殊高温时，瓶内介质受热膨胀而导致气瓶超压爆炸。其类型有爆破片、易熔塞及爆破片-易熔塞复合装置。

爆破片一般用于高压气瓶，装配在瓶阀上。

易熔塞主要用于低压液化气体气瓶，它由钢制基体及其中心孔中浇铸的易熔合金塞构成。目前使用的易熔塞装置的动作温度有 100℃ 和 70℃ 两种。

爆破片-易熔塞复合装置主要用于对密封性能要求特别严格的气瓶。这种装置由爆破片与易熔塞串联而成，易熔塞装设在爆破片排放的一侧。

② 瓶帽。瓶帽是为了防止瓶阀被破坏的一种保护装置。每个气瓶的顶部都应配有瓶帽，以便在气瓶运送过程中配戴。瓶帽按其结构型式可分为拆卸式和固定式两种。

为防止由于瓶阀泄漏，或由于安全泄压装置动作，造成瓶帽爆炸，在瓶帽上要开有排气孔。考虑到气体由一侧排出而产生的反动作力会使气瓶倾倒或横向移动，排气孔应是对称的两个。

③ 防震圈。防震圈是防止气瓶瓶体受撞击的一种保护设施，它对气瓶表面的漆膜也有很好的保护作用。国内采用的是两个紧套在瓶体上部和下部的、用橡胶或塑料制成的防震圈。

(4) 气瓶的充装

为了使气瓶在使用过程中不因环境温度的升高而造成超压，必须对气瓶的充装量严格加以控制。

① 对气瓶充装单位的要求。

a. 建立与所充装气体种类相适应的能够确保充装安全和充装质量的管理体系和各项管理制度。

b. 有熟悉气瓶充装安全技术的管理人员和经过专业培训的气体充装前气瓶检验员、操作人员。

c. 有与所充装气体相适应的场所、设施、装备和检测手段。

② 充装前的检查。

a. 气瓶的原始标志是否符合标准和规程的要求，钢印字迹是否清晰可辨。

b. 气瓶外表面的颜色和标记（包括字样、字色和色环）是否与所装气体的规定标记相符。

c. 气瓶内有无剩余压力，如有余气，应进行定性鉴别，以判定剩余气体是否与所装气体相符。

d. 气瓶外表面有无裂纹、严重腐蚀、明显变形及其他外部损伤缺陷。

e. 气瓶的安全附件（瓶帽、防震圈、护罩、易熔合金塞等）是否齐全、可靠和符合安全要求。

f. 气瓶瓶阀的出口螺纹型式是否与所装气体的规定螺纹相符，即盛装可燃性气体的气瓶瓶阀螺纹是左旋的；非可燃性气体气瓶瓶阀螺纹应是右旋的。

③ 禁止充气的气瓶。在检查中，发现气瓶具有下列情况之一时，应禁止对其进行充装：

a. 气瓶是由不具有"气瓶制造许可证"的单位生产的；

b. 颜色标记不符合《气瓶颜色标记》的规定，或严重污损、脱落、难以辨认的；

c. 瓶内无剩余压力的；

d. 超过规定的检验期限的；

e. 附件不全、损坏或不符合规定的；

f. 氧气瓶或强氧化性气体气瓶的瓶体或瓶阀上沾有油脂；

g. 原始标记不符合规定，或钢印标志模糊不清，无法辨认的。

④ 气瓶的充装量。

a. 永久气体气瓶的充装量是以充装温度和压力确定的，其确定的原则是：气瓶内气体的压力在基准温度（20℃）下应不超过其公称工作压力；在最高使用温度（60℃）下应不超过气瓶的许用压力。

b. 低压液化气体气瓶充装量的确定原则是：气瓶内所装入的介质，即使在最高使用温度下也不会发生瓶内满液，也就是控制气瓶的充装系数（气瓶单位容积内充装液化气体的质量）不大于所装介质在气瓶最高使用温度下的液体密度，即不大于液体介质在60℃时的密度。

c. 高压液化气体气瓶充装量的确定原则是：保证瓶内气体在气瓶最高使用温度（60℃）下所达到的压力不超过气瓶的许用压力。这点与永久气体一样，所不同的是，永久气体是以充装结束时的温度和压力来计量，而高压液化气体因充装时是液态，故只能以它的充装系数来计量。

d. 乙炔瓶的充装压力，在任何情况下都不得大于2.5MPa。

(5) 气瓶的运输

① 防止气瓶受到剧烈振动或碰撞冲击。

a. 运载气瓶的工具应有明显的安全标志；

b. 气瓶的瓶帽及防震圈应装配齐全；

c. 气瓶装在车上，应妥善固定；

d. 装卸气瓶时，必须轻装轻卸，避免气瓶相互碰撞或与其他坚硬物体碰撞，严禁用抛、滑、滚、摔等方式装卸气瓶；

e. 不得使用电磁起重机吊装气瓶，不得使用链绳、钢丝绳捆绑或钩吊瓶帽等方式吊运气瓶，必须将气瓶装入集装箱或坚固的吊笼内。

② 防止气瓶受热或着火。

a. 易燃、易爆、腐蚀性物品或与瓶内气体起化学反应的物品，不得与气瓶一起运输；

b. 瓶内气体相互接触能引起燃烧、爆炸、产生毒物的气瓶，不得同车运输；

c. 运输可燃、有毒气体气瓶时，车上应备有与瓶内气体相适应的灭火器材和防毒用具；

d. 夏季运输应有遮阳设施，避免暴晒。

(6) 气瓶的储存

① 对气瓶库房的要求。

a. 气瓶库房不应设在建筑物的地下室和半地下室内，库房与明火或其他建筑物应有适当的安全距离。

b. 气瓶库房的安全出口不得少于两个，库房的门窗必须做成向外开的，门窗应采用磨砂玻璃，或在普通玻璃上涂上白漆，以防气瓶被阳光晒热。

c. 库房应有运输和消防通道，设置消防栓和消防水池，在固定地点备有专用灭火器、灭火工具和防毒面具。储存可燃性和毒性气体的库房，应装设灵敏的泄漏气体监测警报装置。

d. 储存可燃气体气瓶的库房内，其照明、换气装置等电气设备，必须采用防爆型的，电源开关和熔断器都应装设在库外。

e. 库房应设置自然通风或人工通风装置，以保证空气中的可燃气体或毒性气体的浓度不致达到危险的界限。

f. 库内不得有暖气、水、煤气等管道通过，也不准有地下管道或暗沟。严禁使用煤炉、电热器或其他明火取暖设备。库房周围应有排放积水的设施。

g. 在储存库的周围应设一些安全警示语牌。

② 气瓶入库存放要求。

a. 入库的空瓶与实瓶应分别放置，并有明显标志。毒性气体气瓶及瓶内气体相互接触能引起燃烧、爆炸、产生毒物的气瓶，应分室存放，并在附近设置防毒用具或灭火器材。

b. 气瓶入库后，一般应直立储存于指定的栅栏内，并用链条等物将气瓶加以固定，以防气瓶倾倒；对于卧放的气瓶，应妥善固定，防止其滚动；如需堆放，其堆放层数不应超过五层。

c. 对于限期储存的气体及不宜长期存放的气体，均应注明存放期限。对于容易起聚合反应或分解反应的气体，必须规定储存期限，并予以注明，这类气瓶限期存放到期后，要及时处理。

d. 气瓶在库房内应摆放整齐，数量、号位的标志要明显，要留有适当宽度的通道。

e. 毒性气体或可燃性气体气瓶入库后，要连续 2～3 天定时测定库内空气中毒性或可燃性气体的浓度。如果浓度有可能达到危险值，则应强制换气，并查出危险气体浓度增高的原因，予以解决。

(7) 气瓶的安全使用与维护

① 气瓶安全使用要点。

a. 合理使用、正确操作。

ⓐ 气瓶使用时，一般应立放，并应有防止倾倒的措施；

ⓑ 使用氧气或氧化性气体气瓶时，操作者的双手、手套、工具、减压器、瓶阀等，凡有油脂的，必须脱脂干净后，方能操作；

ⓒ 开启或关闭瓶阀时，速度要缓慢，且只能用手或专用扳手，不准使用锤子、管钳、长柄螺纹扳手；

ⓓ 每种气体要有专用的减压器，尤其氧气和可燃气体的减压器不能互用；瓶阀或减压器泄漏时不得继续使用；

ⓔ 瓶内气体不得用尽，必须留有剩余压力。

b. 防止气瓶受热。

ⓐ 不得将气瓶靠近热源，安放气瓶的地点周围 10m 范围内，不应进行有明火或可能产生火花的工作；

ⓑ 气瓶在夏季使用时，应防止暴晒；

ⓒ 瓶阀冻结时，应把气瓶移到较温暖的地方，用温水解冻，严禁用温度超过 40℃的热源对气瓶加热。

② 气瓶维护。

经常保持气瓶上油漆完好，漆色脱落或模糊不清时，应按规定重新漆色。严禁敲击、碰撞气瓶，严禁在气瓶上进行电焊引弧，不准用气瓶作支架。

(8) 气瓶定期检验

① 定期检验的周期。

a. 盛装腐蚀性气体的气瓶，每 2 年检验 1 次。

b. 盛装一般气体的气瓶，每 3 年检验 1 次。

c. 液化石油气钢瓶，使用未超过 20 年的，每 5 年检验 1 次；超过 20 年的，每 2 年检验 1 次。

d. 盛装惰性气体的气瓶，每 5 年检验 1 次；溶解乙炔气瓶，每 3 年检验 1 次。

② 检验前的准备。

a. 接收和登记送检气瓶。

b. 排放瓶内剩余气体。

c. 拆卸瓶阀。

d. 清理气瓶内、外表面。

e. 登记原始标记。

③ 定期检验项目。

a. 无缝气瓶定期检验的项目包括：外观检查、内部检查、瓶口螺纹检查、声响检查

（仅适用于钢质气瓶）、质量与容积测定、水压试验、瓶阀检验。

b. 焊接气瓶定期检验的项目包括：内外表面检验、焊接接缝检验、瓶重测定、水压试验、主要附件检验。

c. 液化石油气钢瓶定期检验的项目包括：外观检查、壁厚检验或瓶重测定、阀座检验、水压试验或残余变形率测定、瓶阀检验。

d. 溶解乙炔气瓶定期检验的项目包括：瓶体与焊接接缝的外观检查；瓶阀、阀座与塞座检验；瓶体厚度测定；填料检验；气瓶气压试验。

(9) 气瓶事故及预防措施

① 充装不当引起的气瓶事故及预防措施。

a. 气瓶混装造成的事故及其预防。混装是永久气体气瓶发生爆炸事故的主要原因，其中最危险而又最常见的事故是氧气或空气等助燃气体与氢、甲烷等可燃气体的混装。防止气瓶因混装而发生爆炸事故，应做好以下两方面的工作。

ⓐ 充气前对气瓶进行严格的检查。检查气瓶外表面的颜色标记是否与所装气体的规定标记相符，原始标记是否符合规定，钢印标志是否清晰，气瓶内有无剩余压力，气瓶瓶阀的出口螺纹型式是否与所装气体的规定相符，安全附件是否齐全。

ⓑ 采用防止混装的充气连接结构。充装单位应认真执行国家标准《气瓶阀出气口连接型式和尺寸》，包括充气前对瓶阀出口螺纹型式（左右旋、内外螺纹）的检查以及采用标准规定的充气接头（卡子）型式和尺寸。

b. 气瓶超装造成的事故及其预防。充装过量也是气瓶破裂爆炸的常见原因，特别是低压液化气体气瓶，其破裂爆炸绝大多数是由于充装过量，即所谓超装引起的。防止气瓶充装过量，可采取以下相应的措施：

ⓐ 充装永久气体的气瓶，应明确规定在多大的充装温度下充装多大的压力；

ⓑ 充装液化气体的气瓶必须按规定的充装系数进行充装；

ⓒ 充装量应包括气瓶内原有的余液，不得将余液忽略不计，不得用储罐减量法来确定充装量；

ⓓ 充装后的气瓶，应有专人负责，逐只进行检查，发现充装过量的气瓶，必须及时将超装量妥善排出。所有仪表量具（如压力表、磅秤等）都应按规定的范围选用，并且要定期检验和校正。

② 气瓶使用不当引起的事故及预防措施。气瓶搬运、使用不当或维护不良，可以直接或间接造成燃烧、爆炸或中毒伤亡事故。为了预防气瓶由于使用不当而发生事故，在使用气瓶时必须严格做到以下几点。

a. 防止气瓶受剧烈振动或碰撞、冲击。运输气瓶时，要将气瓶妥善固定，防止其滚动或滚落；装卸气瓶时要轻装轻卸，严禁采用抛装、滑放或滚动的装卸方法；气瓶的瓶帽及防震圈应配戴齐全。

b. 防止气瓶受热升温。气瓶运输或使用时，不得长时间在烈日下暴晒。使用中不要将气瓶靠近火炉或其他高温热源，更不得用高温蒸汽直接喷吹气瓶。瓶阀冻结时，应把气瓶移到较暖的地方，用温水解冻，禁止用明火烘烤。

c. 正确操作，合理使用。开阀时要缓慢，防止附件升压过速，产生高温，对盛装可燃气体的气瓶尤应注意，以免因静电的作用引起气体燃烧；开阀时不能用扳手敲击瓶阀以防产生火花；氧气瓶的瓶阀及其他附件都禁止沾染油脂，手或手套、工具上沾有油脂时不要操作氧气瓶；每种气瓶要有专用的减压器。气瓶使用到最后时应留有余气，以防混入其他气体或杂质造成事故。

d. 加强维护。经常保持气瓶油漆完好，漆色脱落或模糊不清时，应按规定重新漆色。对瓶内混有水分会加速气体对内壁腐蚀的气瓶，如一氧化碳气瓶、氯气瓶等，在充气前应对气瓶进行干燥。

6.5.4.9　压力管道安全技术

压力管道是化工工业生产中必不可少的重要部件，化工设备与机械之间的连接都是依靠工业管道，用以输送和控制流体介质。在很大程度上，管道与化工设备一同完成某些化工工艺过程，即所谓"管道化生产"。所以，化工管道与化工设备一样，是化工生产装置中不可缺少的组成部分。

(1) 压力管道的分类

管道可按下列方法分类。

① 按管道输送的介质种类分类。有液化石油气管道、氢气管道、水蒸气管道等。

② 按管道的设计压力分类。有低压管道（$0.1MPa \leqslant p < 1.6MPa$）、中压管道（$1.6MPa \leqslant p < 10MPa$）和高压管道（$p \geqslant 10MPa$）。

③ 按管道的材质分类。有铸铁管、碳钢管、合金钢管、有色金属管等。

(2) 管道的连接方式及主要连接件

① 管道的连接方式。管道的连接包括管子与管子、管子与阀门及管件和管子与设备的连接。常用的连接方式有 3 种：法兰连接、螺纹连接和焊接。无缝钢管一般采用法兰连接或管子间的焊接，水煤气管只用螺纹连接，玻璃钢管大多采用活套法兰连接。

② 连接管件。小口径管道和低压管道一般采用螺纹连接，其形式又分为固定螺纹连接和卡套连接两种。大口径管道、高压管道和需要经常拆卸的管道，常用法兰连接。用法兰连接管路时，必须加上垫片，以保证连接处的严密性。

(3) 阀门

阀门的种类较多，按其作用分，有截止阀、调节阀、止逆阀、减压阀、稳压阀和转向阀等；按阀门的形状和结构分，有球心阀、闸阀、旋塞阀、蝶形阀、针形阀等。

① 截止阀又叫球心阀，用于调节流量。它启闭缓慢，无水击现象，是各种压力管道上最常用的阀门。

② 闸阀又称闸板阀，它利用闸板的起落来开启和关闭阀门，并通过闸板的高度来调节流量。闸阀广泛用于各种压力管道上，但由于其闭合面易磨损，故不宜用于腐蚀性介质的管道。

③ 旋塞阀又叫考克，是利用旋塞孔和阀体孔两者的重合程度来截止和调节流量的。它启闭迅速，经久耐用，但由于摩擦面大，受热后旋塞膨胀，难以转动，不能精确调节流量，故只适用于压力小于 $1.0MPa$ 和温度不高的管道上。

④ 针形阀的结构与球心阀相似，只是将阀盘做成锥形，阀盘与阀座接触面大，密封性能好，易于启闭，特别适用于高压操作和精度调节流量的管道上。

⑤ 止逆阀又叫单向阀，当工艺管道只允许流体向一个方向流动时，就需使用止逆阀。

⑥ 减压阀的作用是自动地将高压流体按工艺要求减为低压流体，一般经减压后的压力要低于阀前压力的 50%。通常用于蒸汽和压缩空气管道上。

(4) 压力管道的安全使用管理

压力管道的使用单位，应对本单位压力管道的安全管理工作负责，防止因其泄漏、破裂而引起中毒、火灾或爆炸事故。

① 贯彻执行《压力管道安全管理与监察规定》及压力管道的技术规范、标准，建立、健全本单位的压力管道安全管理制度。

② 应有专职或兼职专业技术人员负责压力管道安全管理工作；压力管道的操作人员和压力管道的检验人员必须经过安全技术培训。

③ 压力管道及其安全设施必须符合国家的有关规定。

④ 建立压力管道技术档案，并到单位所在地的地（市）级质量技术监督行政部门登记。

⑤ 按规定对压力管道进行定期检验，并对其附属的仪器仪表、安全保护装置、测量调控装置等定期校验和检修。

⑥ 对事故隐患应及时采取措施进行整改，重大事故隐患应以书面形式报告省级以上主管部门和质量技术监督行政部门。

⑦ 对输送可燃、易爆或有毒介质的压力管道，应建立巡线检查制度，制定应急措施和救援方案，根据需要建立抢救队伍，并定期演练。

⑧ 按有关规定及时如实向主管部门和当地质量技术监督行政部门报告压力管道事故，并协助做好事故调查和善后处理工作，认真总结经验教训，采取相应措施，防止事故发生。

（5）压力管道安全技术

压力管道特别是化工管道，内部介质多为有毒、易燃、具有腐蚀性的物料，且数量多、分布密集，由于腐蚀、磨损使管壁减薄，造成泄漏而引起火灾、爆炸事故的事例在化工单位屡有发生。因此，防止压力管道事故，应着重从防腐方面入手。

① 管道的腐蚀及预防。从腐蚀类型看，工业管道的腐蚀以全面腐蚀最多，其次是局部腐蚀和特殊腐蚀。

从装置的类别看，以冷凝器、冷却器的冷却水配管，精馏塔的汽化管和加热炉出口的输送管等遭受腐蚀最为严重。

工业管道的腐蚀一般易出现在以下部位：

a. 管道的弯曲、拐弯部位，流线型管段中有液体流入而流向又有变化的部位；

b. 产生汽化现象时，与液体接触的部位较与蒸气接触的部位更易遭受腐蚀；

c. 在排液管中，经常没有液体流动的管段易出现局部腐蚀；

d. 液体或蒸气管道在有温差的状态下使用，易出现严重的局部腐蚀；

e. 埋设管道外部的下表面容易产生腐蚀。

为防止由于腐蚀而使管壁减薄，导致管道承压能力降低，造成泄漏或破裂事故，在管道强度设计时，应根据管内介质的特性、流速、工作压力、管道材质、使用年限等，计算出介质对管材的腐蚀速率，在此基础上选取适当的腐蚀裕度。通常，壁厚的腐蚀裕度在 1.5～6mm 的范围内。

② 管道的绝热。工业生产中，由于工艺条件的需要，很多管道和设备都要加以保温、加热保护和保冷，这 3 种情况都属于管道和设备的绝热。

a. 保温。管道、设备在控制或保持热量的情况下应予保温；为了减少介质由于日晒或外界温度过高而引起蒸发的管线、设备需予保温；对于温度高于 65℃ 而工艺不要求保温的管道、设备，在操作人员可能触及的范围内应予保温，作为防烫措施。

b. 加热保护。对于连续或间断输送具有下列特性的流体的管道，应采用加热保护：

ⓐ 凝固点高于环境温度的流体管道；

ⓑ 流体组分中能形成有害操作的冰或结晶；

ⓒ 含有 H_2S、HCl、Cl_2 等气体，能出现冷凝或形成水合物的管道；

ⓓ 在环境温度下黏度很大的介质。

加热保护的方式有蒸汽伴管、夹套管及电热带 3 种。

无论是管道保温、保冷，还是加热保护，都离不开绝热材料。工业管道常用的绝热材料有毛毡、石棉、玻璃棉、石棉水泥、岩棉及各种绝热泡沫塑料等。材料的热导率越小、容量（单位体积的质量）越大、吸水性越低，其绝热性能就越好。此外，材质稳定，不可燃，耐腐蚀，有一定的强度等，都有助于材料的绝热。

③ 管道防腐涂层。工业管道输送的各种流体中，很多具有腐蚀性，即使是蒸汽、空气、

油品管道，也会出现腐蚀现象。防止管道腐蚀应从两方面入手：首先是合理选择管材，即依据内部介质的性质，选择对该种介质具有耐腐蚀性能的管道材料；其次是采用合理的防腐措施，如采用涂层防腐、衬里防腐、电化学防腐及使用缓蚀剂等。其中用得最为广泛的是涂层防腐，而在涂层防腐中又以涂料防腐用得最多。

涂料产品的种类很多，其分类原则是以主要成膜物质为基础，共分为 18 类。常用的涂料有酚醛树脂、醇酸树脂、硝基树脂、过氯乙烯树脂、聚酯树脂等。在选择涂料时，应根据输送介质的性质和工作温度等条件综合考虑。

（6）管道的检验与试验

压力管道安装完毕后，应按规定进行管道系统强度、严密性的试验和系统吹扫与清洗等工作；在用压力管道应定期进行检验和正常维护，以确保安全生产。

① 强度与严密性检验。管道系统安装完毕，其强度与严密性一般通过水压试验和气密性试验进行检验。若不宜用水作为试验介质的，可用气压试验代替。水压试验合格后，以空气或惰性气体为介质进行气密性试验，气密性试验压力为设计压力。用涂刷肥皂水的方法，重点检查管道的连接处有无渗漏现象，若无渗漏，稳压 30min，压力保持不降即为试验合格。

对于剧毒及甲、乙类火灾危险的管道系统，除做水压试验和气密性试验外，还应做泄漏量试验，即在设计压力下，测定 24h 内全系统平均每小时的泄漏量，不超过下列允许值即为合格：剧毒介质管道，室内及地沟中泄漏量为 0.15%，室外为 0.30%；甲、乙类火灾危险性介质，室内及地沟中泄漏量为 0.25%，室外为 0.5%。

② 管道吹洗。管道系统强度试验合格后，或气密性试验前，应分段进行吹扫与清洗（即吹洗）。吹洗前应将仪表、孔板、滤网、阀门拆除，对不宜吹洗的系统进行隔离和保护，待吹洗后再复位。

工作介质为液体的管道，一般用水吹洗，水质要清洁，流速不小于 1.5m/s。不宜用水冲洗的管道可用空气进行吹扫。

吹扫用的空气或惰性气体应有足够的流量，压力不得超过设计压力，流速不得低于 20m/s。

蒸汽管线应用蒸汽吹扫。一般蒸汽管道可用刨光木板置于排气口处检查，板上应无铁锈、污物等。

忌油管道（如氧气管道）在吹扫合格后，应用有机溶剂（二氯乙烷、三氯乙烯、四氯化碳、工业酒精等）进行脱脂。

③ 定期检验。在用压力管道应按规定要求定期进行检验。定期检验的项目有外部检查、重点检查和耐压试验。检查周期应根据压力管道的技术状况和使用条件，由使用单位和检验单位确定。外部检查每季度至少一次，由使用单位进行检查；重点检查每 2 年至少进行一次，全面检查每 6 年至少进行一次，都要由具有检验资格的检验单位进行检查。

6.5.5 起重机械安全

起重机械是用来对物料进行起重、运输、装卸和安装等作业以及对人员进行垂直输送的机械设备的总称。起重机械以间歇、重复的工作方式，通过起重吊钩或其他吊具起升、下降或同时升降与运移重物。起重机械也是危险性较大，容易发生事故的特种设备；需要严格的安全管理。本节就起重机械安全技术与管理做简要介绍。

6.5.5.1 化工行业常用的起重机械

（1）起重机械类别

国家标准《起重机械名词术语》（GB 6974.1—2008）对起重机械做了如图 6-7 所示的分类。

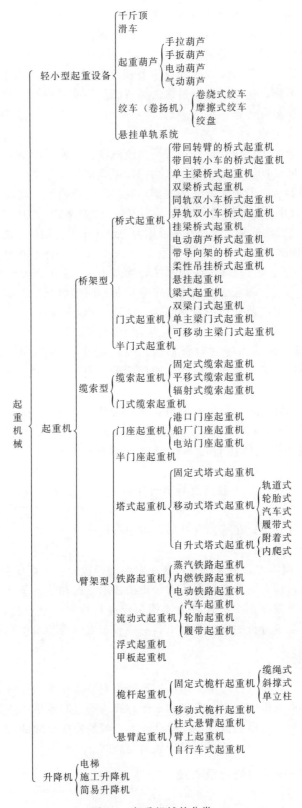

图 6-7　起重机械的分类

（2）化工行业常用的起重机械

在化工生产中，起重机械主要是用于设备修理时的吊装、拆卸设备及其零件；也用于工艺生产中物料的输送。常用的大型起重机械主要有桥式起重机（也称"天车"）、臂架类起重机（如起重汽车、吊车等）、升降机、电梯等。大量应用的是小型起重机械，如千斤顶、手拉葫芦、电动葫芦等。

在化工设备安装和检修中，常用塔式起重机、桅杆式起重机、卷扬机等。

6.5.5.2 起重机械的主要参数和工作级别

（1）起重机械的主要参数

起重机械的主要参数有以下几种。

① 额定起重量。指起重机械在各种情况下和规定的使用条件下，安全作业所允许的起吊物料连同可分吊具或索具质量的总称，单位为吨（t）。

② 跨度。指桥架型起重机支撑中心线（如运行轨道轴线）之间的水平距离，单位为米（m）。

③ 幅度。指旋转臂架型起重机的回转中心线与空载吊具铅直中心线之间的水平距离，单位为米（m）。

④ 起重力矩。指幅度和相应的起吊载荷的乘积，单位为牛顿·米（N·m）。这个参数综合了起重量和幅度两个因素，比较全面、准确地反映了臂架型起重机的起重能力和工作过程中的抗倾覆能力。

⑤ 起升高度和下降深度。起升高度是指起重机械水平停车面至吊具允许最高位置的垂直距离。下降深度是指起重机械水平停车面至停车面以下吊具允许最低位置的垂直距离，单位为米（m）。

⑥ 工作速度。包括起升速度、运行速度、变幅速度和回转速度。其中起升、运行和变幅速度的单位为米/分钟（m/min），回转速度为弧度/分钟（rad/min）。

（2）起重机械的工作级别

起重机械的工作级别由起重机械利用等级和载荷状态来确定，是起重机械综合工作特性参数。起重机械的利用等级是表征起重机械在其有效寿命期间的使用频繁程度；起重机械载荷状态表明起重机械的起升机构受载的轻重程度，它与两个因素有关：一个是实际起升载荷与最大载荷之比；另一个是实际起升载荷作用次数与总的工作循环次数之比。

6.5.5.3 起重机械主要零部件及安全装置

（1）起重机械的主要零部件

起重机械对安全影响较大的零部件主要有吊钩、钢丝绳、滑轮和滑轮组、卷筒、减速装置及制动装置等。

（2）起重机械的安全装置

为保证起重机械的自身安全及操作人员的安全，各种类型的起重机械均设有安全防护装置。常见的防护装置有以下几种。

① 超载限制器。它是一种超载保护装置，其功能是当起重机超载时，使起升动作不能实现，从而避免过载。超载保护装置按其功能可分为自动停止型、报警型和综合型几种。根据《起重机械安全规程》2007的规定：额定起重量大于20t的桥式起重机，大于10t的门式起重机、装卸桥、铁路起重机及门座起重机等均应设置超载限制器。

② 力矩限制器。它是臂架式起重机的超载保护装置，常用的有机械式和电子式等。当臂架式起重机的起重力矩大于允许极限时，会造成臂架折弯或折断，甚至还会造成起重机整机失稳而倾覆或倾翻。因此，履带式起重机、塔式起重机应设置力矩限制器。

③ 极限位置限制器。上升极限位置限制器是用于限制取物装置的起升高度、动力驱动的起重机，其起升机构均应装设上升极限位置限制器，以防止吊具起升到上极限位置后继续上升，拉断起升钢丝绳；下降极限位置限制器是用来限制取物装置下降至最低位置时，能自动切断电源，使起升机构下降运行停止；运行极限位置限制器的功能是限制起重机或小车的运动范围，凡有轨道运行的各种类型起重机，均应设置运行极限位置限制器。

④ 缓冲器。设置缓冲器的目的是吸收起重机或起重小车的运行动能，减缓运行到终点的起重机或主梁上的起重小车对止挡体的冲撞力。因此，缓冲器应设置在起重机或起重小车与止挡体相碰撞的位置。在同一轨道上运行的起重机之间以及在同一起重机桥架上双小车之间，也应设置缓冲器。

⑤ 防碰撞装置。当起重机运行到危险距离范围内时，防碰撞装置便发出警报，进而切断电源，使起重机停止运行，避免起重机之间的相互碰撞。

⑥ 防偏斜装置。大跨度的门式起重机和装卸桥应设置偏斜限制器、偏斜指示器或偏斜调整装置等，来保证起重机支腿在运行中不出现超偏现象，即通过机械和电器的联锁装置，将超前或滞后的支腿调整到正常位置，以防桥架被扭坏。跨度大于或等于40m的门式起重机和装卸桥应设置偏斜调整和显示装置。

⑦ 夹轨器和锚定装置。夹轨器的工作原理是利用夹钳夹紧轨道头部的两个侧面，通过结合面的夹紧力将起重机固定在轨道上；锚定装置是将起重机与轨道基础固定，通常在轨道上每隔一段距离设置一个。露天工作的轨道式起重机，必须安装可靠的防风夹轨器或锚定装置，以防被大风吹走或吹倒而造成严重事故。

⑧ 其他安全装置。起重机械的安全装置还有以下7种。

a. 幅度指示器。用来指示起重机吊臂的倾角以及在该倾角下的额定起重量，主要用于流动式、塔式和门式起重机。

b. 联锁保护装置。装设在塔式起重机的动臂变幅机构与动臂支持停止器之间。

c. 水平仪。其作用是检查支腿支撑的起重机的倾斜度，主要用于起重量大于或等于16t的流动式起重机。

d. 防止吊臂后倾装置。用于流动式起重机和动臂变幅的塔式起重机，保证当变幅机构的行程开关失灵时能阻止吊臂后倾。

e. 极限力矩限制装置。用于具有旋转机构的塔式和门座式起重机，防止旋转阻力矩大于设计规定的力矩。

f. 风级风速报警器。安装在露天工作的起重机上，当风力大于安全工作的极限风级时能发出报警信号。

g. 回转定位装置。用于流动式起重机上，整机行驶时，将小车保持在固定位置。

6.5.5.4 起重机械常见事故类型

从事故统计材料来看，起重伤害事故的主要类型是吊物坠落、挤压碰撞、触电和机体倾翻。

① 吊物坠落。吊物坠落造成的伤亡事故占起重伤害事故的比例最高，其中因吊索具有缺陷（如钢丝绳拉断、平衡梁失稳弯曲、滑轮破裂导致钢丝绳脱槽等）导致的伤亡事故最为严重；其次是吊装时捆扎方法不妥（如吊物重心不稳、绳扣结法错误等）造成的伤亡事故；再有就是因超载而导致的伤亡事故。

② 挤压碰撞。一种情况是由于吊装作业人员在起重机和结构物之间或人在两机之间作业时，因机体运行、回转挤压导致的事故，这种情况占挤压碰撞事故的比例最高；其次，由于吊物或吊具在吊运过程中晃动，导致操作者高处坠落或击伤造成的事故；再次，被吊物件

在吊装过程中或摆放时倾倒造成的事故。

③ 触电。绝大多数发生在使用移动式起重机的作业场合，且多发生在起重机外伸、变幅、回转过程中。尤其在建筑工地或码头上，起重臂或吊物意外触碰高压架空线路的机会较多，容易发生触电事故，或由于与高压带电体距离过近，感应带电而引发触电事故。此外，司机与维修人员在进入桥式起重机驾驶室前爬梯时，也可因触及动力线路而致伤亡。

④ 机体倾翻。一种情况是由于操作不当（如超载、臂架变幅或旋转过快等）、支腿未找平或地基沉陷等原因使倾翻力矩增大，导致起重机倾翻；另一种情况是由于安全防护设施缺失或失效，在坡度或风载荷作用下，使起重机沿路面或轨道滑动而导致倾翻。

6.5.5.5 起重吊运安全要求

尽管起重机械的种类繁多，但它们有着普遍适用的基本安全要求。

① 每台起重机械的司机，都必须经过专门培训，考核合格后，持有操作证才准予上岗操作。

② 司机接班时，应检查制动器、吊钩、钢丝绳和安全装置。发现性能不正常，应在操作前排除。

③ 开车前，必须鸣铃或报警。确认起重机上或周围无人时，才能闭合主电源（如果电源断路装置上加锁或有标牌，应由有关人员除掉后才可闭合主电源）。闭合主电源前，应使所有控制器手柄置于零位。

④ 操作应按指挥信号进行。起重指挥人员发出的指挥信号必须明确，符合标准。动作信号必须在所有人员退到安全位置后发出。听到紧急停车信号，不论是何人发出，都应立即执行。

⑤ 所吊重物接近或达到额定起重量时，吊运前应检查制动器，并用小高度（200～300mm）短行程试吊后，再平稳地吊运；吊运液态金属、有害液体、易燃、易爆物品时，也必须先进行小高度、短行程试吊。

⑥ 流动式起重机，工作前应按说明书的要求平整停机场地，牢固可靠地打好支腿。

⑦ 工作中突然断电时，应将所有的控制器手柄扳回零位；在重新工作前，应检查起重机动作是否都正常。

⑧ 有下列情况之一时，司机不应进行操作：

a. 超载或物体重量不清时，如吊起重量或拉力不清的埋置物体，或斜拉斜吊等；

b. 信号不明确时；

c. 捆绑、吊挂不牢或不平衡，可能引起滑动时；

d. 被吊物上有人或浮置物时；

e. 结构或零件有影响安全工作的缺陷或损伤，如制动器或安全装置失灵、吊钩螺母防松动装置损坏、钢丝绳损伤达到报废标准时；

f. 工作场地昏暗，无法看清场地、被吊物情况和指挥信号时；

g. 重物棱角处与捆绑钢丝绳之间未加衬垫时；

h. 钢水（铁水）包装得过满时。

⑨ 不得在有载荷的情况下调整起升、变幅机构的制动器。起重机运行时，不得利用限位开关停车；对无反接制动机能的起重机，除特殊紧急情况外，不得打反车制动。

⑩ 吊运重物不得从人头顶通过，吊臂下严禁站人。操作中接近人时，应给予断续铃声或报警。

⑪ 在厂房内吊运货物应走指定通道。在没有障碍物的线路上运行时，吊物（吊具）地面应吊离地面 2m 以上；有障碍物需要穿越时，吊物（吊具）底面应高出障碍物顶面 0.5m

以上。

⑫ 重物不得在空中悬停时间过长，且起落速度要平稳，非特殊情况不得紧急制动和急速下降。

⑬ 吊运重物时不准落臂；必须落臂时，应先把重物放在地上。吊臂仰角很大时，不准将被吊的重物骤然落下，防止起重机向一侧翻倒。

⑭ 吊重物回转时，动作要平稳，不得突然制动。回转时，重物重量若接近额定起重量，重物距地面的高度不应太高，一般在 0.5m 左右。

⑮ 无下降极限位置限制器的起重机，吊钩在最低工作位置时，卷筒上的钢丝绳必须保证有设计规定的安全圈数。

⑯ 起重机工作时，臂架、吊具、辅具、钢丝绳、缆风绳及重物等，与输电线的最小距离不应小于表 6-21 的规定。

表 6-21　与输电线的最小距离

输电线电压/kV	<1	1～35	≥60
最小距离/m	1.5	3	$0.01(V-50)+3$

⑰ 用两台或多台起重机吊运同一重物时，钢丝绳应保持垂直，各台起重机的升降、运行应保持同步，各台起重机所承受的载荷均不得超过各自的额定起重能力。如达不到上述要求，每台起重机的起重量应降低至额定起重量的 80%，并进行合理的载荷分配。

⑱ 有主副两套起升机构的起重机，主副钩不应同时开动（设计允许同时使用的专用起重机除外）。

⑲ 在轨道上露天作业的起重机，工作结束时，应将起重机锚定住。风力大于 6 级时，一般应停止工作，并将起重机锚定住。对于门座起重机等在沿海工作，风力大于 7 级时，应停止工作，并将起重机锚定住。

⑳ 电气设备的金属外壳必须接地。禁止在起重机上存放易燃易爆物品，司机室应备灭火器。

㉑ 起重机工作时，不得进行检查和维修。对起重机维修保养时，应切断主电源，并挂上标志牌或加锁；必须带电修理时，应戴绝缘手套、穿绝缘鞋，使用带绝缘手柄的工具，并有人监护。

复习思考题

1. 物质燃烧的必要、充分条件是什么？不同状态物质的燃烧过程如何？

2. 按着火方式分，燃烧可分为几类？按燃烧过程的控制因素分，燃烧可分为几类？其特点是什么？

3. 燃烧可以分为哪三种类型，各有什么特点？

4. 什么是爆炸？按照发生爆炸的原因及性质分，爆炸可分为几类，各自特点是什么？

5. 什么是爆炸极限，其在安全管理中有什么实用意义？爆炸极限有哪些影响因素？

6. 在制定防火防爆措施时，可以从哪几个方面考虑（基本思路）？

7. 在消除导致火灾爆炸的物质条件方面，可以考虑采取哪些基本预防措施？

8. 在消除导致火灾爆炸的能量条件（点火源）方面，可以考虑采取哪些基本预防措施？

9. 了解防火防爆安全装置（包括阻火装置及防爆泄压装置）的分类及其基本工作原理。

10. 了解火灾探测器及可燃气监测报警器的分类及其基本工作原理。

11. 了解基本灭火方法及常用灭火剂的选用。

12. 扑救危险化学品火灾，有哪些基本安全要求？

13. 电气事故有什么特点？分为哪几种类型？

14. 电流对人体有哪些伤害？伤害程度的影响因素有哪些？

15. 预防触电的基本技术措施有哪些？触电急救的要点是什么？

16. 了解危险化学品生产单位电力系统安全技术。

17. 了解火灾爆炸危险场所的电气安全措施（包括防爆电气选型和电气设备维护保养两方面）。

18. 静电是如何产生的？它有哪些危害？预防静电的基本技术措施有哪些？

19. 雷电主要分为哪几类？它有哪些危害？防雷的基本措施有哪些？

20. 熟悉典型化学反应过程的危险性及其基本安全技术。

21. 了解典型化工单元操作的危险性及其基本安全技术。

22. 控制化工工艺参数有何重要意义，其基本技术措施有哪些？

23. 什么是机械伤害？其主要有哪几种形式？通常如何防止机械伤害？

24. 什么是特种设备？《特种设备安全监察条例》对特种设备使用单位的责任做了哪些规定？

25. 为什么要重视锅炉及压力容器的安全管理？

26. 了解锅炉的分类、常用安全装置（安全附件）安全运行与管理、常见事故原因及其预防的基本内容。

27. 了解压力容器的分类、常用安全装置（安全附件）安全管理、安全运行、维护保养及定期检验的基本内容。

28. 了解气瓶的分类、颜色和标记、安全附件以及气瓶的安全充装、运输、储存、定期检验及常见事故预防的基本内容。

29. 了解化工（压力）管道的分类、安全技术与管理以及检验与试验。

30. 了解起重机械的分类、主要零部件和安全装置、吊运的基本安全要求以及常见事故类型及预防。

第7章
危险源管理与重大事故应急

7.1 危险和有害因素概述

危险化学品在生产、储存、使用等环节中存在的危险有害因素是事故发生的源头。危险有害因素指可对人造成伤亡、影响人的身体健康甚至导致疾病的因素。根据《生产过程危险和有害因素分类与代码》GB/T 13861—2009，按可能导致生产过程中危险和有害因素的性质，共分为"人的因素"、"物的因素"、"环境因素"、"管理因素"四大类。此种分类方法所列危险、有害因素系统而详细，适用于各单位在规划、设计和组织生产时对危险、危害因素的辨识和分析。

7.1.1 人的因素

在生产活动中，人的生理和心理处于异常状态可能成为事故的诱因。当作业人员生病受伤，体力、听力、视力等出现负荷或从事禁忌作业都会导致机体不能正常完成安全作业动作；情绪异常、冒险心理、过度紧张和辨识功能障碍会导致大脑指挥人体做出错误行为。

现代安全生产活动具有流程化和系统化特征，作业动作的正确顺序，团队成员的交互过程中指挥错误、操作错误和监护错误都会使得生产过程临近事故状态。

7.1.2 物的因素

生产过程中装置设备是确保生产过程实现的重要物质基础，可以从物理性、化学性和生物性三个视角来进行危险有害因素分析。

设备、设施、工具、附件缺陷，包括强度不够、刚度不够、稳定性差、密封不良、耐腐蚀性差、应力集中、外形缺陷、外露运动件、操纵器缺陷、制动器缺陷、控制器缺陷，设备、设施、工具、附件其他缺陷。防护缺陷，包括无防护、防护装置设施缺陷、防护不当、支撑不当、防护距离不够和其他防护缺陷。也必须注意安全防范漏电、噪声、振动危害、电离辐射等能量意外释放过程。

按照危险化学品的分类，化学性危险和有害因素分为爆炸品、压缩气体和液化气体、易燃液体、易燃固体、自燃物品和遇湿易燃物品、氧化剂和有机过氧化物、有毒品、放射性物品、腐蚀品、粉尘与气溶胶等。致病微生物的存在同样会使得人员被感染致病。

7.1.3 环境因素

通常将环境因素分为室内、室外、地上、地下（如隧道、矿井）、水上、水下等作业（施工）环境。

室内作业场所环境不良包括室内地面滑、室内作业场所狭窄杂乱、室内地面不平、室内梯架缺陷、安全通道缺陷、采光照明不良、房屋安全出口缺陷；作业场所空气不良、室内温度、湿度、气压不适等。

室外作业场地环境不良包括洪水、浪涌、泥石流等恶劣气候、场地交通设施湿滑、航道狭窄、有暗礁险滩作业和场地温度、湿度、气压不适等。

地下（含水下）作业环境不良包括隧道/矿井顶面、正面或侧壁缺陷、地下作业面空气不良和存在地下火等。

7.1.4　管理因素

企业在进行生产活动中，安全管理是确保安全生产的重要一环。职业安全卫生组织机构不健全、责任制未落实、管理规章制度不完善和投入不足已经成为当前我国安全生产事故发生的重要原因之一。

7.2　危险化学品重大危险源、重点监管的危险化工工艺及化学品

7.2.1　危险化学品重大危险源

7.2.1.1　危险化学品重大危险源的概念

危险化学品重大危险源（以下简称重大危险源），是指长期或临时地生产、加工、使用和储存危险化学品，且危险化学品的数量等于或者超过临界量的单元。

7.2.1.2　危险化学品重大危险源的辨识

危险化学品重大危险源的辨识，主要通过计算单元内拥有的危险物质的数量是否超过临界量来界定。当危险化学品单位厂区内存在多个（套）危险化学品的生产装置、设施或场所并且相互之间的边缘距离小于 500m 时，都应按一个单元来进行重大危险源辨识。

当满足下列两种情况之一的，即可确定为重大危险源。

① 单元内现有的任一种危险物品的量达到或超过其对应的临界量；

② 单元内有多种危险物品且每一种物品的储存量均未达到或超过其对应临界量，但满足式(7-1)。

$$\frac{q_1}{Q_1} + \frac{q_2}{Q_2} + \cdots + \frac{q_n}{Q_n} \geqslant 1 \tag{7-1}$$

式中　$q_1, q_2, \cdots, q_n$——每一种危险物品的现存量；

　　　$Q_1, Q_2, \cdots, Q_n$——对应危险物品的临界量。

目前，我国出台的有关重大危险源普查辨识的标准及规范主要有：《危险化学品重大危险源辨识》、《危险化学品重大危险源监督管理暂行规定》、《关于开展重大危险源监督管理工作的指导意见》。《危险化学品重大危险源辨识》（GB 18218—2009）采用了列出危险化学品名称和按危险化学品类别相结合的辨识方法，其中具体列出了 78 种危险化学品，并按危险类别将危险化学品分为爆炸品、气体、易燃液体、易燃固体、易于自燃的物质、遇水放出易燃气体的物质、氧化性物质、有机过氧化物和毒性物质 9 类。

7.2.1.3　重大危险源的分级技术

重大危险源根据其危险程度，定量的划分为四级，一级为最高级别。

(1) 分级指标

采用单元内各种危险化学品实际存在（在线）量与其在《危险化学品重大危险源辨识》（GB 18218—2009）中规定的临界量比值，经校正系数校正后的比值之和 R 作为分级指标。

R 的计算方法

$$R = \alpha\left(\beta_1\,\frac{q_1}{Q_1} + \beta_2\,\frac{q_2}{Q_2} + \cdots + \beta_n\,\frac{q_n}{Q_n}\right) \qquad (7\text{-}2)$$

式中　$q_1, q_2, \cdots, q_n$——每种危险化学品实际存在（在线）量（单位：t）；

$\quad Q_1, Q_2, \cdots, Q_n$——与各危险化学品相对应的临界量（单位：t）；

$\quad\beta_1, \beta_2 \cdots, \beta_n$——与各危险化学品相对应的校正系数；

$\quad\alpha$——该危险化学品重大危险源厂区外暴露人员的校正系数。

(2) 校正系数 β 的取值

根据单元内危险化学品的类别不同，设定校正系数 β 值，见表 7-1 和表 7-2。

表 7-1　校正系数 β 取值表

危险化学品类别	毒性气体	爆炸品	易燃气体	其他类危险化学品
β	见表 7-2	2	1.5	1

注：危险化学品类别依据《危险货物品名表》中分类标准确定。

表 7-2　常见毒性气体校正系数 β 值取值表

毒性气体名称	一氧化碳	二氧化硫	氨	环氧乙烷	氯化氢	溴甲烷	氯
β	2	2	2	2	3	3	4
毒性气体名称	硫化氢	氟化氢	二氧化氮	氰化氢	碳酰氯	磷化氢	异氰酸甲酯
β	5	5	10	10	20	20	20

注：未在表 7-2 中列出的有毒气体可按 $\beta=2$ 取值，剧毒气体可按 $\beta=4$ 取值。

(3) 校正系数 α 的取值

根据重大危险源的厂区边界向外扩展 500m 范围内常住人口数量，设定厂外暴露人员校正系数 α 值，见表 7-3。

表 7-3　校正系数 α 取值表

厂外可能暴露人员数量	α
100 人以上	2.0
50～99 人	1.5
30～49 人	1.2
1～29 人	1.0
0 人	0.5

(4) 分级标准

根据计算出来的 R 值，按表 7-4 确定危险化学品重大危险源的级别。

表 7-4　危险化学品重大危险源级别和 R 值的对应关系

危险化学品重大危险源级别	R 值
一级	$R \geqslant 100$
二级	$100 > R \geqslant 50$
三级	$50 > R \geqslant 10$
四级	$R < 10$

7.2.1.4 重大危险源的评估

根据危险物质及其临界量标准进行重大危险源辨识和确认后，就应对其进行风险分析评价，得出重大危险源安全评估报告，其主要内容包括下述几个方面：

a. 评估的主要依据；

b. 重大危险源的基本情况；

c. 事故发生的可能性及危害程度；

d. 个人风险和社会风险值（仅适用定量风险评价方法）；

e. 可能受事故影响的周边场所、人员情况；

f. 重大危险源辨识、分级的符合性分析；

g. 安全管理措施、安全技术和监控措施；

h. 事故应急措施；

i. 评估结论与建议。

7.2.1.5 重大危险源的管理

危险化学品单位应当根据构成重大危险源的危险化学品种类、数量、生产、使用工艺（方式）或者相关设备、设施等实际情况，按照下列要求建立健全安全监测监控体系，完善控制措施。

① 重大危险源配备温度、压力、液位、流量、组分等信息的不间断采集和监测系统以及可燃气体和有毒有害气体泄漏检测报警装置，并具备信息远传、连续记录、事故预警、信息存储等功能；一级或者二级重大危险源，具备紧急停车功能。记录的电子数据的保存时间不少于 30 天。

② 重大危险源的化工生产装置装备满足安全生产要求的自动化控制系统；一级或者二级重大危险源，装备紧急停车系统。

③ 对重大危险源中的毒性气体、剧毒液体和易燃气体等重点设施，设置紧急切断装置；毒性气体的设施，设置泄漏物紧急处置装置。涉及毒性气体、液化气体、剧毒液体的一级或者二级重大危险源，配备独立的安全仪表系统（SIS）。

④ 重大危险源中储存剧毒物质的场所或者设施，设置视频监控系统。

⑤ 安全监测监控系统符合国家标准或者行业标准的规定。

7.2.2 重点监管的危险化工工艺

为了提高化工生产装置和危险化学品储存设施本质安全水平，指导各地对涉及危险化工工艺的生产装置进行自动化改造，国家安全生产监督管理总局于 2009 年组织编制了《首批重点监管的危险化工工艺目录》和《首批重点监管的危险化工工艺安全控制要求、重点监控参数及推荐的控制方案》；2013 年公布了第二批重点监管危险化工工艺，组织编制了《第二批重点监管危险化工工艺重点监控参数、安全控制基本要求及推荐的控制方案》，并对首批重点监管危险化工工艺中的部分典型工艺进行了调整。

7.2.2.1 危险化工工艺的定义

危险化工工艺就是指能够导致火灾、爆炸、中毒的工艺。其中，所涉及的化学反应包括：硝化、氧化、磺化、氯化、氟化、氨化、重氮化、过氧化、加氢、聚合、裂解等的反应。

7.2.2.2 重点监管的危险化工工艺目录

见表 7-5，表 7-6。

7.2.2.3 危险化工工艺控制方案的主要内容

危险化工工艺安全控制要求、重点监控参数及推荐的控制方案主要内容包含：反应类型、重点监控单元、工艺介绍、工艺危险特点、典型工艺、重点监控工艺参数、安全控制的基本要求以及宜采用的控制方式。表 7-7 给出了氯化工艺的控制方案实例。

表 7-5　第一批重点监管的危险化工工艺目录

序　号	危险化工工艺名称	序　号	危险化工工艺名称
1.	光气及光气化工艺	9.	重氮化工艺
2.	电解工艺(氯碱)	10.	氧化工艺
3.	氯化工艺	11.	过氧化工艺
4.	硝化工艺	12.	胺基化工艺
5.	合成氨工艺	13.	磺化工艺
6.	裂解(裂化)工艺	14.	聚合工艺
7.	氟化工艺	15.	烷基化工艺
8.	加氢工艺		

表 7-6　第二批重点监管的危险化工工艺目录

序　号	危险化工工艺名称
1.	新型煤化工工艺:煤制油(甲醇制汽油、费-托合成油)、煤制烯烃(甲醇制烯烃)、煤制二甲醚、煤制乙二醇(合成气制乙二醇)、煤制甲烷气(煤气甲烷化)、煤制甲醇、甲醇制醋酸等工艺。
2.	电石生产工艺
3.	偶氮化工艺

表 7-7　氯化工艺控制方案

反应类型	放热反应	重点监控单元	氯化反应釜、氯气储运单元

工艺简介

氯化是化合物的分子中引入氯原子的反应,包含氯化反应的工艺过程为氯化工艺,主要包括取代氯化、加成氯化、氧氯化等。

工艺危险特点

①氯化反应是一个放热过程,尤其在较高温度下进行氯化,反应更为剧烈,速度快,放热量较大;

②所用的原料大多具有燃爆危险性;

③常用的氯化剂氯气本身为剧毒化学品,氧化性强,储存压力较高,多数氯化工艺采用液氯生产是先汽化再氯化,一旦泄漏危险性较大;

④氯气中的杂质,如水、氢气、氧气、三氯化氮等,在使用中易发生危险,特别是三氯化氮积累后,容易引发爆炸危险;

⑤生成的氯化氢气体遇水后腐蚀性强;

⑥氯化反应尾气可能形成爆炸性混合物。

典型工艺

重点监控工艺参数

氯化反应釜温度和压力;氯化反应釜搅拌速率;反应物料的配比;氯化剂进料流量;冷却系统中冷却介质的温度、压力、流量等;氯气杂质含量(水、氢气、氧气、三氯化氮等);氯化反应尾气组成等。

安全控制的基本要求

反应釜温度和压力的报警和联锁;反应物料的比例控制和联锁;搅拌的稳定控制;进料缓冲器;紧急进料切断系统;紧急冷却系统;安全泄放系统;事故状态下氯气吸收中和系统;可燃和有毒气体检测报警装置等。

宜采用的控制方式

将氯化反应釜内温度、压力与釜内搅拌、氯化剂流量、氯化反应釜夹套冷却水进水阀形成联锁关系,设立紧急停车系统。安全设施,包括安全阀、高压阀、紧急放空阀、液位计、单向阀及紧急切断装置等。

7.2.3　重点监管的危险化学品

在综合考虑国内发生的化学品事故情况、国内化学品生产情况、国内外重点监管化学品品种、化学品固有危险特性和近四十年来国内外重特大化学品事故等因素的基础上，国家安全监管总局组织对现行《危险化学品名录》中的 3800 余种危险化学品进行了筛选，在 2011年和 2013 年分别公布了《首批重点监管的危险化学品名录》和《第二批重点监管的危险化学品名录》，两批目录分别包含 60 种和 14 种危险化学品。见表 7-8，表 7-9。

表 7-8　首批重点监管的危险化学品名录

序号	化学品名称	别名	CAS 号
1	氯	液氯、氯气	7782-50-5
2	氨	液氨、氨气	7664-41-7
3	液化石油气		68476-85-7
4	硫化氢		7783-06-4
5	甲烷、天然气		74-82-8(甲烷)
6	原油		
7	汽油(含甲醇汽油、乙醇汽油)、石脑油		8006-61-9(汽油)
8	氢	氢气	1333-74-0
9	苯(含粗苯)		71-43-2
10	碳酰氯	光气	75-44-5
11	二氧化硫		7446-09-5
12	一氧化碳		630-08-0
13	甲醇	木醇、木精	67-56-1
14	丙烯腈	氰基乙烯、乙烯基氰	107-13-1
15	环氧乙烷	氧化乙烯	75-21-8
16	乙炔	电石气	74-86-2
17	氟化氢、氢氟酸		7664-39-3
18	氯乙烯		75-01-4
19	甲苯	甲基苯、苯基甲烷	108-88-3
20	氰化氢、氢氰酸		74-90-8
21	乙烯		74-85-1
22	三氯化磷		7719-12-2
23	硝基苯		98-95-3
24	苯乙烯		100-42-5
25	环氧丙烷		75-56-9
26	一氯甲烷		74-87-3
27	1,3-丁二烯		106-99-0
28	硫酸二甲酯		77-78-1
29	氰化钠		143-33-9
30	1-丙烯、丙烯		115-07-1
31	苯胺		62-53-3
32	甲醚		115-10-6
33	丙烯醛、2-丙烯醛		107-02-8
34	氯苯		108-90-7
35	乙酸乙烯酯		108-05-4
36	二甲胺		124-40-3
37	苯酚	石炭酸	108-95-2
38	四氯化钛		7550-45-0
39	甲苯二异氰酸酯	TDI	584-84-9
40	过氧乙酸	过乙酸、过醋酸	79-21-0
41	六氯环戊二烯		77-47-4

序号	化学品名称	别名	CAS号
42	二硫化碳		75-15-0
43	乙烷		74-84-0
44	环氧氯丙烷	3-氯-1,2-环氧丙烷	106-89-8
45	丙酮氰醇	2-甲基-2-羟基丙腈	75-86-5
46	磷化氢	膦	7803-51-2
47	氯甲基甲醚		107-30-2
48	三氟化硼		7637-07-2
49	烯丙胺	3-氨基丙烯	107-11-9
50	异氰酸甲酯	甲基异氰酸酯	624-83-9
51	甲基叔丁基醚		1634-04-4
52	乙酸乙酯		141-78-6
53	丙烯酸		79-10-7
54	硝酸铵		6484-52-2
55	三氧化硫	硫酸酐	7446-11-9
56	三氯甲烷	氯仿	67-66-3
57	甲基肼		60-34-4
58	一甲胺		74-89-5
59	乙醛		75-07-0
60	氯甲酸三氯甲酯	双光气	503-38-8

表 7-9　第二批重点监管的危险化学品名录

序　号	化学品品名	CAS号
1	氯酸钠	7775-9-9
2	氯酸钾	3811-4-9
3	过氧化甲乙酮	1338-23-4
4	过氧化(二)苯甲酰	94-36-0
5	硝化纤维素	9004-70-0
6	硝酸胍	506-93-4
7	高氯酸铵	7790-98-9
8	过氧化苯甲酸叔丁酯	614-45-9
9	N,N'-二亚硝基五亚甲基四胺	101-25-7
10	硝基胍	556-88-7
11	2,2'-偶氮二异丁腈	78-67-1
12	2,2'-偶氮-二-(2,4-二甲基戊腈) (即偶氮二异庚腈)	4419-11-8
13	硝化甘油	55-63-0
14	乙醚	60-29-7

　　危险化学品的安全措施及应急处置原则的内容包括：风险提示、理化特性、危害信息、安全措施及应急处置原则。表 7-10 是氯酸钾安全措施和应急处置原则。

表 7-10　氯酸钠安全措施和应急处置原则

风险提示	与易燃物、可燃物混合或急剧加热会发生爆炸
理化特性	无色无味结晶，味咸而凉，有潮解性。易溶于水，微溶于乙醇。分子量 106.44，熔点 248℃，沸点 300℃(分解)，相对密度(水＝1)2.5。 　　主要用途:用于生产二氧化氯、亚氯酸盐、高氯酸盐及其他氯酸盐，还用于印染、冶金、造纸、皮革行业

续表

风险提示	与易燃物、可燃物混合或急剧加热会发生爆炸
危害信息	【燃烧和爆炸危险性】 　助燃。与易(可)燃物混合或急剧加热会发生爆炸。如被有机物等污染,对撞击敏感。 【活性反应】 　强氧化剂,与还原剂、强酸、铵盐、有机物、易燃物如硫、磷或金属粉末等混合可形成爆炸性混合物。 【健康危害】 　粉尘对呼吸道、眼及皮肤有刺激性。口服急性中毒,表现为高铁血红蛋白血症,肠胃炎,肝肾损伤,甚至发生窒息
安全措施	【一般要求】 　操作人员必须经过专门培训,严格遵守操作规程,熟练掌握操作技能,具备应急处置知识。 　生产过程密闭,加强通风。使用防爆型的通风系统和设备,提供安全淋浴和洗眼设备。可能接触其粉尘时,建议佩戴自吸过滤式防尘口罩。戴化学安全防护眼镜,戴橡胶手套。作业现场禁止吸烟、进食和饮水。 　远离火种、热源。应与禁配物分开存放,切忌混储。 　生产、储存区域应设置安全警示标志。禁止震动、撞击和摩擦。配备相应品种和数量的消防器材及泄漏应急处理设备。 　输送装置应有防止固体物料黏结器壁的技术保障措施,并应结合工艺特点和生产情况制定定期清扫的管理制度。严禁轴承设置在粉状危险物料中混药、输送等;输送螺旋和混药设备应有应急消防雨淋装置,输送螺旋和混药设备应选择有利于泄爆、清扫、应急处理的封闭方式。 　采用湿法粉碎工艺时,应待物料全部浸湿后方可开机;当采用金属球和金属球磨筒方式进行粉碎时,宜用水或含水溶剂作为介质。粉碎混合加工过程中应设置自动导出静电的装置,出料时应将接料车和出料器用导线可靠连接并整体接地。 　生产过程中易引起燃烧爆炸的机械化作业应设置自动报警、自动停机、自动泄爆、自动雨淋等安全自控装置;自动化生产线的单机设备除有自动控制系统监控外,在现场还应设置应急控制操作装置。 　生产过程中产生的不合格品和废品应隔离存放、及时处理;内包装材料应统一回收存放在远离热源的场所,并及时销毁。 【特殊要求】 【操作安全】 　①可能接触粉尘时,操作人员佩戴自吸过滤式防尘口罩,戴化学安全防护眼镜,穿静电工作服,戴橡胶手套。 　②避免产生粉尘。避免与还原剂、强酸、铵盐、有机物、易(可)燃物接触。搬运时要轻装轻卸,防止包装及容器损坏。配备相应品种和数量的消防器材及泄漏应急处理设备。 　③生产过程中需用热媒加热或加工过程中可能引起物料温升的作业点,均应设置温度检测仪器并采取温控措施。 【储存安全】 　①储存于阴凉、通风、干燥的库房。远离火种、热源。工业氯酸钠保质期为 3 年;逾期可重新检验,检验结果符合要求时,方可继续使用。库房温度不超过 30℃,相对湿度不超过 80%。 　②应与还原剂、强酸、铵盐、有机物、易(可)燃物分开存放,切忌混储。存放时,应距加热器(包括暖气片)和热力管线 300mm 以上。储存区应备有合适的材料收容泄漏物。禁止震动、撞击和摩擦。禁止使用易产生火花的机械设备和工具。 【运输安全】 　①运输车辆应有危险货物运输标志、安装具有行驶记录功能的卫星定位装置。未经公安机关批准,运输车辆不得进入危险化学品运输车辆限制通行的区域。 　②运输过程中应有遮盖物,防止曝晒和雨淋、猛烈撞击、包装破损,不得倒置。严禁与酸类、铵盐、有机物、易(可)燃物、还原剂、自燃物品、遇湿易燃物品等同车混运。运输过程中要确保容器不泄漏、不倒塌、不坠落、不损坏。运输时运输车辆应配备相应品种和数量的消防器材。搬运时要轻装轻卸,防止包装及容器损坏。禁止震动、撞击和摩擦。 　③拥有齐全的危险化学品运输资质,必须配备押运人员,并随时处于押运人员的监管之下,不得超装、超载,不得进入危险化学品运输车辆禁止通行的区域;确需进入禁止通行区域的,应当事先向当地公安部门报告,运输时车速不宜过快,不得强行超车。运输车辆装卸前后,均应彻底清扫、洗净,严禁混入有机物、易燃物等杂质

风险提示	与易燃物、可燃物混合或急剧加热会发生爆炸
应急处置原则	【急救措施】 吸入:迅速脱离现场至空气新鲜处,休息。就医。 食入:漱口。就医。 眼睛接触:立即提起眼睑,用流动清水或生理盐水冲洗。就医。 皮肤接触:立即用大量水冲洗,然后脱去污染的衣着,接着再冲洗,就医。 【灭火方法】 灭火剂:用水灭火。禁止使用砂土、干粉灭火。 大火时,远距离用大量水灭火。消防人员应佩戴防毒面具、穿全身消防服,在上风向灭火。在确保安全的前提下将容器移离火场。用大量水冷却容器,直至火扑灭。切勿开动已处于火场中的货船或车辆。 如果在火场中有储罐、槽车或罐车,周围至少隔离800m;同时初始疏散距离也至少为800m。 【泄漏应急处置】 隔离泄漏污染区,限制出入。建议应急处理人员戴防尘面具(全面罩),穿防毒服。不要直接接触泄漏物。勿使泄漏物与有机物、还原剂、易燃物接触。小量泄漏:避免扬尘,用洁净的铲子收集于干燥、洁净且盖子较松的容器中,并将容器移离泄漏区。大量泄漏:收集回收或运至废物处理场所处置,泄漏物回收后,用水冲洗泄漏区。 作为一项紧急预防措施,泄漏隔离距离至少为25m。如果为大量泄漏,下风向的初始疏散距离应至少为100m

7.3 危险化学品事故隐患

隐患排查治理是安全生产管理的重要工作内容,是企业安全生产标准化风险管理要素的重点,是预防和减少事故的有效手段。危险化学品企业要高度重视并持之以恒做好隐患排查治理工作,逐步建立隐患排查治理工作责任制,完善隐患排查治理制度,规范各项工作程序,实时监控重大隐患,逐步建立隐患排查治理的常态化机制。

7.3.1 事故隐患相关概念

7.3.1.1 事故隐患的定义

事故隐患,是指不符合安全生产法律、法规、规章、标准、规程和安全生产管理制度的规定,或者因其他因素在生产经营活动中存在可能导致事故发生或导致事故后果扩大的危险状态、人的不安全行为和管理上的缺陷,包括:

① 作业场所、设备设施、人的行为及安全管理等方面存在的不符合国家安全生产法律法规、标准规范和相关规章制度规定的情况。

② 法律法规、标准规范及相关制度未作明确规定,但企业危害识别过程中识别出作业场所、设备设施、人的行为及安全管理等方面存在的缺陷。

7.3.1.2 事故隐患的分级

事故隐患可按照整改难易及可能造成的后果严重性,分为一般事故隐患和重大事故隐患。一般事故隐患,是指能够及时整改,不足以造成人员伤亡、财产损失的隐患。对于一般事故隐患,可按照隐患治理的负责单位,分为班组级、基层车间级、基层单位(厂)级直至企业级。重大事故隐患,是指无法立即整改且可能造成人员伤亡、较大财产损失的隐患。

7.3.2 危险化学品事故隐患排查

7.3.2.1 隐患排查方式

隐患排查工作可与企业各专业的日常管理、专项检查和监督检查等工作相结合，科学整合下述方式进行：

① 日常隐患排查；

② 综合性隐患排查；

③ 专业性隐患排查；

④ 季节性隐患排查；

⑤ 重大活动及节假日前隐患排查；

⑥ 事故类比隐患排查。

日常隐患排查是指班组、岗位员工的交接班检查和班中巡回检查，以及基层单位领导和工艺、设备、电气、仪表、安全等专业技术人员的日常性检查。日常隐患排查要加强对关键装置、要害部位、关键环节、重大危险源的检查和巡查。

综合性隐患排查是指以保障安全生产为目的，以安全责任制、各项专业管理制度和安全生产管理制度落实情况为重点，各有关专业和部门共同参与的全面检查。

专业隐患排查主要是指对区域位置及总图布置、工艺、设备、电气、仪表、储运、消防和公用工程等系统分别进行的专业检查。

季节性隐患排查是指根据各季节特点开展的专项隐患检查，主要包括：

① 春季以防雷、防静电、防解冻泄漏、防解冻坍塌为重点；

② 夏季以防雷暴、防设备容器高温超压、防台风、防洪、防暑降温为重点；

③ 秋季以防雷暴、防火、防静电、防凝保温为重点；

④ 冬季以防火、防爆、防雪、防冻防凝、防滑、防静电为重点。

重大活动及节假日前隐患排查主要是指在重大活动和节假日前，对装置生产是否存在异常状况和隐患、备用设备状态、备品备件、生产及应急物资储备、保运力量安排、企业保卫、应急工作等进行的检查，特别是要对节日期间干部带班值班、机电仪保运及紧急抢修力量安排、备件及各类物资储备和应急工作进行重点检查。

事故类比隐患排查是对企业内和同类企业发生事故后的举一反三的安全检查。

7.3.2.2 隐患排查的频次

① 装置操作人员现场巡检间隔不得大于 2h，涉及"两重点一重大"的生产、储存装置和部位的操作人员现场巡检间隔不得大于 1h，宜采用不间断巡检方式进行现场巡检。

② 基层车间（装置，下同）直接管理人员（主任、工艺设备技术人员）、电气、仪表人员每天至少两次对装置现场进行相关专业检查。

③ 基层车间应结合岗位责任制检查，至少每周组织一次隐患排查，并和日常交接班检查和班中巡回检查中发现的隐患一起进行汇总；基层单位（厂）应结合岗位责任制检查，至少每月组织一次隐患排查。

④ 企业应根据季节性特征及本单位的生产实际，每季度开展一次有针对性的季节性隐患排查；重大活动及节假日前必须进行一次隐患排查。

⑤ 企业至少每半年组织一次，基层单位至少每季度组织一次综合性隐患排查和专业隐患排查，两者可结合进行。

⑥ 当获知同类企业发生伤亡及泄漏、火灾爆炸等事故时，应举一反三，及时进行事故类比隐患专项排查。

⑦ 对于区域位置、工艺技术等不经常发生变化的，可依据实际变化情况确定排查周期，如果发生变化，应及时进行隐患排查。

7.3.2.3 隐患排查内容

根据危险化学品企业的特点，隐患排查包括但不限于以下内容：

①安全基础管理；②区域位置和总图布置；③工艺；④设备；⑤电气系统；⑥仪表系统；⑦危险化学品管理；⑧储运系统；⑨公用工程；⑩消防系统。

7.3.3 危险化学品事故隐患整改

企业应对排查出的各级隐患，做到"五定"，即定整改方案、定资金来源、定项目负责人、定整改期限、定控制措施，并将整改落实情况纳入日常管理进行监督，及时协调在隐患整改中存在的资金、技术、物资采购、施工等各方面问题。

对一般事故隐患，由企业〔基层车间、基层单位（厂）〕负责人或者有关人员立即组织整改。

对于重大事故隐患，企业要结合自身的生产经营实际情况，确定风险可接受标准，评估隐患的风险等级。评估风险的方法可参考《重大事故隐患风险评估方法》。

重大事故隐患的治理应满足以下要求：

① 当风险处于很高风险区域时，应立即采取充分的风险控制措施，防止事故发生，同时编制重大事故隐患治理方案，尽快进行隐患治理，必要时立即停产治理；

② 当风险处于一般高风险区域时，企业应采取充分的风险控制措施，防止事故发生，并编制重大事故隐患治理方案，选择合适的时机进行隐患治理；

③ 对于处于中风险的重大事故隐患，应根据企业实际情况，进行成本-效益分析，编制重大事故隐患治理方案，选择合适的时机进行隐患治理，尽可能将其降低到低风险。

对于重大事故隐患，由企业主要负责人组织制定并实施事故隐患治理方案。重大事故隐患治理方案应包括：

① 治理的目标和任务；

② 采取的方法和措施；

③ 经费和物资的落实；

④ 负责治理的机构和人员；

⑤ 治理的时限和要求；

⑥ 防止整改期间发生事故的安全措施。

7.4 危险化学品事故应急预案

世界经济发达的国家建立化学事故应急预案系统已有很多年的历史，目前已经形成一套规范的做法。如美国早在 1968 年就建有国家石油和有害物质污染计划，并得到广泛应用。其基本内容包括事故报警、泄漏污染清理、应急指挥部的建立、国家响应队伍和地区的响应队伍的构成等。中国随着经济建设的不断发展和近几年来各种危险化学品事故的不断增多，也越来越感受到建立危险化学品应急救援体系的重要性和必要性，国家有关部门正在着手建立健全各级危险化学品事故应急救援组织和管理系统。

7.4.1 危险化学品事故应急救援的基本原则

7.4.1.1 危险化学品事故应急救援的定义

危险化学品事故应急救援预案是指危险化学品由于各种原因造成或可能造成众多人员伤

亡及其他较大社会危害时，为及时控制危险源，抢救受害人员，指导群众防护和组织撤离，清除危险后果而组织的救援活动。

7.4.1.2　危险化学品事故应急救援的基本任务

① 控制危险源。

② 抢救受害人员。

③ 指导群众防护，组织群众撤离。

④ 排除现场灾患，消除危险后果。

7.4.1.3　危险化学品事故应急救援的基本形式

危险化学品事故应急救援按事故波及范围及其危害程度，可采取单位自救和社会救援两种形式。

(1) 单位自救

《安全生产法》第六十九条规定：危险化学品的经营单位应当建立应急救援组织或指定兼职的应急救援人员；《危险化学品安全管理条例》第五十一条也明确规定了单位内部发生危险化学品事故时，单位负责人对组织救援所负有的责任和义务。要求单位内部一旦发生危险化学品事故，单位负责人必须立即按照本单位制定的应急救援预案组织救援，并立即报告当地负有危险化学品安全监督管理职责的部门和公安、环境保护、质检部门。

(2) 社会救援

《危险化学品安全管理条例》第五十二条明确规定，发生社会事故时，当地人民政府和其他有关部门所负有的责任和义务，规定有关地方人民政府应当做好指挥、领导工作。负有危险化学品安全监督管理职责的部门和环境保护、公安、卫生等有关部门，应当按照当地应急救援预案组织实施救援，不得拖延、推诿。

7.4.1.4　危险化学品事故应急救援的组织与实施

(1) 事故报警

事故报警的及时与准确是能否及时控制事故的关键环节。当发生危险化学品事故时，现场人员必须根据各自企业制定的事故预案采取积极而有效的抑制措施，尽量减少事故的蔓延，同时向有关部门报告和报警。

(2) 出动应急救援队伍

各主管部门在接到事故报警后，应迅速组织应急救援专职队，赶赴现场，在做好自身防护的基础上，快速实施救援，控制事故发展，并将伤员救出危险区域，组织群众撤离、疏散，消除危险化学品事故的各种隐患。

(3) 紧急疏散

建立警戒区域，迅速将警戒区及污染区内与事故应急处理无关的人员撤离，并将相邻的危险化学品疏散到安全地点，以减少不必要的人员伤亡和财产损失。

(4) 现场急救

① 选择有利地形设置急救点（一般应设在事故地点的上风向开阔处）。

② 作好自身及伤病员的个体防护。

③ 防止发生继发性损害。

④ 应至少 2～3 人为一组集体行动，以便相互照应。

⑤ 所用的救援器材需具备防爆功能。

(5) 泄漏处理

① 泄漏源控制　关闭阀门、停止作业或改变工艺流程、物料走副线、局部停车、打循环、减负荷运行等。

堵漏：采用合适的材料和技术手段堵住泄漏处。

② 泄漏物处理

a. 围堤堵截：筑堤堵截泄漏液体或者引流到安全地点。

b. 稀释与覆盖：向有害物蒸气云喷射雾状水，加速气体向高空扩散。对于可燃物，也可以在现场施放大量水蒸气或氮气，破坏燃烧条件。对于液体泄漏，为降低物料向大气中的蒸发速度，可用泡沫或其他覆盖物品覆盖外泄的物料，在其表面形成覆盖层，抑制其蒸发。

c. 收容（集）：对于大型泄漏，可选择用隔膜泵将泄漏出的物料抽入容器内或槽车内；当泄漏量小时，可用沙子、吸附材料、中和材料等吸收中和。

d. 废弃：将收集的泄漏物运至废物处理场所处置。用消防水冲洗剩下的少量物料，冲洗水排入污水系统处理。

③ 危害监测：对事故危害状况，要不断检测，直至符合国家环保标准。

(6) 灭火注意事项

发生危险化学品火灾时，灭火人员不应个人单独灭火，出口通道应始终保持清洁和畅通，要选择正确的灭火剂，灭火时还应考虑人员的安全。

7.4.2　危险化学品事故应急救援预案编制程序

发生危险化学品事故时，由于事故单位最了解事故现场的实际情况，可以尽快控制危险源，实施初期扑救，所以事故单位积极实施自救是危险化学品事故应急救援的最基本、最重要的救援形式。

企业危险化学品事故应急救援预案的制定程序和区域性危险化学品事故应急救援预案的编制程序基本一致，包括编制的准备、危险辨识和风险评价、预案编制、预案的演习和修订、审核实施。但企业危险化学品事故应急救援预案更强调其针对性、专业性。另外，企业应急救援预案应并入地方政府编制的区域性危险化学品事故应急救援预案体系中，以助于增进企业和地方政府的相互了解，也确保了企业应急救援预案作为区域性危险化学品事故应急救援体系的有机组成部分，在紧急情况下实施。

7.4.2.1　编制的准备

(1) 成立预案编制小组

企业应组织安全、环保、生产、设备、医护等相关部门的技术人员组成编制小组。小组成员最好包括来自地方政府相关部门的代表，以保证企业事故应急救援预案与区域性危险化学品事故应急救援预案的一致性，实现当事故扩大或波及到厂外时，与区域性应急救援预案能够有效衔接。

(2) 相关资料收集

包括适用的法律、法规和标准，企业的危险化学品普查、事故档案、国内外同类企业的事故资料、相关企业的应急预案等。

(3) 企业应急资源

在紧急情况下，企业所具有的包括人力、设备和供应等方面的应急资源，如全职和兼职的应急人员、消防供水系统、个体防护设备、毒物检测设备、医疗救生设备、交通设备、通信设备等。

(4) 其他资源

当地的气象、地理、环境、周边人口分布情况以及当地可动用的社会应急资源。

7.4.2.2　危险辨识和风险评价

危险辨识和风险评价是编制危险化学品事故应急预案的关键和主要依据。在辨识危险源的基础上，通过定性定量评价方法对危险源进行排序，进而明确事故应急的重点关注对象。

7.4.2.3 预案编制

编制本企业的危险化学品事故应急救援预案一般主要包括以下几个部分。

(1) 企业概况

① 企业的投产时间　企业建立以及投产时间，各重大危险源和装置投产或进行技改、大修时间详细列表。

② 企业基本情况　企业的地理位置、组织机构、人员构成、生产能力等。

③ 重大危险源或事故隐患　根据危险辨识和风险评价的结果，确定本企业的危险工艺单元、重大危险源、危险化学品数目及其安全技术说明书和安全标签。

④ 救援力量　厂内消防、救护、防化、保卫等部门的人员、车辆情况，厂外消防、急救等部门的情况，地区应急救援指挥机构的联系人和联系方式等。

(2) 应急救援系统

事故发生时，能否对事故作出迅速有力的反应，直接取决于应急救援系统的组成是否合理。所以，预案中必须对应急救援系统精心组织，划清责任，落实到人。应急救援系统主要由应急救援领导小组和应急救援专业队伍组成。

应急救援领导小组设企业应急总指挥，小组成员应包括具备完成某项任务的能力、职责、权力及资源的厂内安全、生产、设备、保卫、医疗、环境等部门负责人，还应包括具备或可以获取有关社会、生产装置、贮运系统、应急救援专门知识的技术人员。小组成员直接领导各下属应急救援专业队，并向总指挥负责，由总指挥统一协调部署各专业队的职能和工作。

应急救援专业队是事故发生后，接到命令即能火速赶往事故现场，执行应急救援行动中特定任务的专业队伍。按任务可划分如下。

通讯队：确保各专业队与总调度室和领导小组之间通讯的畅通，通过通讯指挥各专业队执行应急救援行动。

治安队：维持厂区治安，按事故的发展态势有计划地疏散人员，控制事故区域人员、车辆的进出。

消防队：对火灾、泄漏事故，利用专业器材完成灭火、堵漏等任务，并对其他具有泄漏、火灾、爆炸等潜在危险点进行监控和保护，有效实施应急救援、处理措施，防止事故扩大，造成二次事故。

抢险抢修队：该队成员要对事故现场、地形、设备、工艺熟悉，在具有防护措施的前提下，必要时深入事故发生中心区域，关闭系统，抢修设备，防止事故扩大，降低事故损失，抑制危害范围的扩大。

医疗救护队：对受害人员实施医疗救护、转移等活动。

运输队：负责急救行动中人员、器材、物质的运输。

防化队：在有毒物质泄漏或火灾中产生有毒烟气的事故中，侦察、核实、控制事故区域的边界和范围，并掌握其变化情况；或与医疗救护队相互配合，混合编组，在事故中心区域分片履行救护任务。

监测站：迅速检测所送样品，确定毒物种类，包括有毒物的分解产物、有毒杂质等，为中毒人员的急救、事故现场的应急处理方案以及染毒的水、食物和土壤的处理提供依据。

物资供应站：为急救行动提供物质保证。其中包括应急抢险器材、救援防护器材、监测分析器材和指挥通信器材等。

由于在应急救援中各专业队的任务量不同，且事故类型不同，各专业队任务量所占比重也不同，所以专业队人员的配备应根据各自企业的危险源特征，合理分配各专业队的力量。应该把主要力量放在人员的救护和事故的应急处理上。

（3）应急行动

① 报警　发现灾情后，应立即向生产总调度值班室、电话总机或消防队报警，要求提供准确、简明的事故现场信息，并提供报警人的联系方式。企业发生危险化学品事故很重要的是前期扑救工作，应积极采取停车、启动安全保护、组织人员疏散等措施。

② 接警和通达　总调度或消防队值班室接到报警后，应首先报告应急救援领导小组，报告内容包括：事故发生的时间和地点，事故类型如火灾、爆炸、泄漏（暂态、连续），是否剧毒品，估计造成事故的物质量。领导小组全面启动事故处理程序，通知各专业队火速赶赴现场，实施应急救援行动。然后向上级应急指挥部门报告，根据事故的级别判断是否需要启动区域级应急救援预案。

③ 现场抢险

a. 根据事故现场的情况，确定警戒区域范围，并维持相关区域的秩序，控制人员和车辆进出通道。

b. 进行事故现场侦察并取样，送监测站确定毒物种类。

c. 对现场受伤人员进行营救、寻找，并转移至安全区，由医疗救护队负责对受伤人员进行抢救、护理。

d. 组织抢险队伍，控制泄漏源，确定灭火介质，进行事故扑救，监控和保护周边具有火灾、爆炸性质的危险点，防止二次事故发生。

e. 通过信号、广播组织、引导群众进行疏散、自救。

f. 密切注视事故发展和蔓延情况，如事故呈现扩大趋势，应及时向上一级应急指挥中心报告，启动区域性应急救援预案，组织区域性应急救援力量参与抢险、救援行动。

（4）条件保障

提供充足的通信器材、救援器材、防护器材、药品、应急电力和照明等器材保障；明确经费来源，确保应急救援所需费用；建立完善的应急值班、检查、评比制度等。

（5）事故后的清消、恢复和重新进入

从应急救援行动到清消和恢复需要编制专门程序，主要根据事故类型和损坏的严重程度，具体问题具体解决，主要考虑以下内容：组织重新进入人员、调查损坏区域、宣布紧急状态结束、开始对事故原因进行调查，并评价事故损失，组织力量进行污染区的清消、恢复。

7.4.2.4　预案演习和修订

预案的编制必须经过一个持续改进，并不断完善的过程。由于经验、技术和理论等方面的限制，在实施过程中往往会有意外情况发生，因此，应定期进行预案内容的培训，并有针对性地组织模拟演习，检验和完善预案的正确性和有效性，对预案进行检查、修订和完善。

7.4.2.5　审核实施

修订后的预案报经当地人民政府备案、审核和批准后实施。

此外，企业在组织救援的过程中，应及时向上级应急指挥中心提供有关事故的影响以及采取的措施。当事故的影响和后果危害到周围地区，或事故的危害程度本身超出了企业应急力量的处置能力时，请求社会救援，启动区域性危险化学品事故应急预案。

复习思考题

1. 简述生产过程危险有害因素的分类及主要内容。

2. 如何进行危险化学品重大危险源的辨识和分级？

3. 国家安全生产监督管理总局共公布了多少种危险化工工艺？对于监控参数、安全控制有哪些基本要求？

4. 简述危险化学品事故隐患的定义和分类。什么是危险化学品事故隐患整改的"五定"原则？

5. 企业的危险化学品事故应急救援预案应当包含哪些基本内容？

第 **8** 章
典型危险化学品事故案例分析

在国内外历史上发生的生产安全事故中，危险化学品事故属于伤亡最多、损失最大、生态破坏最严重、后果最可怕的一类事故。因此，防范和避免危险化学品事故是安全生产管理的重中之重。本章通过对危险化学品生产、使用、储存、运输中发生的部分典型事故案例的分析，来提高我们对危险化学品事故的认识和防范危险化学品事故的能力。

8.1 危险化学品生产事故案例分析

8.1.1 某市氟源化工有限公司 "7.28" 爆炸事故

2006 年 7 月 28 日 8 时 45 分，某市氟源化工有限公司 1 号厂房（2400m²，钢框架结构）发生一起爆炸事故，死亡 22 人，受伤 29 人，其中 3 人重伤。

(1) 事故发生经过

该公司主要产品是：2，4-二氯氟苯（生产能力 4000 吨/年）。1 号生产厂房由硝化工段、氟化工段和氯化工段三部分组成。硝化工段是在原料氟苯中加入混酸二次硝化生成 2，4-二硝基氟苯；氟化工段是在外购的 2，4-二硝基氯苯原料中加入氟化钾，置换反应生成 2，4-二硝基氟苯；氯化工段是在氯化反应塔中加入上述两个工段生产的 2，4-二硝基氟苯，在一定温度下通入氯气反应生成最终产品 2，4-二氯氟苯。

2006 年 7 月 27 日 15 时 10 分，该公司试生产首次向氯化反应塔塔釜投料。17 时 20 分通入导热油加热升温；19 时 10 分，塔釜温度上升到 130℃，此时开始向氯化反应塔塔釜通氯气；20 时 15 分，操作工发现氯化反应塔塔顶冷凝器没有冷却水，于是停止向釜内通氯气，关闭导热油阀门。28 日 4 时 20 分，在冷凝器仍然没有冷却水的情况下，又开始通氯气，并开导热油阀门继续加热升温；7 时，停止加热；8 时，塔釜温度为 220℃，塔顶温度为 43℃；8 时 40 分，氯化反应塔发生爆炸。据估算，氯化反应塔物料的爆炸当量相当于 406kg 梯恩梯（TNT），爆炸半径约为 30m，造成 1 号厂房全部倒塌。

(2) 事故原因初步调查分析

经调查分析，事故直接原因是：在氯化反应塔冷凝无冷却水、塔顶没有产品流出的情况下没有立即停车，而是错误地继续加热升温，使物料（2,4-二硝基氟苯）长时间处于高温状态并最终导致其分解爆炸。

根据事故调查的情况，该事故暴露出该公司存在以下突出问题。

① 该项目没有执行安全生产相关法律法规，在新建企业未经设立批准（正在后补设立批准手续）、生产工艺未经科学论证、建设项目未经设计审查和安全验收的情况下，擅自低标准进行项目建设并组织试生产，而且违法试生产五个月后仍未取得项目设立批准。

② 该企业违章指挥，违规操作，现场管理混乱，边施工、边试生产，埋下了事故隐患。现场人员过多，也是人员伤亡扩大的重要原因。

8.1.2　某化工有限责任公司"2·28"重大爆炸事故

2012 年 2 月 28 日上午 9 时 4 分左右，某化工有限责任公司生产硝酸胍的一车间发生重大爆炸事故，造成 25 人死亡、4 人失踪、46 人受伤。

(1) 事故发生经过

该公司一车间共有 8 个反应釜，依次为 1～8 号反应釜。原设计用硝酸铵和尿素为原料，生产工艺是硝酸铵和尿素在反应釜内混合加热熔融，在常压、175～220℃条件下，经 8～10h 的反应，间歇生产硝酸胍，原料熔解热由反应釜外夹套内的导热油提供。实际生产过程中，将尿素改用双氰胺为原料并提高了反应温度，反应时间缩短至 5～6h。

事故发生前，一车间有 5 个反应釜投入生产。2 月 28 日上午 8 时，该车间当班人员接班时，2 个反应釜空釜等待投料，3 个反应釜投料生产。8 时 40 分左右，1 号反应釜底部放料阀（用导热油伴热）处导热油泄漏着火；9 时 4 分，一车间发生爆炸事故并被夷为平地，造成重大人员伤亡，周边设备、管道严重损坏，厂区遭到严重破坏，周边 2km 范围内部分居民房屋玻璃被震碎。

(2) 事故原因初步分析

硝酸铵、硝酸胍均属强氧化剂。硝酸铵是国家安全监管总局公布的首批重点监管的危险化学品，遇火时能助长火势；与可燃物粉末混合，能发生激烈反应而爆炸；受强烈震动或急剧加热时，可发生爆炸。硝酸胍受热、接触明火或受到摩擦、震动、撞击时，可发生爆炸；加热至 150℃时，分解并爆炸。

经调查分析，事故直接原因是：该公司一车间的 1 号反应釜底部放料阀（用导热油伴热）处导热油泄漏着火，造成釜内反应产物硝酸胍和未反应完的硝酸铵局部受热，急剧分解发生爆炸，继而引发存放在周边的硝酸胍和硝酸铵爆炸。

根据事故调查的情况，该事故暴露出该公司存在以下突出问题。

① 装置本质安全水平低、工厂布局不合理。

② 企业安全管理不严格，变更管理处于失控状态。该公司在没有进行安全风险评估的情况下，擅自改变生产原料、改造导热油系统，将导热油最高控制温度从 210℃ 提高到 255℃。

③ 车间管理人员、操作人员专业素质低，对化工生产的特点认识不足、理解不透，处理异常情况能力低，不能适应化工安全生产的需要。

④ 事故企业边生产，边施工建设，厂区作业单位多、人员多，加剧了事故的伤亡程度。

⑤ 安全隐患排查治理不认真。2011 年 6 月，国家安全监管总局公布了首批重点监管的危险化学品名录，对重点监管危险化学品的安全措施和应急处置原则提出了明确要求，要求在隐患排查治理工作中将其作为重点进行排查，切实消除安全隐患。但从此次事故的初步调查情况来看，该企业在隐患排查中没有发现生产工艺所固有的安全隐患和变更生产原料、提高导热油最高控制温度等所带来的安全隐患。

8.2　危险化学品储存使用事故案例分析

(1) 事故发生经过

2013 年 6 月 3 日，位于某市宝源丰禽业有限公司主厂房发生特别重大火灾爆炸事故，共造成 121 人死亡、76 人受伤，17234m² 主厂房及主厂房内生产设备被损毁，直接经济损失 1.82 亿元。

早上 6 时 10 分左右，该公司部分员工发现一车间女更衣室及附近区域上部有烟、火，主厂房外面也有人发现主厂房南侧中间部位上层窗户最先冒出黑色浓烟。部分较早发现火情人员进行了初期扑救，但火势未得到有效控制。火势逐渐在吊顶内由南向北蔓延，同时向下蔓延到整个附属区，并由附属区向北面的主车间、速冻车间和冷库方向蔓延。燃烧产生的高温导致主厂房西北部的 1 号冷库和 1 号螺旋速冻机的液氨输送和氨气回收管线发生物理爆炸，致使该区域上方屋顶卷开，大量氨气泄漏，介入了燃烧，火势蔓延至主厂房的其余区域。

当地政府接到报告后，迅速启动了应急预案，组织调动公安、消防、武警、医疗、供水、供电等有关部门和单位参加事故抢险救援和应急处置，火灾于当日 11 时被扑灭。

（2）事故原因和性质

① 直接原因。宝源丰公司主厂房一车间女更衣室西面和毗连的二车间配电室的上部电气线路短路，引燃周围可燃物。当火势蔓延到氨设备和氨管道区域，燃烧产生的高温导致氨设备和氨管道发生物理爆炸，大量氨气泄漏，介入了燃烧。

造成火势迅速蔓延的主要原因：一是主厂房内大量使用聚氨酯泡沫保温材料和聚苯乙烯夹芯板（聚氨酯泡沫燃点低、燃烧速度极快，聚苯乙烯夹芯板燃烧的滴落物具有引燃性）。二是一车间女更衣室等附属区房间内的衣柜、衣物、办公用具等可燃物较多，且与人员密集的主车间用聚苯乙烯夹芯板分隔。三是吊顶内的空间大部分连通，火灾发生后，火势由南向北迅速蔓延。四是当火势蔓延到氨设备和氨管道区域，燃烧产生的高温导致氨设备和氨管道发生物理爆炸，大量氨气泄漏，介入了燃烧。

造成重大人员伤亡的主要原因：一是起火后，火势从起火部位迅速蔓延，聚氨酯泡沫塑料、聚苯乙烯泡沫塑料等材料大面积燃烧，产生高温有毒烟气，同时伴有泄漏的氨气等毒害物质。二是主厂房内逃生通道复杂，且南部主通道西侧安全出口和二车间西侧直通室外的安全出口被锁闭，火灾发生时人员无法及时逃生。三是主厂房内没有报警装置，部分人员对火灾知情晚，加之最先发现起火的人员没有来得及通知二车间等区域的人员疏散，使一些人丧失了最佳逃生时机。四是宝源丰公司未对员工进行安全培训，未组织应急疏散演练，员工缺乏逃生自救互救知识和能力。

② 间接原因。

a. 企业出资人即法定代表人没有以人为本、安全第一的意识，为了企业和自己的利益而无视员工生命。

b. 企业厂房建设过程中，未按照原设计施工，违规将保温材料由不燃的岩棉换成易燃的聚氨酯泡沫，导致起火后火势迅速蔓延，产生大量有毒气体，造成大量人员伤亡。

c. 企业从未组织开展过安全宣传教育，从未对员工进行安全知识培训；虽然制定了事故应急预案，但从未组织开展过应急演练；违规将南部主通道西侧的安全出口和二车间西侧外墙设置的直通室外的安全出口锁闭，使火灾发生后大量人员无法逃生。

d. 企业没有建立健全、更没有落实安全生产责任制，虽然制定了一些内部管理制度、安全操作规程，主要是为了应付检查和档案建设需要，没有公布、执行和落实；投产以来没有组织开展过全厂性的安全检查。

e. 未逐级明确安全管理责任，没有逐级签订包括消防在内的安全责任书。

f. 企业违规安装布设电气设备及线路，主厂房内电缆明敷，二车间的电线未使用桥架、槽盒，也未穿安全防护管，埋下重大事故隐患。

g. 未按照有关规定对重大危险源进行监控，未对存在的重大隐患进行排查整改消除。

8.3 危险化学品运输事故案例分析

8.3.1 "11.22"中石化东黄输油管道泄漏爆炸事故

(1) 事故发生经过

2013 年 11 月 22 日凌晨 3 时，位于青岛市黄岛区秦皇岛路与斋堂岛路交汇处，中石化输油储运公司潍坊分公司输油管线破裂，事故发现后，约 3 时 15 分关闭输油，斋堂岛街约 1000m² 路面被原油污染，部分原油沿着雨水管线进入胶州湾，海面过油面积约 3000m²。黄岛区立即组织在海面布设两道围油栏。处置过程中，当日上午 10 时 30 分许，黄岛区沿海河路和斋堂岛路交汇处发生爆燃，同时在入海口被油污染海面上发生爆燃。事故共造成 62 人遇难，136 人受伤，直接经济损失 7.5 亿元。

(2) 事故原因和性质

① 直接原因。输油管道与排水暗渠交汇处管道腐蚀减薄、管道破裂、原油泄漏，流入排水暗渠及反冲到路面。原油泄漏后，现场处置人员采用液压破碎锤在暗渠盖板上打孔破碎，产生撞击火花，引发暗渠内油气爆炸。

由于与排水暗渠交叉段的输油管道所处区域土壤盐碱和地下水氯化物含量高，同时排水暗渠内随着潮汐变化海水倒灌，输油管道长期处于干湿交替的海水及盐雾腐蚀环境，加之管道受到道路承重和振动等因素影响，导致管道加速腐蚀减薄、破裂，造成原油泄漏。泄漏点位于秦皇岛路桥涵东侧墙体外 15cm，处于管道正下部位置。经计算、认定，原油泄漏量约 2000t。泄漏原油部分反冲出路面，大部分从穿越处直接进入排水暗渠。泄漏原油挥发的油气与排水暗渠空间内的空气形成易燃易爆的混合气体，并在相对密闭的排水暗渠内积聚。由于原油泄漏到发生爆炸达 8 个多小时，受海水倒灌影响，泄漏原油及其混合气体在排水暗渠内蔓延、扩散、积聚，最终造成大范围连续爆炸。

② 间接原因。

a. 中石化集团公司及下属企业安全生产主体责任不落实，隐患排查治理不彻底，现场应急处置措施不当。

b. 青岛市人民政府及开发区管委会贯彻落实国家安全生产法律法规不力。

c. 管道保护工作主管部门履行职责不力，安全隐患排查治理不深入。

d. 开发区规划、市政部门履行职责不到位，事故发生地段规划建设混乱。

e. 青岛市及开发区管委会相关部门对事故风险研判失误，导致应急响应不力。

8.3.2 包茂高速陕西延安"8·26"特别重大道路交通事故

2012 年 8 月 26 日 2 时 31 分许，包茂高速公路陕西省延安市境内发生一起特别重大道路交通事故，造成 36 人死亡、3 人受伤，直接经济损失 3160.6 万元。

(1) 事故发生经过

2012 年 8 月 25 日 16 时 55 分，蒙 AK1475 卧铺大客车从内蒙古自治区呼和浩特市长途汽车站出发前往陕西省西安市。26 日 2 时 29 分，豫 HD6962 重型半挂货车从安塞服务区出发，违法越过出口匝道导流线驶入包茂高速公路第二车道。此时，卧铺大客车正沿包茂高速公路由北向南在第二车道行驶至安塞服务区路段。2 时 31 分许，卧铺大客车在未采取任何制动措施的情况下，正面追尾碰撞重型半挂货车。碰撞致使卧铺大客车前部与重型半挂货车罐体尾部铰合，大客车右侧纵梁撞击罐体后部卸料管，造成卸料管竖向球阀外壳破碎，导致大量甲醇泄漏。碰撞也造成卧铺大客车电气线路绝缘破损发生短路,产生的火花使甲醇蒸气和空气形成的爆炸性混合气体发生爆燃起火,大火迅速引燃重型半挂货车后部和卧铺大客车,并沿甲醇泄漏方向蔓延至附近高速公路路面和涵洞。

(2)事故原因和性质

① 直接原因。

a. 卧铺大客车驾驶人遇重型半挂货车从匝道驶入高速公路时,本应能够采取安全措施避免事故发生,但因疲劳驾驶而未采取安全措施,其违法行为在事故发生中起重要作用,是导致卧铺大客车追尾碰撞重型半挂货车的主要原因。

b. 重型半挂货车驾驶人从匝道违法驶入高速公路,在高速公路上违法低速行驶,其违法行为也在事故发生中起一定作用,是导致卧铺大客车追尾碰撞重型半挂货车的次要原因。

② 间接原因。

a. 呼运(集团)有限责任公司未严格执行《内蒙古呼运(集团)有限责任公司驾驶员落地休息制度》,未认真督促事故大客车在凌晨2时至5时期间停车休息;开展道路运输车辆动态监控工作不到位,对事故大客车驾驶人夜间疲劳驾驶的问题失察。

b. 孟州市汽车运输有限责任公司安全管理制度不健全,安全管理措施不落实;未纠正事故重型半挂货车驾驶人没有在公司内部备案、没有参加过安全教育培训等问题;未认真开展危险货物运输动态监控工作,对事故重型半挂货车未按规定配备两名合格驾驶人和超量装载危险货物等问题失察。

c. 呼和浩特市交通运输管理局组织开展道路客运市场管理和监督检查工作不力,对呼运(集团)有限责任公司落实车辆动态监控工作的情况督促检查不到位。呼和浩特市交通运输局组织开展道路运输行业安全监管工作不到位。

d. 孟州市交通运输局及公路运输管理所组织开展危险货物道路运输管理和监督检查工作不力,未认真督促孟州市汽车运输有限责任公司整改安全管理制度不健全和安全管理措施不落实等问题。焦作市道路运输管理局指导孟州市道路运输管理部门开展危险货物道路运输管理工作不力,对孟州市汽车运输有限责任公司存在的安全隐患督促检查不到位。焦作市交通运输局组织开展危险货物道路运输监督检查工作不到位。

e. 陕西省延安市公安交通警察支队对包茂高速安塞服务区出口加速车道的通行秩序疏导不到位,对车辆违法越过导流区进入高速公路主线缺乏有效管控措施。内蒙古自治区呼和浩特市公安交通警察支队开展客运车辆及驾驶人交通安全教育工作存在薄弱环节,对呼运(集团)有限责任公司客运车辆及驾驶人的违法行为监管不到位。河南省孟州市公安交通警察大队开展危险货物运输车辆及驾驶人排查建档、安全教育等工作存在薄弱环节,对孟州市汽车运输有限责任公司危险货物运输车辆及驾驶员的违法行为监管不到位。

参 考 文 献

［1］ 杭世平主编. 空气中有害物质的测定方法. 第二版. 北京：人民卫生出版社，1986.

［2］ Daniel A. Crowl，Joseph F.louvar Chemical process safety：fundamentals with applications. second edition.International Series in the Shysical and Shemical Engineering Science，By Prentice Hall PTR，2002.

［3］ 吉田忠雄. 化学药品的安全. 北京：化学工业出版社，1982.

［4］ G.L.Wellsm，Safety in process plant design，Institute of chemical engineers，John Wiley & Sons，New York，1996.

［5］ 李景惠. 化工安全技术基础. 北京：化学工业出版社，1995.

［6］ 蔡凤英等编著. 化工安全工程. 北京：科学出版社，2001.

［7］ 周忠元，陈桂琴编. 化工安全技术与管理. 北京：化学工业出版社，2002.

［8］ 蒋军成. 事故调查与分析技术. 北京：化学工业出版社，2004.

［9］ 蒋军成，郭振龙. 工业装置劳动安全卫生预评价方法. 北京：化学工业出版社，2004.

［10］ 刘约权主编. 现代仪器分析. 北京：高等教育出版社，2001.

［11］ 蒋军成，潘勇. 有机化合物的分子结构与危险特性. 北京：科学出版社.2011.

［12］ 蒋军成主编. 化工安全. 北京：机械工业出版社.2008.

［13］ 刘约权主编. 现代仪器分析. 北京：高等教育出版社.2006.

［14］ 国务院法制办公室工交商事法制司，国家安全生产监督管理总局政策法规司联合编写.《中华人民共和国安全生产法》读本. 北京：中国市场出版社.2014.

［15］ 国家安全生产应急救援指挥中心编写. 危险化学品应急救援. 北京：煤炭工业出版社.2008.

［16］ 联合国. Globally Harmonized System of Classification and Lablling of Chemicals.2013.

［17］ 中华人民共和国工业和信息化部. 中国GHS实施手册.2013.